建筑工程定额与预算

（第 七 版）

戴望炎　李　芸　编著

U0379820

东南大学出版社
·南京·

内容提要

　　本书是在 2011 年第六版的基础上,依据全国和地方最新基础定额、综合预算定额和工程量清单计价规范编写的。全书内容分三大部分:一、定额的原理和编制方法,基础定额和综合预算定额;二、建筑工程预算费用,建筑面积和工程量计算,建筑工程设计概算和施工图预算的编制方法,并列举实例;三、工程量清单计价,建筑工程招标标底与投标报价控制价,计算机在工程造价管理中的应用,并列举实例。

　　书中力求反映最新实际工程中的做法和当前建筑市场中造价管理的改革情况。

　　本书可作为高等院校土木工程、工程管理、工程造价及相关专业的教材,亦可作为广大工程造价编审人员及自学者的参考用书。同时,本书有配套课件,为教师备课及学习者提供了便利。

图书在版编目(CIP)数据

　　建筑工程定额与预算 / 戴望炎,李芸编著. —7 版.
—南京:东南大学出版社,2018.7(2022.7 重印)
　　ISBN 978-7-5641-7868-0

　　Ⅰ.①建… Ⅱ.①戴… ②李… Ⅲ.①建筑经济定额
②建筑预算定额 Ⅳ.①TU723.3

　　中国版本图书馆 CIP 数据核字(2018)第 153458 号

建筑工程定额与预算(第七版)

出版发行:东南大学出版社
社　　址:南京市四牌楼 2 号　邮编:210096
出 版 人:江建中
责任编辑:戴坚敏
网　　址:http://www.seupress.com
电子邮箱:press@seupress.com
经　　销:全国各地新华书店
印　　刷:大丰科星印刷有限责任公司
开　　本:787mm×1092mm　1/16
印　　张:21.75
字　　数:573 千字
版　　次:2018 年 7 月第 7 版
印　　次:2022 年 7 月第 3 次印刷
书　　号:ISBN 978-7-5641-7868-0
印　　数:6 001—7 000 册
定　　价:49.00 元

第七版前言

本书 1986 年出版第一版,1992 年出版第二版,1999 年出版第三版,2003 年出版第四版,2006 年出版第五版,2011 年出版第六版。前后印刷发行共达 40 余万册,三次荣获优秀教材和畅销书奖,深受广大读者欢迎。这也激励我们更加努力地编好本书第七版,以答谢读者。

2001 年我国加入世界贸易组织以后,建设市场进一步对外开放,在工程招标投标工作中,从国外引入通用的工程量清单计价方法,促使我国建筑业实现与国际惯例接轨,有利于增进国际间的经济往来,有利于提高施工企业的管理水平和进入国际市场承包工程的能力。本书第七版在保持原第六版风格的基础上,依据建设部 2013 年《建设工程工程量清单计价规范》、江苏省 2014 年《江苏省建筑与装饰工程计价定额》和 2014 年《江苏省建设工程费用定额》,以及国家颁布的有关工程造价的最新规章、政策文件,并结合工程预算工作的新经验、新做法和工程预算教学、科研中的新成就,对原书做进一步修改,充实了新内容。

本书在编写过程中既重视理论概念的阐述,也注重工程实例,使理论与实践相结合,读者学后就会用。第七版仍以突出编制工程预算造价为主线,将概预算的理论写深写透。除考虑到工程造价方面的科学性、先进性、实用性以外,更注重于工程预算造价编制的可操作性。第七版在保持本书原有简明扼要的撰写风格的基础上,更注意到内容的系统性、逻辑性、可读性并便于自学。

本书由东南大学戴望炎和李芸编写,其中,第 1、3、5、6、9、10 章由戴望炎撰写,第 2、4、7、8、11 章由李芸撰写。

本书有配套课件,订购本书的读者如需要可与我社营销部联系。

限于编者的水平和经验,书中难免存在不足之处,敬请读者指出,并欢迎提出意见和建议,编者在此谨表示衷心感谢和敬意!

编　者
2018 年 6 月

目 录

1 建筑工程定额预算综述

建筑施工过程是建筑工人的劳动、劳动手段与劳动对象结合而生产出建筑产品的过程，也就是建筑产品生产和生产消耗的过程。建筑工程定额与预算学科的任务就是从经济管理上研究建筑产品生产和消耗的运动规律。

建筑工程定额是用现代的科学技术方法找出建筑产品生产和劳动消耗间的数量关系，以寻求最大限度地节约劳动消耗和提高劳动生产率的途径。

建筑工程预算包括的设计概算、施工图预算等是设计文件的重要组成部分，工程施工招、投标中的工程量清单，招标控制价/标底和报价则是建筑市场竞争的重要依据，它们都是工程项目管理中的有机组成部分，是建筑工程经济核算、成本控制、技术经济分析和施工管理的依据，是提高项目投资经济效益、加强工程项目管理的重要内容。

建筑工程设计、施工、建筑经济、项目管理与工程监理人员都应掌握建筑工程定额及预算的基本理论，能制定企业定额，并具有熟练应用定额及编制预算的能力，以及会运用电子计算机编制预算、工程量清单计价、编制招标控制价/标底和报价的技能。

1.1 建设工程概述

1.1.1 建设工程的定义

建设工程也称为工程建设或简称为建设项目。

建设工程是指固定资产扩大再生产的新建、扩建、改建和复建等建设以及与其相关的其他建设活动。例如，盖工厂、开矿山、筑铁路、造桥梁、修水利、建海港等，都属于建设工程。建设工程是形成新增固定资产的一种综合性的经济活动，其中新建与扩建是主要形式。其主要内容是把一定量的物质资料，如建筑材料、机械设备等，通过购置、运输、建造和安装等活动后转化为固定资产，形成新的生产力或使用效益的过程，以及与之相关的其他活动，如土地征购、青苗赔偿、迁坟移户、勘察设计、筹建机构、招聘人员、职工培训等，也是建设工程的组成部分。

建设工程实质上是活劳动和物化劳动的生产，是扩大再生产的转换过程，它以扩大生产、造福人类为目的，其主要效益是增加物质基础和改善物质条件。

1.1.2 建设工程的内容

建设工程的内容一般包括以下5个方面：

（1）建筑工程。是指永久性和临时性的建筑物和构筑物的房屋建筑、设备基础的建造；房屋内部的给水排水、暖气通风、电气照明等的安装；开工前障碍物消除、建筑场地清理、土方平整、挖沟排水、临时设施搭设;竣工后房屋外围的清洁整理、环境绿化、道路修建、水电线路铺设、防空设施等的建设。

(2) 安装工程。是指包括动力、电讯、起重、运输、医疗、实验室等的机械设备和电气设备的安装或装配;附属于被安装设备的管线敷设、金属支架与梯台的装设和设备的保温、绝缘、油漆等;以及为测定被安装设备的质量进行试运转的检验测试等工作。

(3) 设备、工具、器具购置。是指生产应配备的各种设备、工具、器具、生产家具及实验室仪器等的购置。

(4) 工程勘察与设计。是指包括工程进行地质勘查、地形测量和工程设计等。

(5) 其他建设工作。是指除上述4项工作以外的相关其他建设工作,如征购土地、青苗赔偿、房屋拆迁、招标投标、建设监理、机构设置、人员培训、科学研究、用具添置以及其他生产准备等工作。

1.1.3 建设工程项目的分类

建设工程是由建设项目组成的。由于建设项目的性质、规模、用途和投资等方面的不同,为适应科学管理的需要,可将建设工程做如下分类:

1) 按建设工程项目性质分类

按建设工程性质的不同,可分为新建、扩建、改建、复建和迁建等项目。

(1) 新建项目。是指原无固定资产,一切重新开始建设的项目。或对原有项目重新进行总体设计,经扩大建设规模后,其新增固定资产价值超过原有固定资产3倍以上的项目。

(2) 扩建项目。是指原有固定资产,为了扩大生产规模或投资(使用)效益,在原有项目的基础(场地)上增加(扩大)新建的项目。

(3) 改建项目。是指原有固定资产,为了提高生产效率、使用效益,改进产品质量或调整产品结构,而对原有项目的设备、工艺、功能进行技术改造的项目。或为了提高综合生产能力,增加一些附属和辅助车间,或为非生产性工程,也可列为改建项目。

(4) 复建项目。是指原有固定资产,因遭受自然(如地震、台风)或人为(如火灾、战争)灾害的破坏而部分毁损或全部报废,需重新恢复建设的项目。

(5) 迁建项目。是指原有固定资产的建设单位,由于某种原因(如经济发展需要或环境保护特殊要求)必须搬迁到另地重建的项目,无论其建设规模是维持原状或扩大,都属于迁建项目。

2) 按建设工程项目规模分类

按建设工程项目规模大小或投资限额上下不同,可分为大型项目、中型项目和小型项目。

(1) 大中型建设项目。是指生产性项目投资限额在5 000万元以上,非生产性项目投资限额在3 000万元以上的建设项目。

(2) 小型建设项目。是指生产性项目投资限额在5 000万元以下,非生产性项目投资限额在3 000万元以下的建设项目。

3) 按建设工程项目用途分类

按建设工程项目用途不同,可分为生产性建设项目和非生产性建设项目。

(1) 生产性建设项目。是指直接用于物质资料生产或直接为物质资料生产服务所需要的建设项目,如用于工业建设、商业建设,以及基础设施建设(包括交通、通讯、邮电、勘探等)。

(2)非生产性建设项目。是指满足人民物质资料生活和文化福利所需要的建设项目和非物质资料生产部门的建设项目,如办公用房、居住建筑、公共建筑和其他建设项目等。

4)按建设项目投资来源分类

按投资来源不同,可分为政府投资建设项目和非政府投资建设项目。

(1)政府投资建设项目。是指为了国民经济或区域经济的发展,以及为满足人民文化生活的需要,由政府通过财政拨款、发行国债、银行贷款或企业联合投资的建设项目。

(2)非政府投资建设项目。是指由企业自筹资金、私人投资和利用外资的建设项目。

1.1.4　建设工程项目的划分

为了使建设工程能分级管理和准确确定工程预算(造价)的需要,所以必须对整个建设工程进行科学分拆,合理划分(分解),以便计算出建设工程各个施工阶段(过程)的部分费用和整个建设工程的全部费用。为此,首先根据由大到小、从整体到局部的原则,将建设工程进行多层次的分解后,分别将其划分为建设项目、单项工程、单位工程、分部工程、分项工程5个层次;然后在计算工程费用(造价)时则反之,按照由小到大、从局部到整体的顺序,求出每一个层次组成要素的费用;最后再逐层汇总各层次要素的费用,便得出整个建设工程的全部费用(造价)。

1)建设项目

建设项目又称建设单位。建设项目是指在一个场地或几个场地上,按照一个总体规划设计和总概算进行建设(施工),经济上实行统一核算,行政上进行单独管理和具有独立法人资格组织形式的建设单位。例如:一个工厂、一所学校、一家宾馆、一口矿井、一条铁路、一座桥梁等均是一个建设项目。

2)单项工程

单项工程又称工程项目,它是建设项目的组成部分。一个建设项目可能就是一个单项工程,也可能包括几个单项工程。单项工程是指具有独立设计文件和概算,工程竣工后可以独立发挥生产能力或使用功能要求的工程项目。例如:一座工厂中的各个车间、办公楼、职工食堂,一所学校中的各幢教学楼、图书馆、学生宿舍等,都是单项工程。

3)单位工程

单位工程是单项工程的组成部分。单位工程是指具有独立设计文件和概算,可以独立组织施工,但工程竣工后不能独立发挥生产能力或使用功能要求的工程项目。例如:学校中的办公楼是一个单项工程,该办公楼中的土建工程、给排水工程、电气照明工程、暖气通风工程等,均属于单位工程。

4)分部工程

分部工程是单位工程的组成部分。分部工程是指在一个单位工程中,按各个工程部位的不同,或按使用材料和专业工种的不同,将单位工程进一步分解划分的工程项目。例如:建筑物中的土建工程是单位工程,若按其在建筑物中的主要部位,可划分为基础工程、墙体工程、楼地面工程、天棚工程、屋面工程等;或按其所使用的材料和施工专业工种,可划分为土石方工程、桩基础工程、砌筑工程、混凝土工程、金属结构工程等,均属于分部工程。

5）分项工程

分项工程是分部工程的组成部分。分项工程是指在分部工程中，按施工方法、材料品种或规格型号不同，将分部工程再进一步划分为若干部分的工程。例如：单位工程中的基础工程是一个分部工程，根据其施工方法和组成材料的不同，可将其再细划分为挖地槽土方、打基础垫层、砌筑砖基础、抹墙基防潮层、回填地槽土方等，均属于分项工程。

分项工程在建筑工程建造过程中，其本身并不是独立存在的建筑产品，只是为了便于计算和确定工程费用（造价）的需要，而分解设想出来的一种"假想"产品，被视作为是建筑物中"最基本、最微小"的构成要素。然而，分项工程在施工管理中，却是分析人工、材料和机械台班消耗量，编制施工作业计划，统计工程量完成金额情况，进行成本经济核算等方面不可缺少的重要工具。在此，应特别注意：这里所述的分项工程（所包含的项目内容）与工程量清单中的分项工程，在计算工程造价，进行项目列项时是不同的概念，两者不可混淆。

综上所述可知：一个建设项目是由一个或几个单项工程组成，一个单项工程再由几个单位工程组成，一个单位工程又可划分为若干个分部、分项工程。建筑工程预算费用（造价）的编制，就是从这些"最基本、微小"的分项工程开始起算费用，然后再由小到大逐步累加汇总其费用而成的结果。建设项目各层次划分（分解）与项目构成关系如图 1-1 所示。

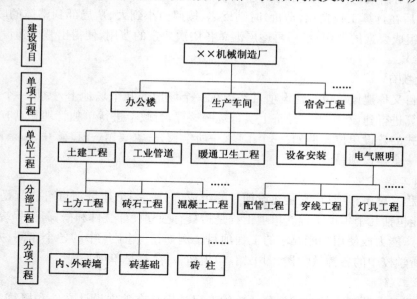

图 1-1　建设项目的划分与构成关系

1.1.5　建设工程的建设程序

建设工程的建设程序是指建设项目，从分拆主项、论证决案、勘察设计、施工建造到竣工验收的整个建设过程中，各项工作必须遵循的先后次序。建设工程的建设程序，不是由人们的主观意志就能决定的，而是建设工程的建设客观规律的反映。我国建设工程长期的建设实践经验告诉我们：凡一项工程能遵循工程建设程序，就会获得较好的经济效益和社会效益。反之，不遵循工程的建设程序，就会受到应有的惩罚而造成不可挽回的损失。

建设工程的建设程序一般由决策、设计、施工和竣工验收 4 个阶段组成,如图 1-2 所示。

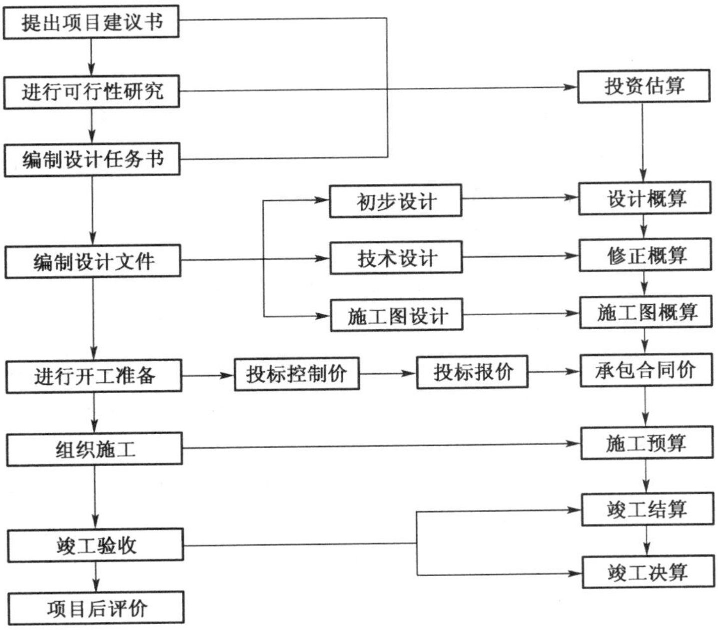

提出项目建议书

进行可行性研究 → 投资估算

编制设计任务书

编制设计文件 → 初步设计 → 设计概算

技术设计 → 修正概算

施工图设计 → 施工图概算

进行开工准备 → 投标控制价 → 投标报价 → 承包合同价

组织施工 → 施工预算

竣工验收 → 竣工结算

竣工决算

项目后评价

图 1-2　工程项目建设程序和各阶段造价确定图

1) 决策阶段

(1) 提出项目建议书

项目建议书是拟建项目建设单位向国家提出要求建设某一拟建项目的建议轮廓设想,以建议书的形式推荐一个拟建项目,书面论述其建设的必要性、条件的可行性、获利的可能性,供国家建设主管部门选择,是否应立项和确定进行下一步工作的需要。

项目建议书是建设单位根据拟建项目区域发展和行业规划的要求,结合建设项目的相关自然资源、生产力状况和市场预测信息,通过市场调查、研究、分析后进行编制,以满足投资立项的需要。项目建议书按要求编制完成后,应根据建设规模和限额投资,分别报送有关主管部门审批。项目建议书经批准后即可"立项",但并不表明项目非上不可或马上可以建设,还需要开展可行性研究。

(2) 进行可行性研究

项目建议书被批准后,可进行可行性研究工作。可行性研究是根据国民经济发展长远规划和已获批准的项目建议书,对建设项目在技术上、经济上和外部条件等方面的可行性和合理性进行全面的科学分析和论证,通过多方案比较,推荐出最佳方案,并得出可行与否结论的"可行性研究报告"。根据论证通过并经批准后的可行性研究报告,编制投资估算,再经有权部门批准,作为该建设项目的国家控制造价。

2) 设计阶段

(1) 编制设计任务书

根据批准的项目建议书和可行性研究报告,建设工程进入设计阶段,首先要编制设计任务书。设计任务书是建设工程项目编制设计文件的主要依据,由建设单位组织设计单位编制。设计任务书的内容一般包括：建设依据；建设目的；建设规模；建设地址；水文地质资料；资源综合利用方案；人防及抗震方案；完成设计时间；建设工期；投资额度；达到的经济效益和社会效益等。

（2）编制设计文件

设计任务书报有权部门批准后，建设单位就可委托设计单位编制设计文件。建设项目的设计是分阶段逐步深入进行的，一般分有三阶段设计、二阶段设计和一阶段设计3种。对于重大、特殊或技术复杂而又缺乏经验的建设项目，按三阶段设计，即初步设计、技术设计和施工图设计；大中型的一般建设项目，按二阶段设计，即初步设计和施工图设计；方案明确的小型或民间建设项目，按一阶段设计，即直接进行施工图设计。

① 初步设计。可行性研究经全面论证通过并经批准后，就可进行建设项目的立项。初步设计是根据可行性研究报告的要求所做的具体实施方案，其目的是阐明除国民经济发展上的需要和技术上的可行性之外，还要考虑经济上的合理性。在初步设计阶段，按照有关规定编制初步设计总概算，经有权部门批准后，即作为控制拟建项目工程造价的最高限额。

② 技术设计。技术设计应根据批准的初步设计和审批意见，对重大、复杂的技术问题，通过科学实验、专题调查研究，得到更详细的资料，经分析比较后，以解决初步设计中未能解决的问题，落实技术方案。然后，提出修正的施工方案，编制修正设计概算，使工程项目的设计更具体、更合理，技术指标更完善。

③ 施工图设计。施工图设计应根据批准的初步设计（或技术设计）的要求，对设计方案、技术设计加以进一步细化，如对建筑物外形、内部空间分隔、建筑构造状况、采用结构体系等方面，进行更加显现具体和细化。同时，提出文字说明和图表资料，并编制施工图预算。

3）施工阶段

（1）施工招标投标，签订承包合同

施工招标是指建设工程的建设单位，将拟建工程项目的建设内容、建设规模、建设地点、施工条件、质量标准和工期要求等拟成招标文件，通过报刊、电视或电台发布公告，告知有意承包者前来响应，以便招引有意投标的各施工企业参加投标竞争。施工单位获知招标信息后，根据设计文件中的各项条件和要求，并结合自身能力，提出愿意承包工程的条件和报价，参与施工投标。建设单位从众多投标的施工单位中，选定施工技术好、经济实力强、管理经验多、报价较合理、信誉良好的施工单位，承揽招标工程的施工任务。

施工招标投标工程以施工图预算为基础，承包合同价以中标价为依据确定。施工单位中标后，应与建设单位签订施工承包合同，明确双方的承发包关系。

（2）进行施工准备，组织全面施工

建设项目开工前，必须做好各项施工准备工作，这是确保建设项目能否顺利进行施工的前提。施工准备工作内容包括：申领施工许可证，办理开工手续；协调设计图纸供应，收集地质、水文、气象技术资料；进行征地拆迁，搞好施工现场"三通一平"；熟悉施工图纸，组织图纸会审交底；编制施工组织设计，提供施工预算数据；搭建施工现场生产、生活临时设施；落实建筑材料供应计划，订购施工机械设备清单；建立现场施工组织管理机械，招募和培训民工劳动力；现场测设"测量控制网"，埋设观测"水准点"等工作。

施工准备工作就绪，并取得"施工许可证"和批准"开工报告"后，工程方可进入正式施工。建设项目开工时间,是以设计文件中的任何一项永久性工程,第一次正式破土开挖基槽土方的开始日期;若不需要挖槽的工程则以开始进行土石方开挖,或开始打桩的日期为开工日期。

工程建设项目必须严格按照施工图纸和施工验收规范的要求,将各专业队组的工人组织起来,使其能有次序、有节奏、有规律、均衡地组织施工,务使工程达到工期短、效率高、质量好、成本低之目的,以完成工程的施工任务。

4)竣工验收阶段

建设项目通过施工活动,最终完成建筑产品,在符合设计文件规定的内容要求后,必须及时组织竣工验收。竣工验收是对建设项目所进行的全面性考核,同时也是办理固定资产移交手续之所需。

工程完工后,施工单位应向建设单位提供竣工报告,申请工程竣工验收。建设单位收到竣工报告后,应及时组织设计、监理、施工和使用单位进行竣工验收。竣工验收的内容包括绘制竣工图、隐蔽工程施工记录、质量事故处理报告、各项试验资料等。验收合格后,施工单位应向建设单位办理竣工移交和竣工结算手续,然后再交付建设单位使用。

1.2　建筑工程定额概述

建筑工程定额是建筑产品生产中需消耗的人力、物力与资金的数量规定,是在正常的施工条件下,为完成一定量的合格产品所规定的消耗标准。建筑工程定额反映了在一定社会生产力条件下建筑行业的生产与管理水平。

在我国,建筑工程定额有生产性定额和计价性定额两大类。典型的生产性定额是施工定额,典型的计价性定额是预算定额。

制定建筑工程定额是建筑工程设计、施工与建筑经济、项目管理及建设监理的基础工作,它必须建立在科学管理与工时消耗研究的基础之上,并遵循合理的原则和科学的方法。

1.2.1　建筑定额的定义

定额是指从事经济活动,对人力、物力和财力的消耗量的限定标准,是一种规定的额度或限额,即规定的标准或尺度。在工程施工过程中,为了完成某一建筑产品的施工生产,就必须要消耗一定数量的人力、物力和财力资源,也就是一定数量的活劳动和物化劳动的消耗。这些资源的消耗是随着施工对象、施工条件、施工方法、施工水平和施工组织的变化而变化的。

工程定额是指在正常的施工生产、合理的劳动组织和节约使用材料的条件下,完成单位合格产品所需消耗的人工、材料、机械台班和资金的数量标准或额度。工程定额反映了工程建设的投入与产出的关系,它不仅规定了该项产品投入与产出的数量标准,而且还规定了完成该产品具体的工作内容、质量标准和安全要求。

实行定额的目的,是定额可以调动企业和职工的生产积极性,不断提高劳动生产率,加速经济建设发展,增加社会物质财富,满足整个社会不断增长的物质和文化生活的要求。定额反映生产关系和生产过程的规律,应用现代科学技术方法,找出产品生产与生产消耗之间的数量关系,用以寻求最大限度地节约生产消耗和提高劳动生产率的途径。因此,在建筑企业的生产活动中贯彻应用定额,就能体现以最少的人力、物力的资源消耗,生产出质量合格的建筑产品,以获得最佳的经济效益。

定额是企业科学化的产物,也是科学管理的基础。尽管管理科学在不断发展,但它仍然离不开定额的作用。因为在企业的施工生产过程中,如果没有定额提供可靠的生产单位合格产品所规定的工、料、机的数据,那么即使有最好的管理方法,也无法取得理想的施工生产效果。

1.2.2 定额的产生和发展

定额产生于 19 世纪末资本主义企业管理科学的发展初期。当时,虽然科学技术发展很快,机器设备先进,但在管理上仍然沿用传统的经验方法,生产效率低,生产能力得不到充分发挥,在这种背景下,著名的美国工程师泰勒(F. W. Taylor, 1856—1915)制定出工时定额,提出一整套科学管理的方法,这就是著名的"泰勒制"。

泰勒提倡科学管理,主要着眼于提高劳动生产率,提高工人的劳动效率。他突破了当时传统管理方法的羁绊,通过科学试验,对工作时间利用进行细致的研究,制定出标准的操作方法;通过对工人进行训练,要求工人改变原来习惯的操作方法,取消那些不必要的操作程序,并在此基础上制定出较高的工时定额,用工时定额评价工人工作的好坏。为了使工人能达到定额,大大提高工作效率,泰勒又制定了工具、机器、材料和作业环境的"标准化原理"。为了鼓励工人努力完成定额,泰勒还制定了一种有差别的计件工资制度,如果工人能完成定额就采用较高的工资率,如果工人完不成定额就采用较低的工资率,以刺激工人为多拿60%或者更多的工资去努力工作,去适应标准操作方法的要求。

"泰勒制"是作为资本家榨取工人剩余价值的工具,但它又是以科学方法来研究分析工人劳动中的操作和动作,从而制定最节约的工作时间——工时定额。"泰勒制"给资本主义企业管理带来了根本性变革,对提高劳动效率做出了显著的科学成就。

在我国古代工程中,也是很重视工料消耗计算的。我国北宋著名的土木建筑家李诫编修的《营造法式》,成书于公元 1100 年,它是土木建筑工程技术的巨著,也是工料计算方面的巨著。《营造法式》共有三十四卷,分为释名、各作制度、功限、料例和图样 5 个部分。其中,第十六卷至二十五卷是各工种计算用工量的规定;第二十六卷至二十八卷是各工种计算用料的规定。这些关于算工算料的规定,可以看作是古代的工料定额。清工部《工程做法则例》中也有许多内容是说明工料计算方法的,甚至可以说它主要是一部算工算料的书。直到今天,《仿古建筑及园林工程预算定额》仍将这些技术文献作为编制依据之一。

中华人民共和国成立以来,国家十分重视建筑工程定额的制定和管理。第一个五年计划(1953—1957 年)期间,建筑工程定额在控制建设投资、加强企业管理、组织工程施工及推行计件工资制等方面得到充分应用和迅速发展。

1958 年开始的第二个五年计划期间,由于经济领域中的"左"倾思潮影响,否定社会主义时期的商品生产和按劳分配,否定劳动定额和计件工资制,撤销一切定额机构。到 1960 年,建筑业实行计件工资的工人占生产工人的比重不到 5%。直至 1962 年,国家建筑工程部又正式修订颁发全国建筑安装工程统一劳动定额时,定额制度才逐步恢复。

1966 年起的"文化大革命"期间,以平均主义代替按劳分配,彻底否定科学管理和经济规律,国民经济遭到严重破坏,定额制度再次遭难,导致建筑业全行业亏损。1979 年,国家重新颁布了《建筑安装工程统一劳动定额》,以加强劳动定额的管理。1985年,国家城乡建设环境保护部修订颁布了《建筑安装工程统一劳动定额》。1995年,国家建设部又颁布了《全国统一建筑工程基础定额》(以下简称基础定额)和《全国统一建筑工程预算工程量计算规范》,这之后,全国各地都先后重新修订了各类建筑工程预算定额,使定额管理更加规范化和制度化。

《基础定额》是以保证工程质量为前提,完成按规定计量单位计量的分项工程的基本消耗量标准。《基础定额》的表现形式是按照量价分离、工程实体消耗和施工措施性消耗分离的改革设想而确定的。《基础定额》在项目划分、计量单位、工程量计算规则等方面统一的基础上实现了消耗量的基本统一,是编制全国统一定额、专业统一定额和地区统一定额的基础,也是施工单位制定投标报价和内部管理定额的重要参考资料。《基础定额》是国家对工程造价计价消耗量实施宏观调控的基础,对建立全国统一建筑市场、规范市场行为、促进和保护平等竞争起到了积极作用。

1.2.3　当前我国概预算与定额管理模式

1988年,建设部成立标准定额司,各省市、各部委建立了定额管理站,全国颁布一系列推动概预算管理和定额管理发展的文件,以及大量的预算定额、概算定额、概算指标。20世纪80年代后期,全过程造价管理概念逐渐为广大造价管理人员所接受,对推动建筑业改革起到了促进作用。随着经济体制改革的深入,我国工程建设概预算定额管理模式发生了很大的变化,主要表现在:

(1) 重视项目决策阶段的投资估算工作,切实发挥其控制建设项目总造价的作用。

(2) 强调设计阶段概预算工作,充分发挥其控制工程造价,合理使用建设资金的作用。

(3) 明确建设工程产品也是商品,改革建设工程造价构成与国际惯例接轨。

(4) 全面推行招标投标和承发包制,改行政手段分配设计、施工任务为招标承包。

(5) 工程造价从过去的“静态”管理向“动态”管理过渡。

(6) 建立监理工程师、造价工程师、咨询工程师(投资)执业资格制度。

(7) 建设部于2003年颁布实施的《建设工程工程量清单计价规范》(GB 50500—2003),不仅是适应市场定价机制、深化工程造价管理改革的重要措施,还增加了招标、投标透明度,更能进一步体现招投标过程中公平、公正、公开的“三公”原则,是国家在工程量计价模式上的一次革命。2008年,住房与城乡建设部修订发布了《建设工程工程量清单计价规范》(GB 50500—2008)。随后,2013年又修订发布了《建筑工程工程量清单计价规范》(GB 50500—2013)。

(8) 确立咨询业公正、负责的社会地位。工程造价咨询面向社会接受委托,承担建设项目的可行性研究、投资估算、项目经济评价、工程概算、工程预算、工程结算、竣工决算、工程招标标底、投标报价的编制和审核,对工程造价进行监控。

1.2.4　工程定额的分类

工程定额的分类方式很多,通常可按不同的原则和方法进行如下分类:

1) 按定额生产因素和物质消耗性质分类

物质生产所必须具备的“三要素”是劳动者、劳动对象和劳动手段。劳动者是指生产工人;劳动对象是指建筑材料(包括半成品);劳动手段是指生产机具设备。因此,根据施工活

动所需生产要素和消耗内容,可将工程定额分为以下 3 种类型:

(1) 劳动消耗定额。劳动消耗定额简称劳动定额,又称为人工定额或工时定额。劳动定额是指在正常施工技术和合理劳动组织的条件下,为生产单位合格产品所规定活劳动消耗的数量标准。

(2) 材料消耗定额。材料消耗定额简称材料定额,是指在合理使用材料的条件下,生产单位合格产品所规定的原材料、成品、半成品、构配件、燃料、水、电等消耗数量的标准。

(3) 机械消耗定额。机械消耗定额是以一台机械一个工作班(8 h)为计量单位,所以又称机械台班使用定额。是指在正常施工技术、合理劳动组织和合理使用机械的条件下,生产单位合格产品所规定的施工机械台班消耗数量的标准。

2) 按定额用途和内容分类

按定额用途和内容,工程定额可分为以下 5 种:

(1) 施工定额。施工定额是指工种工人或专业班组在合理劳动组织和正常施工条件下,生产单位合格产品所规定的人工、材料和机械台班消耗量的标准。施工定额是以同一性质的施工过程(工序)为对象编制而成。

施工定额是施工企业编制施工预算和施工组织设计,用来确定所建工程的资源需要量,安排施工作业计划和考核工程施工成本,进行经济核算的依据。

施工定额是施工企业内部使用的一种典型的生产性定额,是属于企业定额的性质。施工定额又是一种项目划分最细、定额子目最多的定额,也是工程定额中的基础性定额。

(2) 预算定额。预算定额是指在先进和合理的施工条件下,确定(完成)一个分部分项工程或结构构件所规定的人工、材料和机械台班消耗量的标准。

预算定额是在施工图设计阶段,用来编制工程预算,确定工程造价和工程施工中所需劳力、材料和机械台班使用量的定额。

预算定额是以施工定额为基础编制的,它是施工定额的综合和扩大,同时也是编制概算定额的基础。预算定额是一种典型的计价性定额。

(3) 概算定额。概算定额又称扩大结构定额,是指按一定计量单位规定的扩大分部分项工程或扩大结构构件所规定的人工、材料和机械台班消耗数量及费用的标准。概算定额是在预算定额的基础上综合扩大而成,它也是用来计算和确定劳力、材料、机械台班使用量的定额。概算定额也是一种计价性定额。

(4) 概算指标。概算指标是指用每 m^2、每 m^3 或每座建筑物为计量单位所规定的人工、材料和机械台班消耗数量的标准,或规定的每万元投资所需人工、材料、机械台班消耗数量及造价费用的标准。概算指标是概算定额的扩大与合并而成。概算指标也是一种计价性定额。

(5) 估算指标。估算指标是在项目建议书和可行性研究阶段,编制投资估算、计算投资使用费时使用的一种定额。它是以人工、主要材料、其他材料费、机械台班使用费消耗量的形式表现的。这种定额非常概略,往往以独立的单项工程或完整的工程项目为计算对象,编制内容是所有项目费用之和。

"建筑工程定额"是指建筑工程中的施工定额、预算定额、概算定额、概算指标和估算指标的统称。建筑工程定额中各种定额之间的关系见表 1-1 所示。

表 1-1　建筑工程定额分类和用途一览表

定额分类	施工定额	预算定额	概算定额	概算指标	估算指标
分项对象	工序	分项工程	扩大的分项工程	整个建(构)筑物	独立的单项工程
用途	编制施工预算	编制施工图预算	编制扩大初步设计概算	编制初步设计概算	编制投资估算
项目划分	最细	细	较粗	粗	很粗
定额水平	平均先进	平均	平均	平均	平均
定额性质	生产性定额	计价性定额			

3) 按专业不同和适用目的分类

按专业不同和适用目的可将工程定额分为建筑工程定额、设备安装工程定额、建筑安装工程费用定额、工器具定额和其他费用定额 5 类。

4) 按制定单位和适用范围分类

(1) 全国统一定额。是由国家建设行政主管部门综合全国工程建设中技术和施工组织管理的情况编制,并在全国范围内普遍执行的定额。如建设部于 1995 年发布的《全国统一建筑工程基础定额》(土建)和《全国统一建筑工程预算工程量计算规则》,统一了定额项目的划分,促进了计价基础的统一。全国统一定额反映一定时期社会生产力水平的一般状况,既可作为编制地区单位估价表、确定工程造价、编制工程招标标底的基础,也可作为制定企业定额和投标报价的参考。

(2) 行业统一定额。是由国务院行业主管部门发布,它是考虑到各部门生产技术的特点不同而编制的,只在本行业部门内和相同专业性质的范围内使用,具有较强的行业专业性。如矿井建设工程定额、铁路建设工程定额。

(3) 地区统一定额。是指由各省、自治区、直辖市编制颁发的定额,它是考虑到各地区物质资源、气候温差、经济技术、交通运输等条件的特点不同而编制的。如 2004 年《江苏省建筑与装饰工程计价表》,2004 年《江苏省建筑与装饰工程费用计算规则》,只能在本行政区划内使用。

(4) 企业定额。是指由施工单位考虑本企业的技术水平、管理水平、装备条件等实际情况,参照国家、部门或地区定额的水平制定的定额。企业定额只在企业内部使用,亦可用于投标报价,是企业素质的一个标志。企业定额水平一般应高于国家定额,这样才能促进企业生产技术发展、管理水平和市场竞争力的提高。实施工程量清单计价招标体制后,企业定额仍将是每一施工企业必须制定的定额。

(5) 补充定额。是指随着设计、施工技术的发展,现行定额不能满足需要的情况下,为了补充缺项所编制的定额。有地区补充定额和一次性补充定额两种。

1.2.5　定额的作用

定额的基本作用是组织生产,决定分配。

定额是管理科学的基础,是现代管理科学中的重要内容和基本环节。定额既不是计划经济的产物,也不是与市场经济相悖的体制改革对象。

在工程建设中,定额具有节约社会劳动和提高生产效率的作用。一方面,生产性的施工定额直接作用于建筑安装工人,施工单位以施工定额作为促使工人节约社会劳动(工作时间、原材料等)和提高劳动效率、加快工程进度的手段,以增加市场竞争能力,获取更多的利润;另一方面,作为工程造价计价依据的各类预算定额又促使施工单位加强管理,把社会劳动的消耗控制在合理的限度内。其具体作用是:

(1)计算与分析工程造价的重要依据。工程造价具有单件性、多次性的计价特点,无论是可行性研究阶段的投资估算、初步设计阶段的设计概算、施工图设计阶段的施工图预算,还是发包阶段的承包合同价、施工阶段的中间结算价、竣工阶段的竣工结算与决算,都离不开计价定额。

(2)投资决策与工程决策的重要依据。建设项目投资决策者可以利用计价定额,估算所需投资额,预测现金流出和流入,有效提高项目决策的科学性,优化投资行为。工程投标单位可以运用计价定额,了解社会平均的工程造价水平,考虑市场要求和变化,有利于做出正确的投标决策。工程造价的大小反映了设计方案技术经济水平的高低,因此,计价定额又是比较评价和选择设计方案的尺度之一。

(3)促进施工单位技术进步,降低社会平均必要劳动量的重要手段。

(4)政府对工程建设进行宏观调控,对资源配置进行预测和平衡的重要依据。市场经济并不排斥宏观调控,即使在发达国家,政府也力图对国民经济采取各种形式的国家干预和调控。

1.2.6 定额水平与劳动生产率

1)定额水平的含义

定额水平是指规定完成单位合格产品所需消耗的资源(劳动力、材料、机械台班)数量的多寡。它是按照一定的施工程序和工艺条件下,所规定的施工生产中活劳动和物化劳动的消耗水平。

定额水平是一种"平均先进水平",即在正常施工条件下,大多数施工队组和工人,经过努力能够达到和超过的水平,它低于先进水平,略高于平均水平。

定额水平反映企业的生产水平,是施工企业经营管理的依据和标准,每个企业和工人都必须努力达到或超额完成。

2)定额水平与劳动生产率和资源消耗间的关系

定额水平应直接反映劳动生产率水平和资源消耗水平。定额水平变化与劳动生产率水平变化的变化方向应相一致;定额水平变化与资源消耗水平变化的变化方向则应相反。

3)影响定额水平的因素

(1)施工操作人员的技术水平。

(2)新材料、新工艺、新技术的应用情况。

(3)企业施工采用机械化的程度。

(4)企业的施工管理水平。

(5)企业工人的生产积极性。

1.2.7 定额的制定及修订

1)定额的制定

定额是根据生产某种建筑产品,工人劳动的实际情况和用于该产品的材料消耗、机械台班使用情况,并考虑先进施工方法的推广程度,分别通过调查、研究、测定、分析、讨论和计算之后所制定出来的标准。因此,定额是平均的,同时又是先进的标准。

定额的制定应符合从实际出发,体现"技术先进、经济合理"的要求。同时,也要考虑"适当留有余地",反映正常施工条件下施工企业的生产技术和管理水平。

2) 定额的修订

定额水平不是一成不变的,而是随着社会生产力水平的变化而变化的。定额只是一定时期社会生产力的反映。随着科学技术的发展和定额对社会劳动生产率的不断促进,导致定额水平往往会落后于社会劳动生产率水平。当定额水平已经不能促进生产和管理,甚至影响进一步提高劳动生产率时,就应当修订已陈旧的定额,以达到新的平衡。

1.2.8 制定平均先进水平定额的意义

(1) 平均先进水平的定额,能调动工人生产积极性,因而提高劳动生产率。由于定额是平均而又是先进的标准,因此使工人生产有章可循,即有明确的努力目标。在正常施工条件下,只要工人通过自己的努力,目标是一定可以达到或超过的。因而,定额会激发和调动工人的生产积极性,为社会多做贡献。

(2) 平均先进水平的定额,是施工企业制定内部使用的"企业定额"的理想水平。由于定额是平均先进水平,它低于先进水平,而又略高于平均水平。这种定额的水平,使先进工人感到有一定的压力,必须努力更上一层楼;使中间工人感到定额水平是可望又可及的,从而增加达到和超过定额水平的信心;使后进工人感到很大压力,必须尽快努力提高操作技术水平,以达到定额水平。

(3) 平均先进水平的定额,会减少生产资源的消耗,提高产品的质量。由于定额不仅规定了一个数量标准,而且还有其具体的工作内容和达到的质量要求,施工生产中如果有了定额,那么"产量的高与低、质量的好与差、消耗的多与少"就有了一个衡量的标准和尺度。

总之,平均先进水平的定额,在生产劳动中起着可以鼓励先进、勉励中间、鞭策落后的作用。因此,定额在施工生产中贯彻执行,必然会提高劳动生产率,增加工人物质生活福利,因而在促使施工工程缩短工期、加快进度、确保质量、降低成本等诸多方面均有重大的现实意义。

1.2.9 定额的特性

(1) 定额的科学性。工程定额是反映出建设中的生产与消耗的客观规律。定额中规定的各种人工、材料、机械台班的数据,都是在遵循客观规律的条件下,经过长期观察、测定、广泛收集资料和总结生产实践经验的基础上,以实事求是的态度,运用科学的方法,经认真分析后确定的,具有可靠的科学性。

(2) 定额的权威性。定额的权威性客观基础是它的科学性。定额是经过一定的程序和一定授权单位审批颁发的,它有着经济法规的性质,且在执行中应反映定额的信誉和严肃性,具有一定的权威性。

(3) 定额的群众性。定额制定颁发后,在施工生产实践中,由广大工人群众去贯彻执行,也只有得到群众的充分协助和支持,定额才能更加合理化,并能为群众所接受,所以定额具有广泛的群众性。

（4）定额的系统性。工程定额是由多种内容的定额结合而成的有机整体,具有结构复杂、层次分明、目标明确的系统性特点,工程定额是相对独立的系统。

（5）定额的稳定性。工程定额是某一时期技术发展与管理水平的反映,在该段时间内应表现出稳定的状态。如果定额经常处于修改和变动状态,那么必然会造成执行中的困难和混乱。定额的执行需要有一个实践过程,只有通过实践的检验、观察和使用后才能发现问题,并在执行使用中不断加以完善、补充和修订。因此,定额应当有其稳定的使用性,决不可以朝定暮改。

1.2.10　工时研究

工时研究是测定定额工时消耗的基本内容。工作时间也就是一个工作班 8 小时的作业时间。通过科学分析,确定哪些属于定额时间,哪些属于非定额时间,研究非定额时间产生的原因,采取合理的措施,使非定额时间降低到最低限度,从而提高劳动生产率。工时研究分工人工作时间研究和机械工作时间研究两种。在工时研究前,首先需对施工过程进行分解,这是工时研究的重要组成部分。

1) 施工过程的分解

测定定额,首先是工时研究。而工时研究首先是根据合理的、先进的施工条件对施工过程(即建筑工程现场的生产过程)进行分解。例如:砌砖墙、内粉刷、浇筑混凝土等都称为施工过程。施工过程按其使用的工具、设备不同,可分为手动施工过程(如砌砖墙)和机械施工过程(如使用机械安装)。施工过程又分解为工序、操作和动作。

（1）工序

工序的基本特点是工人、工具和材料固定不变。如果在施工作业中,其中一项有了变更,这就表明已转入另一个工序。例如:砌砖施工过程中有运砖、运灰浆、铺灰、砌砖、勾缝等工序。上述所列举的"工序"都说明工人、工具和材料其中有一项或几项有了变更。在测定定额中,"工序"是主要研究的对象。

（2）操作

这是由工序分解的组成部分。例如:手工弯曲钢筋这个工序可分解为以下"操作":①将钢筋放到工作台上;②对准位置;③用扳手弯曲钢筋;④扳手回原;⑤将弯好的钢筋取出。

（3）动作

这是将一个操作分解更细的组成部分。如:"将钢筋放到工作台上"这个"操作",可分解成以下"动作":①走到已整直的钢筋堆放处;②弯腰拿起钢筋;③拿着钢筋走向工作台;④把钢筋放到工作台上。

我们将一个施工过程分解成工序、操作和动作的目的,就是分析、研究这些组成部分的必要性和合理性。测定每个组成部分的工时消耗,分析它们之间的关系及其衔接时间,最后测定施工过程及工序的定额。测定技术定额只是分解和标定到工序为止,如果进行某项先进技术或新技术的工时研究,就要分解到操作甚至动作为止,从中研究可加以改进操作或节约工时。

2) 工作时间的分析

工作时间分"工人工作时间"及"机械工作时间"两部分进行分析。

（1）工人工作时间分析

工人工作时间分析见图 1-3 所示。

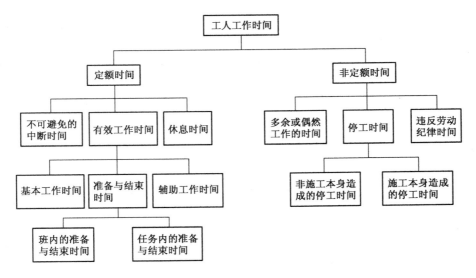

图 1-3 工人工作时间分析图

工人工作时间分成定额时间和非定额时间两部分。定额时间是指为完成某一部分建筑产品所必须耗用的工作时间；非定额时间是指非生产必需的工作时间，也就是工时损失。

① 工人的定额工作时间

A. 有效工作时间 有效工作时间中包括准备与结束工作时间、基本工作时间及辅助工作时间。

a. 准备与结束工作时间 这里指在工作开始前的准备工作和结束工作所消耗的时间。准备与结束工作时间可分班内的准备与结束工作时间（如：工作班中的领料、领工具、布置工作地点、检查、清理及交接班等）与任务内的准备与结束工作时间（如：接受任务书、技术交底、熟悉施工图等及与整个任务有关的准备与结束工作）。

b. 基本工作时间 基本工作时间是指直接完成部分建筑产品的生产任务所必须消耗的工作时间，包括某一施工过程的所有有关工序的工作时间。基本工作时间与工作任务的数量成正比。

c. 辅助工作时间 辅助工作时间是为了保证基本工作时间正常进行所必需的辅助性工作。例如：校正、移动临时性工作台，转移工作位置等。

B. 休息时间 指工人为了恢复体力所必需的短时间休息（如：喝水、上厕所等）。这与劳动强度、环境和工作性质有关。

C. 不可避免的中断时间 由于在施工中的技术操作及施工组织本身的特点所必须中断的时间。如：汽车司机在装卸车期间的中断时间。

② 工人的非定额工作时间

由多余或偶然工作、停工及违反劳动纪律的损失时间三部分组成。非定额时间也就是指损失的时间。

A. 多余或偶然工作时间　指在正常施工条件下不应发生或由意外因素所造成的时间消耗。例如：产品不符合质量要求的返工等。

B. 停工时间　停工时间有以下两种情况：

a. 由于施工技术、组织不当所造成的停工。如：准备工作不足、材料供应不及时等。

b. 由于外部原因造成的停工。如：气候突变、停电、停水等。

C. 违反劳动纪律的损失时间　指工人不遵守劳动纪律。如：迟到、早退、擅自离开工作岗位、工作时间聊天等。

（2）机械工作时间分析

机械工作时间分析见图 1-4 所示。

机械工作时间也分成定额工作时间与非定额工作时间两部分。

① 机械的定额工作时间

它由有效工作时间、不可避免的中断时间和不可避免的空转时间三部分组成。

A. 有效工作时间　分成正常负荷下的工作时间和降低负荷下的工作时间两部分。前者包括由于技术原因，机械可能低于规定负荷下的工作。如：汽车运载容量轻的货物而不能达到规定载重吨位。降低负荷下的工作时间是指由于管理失职、机械陈旧或故障等原因所致。

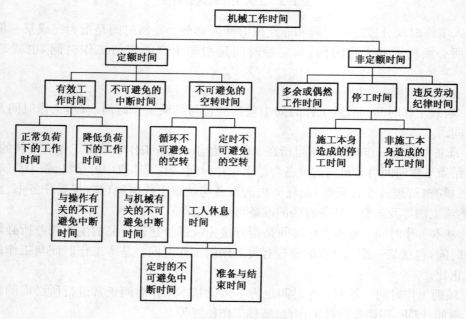

图 1-4　机械工作时间分析图

B. 不可避免的中断时间

a. 与操作有关的不可避免的中断时间。如：载重汽车在装卸车时的中断时间、转移工作地点的中断时间。

b. 与机械有关的不可避免的中断时间。如：机械准备与结束工作时的中断时间、正常维修保养机械时的中断时间等。

c. 工人休息时间。是指使用机械的工人必需的休息时间中，使机械暂时中断的时间。

C. 不可避免的空转时间　这是指由于施工工艺和组织的特点所引起的机械空转。它又分循环不可避免空转(如:运输汽车空车返回)及定时不可避免的空转(如:运输汽车在工作班开始和结束时的空车行驶)。

② 机械的非定额工作时间

它包括多余或偶然工作时间、停工及违反劳动纪律的时间等。

A. 多余或偶然工作时间

a. 由于工人未及时供料所造成的空转。

b. 机械在正常运转下的多余工作。如:混凝土搅拌机搅拌混凝土时超出规定的搅拌时间。

B. 停工时间

a. 由于施工组织不当所引起的停工。如:未及时供给机械需要的燃料。

b. 非施工本身所造成的停工。如:外部原因造成的停电、恶劣气候影响的停工。

C. 违反劳动纪律时间　是指工人迟到、早退等未遵守劳动纪律的时间。

1.2.11　建筑工程定额测定方法

定额测定是制定定额的一个主要步骤。测定定额是用科学的方法观察、记录、整理、分析,从而为制定建筑工程定额提供可靠依据。

通过定额测定所得的资料,是作为改善施工管理、合理地组织施工、挖掘潜力及提高劳动生产率的依据。定额测定亦是总结和推广先进经验的有效方法,可促进班组不断改进生产措施,创造条件提高生产效率。对于后进的班组,通过定额测定,分析研究操作方法,分析劳动组织的工时利用,从而找出问题,提出改进的具体措施,促成达到并超出定额。

定额测定是一项十分严肃的工作,测定的数据必须反映客观的真实情况,应用科学方法进行分析和整理,绝不能粗估和臆造。

1) 定额测定的准备工作

(1) 正确选择测定对象。根据测定的目的来选择测定对象:①制定劳动定额,应选择有代表性的班组或个人,包括各类先进的或比较后进的班组或个人;②总结推广先进经验,应选择先进的班组或个人;③为了帮助后进班组提高工效,还应选择长期不能完成定额的班组。

(2) 熟悉现行技术规范。定额测定人员要事先熟悉施工图、施工操作方法、劳动组织、现行技术规范与操作规程、材料供应、安全操作规程等有关资料。

(3) 分解施工过程,确定定时点。根据测定的目的,对所测定的施工过程进行分解,即划分成若干工序、操作或动作,并确定各组成部分的计量单位。所谓定时点,是指工序之间转移的时间分界点。测定时必须先明确定时点。

(4) 调查所测定施工过程的影响因素。施工过程的影响因素包括技术、组织及自然因素。例如:产品和材料的特征(规格、质量、性能等);工具和机械性能、型号;劳动组织和分工;施工技术说明(工作内容、要求等),并附施工简图和工作地点平面布置图。

2) 定额测定的方法

(1) 测时法

① 测定方法

测时法是测定定额时间中的"有效工作时间"循环性组成部分的时间消耗。如:为制定劳动定额,需测定单位产品所必需的基本工作时间;对某项新技术或先进经验,要研究分解工人的动作;为帮助提高工作班组的劳动生产率,需分析所有动作的各个环节。

测时法又分间隔测时法和连续测时法两种。

A. 间隔测时法　这是间隔选择施工过程中非紧连的工序或动作,测定工时,精确度达0.5秒。

间隔测时法适用于当测定各工序或动作的延续时间较短时,如用连续测定就比较困难。因此,用间隔测定更为方便而简单,这是在标定定额中常用的方法。

表1-2为间隔测时法记录表示例。

表1-2　间隔测时法记录表示例

测定对象:单斗正铲挖土机挖土(斗容量1 m³)观察精确度:每一循环时间精度1秒	间隔测时法	建筑企业名称	工地名称	观察日期	开始时间	终止时间	延续时间	观察号次
	施工过程名称:用正铲挖松土,装上自卸载重汽车,挖土机斗臂回转角度在120°～180°之间							

序号	工序名称	每一循环内各组成部分的工时消耗(台秒)										记录整理				
		1	2	3	4	5	6	7	8	9	10	延续时间总计	有效循环次数	算术平均值	占一个循环比例(%)	稳定系数③
1	土斗挖土并提升斗臂	17	15	18	19	19	22	16	18	18	16	178	10	17.8	38.20	1.47
2	回转斗臂	12	14	13	25①	10	11	12	11	12	13	108	9	12.0	25.75	1.40
3	土斗卸土	5	7	6	5	6	12②	5	5	5	4	53	9	5.9	12.66	1.60
4	反转斗臂并落下土斗	10	12	11	10	12	10	9	12	10	14	110	10	11.0	23.39	1.56
5	一个循环总计	44	48	48	59	47	54	45	47	47	46	—	—	46.7	100.0	—

注:① 由于载重汽车未组织好,使推土机等候,不能立刻卸土;

　　② 因土与斗壁粘住,震动土斗后才使土卸落;

　　③ 工时消耗中最大值 t_{max} 与最小值 t_{min} 之比,即稳定系数 $= \dfrac{t_{max}}{t_{min}}$。

在测定中,如有些工序遇到技术上或组织上问题而导致工时消耗骤增时,在记录表上应加以注明(如表1-2①②),供整理时参考。记录的数字如有笔误,应划去重写,不得在原数字上涂改,使辨认不清。

B. 连续测时法　这是连续测定一个施工过程各工序或动作的延续时间。连续测时法每次要记录各工序或动作的终止时间,并计算出本工序的延续时间。即

$$本工序的延续时间 = 本工序的终止时间 - 紧前工序的终止时间 \qquad (1-1)$$

表1-3为连续测时法记录表示例。

② 测时法记录整理

测时法数据整理,一般在删除明显错误的数值和误差极大的数值以后,求算术平均值。这些误差极大的数据,往往是由于技术和组织上的原因所造成的工时拖延。

表 1-3 连续测时法记录表示例

测定对象:混凝土搅拌机拌合混凝土 观察精确度:1秒	连续测时法	建筑企业名称	工地名称	观察日期	开始时间	终止时间	延续时间	观察号次
		施工过程名称:混凝土搅拌机(J₅B-500型)拌合混凝土						

序号	工序名称	时间	观察次数 1	2	3	4	5	6	7	8	9	10	延续时间总计	有效循环次数	算术平均值	最大值 t_{max}	最小值 t_{min}	稳定系数
1	装料入鼓	终止时间	0分15秒	2分16秒	4分20秒	6分30秒	8分33秒	10分39秒	12分44秒	14分56秒	17分4秒	19分5秒	148	10	14.8	19	12	1.58
		延续时间	15	13	13	17	14	15	16	19	12	14						
2	搅拌	终止时间	1分5秒	3分48秒	5分55秒	7分57秒	10分4秒	12分9秒	14分20秒	16分28秒	18分33秒	20分38秒	915	0	91.5	96	87	1.10
		延续时间	90	92	95	87	91	90	96	92	89	93						
3	出料	终止时间	2分3秒	4分7秒	6分13秒	8分19秒	10分24秒	12分28秒	14分37秒	16分52秒	18分51秒	20分54秒	191	10	19.1	24	16	1.50
		延续时间	18	19	18	22	20	19	17	24	18	16						

删除这些误差极大的数值,并非主观所决定,而应根据误差理论推导的公式:

$$\lim_{max} = \bar{x} + k(t_{max} - t_{min}) \qquad (1-2)$$

$$\lim_{min} = \bar{x} - k(t_{max} - t_{min}) \qquad (1-3)$$

式中:$\lim_{max}$——根据误差理论得出的最大极限值;

$\lim_{min}$——根据误差理论得出的最小极限值;

t_{max}——测定的数组中经整理后的最大值;

t_{min}——测定的数组中经整理后的最小值;

$\bar{x}$——算术平均值;

k——调整系数(见表 1-4)。

表 1-4 调整系数表

观察次数	5	6	7~8	9~10	11~15	16~30	31~53	54 以上
调整系数 k	1.3	1.2	1.1	1.0	0.9	0.8	0.7	0.6

【例 1-1】 表 1-2 示例中第一道工序,有效循环次数测定的数值为:17,15,18,19,19,22,16,18,18,16。其中误差大的可疑数值为 22。删去此可疑的数值 22 后,求算术平均修正值。

$$\bar{x} = \frac{17+15+18+19+19+16+18+18+16}{9} = 17.3$$

$$\lim_{max} = \bar{x} + k(t_{max} - t_{min}) = 17.3 + 1(19-15) = 21.3$$

删除的数 22 > 21.3。可见上列数组中必须删去可疑数 22。

算术平均修正值为 17.3(未经修正的算术平均值为 17.8)。

③ 观察次数的确定

观察次数越多精确度必然越高,但测定耗费的工作量也越大。在所要求的精确度范围内,根据误差理论,可求得必需的观察次数,见表 1-5 所示,则稳定系数 k_P 为

$$k_P = \frac{t_{\max}}{t_{\min}} \tag{1-4}$$

式中符号意义同前。

算术平均值精确度 E 可按公式(1-5)计算：

$$E = \pm \frac{1}{x} \sqrt{\frac{\sum \Delta^2}{n(n-1)}} \tag{1-5}$$

式中：n——观察次数；

Δ——每次观察值与算术平均值之差。

表 1-5　测时所必需的观察次数表

观察次数 n　要求的精确度 E　稳定系数 k_P	要求的算术平均值精确度 E(%)				
	5 以内	7 以内	10 以内	15 以内	20 以内
1.5	9	6	5	5	5
2	16	11	7	5	5
2.5	23	15	10	6	5
3	30	18	12	8	6
4	39	25	15	10	7
5	47	31	19	11	8

【例 1-2】 表 1-2 示例中第 4 道工序观测值为：

10,12,11,10,12,10,9,12,10,14 十个数据。检查观察次数是否满足要求。

$$\overline{x} = \frac{10+12+11+10+12+10+9+12+10+14}{10} = 11$$

Δ 值为

$$-1, +1, 0, -1, +1, -1, -2, +1, -1, +3$$

其中平均值精确度 E 计算：

$$E = \pm \frac{1}{x} \sqrt{\frac{\sum \Delta^2}{n(n-1)}}$$

$$= \pm \frac{1}{11} \sqrt{\frac{1^2+1^2+1^2+1^2+1^2+2^2+1^2+1^2+3^2}{10(10-1)}}$$

$$= \pm \frac{1}{11} \sqrt{\frac{20}{90}}$$

$$= \pm 4.3\%$$

稳定系数为

$$k_P = \frac{t_{\max}}{t_{\min}} = \frac{14}{9} = 1.56$$

根据计算出的 E 与 k_P 值,与表 1-5 核对。当 $k_P=1.56$ 时,精确度 E 为 5% 以内,应观察 9 次。本例观察 10 次,已满足要求。

(2) 写实记录法

写实记录法是测定一定时间内全部工作时间的耗用。包括:基本工作时间、不可避免的中断时间、辅助工作时间、准备与结束工作时间、休息时间及各种损失时间等。因此,写实记录法是测定定额的全部工时。这个方法比较实用,以下将写实记录法中的"数示法"测定方法和数据整理详细介绍如下:

此法的特征是用数字记录,精确度达 5 秒。表 1-6 为数示法的示例。

施工过程为用双轮车运土,运距 200 m,观察工人的工时耗用。该施工过程由 6 个部分组成,即序号 1 至 6。

在第(4)栏所列的序号即该 6 个组成部分,第(5)栏即相应序号的组成部分结束时间,第(9)栏开始连续对工人测定。

表 1-6　数示法写实记录表示例

工地名称		开始时间		延续时间		调查号次	
施工单位名称		终止时间		记录日期		页　次	

施工过程:双轮车运土方(运距200 m)			观察对象						观察对象						
序号	施工过程组成部分名称	时间消耗量	组成部分序号	起止时间 时—分	秒	延续时间	完成产品 计量单位	数量	组成部分序号	起止时间 时—分	秒	延续时间	完成产品 计量单位	数量	附注
(1)	(2)	(3)	(4)	(5)		(6)	(7)	(8)	(9)	(10)		(11)	(12)	(13)	(14)
1	装土	29'35"	(开始)	8-33	0				1	9-16	50	3'40"	m³	0.288	
2	运输	21'26"	1	35	50	2'50"	m³	0.288	2	19	10	2'20"	次	1	
3	卸土	8'59"	2	39	0	3'10"	次	1	3	20	10	1'00"	m³	0.288	
4	空返	18'5"	3	40	20	1'20"	m³	0.288	4	22	30	2'20"	次	1	
5	等候装土	2'5"	4	43	0	2'40"	次	1	1	26	30	4'00"			
6	喝水	1'30"	1	46	30	3'30"			2	29	0	2'30"			
			2	49	0	2'30"			3	30	0	1'00"			
			3	50	0	1'00"			4	32	50	2'50"			共运土8车,每车容积0.288 m³
			4	52	30	2'30"			5	34	55	2'05"			
			1	56	40	4'10"			1	38	50	3'55"			共运0.288×8=2.3 m³松土
			2	59	10	2'30"			2	41	56	3'6"			
			3	9-00	20	1'10"			3	43	20	1'24"			
			4	3	10	2'50"			4			2'30"			
			1	6	50	3'40"			1	49	40	3'50"			
			2		40	2'50"			2	52	30	2'30"			
			3	10	45	1'05"			3	53	10	1'00"			
			4	13	10	2'25"			4	54	40	1'30"			
		81'40"				40'10"						41'30"			

1.3 建筑工程预算(造价)概述

1.3.1 工程预算(造价)的含义

1) 建设工程预算(造价)

建设工程预算(造价)是指建设工程从建设项目论证决策开始,经过勘察设计、施工建造、招标投标、设备采购,直至竣工验收、交付使用为止的各个建设阶段,完成建筑工程、安装工程、设备及工具器具购置及其他建设工作,最后形成固定资产的这一系列过程中投入的所有费用的总和,即建设工程项目预计开支(投资)的全部费用。

2) 建筑工程预算(造价)

建筑工程预算(造价)是建设工程项目预算(造价)中的主要组成部分,它是指建设单位支付给施工单位的全部费用,也就是建筑工程以单独产品形式作为商品进行市场交换所需的货币量。建筑工程预算(造价)是根据设计图纸及其说明,并结合施工组织设计或施工方案,以及有关概预算定额手册、工程量计算规则、地区工程计价表(综合单价),以及地区取费标准、取费率,预先计算出来的该单位工程的价格(造价)。

1.3.2 工程预算(造价)的分类

工程预算(造价)按建设工程项目所处的建设阶段、编制对象、工程性质等的不同,可进行如下分类:

1) 按建设阶段不同分类

工程预算(造价)按工程建设不同的建设阶段编制文件划分,可分为投资估算、设计概算、修正概算、施工图预算、竣工结算和竣工决算。

(1) 投资估算。投资估算是在项目建议书和可行性研究阶段,根据投资估算指标、市场工程造价资料、现行材料设备价格,并结合工程实际情况,对拟建项目的投资数额进行预测与估计,确定出投资估算的造价。投资估算是判断建设项目的可行性,进行决策和控制造价的主要依据。

(2) 设计概算。设计概算是在初步设计或扩大初步设计阶段,由设计单位以投资估算为目标,根据初步设计图纸、概算定额或概算指标、费用定额或取费标准,以及建设地区的自然条件、技术经济资料等,预先计算和确定出建设项目从项目筹建、竣工验收到交付使用的全部建设费用的经济文件。经批准的设计概算造价,即成为控制建设项目工程造价的最高限额。设计概算是建设单位确定和控制建设工程项目总投资,编制设计计划的依据。

(3) 修正概算。修正概算是在技术设计阶段,随着初步设计内容的深化,在建设规模、结构类型、材料品种等方面对原初步设计图纸进行必要的修改和变动,此时则应对初步设计概算作相应的修改和变动,即形成修正概算。修正概算不得超过原已批准的设计概算的投资额。

(4) 施工图预算。施工图预算是在施工图设计完成后,单项工程或单位工程开工前,由施工单位根据已审定的施工图纸、施工组织设计、定额手册、取费标准、建设地区的自然状况和经济条件等,预先计算和确定的单项工程或单位工程费用的技术经济文件。施工图预算是施工企业确定建筑工程预算造价,签订工程预算承包合同,实行工程预算包干的依据;是建设单位拨付工程款,进行竣工结算和竣工决算的依据;也是实行招标工程,确定招标控制价的基础。

(5)竣工结算。竣工结算是在单项工程或单位工程完成合同规定的全部内容,并经竣工验收合格后,由施工单位以施工图预算为依据,并根据设计变更通知书、现场施工记录、现场变更签证、有关计价单位、费用标准等资料,在原定合同施工图预算基础上,经汇总计算出项目的最终价款。竣工结算是确定承包工程最终实际造价,同时也标志着承发包双方合同关系和经济关系的结束。

(6)竣工决算。竣工决算是在建设项目或单项工程全部完工并经验收后,由建设单位编制的从项目筹建到竣工验收的全过程中,实际支付的全部建设费用的经济文件。竣工决算是反映建设工程实际投资额和考核投资效果的依据。

2)按编制对象不同分类

工程预算按工程建设不同建设对象编制的文件划分,可分为单位工程概预算、单项工程概预算和建设项目总概预算。

(1)单位工程概预算(造价)。单位工程概预算(造价)是以单位工程为编制对象,确定其建设该单位工程建设所需费用(造价)的经济文件。

(2)单项工程概预算(造价)。单项工程概预算是以单项工程为编制对象,确定该单项工程建设费用(造价)的综合经济性文件,由该单项工程内的各个单位工程的概预算(造价)汇总而成。

(3)建设项目总概预算(造价)。建设项目总概预算(造价)是以建设项目为编制对象,确定其建设项目全部建设费用(造价)的综合性经济文件,由该建设项目内的各个单位工程概预算(造价)及其工程建设费用(造价)综合而成。

3)按专业性质不同分类

工程预算(造价)按工程建设不同专业性质编制文件划分,可分为建筑工程概预算(造价)、安装工程概预算(造价)、市政工程概预算(造价)、园林绿化工程概预算(造价)等。

1.3.3　工程建设程序与工程预算编制的关系

工程建设项目是一种特殊的生产产品,其施工过程是一个生产周期长、消耗数量大、投资费用多的生产消费过程,而且要分阶段进行,逐步深入。按照工程建设项目的建设程序,要分不同阶段编制相应的工程概预算,即从投资决策、可行性研究、设计施工,直至竣工验收、交付使用为止的各个建设阶段,要编制相应的投资估算、设计概算、施工图预算到承包合同价,再到各项工程的结算价,并在竣工结算的基础上,最后汇总编制出竣工决算。整个计算费用(计价)过程是一个由粗到细、由浅到深,最后才能确定工程实际预算费用(造价)的过程。

工程建设程序与工程预算编制程序之间的关系如图 1-2 所示。

图 1-2 说明了工程建设程序与工程预算(造价)编制之间关系的总体过程。从图中可以看出:它们之间存在着不可分割的关系。由此可知:必须严格遵循工程建设程序,并按阶段编制相应的工程预算(造价),实施阶段的全面造价管理,使"编"与"管"相结合。只有这样,才能达到有效地节约建设投资,提高投资经济效益之目的。

1.3.4 工程预算(造价)的两种含义及计价特点

1) 工程预算(造价)的两种含义

工程预算(造价)是指工程建造的价格,它是以工程价值的货币的形式表现出来。

(1) 第一种含义:是指一项建设项目,由建设单位预计开支的全部固定资产投资费用,从开始筹建至建成交付使用,建设全过程所需投入的建设成本,也就是建设项目的全部资金投入。

(2) 第二种含义:是指一项建筑工程施工的工程承发包价格,由建设单位付给施工单位的全部承包费用,也就是建筑工程的产品价格。

2) 工程预算(造价)的计价特点

由于建设工程项目具有产品单独性、外观体形大、生产周期长、投资费用高等特殊性,加之产品是交易在先、生产在后的一种供销方式,这就使得建设工程项目的计价方法与其他商品不同,具有其自身以下的计价特点:

(1) 计价的单件性。每一项工程项目,都有其设计的特定功能和用途的要求,因而具有在造型和结构、面积和装饰等方面的不同。即使功能和用途均相同的工程,其建设等级、建筑标准、施工方法、技术水平等方面也会有所不同,何况工程的实物形态的不同,各建造地区的自然环境和物质资源的差别,再加上不同地区构成投资费用的各种要求的差异。所以,各个工程项目在工程内容和实物形态等诸多方面都具有其个别性和差异性,最终导致工程预算造价的千差万别。因此,建筑工程产品就不能像一般工业产品那样批量生产和批量定价,而只能各个工程项目单独设计和单独定价,这就是计价的单件性。

(2) 计价的多次性。一项工程项目,由于建设周期长、工程规模大、耗费资源多、投资费用大,因此要按工程建设程序必须分阶段进行建设,并按相应的建设阶段进行多次计价,如进行投资估算、设计概算、施工图预算、竣工结算和竣工决算等,这样才能保证工程预算造价计算的正确性和控制的有效性,这就是计价的多次性(见图1-2所示)。

(3) 计价的组合性。一项建设项目是一个工程综合体,这个综合体可以分解为许多有内在联系的独立和不独立的工程。从工程预算计价和工程管理的角度来观察,一个建设项目是"由大到小"做如下分解:建设项目→(若干)单项工程→(若干)单位工程→(若干)分部工程→(若干)分项工程。由此可见:建设项目的这种逐步分解过程,决定了计价是一个相反的"由小到大"逐步组合过程。其计价程序为:分项工程造价→分部工程造价→单位工程造价→单项工程造价→建设工程项目总造价。工程预算计价的这种组合过程,就是计价的组合性。

1.3.5 工程造价管理体制改革

在我国,工程造价(建筑工程产品价格)管理体制多年来一直在改革。

我国已制定了统一的工程量计算规则和消耗量基础定额,各地普遍据此制定了当地的预算定额和工程造价价差管理办法,按工程技术要求和施工难易程度划分工程类别,实现有差别的间接费率和利润率,各地区、各部门工程造价管理部门定期发布反映市场价格水平的价格信息和调整指数,建立和发展工程造价咨询机构,实行造价工程师考试与注册制度等等。这些改革措施对促进工程造价管理、合理控制投资起到了积极的作用。

1）工程造价定额管理模式——静态管理模式

长期以来,我国工程造价是实行由国家建设主管部门制定颁发一系列全国统一和地区规定的工程定额、工程量计算规则、取费标准等管理文件,工程造价编制就是依据这些规定的"管理文件"和设计图纸,计算出工程量并套用法定的概预算定额和取费标准,最终确定出工程造价。

这种造价编制管理模式,就是以工程预算定额,成为编制施工图预算、工程招标标底、投标报价和签订工程施工承包合同的法定依据。任何单位和个人在使用中,必须严格按定额规定执行,不得违规。随着市场经济的建立,我国工程施工承发包中逐步开始实行招标投标制度,但无论是编制招标标底或投标报价方面,在计价的规则上仍然还没有超出定额规定的范畴。由于定额的限制,企业缺乏自主权,不能形成强有力的竞争意识。

2）工程造价的动态管理模式

随着经济体制改革的深入,为适应建筑市场改革的需求,提出了"控制量、指导价、竞争费"的改革措施,工程预算造价编制由静态管理向动态管理的模式转变。改革的主要思路是"量价分离",即预算定额中的"人工、材料、机械台班的消耗量"按定额来确定,而价格则是根据市场情况,由各级工程造价管理机构提供"指导价格"。

3）工程造价的市场经济模式——工程量清单计价

随着我国市场化经济的形式,建设工程投资趋向多元化状况。在经济成分中包含有全民经济、集体经济、股份制经济、私有经济等,均各自投资建筑市场。建筑企业作为市场的主体,也必须是价格决策的主体,应该根据自身的生产经营状况和市场供求关系来决定产品的价格,这就势必要求企业具有充分的定价自主权,把定价权交给企业和市场。由市场形成价格的工程造价改革已势在必行,于是就出现"确定量、市场价、竞争费"的工程造价编制改革思路。具体改革措施就是在工程施工承发包过程中,采用"工程量清单"计价法。

2003年7月1日起实施的国家标准《建设工程工程量清单计价规范》是我国深化工程造价方面改革的革命性措施。工程量清单计价,从名称来看,只表现出这种计价方式与传统计价方式在形式上的区别。但实质上,工程量清单计价模式是一种与市场经济相适应的、允许承包单位自主报价、通过市场竞争确定价格、与国际惯例接轨的计价模式。因此,推行工程量清单计价是我国工程造价管理体制由计划经济模式向市场经济模式转变的重要标志,经过多年实践,我国的工程造价管理体制已经发生了重大变革。

工程造价管理最终将进入完全的市场化阶段,政府行使协调监督职能。通过完善招标投标制,规范工程承发包行为,建立统一、开放、有序的建筑市场体系;造价咨询机构将独立、公正地开展咨询业务,实施全过程的咨询服务;建立起在国家宏观调控的前提下,以市场形成价格为主的价格机制;根据物价变动、市场供求变化、工程质量、完成工期等因素,对工程造价依照不同承包方式实行动态管理。改革的最终目标是要建立与国际惯例接轨的工程造价管理体制。

2 建筑工程定额原理

2.1 建筑工程施工定额（企业定额）

施工定额是具有合理劳动组织的建筑安装工人小组在正常施工条件下完成单位合格产品所需要的人工、机械、材料消耗的数量标准，它是根据专业施工的作业对象和工艺制定的。施工定额反映企业的施工水平，它是建筑企业中用于工程施工管理的定额。

施工定额是建筑工程定额中分得最细、定额子目最多的一种定额。

一般情况下，施工定额等同于企业定额。但应当指出，相当多的施工企业缺乏自己的施工定额，这是施工管理的薄弱环节。施工企业应根据本企业的具体条件和可能挖掘的潜力，根据市场的需求和竞争环境，根据国家有关政策、法律和规范、制度，自己编制定额，自行决定定额的水平。同类企业和同一地区的企业之间存在着施工定额水平的差距，这样在建筑市场上才能具有竞争能力。同时，施工企业应将施工定额的水平对外作为商业秘密进行保密。

2.1.1 劳动消耗定额

1）劳动消耗定额的概念和表达形式

劳动消耗定额也称为人工消耗定额，它是建筑安装工程统一劳动定额的简称，是反映建筑产品生产中活劳动消耗数量的标准。

在各种定额中，劳动消耗定额都是重要的组成部分。劳动消耗的含义是指活劳动的消耗，而不是活劳动和物化劳动的全部消耗。劳动消耗定额，通常简称为劳动定额。为了便于综合和核算，劳动定额大多采用工作时间消耗量来表示和计算劳动消耗的数量。

劳动定额，是指在正常施工技术条件和合理劳动组织条件下为生产单位合格产品所需消耗的工作时间，或在一定的工作时间中应该生产的产品数量。劳动定额以时间定额或产量定额表示。

（1）时间定额。时间定额，就是某种专业、某种技术等级工人班组或个人，在合理的劳动组织和合理使用材料的条件下，完成单位合格产品所必需的工作时间，包括准备与结束时间、基本工作时间、辅助工作时间、不可避免的中断时间及工人必需的休息时间。时间定额以工日为单位，每一工日按 8 小时计算。其计算方法如下：

$$单位产品时间定额（工日） = \frac{1}{每工产量} \tag{2-1}$$

$$或单位产品时间定额（工日） = \frac{小组成员工日数总和}{机械台班产量} \tag{2-2}$$

（2）产量定额。产量定额，就是在合理的劳动组织和合理使用材料的条件下，某种专业、某种技术等级的工人班组或个人在单位工日中所应完成的合格产品的数量。其计算方法如下：

$$每工产量定额 = \frac{1}{单位产品时间定额（工日）} \qquad (2-3)$$

产量定额的计量单位有：m、m²、m³、t、块、根、件、扇等。

时间定额与产量定额互为倒数，即

$$时间定额 \times 产量定额 = 1 \qquad (2-4)$$

$$时间定额 = \frac{1}{产量定额} \qquad (2-5)$$

$$产量定额 = \frac{1}{时间定额} \qquad (2-6)$$

对小组完成的时间定额和产量定额，两者就不是通常所说的倒数关系。时间定额与产量定额之积，在数值上恰好等于小组成员数总和。

表 2-1 《建筑安装工程劳动定额——砌体工程》示例

砖 墙

工作内容：包括砌墙面艺术形式、墙垛、平碹及安装平碹模板，梁板头砌砖，梁板下塞砖，楼梯间砌砖，留楼梯踏步斜槽，留孔洞，砌各种凹进处，山墙泛水槽，安放木砖、铁件，安装 60 kg 以内的预制混凝土门窗过梁、隔板、垫层以及调整立好后的门窗框等。

每 1 m³ 砌体的劳动定额 （工日/m³）

项 目		双面清水			单面清水					序号
		1 砖	1.5 砖	2 砖及 2 砖以外	0.5 砖	0.75 砖	1 砖	1.5 砖	2 砖及 2 砖以外	
综合	塔吊	1.27	1.20	1.12	1.52	1.48	1.23	1.14	1.07	一
	机吊	1.48	1.41	1.33	1.73	1.69	1.44	1.35	1.28	二
砌砖		0.726	0.653	0.568	1.00	0.956	0.684	0.593	0.52	三
运输	塔吊	0.44	0.44	0.44	0.434	0.437	0.44	0.44	0.44	四
	机吊	0.652	0.652	0.652	0.642	0.645	0.652	0.652	0.652	五
调制砂浆		0.101	0.106	0.107	0.085	0.089	0.101	0.106	0.107	六
编号		4	5	6	7	8	9	10	11	

项 目		混水内墙				混水外墙				序号
		0.5 砖	0.75 砖	1 砖	1.5 砖及 1.5 砖以外	0.5 砖	0.75 砖	1 砖	1.5 砖	2 砖及 2 砖以外
综合	塔吊	1.38	1.34	1.02	0.994	1.5	1.44	1.09	1.04	1.01	一
	机吊	1.59	1.55	1.24	1.21	1.71	1.65	1.3	1.25	1.22	二
砌砖		0.865	0.815	0.482	0.448	0.98	0.915	0.549	0.491	0.458	三
运输	塔吊	0.434	0.437	0.44	0.44	0.434	0.437	0.44	0.44	0.44	四
	机吊	0.642	0.645	0.654	0.654	0.642	0.645	0.652	0.652	0.652	五
调制砂浆		0.085	0.089	0.101	0.106	0.085	0.089	0.101	0.106	0.107	六
编号		12	13	14	15	16	17	18	19	20	

2）人工消耗定额编制方法

（1）工人工作时间消耗的分类

工人在工作班内消耗的工作时间，按其消耗的性质分为必需消耗的时间和损失时间两大类。

必需消耗的时间是工人在正常施工条件下，为完成一定数量合格产品所必需消耗的时间，它是制定定额的主要依据。

损失时间是和产品生产无关，而和施工组织和技术上的缺点有关，与工人在施工过程中的个人过失或某些偶然因素有关的时间消耗。

① 必需消耗的工作时间

必需消耗的工作时间包括有效工作时间、休息时间和不可避免的中断时间。

有效工作时间是从生产效果来看与产品生产直接有关的时间消耗。其中包括基本工作时间、辅助工作时间、准备与结束工作时间的消耗。

基本工作时间，是工人完成基本工作所消耗的时间，也就是完成一定产品的施工工艺过程所消耗的时间。

辅助工作时间，是为保证基本工作能顺利完成所做的辅助性工作所消耗的时间。在辅助工作时间里，不能使产品的形状大小、性质或位置发生变化。

准备与结束工作时间，是执行任务前或任务完成后所消耗的工作时间。

不可避免的中断时间，是由于施工工艺特点引起的工作中断所消耗的时间。

与施工过程工艺特点有关的工作中断时间应包括在定额时间内，但应尽量缩短此项时间消耗。与工艺特点无关的工作中断所占用时间是由于劳动组织不合理引起的，属于损失时间，不能计入定额时间。

休息时间，是工人在工作过程中为恢复体力所必需的短暂休息的时间消耗。这种时间是为了保证工人精力充沛地进行工作，在定额时间中必须计算。休息时间的长短和劳动条件有关，劳动繁重而紧张、劳动条件差（例如高温）则休息时间需要长一些。

② 损失的时间

损失的时间包括多余和偶然工作、停工、违背劳动纪律所引起的工时损失。

多余和偶然工作的时间损失，包括多余工作引起的工时损失和偶然工作引起的时间损失两种情况。

多余工作，是工人进行了任务以外的工作而又不能增加产品数量的工作。

偶然工作，是工人在任务外进行的工作，但能获得一定产品的工作。

停工时间，是工作班内停止工作造成的工时损失。停工时间按其性质可分为施工本身造成的停工时间和非施工本身造成的停工时间两种。

施工本身造成的停工时间，是由于施工组织不善、材料供应不及时、工作面准备工作做得不好、工作地点组织不良等情况引起的停工时间。这些情况在拟定定额时不应该考虑。

非施工本身造成的停工时间，是由于气候条件以及水源、电源中断引起的停工时间。由于自然气候条件的影响而又不在冬、雨季施工范围内的工时损失，拟定定额时应给予合理的考虑。

违背劳动纪律造成的工作时间损失，是指工人在工作班开始和午休后的迟到、午饭前和工作班结束前的早退、擅自离开工作岗位、工作时间内聊天或办私事等造成的工时损失。由于个别工人违背劳动纪律而影响其他工人无法工作的时间损失也包括在内。此项工时损失不应允许存在,在拟定定额时是不能考虑的。

工人工作时间的分类一般见表 2-2。

表 2-2　工人工作时间分类表

时间性质		时 间 分 类 构 成	
工人全部工作时间	必需消耗的时间	有效工作时间	基本工作时间
			辅助工作时间
			准备与结束工作时间
		不可避免的中断时间	不可避免的中断时间
		休息时间	休息时间
	损失的时间	多余和偶然工作时间	多余工作的工作时间
			偶然工作的工作时间
		停工时间	施工本身造成的停工时间
			非施工本身造成的停工时间
		违背劳动纪律损失的时间	违背劳动纪律损失的时间

(2) 人工消耗定额的编制方法

人工消耗定额的编制方法主要有技术测定法、统计分析法、经验估算法、比较类推法等。其中技术测定法是我国建筑安装工程收集定额基础资料的基本方法。

① 技术测定法。技术测定法是一种细致的科学调查研究方法,是在深入施工现场的条件下,根据施工过程合理先进的技术条件、组织条件和施工方法,对施工过程各工序工作时间的各个组成部分进行实地观测,分别测定每一工序的工时消耗,通过测定的资料进行分析计算,并参考以往数据经过科学整理分析以测定定额的一种方法。

② 经验估计法。一般是根据老工人、施工技术员和定额员的实践经验,并参考有关技术资料,结合施工图纸、施工工艺、施工技术组织条件和操作方法等,通过座谈、分析讨论和综合计算的一种方法。

③ 统计分析法。统计分析法是把过去一定时期内实际施工中的同类工程和生产同类产品的实际工时消耗和产品数量的统计资料(施工任务书、考勤报表和其他有关资料),经过整理,结合当前生产技术组织条件,进行分析对比研究来制定定额的一种方法。

④ 比较类推法。又称典范定额法,它是以精确测定好的同类型工序或产品的定额,经过分析,推出同类中相邻工序或产品定额的方法。

3) 人工消耗定额示例

表 2-3 摘自《全国建筑安装工程统一劳动定额》第四册砖石工程的砖基础。例如:砌 1 m³ 两砖基础综合需 0.833 工日,每工日综合可砌 1.2 m³ 两砖基础。见表 2-3。

4) 人工消耗定额的应用范例

【例 2-1】　某土方工程二类土,挖基槽的工程量为 450 m³,每天有 24 名工人负责施工,时间定额为 0.205 工日/m³,试计算完成该分项工程的施工天数。

【解】　(1) 计算完成该分项工程所需总工作时间

$$总工作时间 = 450 \times 0.205 = 92.25 工日$$

表 2-3 砖基础砌体劳动定额

工作内容:清理地槽,及其垜、角、抹防潮层砂浆等。　　　　　　　　　　　　　　计量单位:m³

项　目		砖基础深在 1.5 m 以内			序号
		厚　度			
		1 砖	1.5 砖	2 砖及 2 砖以上	
综合	时间定额/产量定额	0.89/1.12	0.86/1.16	0.833/1.2	一
砌砖	时间定额/产量定额	0.37/2.7	0.366/2.98	0.309/3.24	二
运输	时间定额/产量定额	0.427/2.34	0.427/2.34	0.427/2.34	三
调制砂浆	时间定额/产量定额	0.093/10.8	0.097/10.3	0.097/10.3	四
编号	1	2	3	4	

注:(1) 垫层以上防潮层以下为基础(无防潮层按室内地坪区分),其厚度以防潮层处为准;围墙以室外地坪以下为基础。

(2) 基础深度 1.5 m 以内为准,超过部分,每 1 m³ 砌体增加 0.04 工日。

(3) 基础无大放脚时,按混水墙相应定额执行。

(2) 计算施工天数

$$施工天数 = 92.25/24 = 3.84(取 4 天)$$

即完成该分项工程需 4 天。

【例 2-2】 有 140 m³ 标准砖外墙,由 11 人的砌筑小组负责施工,产量定额为 0.862 m³/工日,试计算其施工天数。

【解】 (1) 计算小组每工日完成的工程量

$$小组每工日完成的工程量 = 11 × 0.862 = 9.48 m³$$

(2) 计算施工天数

$$施工天数 = 140/9.48 = 14.77(取 15 天)$$

即该标准砖外墙施工需要 15 天完成。

【例 2-3】 若某项工作工人的消耗时间节约 10%,则产量定额提高多少?

【解】 $$产量定额 = \frac{1}{时间定额} = \frac{1}{1-10\%} = 1.11$$

产量定额提高了 11%。

【例 2-4】 人工挖土方,土壤系潮湿的粘性土,按土壤分类属二类土。测时资料表明,挖 1 m³ 土方需消耗基本工作时间 60 min,辅助工作时间占工作班延续时间 2%,准备与结束工作时间占工作延续时间 2%,不可避免中断时间占 1%,休息占 20%。试确定时间定额。

【解】 计算各项时间之和为:60/(1-25%) = 80 min(定额时间)

时间定额为:80/(60×8) = 0.166 工日

产量定额为:1/0.166 = 6 m³/工日

2.1.2 施工机械消耗定额

1) 施工机械消耗定额的概念

机械台班消耗定额是指在正常的施工(生产)技术组织条件及合理的劳动组合和合理地

使用施工机械的前提下,生产单位合格产品所必须消耗的一定品种、规格施工机械的作业时间。机械台班消耗定额的内容包括准备与结束时间、基本作业时间、辅助作业时间、工人休息时间。其计量单位为台班(每一台班按照8小时计算)。

2)机械台班消耗定额的表现形式

机械台班消耗定额的表现形式有机械台班时间定额和机械台班产量定额两种。

(1)机械台班时间定额。是指在合理劳动组织和合理使用机械条件下,完成单位合格产品所必需的工作时间,包括有效工作时间(正常负荷下的工作时间和降低负荷下的工作时间)、不可避免的中断时间、不可避免的无负荷工作时间。机械时间定额是以"台班"表示,即1台机械工作1个作业班时间。1个作业班时间为8小时。

$$单位产品机械时间定额(台班) = \frac{1}{台班产量} \qquad (2-7)$$

由于机械必须由工人小组配合,所以完成单位合格产品的时间定额,应同时列出人工时间定额,即

$$单位产品人工时间定额(工日) = \frac{小组成员总人数}{台班产量} \qquad (2-8)$$

(2)机械台班产量定额。是指在合理劳动组织与合理使用机械条件下,机械在每个台班时间内应完成合格产品的数量。

$$机械台班产量定额 = \frac{1}{机械时间定额(台班)} \qquad (2-9)$$

机械台班产量定额和机械台班时间定额互为倒数关系。

(3)定额表示方法。机械台班使用定额的复式表示法的形式如下:

$$\frac{人工时间定额}{机械台班产量}$$

3)机械台班消耗定额的编制

(1)拟定正常施工条件。机械操作与人工操作相比,劳动生产率在更大程度上受施工条件的影响,所以需要更好地拟定正常的施工条件。拟定机械工作正常的施工条件,主要是拟定工作地点的合理组织和拟定合理的技术工人编制。

(2)确定机械1h纯工作的正常生产率

确定机械正常生产率必须先确定机械纯工作1h的正常劳动生产率。因为只有先取得机械纯工作1h正常生产率,才能根据机械利用系数计算出施工机械台班定额。机械纯工作时间,是指机械的必需消耗时间。机械1h纯工作正常生产率,是指在正常施工组织条件下,具有必需的知识和技能的技术工人操纵机械1h的生产率。

根据机械工作的特点不同,机械1h纯工作正常生产率的确定方法也有所不同。

① 对于循环动作机械,确定机械纯工作1h正常生产率的计算分为3步。

第一步,计算机械循环一次的正常延续时间。

$$机械循环一次正常延续时间 = \sum 循环内各组成部分延续时间 - 交叠时间 \qquad (2-10)$$

第二步,计算机械纯工作 1 h 的循环次数。

$$机械纯工作 1 h 循环次数 = \frac{60 \times 60 \text{ s}}{一次循环的正常延续时间} \qquad (2\text{-}11)$$

第三步,计算机械纯工作 1 h 的正常生产率。

$$机械纯工作 1 h 正常生产率 = 机械纯工作 1 h 循环次数 \times 一次循环的产品数量$$

$$(2\text{-}12)$$

② 对于连续动作机械,确定机械纯工作 1 h 正常生产率要根据机械的类型和结构特征,以及工作过程的特点来进行,计算公式如下:

$$连续动作机械纯工作 1 h 正常生产率 = \frac{工作时间内生产产品数量}{工作时间(h)} \qquad (2\text{-}13)$$

(3) 确定施工机械的正常利用系数。是指机械在工作班内对工作时间的利用率。机械正常利用系数与工作班内的工作状况有着密切的关系,所以,要确定机械的正常利用系数。首先要拟定机械工作班的正常工作状态,保证合理利用工时。机械正常利用系数的计算公式如下:

$$机械正常利用系数 = \frac{机械在一个工作班内纯工作时间}{机械一个工作班延续时间(8 h)} \qquad (2\text{-}14)$$

(4) 计算施工机械台班定额

$$施工机械台班产量定额 = 机械 1 h 纯工作正常生产率 \times 工作班纯工作时间$$
$$= 机械 1 h 纯工作正常生产率 \times 工作班延续时间 \times 机械正常$$
$$利用系数 \qquad (2\text{-}15)$$

4) 机械台班消耗定额的应用

【例 2-5】 有 4 350 m³ 土方开挖任务要求在 11 天内完成。采用挖斗容量为 0.5 m³ 的反铲挖掘机挖土,载重量为 5 t 的自卸汽车将开挖土方量的 60% 运走,运距为 3 km,其余土方量就地堆放。经现场测定的有关数据如下:

(1) 假设土的松散系数为 1.2,松散状态容重为 1.65 t/m³。

(2) 假设挖掘机的铲斗充盈系数为 1.0,每循环一次时间为 2 min,机械时间利用系数为 0.85。

(3) 自卸汽车每次装卸往返需 24 min,时间利用系数为 0.80。

求需挖掘机和自卸汽车数量各为多少台?

【解】 (1) 挖掘机的台班产量

每小时循环次数:60 ÷ 2 = 30 次

每小时生产率:30 × 0.5 × 1.0 = 15 m³/h

每台班产量:15 × 8 × 0.85 = 102 m³/台班

(2) 自卸汽车台班产量

每小时循环次数:60 ÷ 24 = 2.5 次

每小时生产率:2.5 × 5 ÷ 1.65 = 7.58 m³/h

每台班产量：$7.58 \times 8 \times 0.8 = 48.51 \ m^3/$台班

（3）完成土方任务需机械总台班

挖掘机：$4\,350 \div 102 = 42.65$ 台班

自卸汽车：$4\,350 \times 60\% \times 1.2 \div 48.51 = 64.56$ 台班

（4）完成土方任务需要机械数量

挖掘机：42.65 台班 $\div 11$ 天 $= 3.88$，取 4 台

自卸汽车：64.56 台班 $\div 11$ 天 $= 5.87$，取 6 台

2.1.3　材料消耗定额

1）材料消耗定额的概念

材料消耗定额是指在合理和节约使用材料的前提下，生产单位合格产品所必须消耗的建筑材料（半成品、配件、燃料、水、电）的数量标准。建筑材料是建筑安装企业进行生产活动，完成建筑产品的物资条件。建筑工程的原材料（包括半成品、成品等）品种繁多，耗用量大。在一般工业与民用建筑工程中，材料消耗占工程成本的 $60\% \sim 70\%$，材料消耗定额的任务就在于利用定额这个经济杠杆对材料消耗进行控制和监督，以达到降低物资消耗和工程成本的目的。

2）材料消耗定额的组成

根据施工生产材料消耗工艺要求，建筑安装材料分为非周转性材料和周转性材料两大类。非周转性材料亦称直接性材料，是指在建筑工程施工中一次性消耗并直接构成工程实体的材料，如砖、砂、石、钢筋、水泥等。周转性材料是指在施工过程中能多次使用、周转的工具型材料，如各种模板、活动支架、脚手架、支撑等。

施工中材料的消耗，可分为必需消耗的材料和损失的材料两类。

必需消耗的材料数量，是指在合理用料的条件下，生产合格产品所需消耗的材料数量。它包括直接用于建筑工程的材料、不可避免的施工废料和不可避免的材料损耗。其中，直接用于建筑工程的材料数量，称为材料净用量；不可避免的施工废料和材料损耗数量，称为材料损耗量。用公式表示如下：

$$材料总耗用量 = 材料净用量 + 材料损耗量 \tag{2-16}$$

材料损耗量是不可避免的损耗，如场内运输及场内堆放在允许范围内不可避免的损耗、加工制作中的合理损耗及施工操作中的合理损耗等。常用计算方法为

$$材料损耗量 = 材料净用量 \times 材料损耗率 \tag{2-17}$$

材料的损耗率通过观测和统计得到。表 2-4 示例了部分常用建筑材料的损耗率。

为了合理考核工程消耗，加强现场施工管理，材料消耗定额中的损耗包括场内运输及场内堆放中允许范围内不可避免的损耗、加工制作中的合理损耗及施工操作中的合理损耗等。场外运输损耗、现场仓库保管损耗等不包括在定额消耗量内，而计入材料预算价格。

3）非周转性材料的消耗量

（1）非周转性材料消耗量的制定

材料消耗定额编制的基本方法有现场观察法、试验法、统计分析法、理论计算法。

表 2-4 常用建筑材料损耗率参考表

材料名称	工程项目	损耗率（%）	材料名称	工程项目	损耗率（%）
红砖	空花（斗）墙	1.0	水泥砂浆	抹墙及墙裙	2
红砖	基础	0.5	水泥砂浆	地面、屋面、构筑物	1
红砖	实砌墙	1.0	素水泥浆		1
红砖	方柱	3	混凝土（预制）	柱、基础梁	1
红砖	圆砖柱	7	混凝土（预制）	其他	1.5
红砖	烟囱	4	混凝土（现浇）	二次灌浆	1
红砖	水塔	3.0	混凝土（现浇）	地面	1
白瓷砖	152 mm×152 mm 以下墙面	3.5	混凝土（现浇）	其余部分	1.5
陶瓷锦砖（马赛克）	地面	3.0	细石混凝土		1
面砖、缸砖	地面	1.0	轻质混凝土		2
大理石	墙面，柱面，零星工程	2.0	钢筋（预应力）	后张吊车梁	13
混凝土板		1.5	钢筋（预应力）	先张高强丝	9
水泥瓦、黏土瓦	（包括脊瓦）	3.5	钢材	其他部分	6
石棉垄瓦（板瓦）		4	铁件	成品	1
砂	混凝土、砂浆	3	镀锌铁皮	屋面	2
白石子		4	镀锌铁皮	排水管、沟	6
砾（碎）石		3	铁钉		2
乱毛石	砌墙	2	电焊条		12
乱毛石	其他	1	小五金	成品	1
方整石	砌体	3.5	木材	窗扇、框（包括配件）	6
方整石	其他	1	木材	镶板门芯板制作	13.1
碎砖、炉（矿）渣		1.5	木材	镶板门企口板制作	22
珍珠岩粉		4	木材	木屋架、檩、橡圆木	5
生石膏		2	木材	木屋架、檩、橡方木	6
滑石粉	油漆工程用	5	木材	屋面板平口制作	4.4
滑石粉	其他	1	木材	屋面板平口安装	3.3
水泥		2	木材	木栏杆及扶手	4.7
砌筑砂浆	砖、毛方石砌体	1	木材	封檐板	2.5
砌筑砂浆	空斗墙	5	模板制作	各种混凝土结构	5
砌筑砂浆	泡沫混凝土块墙	2	模板安装	工具式钢模板	1
砌筑砂浆	多孔砖墙	10	模板安装	支撑系统	1
砌筑砂浆	加气混凝土块	2	模板制作	圆形储仓	3
混合砂浆	抹天棚	3.0	胶合板、纤维板、吸音板	天棚、间壁	5
混合砂浆	抹墙及墙裙	2	石油沥青		1
石灰砂浆	抹天棚	1.5	玻璃	配置	15
石灰砂浆	抹墙及墙裙	1	油漆		3
水泥砂浆	抹天棚、梁柱腰线、挑檐	2.5	环氧树脂		2.5

（2）非周转性材料消耗量的计算

① 理论计算法计算净用量

a. 每 m³ 砖砌体材料消耗量的计算

$$砖净用量（块）= \frac{墙厚砖数 \times 2}{墙厚 \times （砖长 + 灰缝） \times （砖厚 + 灰缝）} \tag{2-18}$$

$$砖消耗量 = 砖净用量 \times （1 + 砖损耗率） \tag{2-19}$$

$$砂浆消耗量（m³）=（1 - 砖净用量 \times 每块砖体积）\times （1 + 损耗率） \tag{2-20}$$

式中：每块标准砖体积 $= 0.24\,m \times 0.115\,m \times 0.053\,m = 0.001\,462\,8\,m³$

灰缝为 $0.01\,m$。墙厚砖数见表 2-6。

表 2-6 墙厚砖数

砖数	1/2 砖	3/4 砖	1 砖	$1\frac{1}{2}$砖	2 砖
计算厚度（m）	0.115	0.178	0.240	0.365	0.490

b. 100 m² 块料面层材料消耗量的计算。

块料面层一般指瓷砖、锦砖、预制水磨石、大理石等。以 100 m² 为计量单位：

$$面层净用量 = \frac{100}{（块料长 + 灰缝） \times （块料宽 + 灰缝）} \tag{2-21}$$

$$面层消耗量 = 面层净用量 \times （1 + 损耗率） \tag{2-22}$$

② 测定法。根据试验情况和现场测定的资料数据确定材料的净用量。

③ 图纸计算法。根据选定的图纸，计算各种材料的体积、面积、延长米或重量。

④ 经验法。根据历史上同类项目的经验进行估算。

4）周转性材料的消耗量

（1）周转性材料的定义。周转性材料是指在施工过程中不是一次消耗完，而是多次使用、逐渐消耗、不断补充的周转工具性材料。对逐渐消耗的那部分应采用分次摊销的办法计入材料消耗量，进行回收。如生产预制钢筋混凝土构件、现浇混凝土及钢筋混凝土工程用的模具，搭设脚手架用飞脚手杆、跳板，挖土方工程用的挡土板、护桩等均属周转性材料等。

周转性材料消耗定额，应当按照多次使用、分期摊销方法进行计算。即周转性材料在材料消耗定额中以摊销量表示。

（2）周转性材料摊销量计算。周转性材料消耗一般与 4 个因素有关：第一次制造时的材料消耗（一次使用量）；每周转使用一次材料的损耗（第二次使用时需要补充）；周转使用次数；周转材料的最终回收及其回收折价。

定额中周转材料消耗量指标，应当用一次使用量和摊销量两个指标表示。一次使用量是指周转材料在不重复使用时的一次使用量，供施工企业组织施工用；摊销量是指周转材料推出使用，应分摊到每一计量单位结构构件的周转材料消耗量，供施工企业成本核算或投标报价使用。

2.2 建筑工程预算定额

2.2.1 预算定额的概念与作用

1）预算定额的概念

预算定额，也称消耗量定额，是指根据合理的施工组织设计，按照正常施工条件制定的，生产一个规定计量单位合格的工程产品，即生产单位合格质量的工程构造要素，所需人工、材料、机械台班的社会平均消耗数量标准，是计算建筑安装产品价格的基础。

表2-7为2014年《江苏省建筑与装饰工程计价定额》中砌筑工程砖墙项目的示例。

预算定额是在施工定额的基础上进行综合扩大编制而成的。预算定额中的人工、材料和施工机械台班的消耗水平根据施工定额综合取定，定额子目的综合程度大于施工定额，从而可以简化施工图预算的编制工作。预算定额是编制施工图预算的主要依据。

表2-7　江苏省2014计价定额砌筑工程砖墙项目示例

一、砌砖

1. 砖基础、砖柱（节选）

工作内容：（1）砖基础：运料、调铺砂浆、清理基槽坑、砌砖等。
（2）砖柱：清理地槽、运料、调铺砂浆、砌砖。

计量单位：m³

定额编号				4-1		4-2		4-3		4-4	
				砖基础				砖柱			
项　目		单位	单价	直形		圆、弧形		方形		圆形	
				数量	合价	数量	合价	数量	合价	数量	合价
综合单价		元		406.25		429.85		500.48		600.15	
其中	人工费	元		98.40		115.62		158.26		167.28	
	材料费	元		263.38		263.38		275.93		362.07	
	机械费	元		5.89		5.89		5.64		6.50	
	管理费	元		26.07		30.38		40.98		43.45	
	利润	元		12.51		14.58		19.67		20.85	
	二类工	工日	82.00	1.20	98.40	1.41	115.62	1.93	158.26	2.04	167.28
材料	04135500　标准砖 240×115×53(mm)	百块	42.00	5.22	219.24	5.22	219.24	5.46	229.32	7.35	308.70
	31150101　水	m³	4.70	0.104	0.49	0.104	0.49	0.109	0.51	0.147	0.69
机械	99050503　灰浆搅拌机 200 L	台班	122.64	0.048	5.89	0.048	5.89	0.046	5.64	0.053	6.50
小　计					324.02		341.24		393.73		483.17

2）预算定额的作用

（1）预算定额是编制施工图预算，确定建筑安装工程造价的基础。

（2）预算定额是编制施工组织设计的依据。

（3）预算定额是工程结算的依据。

（4）预算定额是施工单位进行经济分析的依据。预算定额规定的物化劳动和劳动消耗指标,是施工单位在生产经营中允许消耗的最高标准。目前,预算定额决定着施工单位的收入,施工单位就必须以预算定额作为评价企业工作的重要标准,作为努力实现的目标。施工单位可根据预算定额对施工中的劳动、材料、机械的消耗情况进行具体分析,以便找出并克服低功效、高消耗的薄弱环节,提高竞争能力。

（5）预算定额是编制概算定额的基础。概算定额是在预算定额基础上综合扩大编制的。

（6）预算定额是合理编制招标标底、招标报价的基础。在深入改革中,预算定额的指令性作用会日益削弱,而施工单位按照工程个别成本报价的指导性作用仍然存在,因此,预算定额作为编制标底的依据和施工企业报价的基础性作用仍将存在,这也是由于预算定额本身的科学性和权威性决定的。

江苏省还规定:全部使用国有资金投资或国有资金投资为主的建筑与装饰工程应执行本计价定额;其他形式投资的建筑与装饰工程可参照使用本计价定额;当工程施工合同约定按本计价表规定计价时,应遵守本计价定额的有关规定。

3）预算定额的种类

按专业性质分,预算定额分为建筑工程定额和安装工程定额两大类。建筑工程定额按专业对象分为建筑工程预算定额、市政工程预算定额、铁路工程预算定额、公路工程预算定额、房屋修缮工程预算定额、矿山井巷预算定额等。

预算定额按物质要素分为劳动定额、机械定额和材料消耗定额,但是它们是相互依存形成一个整体,作为编制预算定额的依据,各自不具有独立性。

2.2.2 预算定额的编制

1）建筑工程预算定额的编制

（1）编制原则。为保证预算定额的质量,充分发挥预算定额的作用,实际使用简便,在编制工作中应该遵循以下原则:①按社会平均水平确定预算定额的原则。②简明适用的原则。③坚持统一性和差别性相结合的原则。所谓统一性,就是从培育全国统一市场规范计价行为出发,计价定额的制定规划和组织实施由国务院建设行政主管部门归口,并负责全国统一定额的制定或修订,颁发有关工程造价管理的规章制度等。所谓差别性,就是在统一性的基础上,各部门和省、自治区、直辖市主管部门可以在自己的管辖范围内,根据本部门和地区的具体情况,制定部门和地区性定额、补充性制度和管理方法,以适应我国幅员辽阔,地区间部门发展不平衡和差异大的实际情况。

（2）预算定额的编制依据:①现行劳动定额和施工定额;②现行的设计规范、施工及验收规范、质量评定标准和安全操作规程等文件;③具有代表性的典型工程施工图及有关标志图;④新技术、新结构、新工艺和新材料,以及科学实验、技术测定和经济分析等有关最新科学技术资料;⑤现行的工人工资标准、材料预算价格和施工机械台班费用等有关价格资料;⑥有关科学试验、技术测定的统计、经验资料,这类工程是确定定额水平的重要依据;⑦现行的预算定额、材料预算价格及有关文件规定等,包括过去定额编制过程中积累的基础资料,也是编制预算定额的依据和参考。

（3）预算定额编制的步骤：①准备阶段；②编制初稿阶段；③审定阶段。

2）建筑工程预算定额手册的组成

（1）预算定额手册的内容。建筑工程预算定额手册由目录、总说明、建筑面积计算规则、分部分项工程说明及其相应的工程量计算规则、定额项目表和有关附录等组成。

① 定额总说明。定额总说明概述建筑工程预算定额的编制目的、指导思想、编制原则、编制依据、定额的适用范围和作用，以及有关问题的说明和使用方法。

② 建筑面积计算规则。建筑面积计算规则严格、系统地规定了计算建筑面积内容范围和计算规则，这是正确计算建筑面积的前提条件，从而使全国各地区同类建筑产品的计划价格有一个科学的可比价。

③ 分部工程说明。分部工程说明是建筑工程预算定额手册的重要内容。它介绍了分部工程定额中包括的主要分项工程和使用定额的一些基本规定，并阐述了该分部工程中各项工程的工程量计算规则和方法。

④ 分项工程定额项目表。

⑤ 定额附录。建筑工程预算定额手册中的附录包括机械台班价格、材料预算价格，它们主要作为定额换算和编制补充预算定额的基本依据。

（2）预算定额项目的排列。预算定额项目应根据建筑结构和施工程序等，按章、节、项目、子项目等顺序排列。

（3）定额编号。为了提高施工图预算编制质量，便于查阅、审查选套的定额项目是否正确，在编制施工图预算时必须注明选套的定额项目编号。预算定额手册通常有"三符号"和"两符号"两种编号方法。

① 三符号编号法。其第一个符号是表示分部工程（章）的序号，第二个符号是表示分项工程（节）的序号（或子项目所在定额中的页数），第三个符号是表示分项工程项目的子项目序号。

② 两符号编号法。它是在三符号编号法的基础上，去掉中间的符号（分项工程序号或子项目所在定额页数），而采用分部工程序号和子项目序号2个符号编号。

2.2.3 基础单价的确定

1）基础单价的编制基础

（1）项目划分及其工作内容。根据工种、构件、材料品种以及使用的机械类型的不同和工料、机械消耗水平的不同来划分分部分项工程。在分项工程划分确定后，一般还需要划分子目。

① 按照施工方法划分。例如，混凝土工程分为现浇混凝土和预制混凝土工程。

② 按工程的现场条件划分。例如，挖土方按土壤类别和土壤的干、湿情况划分子目。

③ 按具体尺寸或重量划分。例如，挖地槽分为深1.5 m以内、2 m以内、3 m以内等。

（2）项目的计量单位。分项工程项目的计量单位主要是根据分项工程的形状和结构构件特征及其变化规律而确定的，主要分为物理计量单位和自然计量单位。物理计量单位主要有：m、m^2、m^3和t。

① 凡建筑结构构件的断面有一定形状和大小，但长度不同的，按长度以延米（m）长为计量单位。如踢脚线、楼梯栏杆、木线装修等。

②　凡建筑结构构件的厚度有一定规格,但长度和宽度不定的,按面积以平方米(m²)为计量单位。如地坪、楼面、墙面和天棚抹灰,门窗和现浇混凝土楼梯等。

③　凡建筑结构构件的长度、厚(高)度和宽度都变化的,可按体积以立方米(m³)为计量单位。如土方、混凝土等工程。

④　钢结构由于重量与价格差异很大,形状又不确定,按重量以吨(t)为计量单位。

自然计量单位主要有:个、台、座、组等,一般是建筑结构无一定规格,而其构造又较复杂的,按个、台、座、组为计量单位。

但是,并不是所有项目均按建筑结构构件形状的特点来决定计量规则,比如,现浇混凝土楼梯是按照水平投影面积来计算,这主要是为了工程量计算简便。

定额单位确定后,往往会出现人工、材料或机械台班量很小,即小数点后好几位。为了减少小数位数,采取扩大单位的办法,如把 1 m²、1 m³、1 m 扩大 10、100、1 000 倍。

预算定额中各项人工、机械按"工日""台班"计量,各种材料的计量单位与产品计量单位基本一致,人工工日为单位的,取 2 位小数;主要材料及成品、半成品中的木材以 m³ 为单位,取 3 位小数;钢材和钢筋以 t 为单位,取 3 位小数;水泥和石灰以 kg 为单位,取整数;砂浆和混凝土以 m³ 为单位,取 2 位小数;其余材料一般以元为单位,取 2 位小数;施工机械以台班为单位,取 2 位小数;数字计算过程中取 3 位小数,计算结果四舍五入,保留 2 位小数;定额单位扩大时,通常采用原单位的倍数。

2)　人工、材料和机械台班消耗量的确定

(1)　人工消耗量的确定。预算定额中人工消耗量是指在正常施工条件下,生产单位和各产品所必需消耗的人工工日数量,是由分项工程所综合的各个工序劳动定额包括的基本用工、其他用工两部分组成的。

基本用工是指完成单位合格产品所必需消耗的技术工种用工。按技术工种相应劳动定额施工时定额计算,以不同工种列出定额工日。例如,砌筑各种墙体工程的砌砖、调制砂浆以及运输砖和砂浆的用工量。

完成定额计量单位的主要用工。按综合取定的工程量和相应的劳动定额进行计算。

$$基本用工 = \sum(综合取定的工程量 \times 劳动定额) \qquad (2\text{-}23)$$

其他用工是辅助基本用工消耗的工日。按其工作内容不同又分为以下 3 类:

①　超运距用工,是指超过人工定额规定的材料、半成品运距的用工。

②　辅助用工,是指材料需要在现场加工的用工,如筛砂子、淋石灰膏等增加的用工量。

$$辅助用工 = \sum(材料加工数量 \times 相应的加工劳动定额) \qquad (2\text{-}24)$$

③　人工幅度差用工,是指人工定额中未包括的,而在一般正常情况下又不可避免的一些零星用工。

$$人工幅度差用工数量 = \sum(基本用工 + 超运距用工 + 辅助用工) \times 人工幅度差系数$$
$$(2\text{-}25)$$

(2)　材料消耗量的确定。材料消耗量是在节约和合理使用材料的条件下,生产单位合格产品所必须消耗的一定品种规格的材料、燃料、半成品或配件数量标准。材料消耗量是以材料消耗定额为基础,按预算定额的定额项目,综合材料消耗定额的相关内容,经汇总后确定。

材料消耗量的计算方法主要有:

① 凡有标准规格的材料,按规范要求计算定额计量单位的耗用量,如砖、防水卷材、块料面层等。

② 凡有设计图纸标注尺寸及下料要求的按设计图纸尺寸计算材料净用量,如门窗制作用材料,方、板料等。

③ 换算法。各种胶结、涂料等材料的配合比用料,可以根据要求条件换算,得出材料用量。

④ 测定法。包括实验室实验法和现场观察法。

⑤ 其他材料的确定。一般按工艺测算并在定额项目材料计算表内列出名称、数量,并依编制其他材料的价格占主要材料的比率计算,列在定额材料栏之下,定额内可不列材料名称及耗用量。

(3) 机械台班消耗量的确定。预算定额中施工机械消耗指标,是以台班为单位进行计算,每一台班为 8 小时工作制。预算定额的机械化水平,应以多数施工企业采用的和已推广的先进施工方法为标准。预算定额中的机械台班消耗量按合理的施工方法取定并考虑增加了机械幅度差。

机械幅度差是指在施工定额中未曾包括的,而机械在合理的施工组织条件所必需的停歇实际,在编制预算定额时应予考虑。其内容包括:①施工机械转移工作面及配套机械相互影响损失的时间;②在正常的施工条件下,机械施工中不可避免的工序间歇;③检查工程质量影响机械操作的时间;④临时水、电线路在施工中移动位置所发生的机械停歇时间;⑤工程结尾时,工作量不饱满所损失的时间。

由于垂直运输用的塔吊、卷扬机及砂浆、混凝土搅拌机是按小组配合,应以小组产量计算机械台班产量,不另增加机械幅度差。

3) 人工单价、材料单价和机械台班单价的确定

(1) 人工工资标准和定额工资单价

人工工日单价是指预算定额基价中计算人工费的单价。工日单价通常由日工资标准和工资性补贴构成。

工资标准是指工人在单位时间内(日或月)按照不同的工资等级所取得的工资数额。研究工资标准的目的是为了确定工日单价,满足编制预算定额或换算预算定额的需要。

预算定额基价中人工工日单价是指一个建筑生产工人一个工作日在预算中应计入的全部人工费用,一般组成如下:

① 生产工人基本工资。根据有关规定,生产工人基本工资应执行岗位工资和技能工资制度。

② 生产工人工资性津贴。是指为了补偿工人额外或特殊的劳动消耗及为了保证工人的工资水平不受特殊条件影响而以补贴形式支付给工人的劳动报酬,它包括按规定标准发放的物价补贴,煤、燃气补贴,交通补贴,房租补贴,流动施工津贴及地区津贴等。

③ 生产工人辅助工资。是指生产工人年有效施工天数以外非作业天数的工资,包括职工学习、培训期间的工资,调动工作、探亲、休假期间的工资,因气候影响的停工工资,女工哺

乳时间的工资,病假在 6 个月以内的工资及产、婚、丧假期的工资。

④ 职工福利费。是指按规定标准计提的职工福利费。

⑤ 生产工人劳动保护费。是指按规定标准发放的劳动保护用品的购置费及修理费、徒工服装补贴、防暑降温费、在有碍身体健康环境中施工的保健费用等。

以江苏省计价定额为例,既考虑到市场需要,也为了便于计价,对于包工包料建筑工程,人工工资分别按一类工 85.00 元/工日,二类工 82.00 元/工日,三类工 77.00 元/工日计算;每工日按 8 小时工作制计算。工日中包括基本用工、材料场内运输用工、部分项目的材料加工及人工幅度差。

根据经济发展水平及调查反映的情况,苏建函价〔2018〕156 号文,发布了江苏省住房城乡建设厅《关于发布建设工程人工工资指导价的通知》,通知中根据《省住房和城乡建设厅关于对建设工程人工工资单价实行动态管理的通知》(苏建价〔2012〕633 号文),江苏省建设厅组织各市测算了建设工程人工工资指导价,该指导价从 2018 年 3 月 1 日起执行。预算工资单价标准见表 2-8。

表 2-8 江苏省建设工程人工工资指导价(节选)

单位:元/工日

序号	地区	工种		建筑工程	装饰工程	安装、市政工程	城市轨道交通工程	古建园林工程			机械台班	点工
								第一册	第二册	第三册		
1	苏州市	包工包料工程	一类工	99	99~128	90	95	86	97	83	93	106
			二类工	95		86						
			三类工	88		81						
		包工不包料工程		125	128~156	114	125	117	126	117		
2	南京市 无锡市 常州市	包工包料工程	一类工	97	97~126	88	93	85	96	82	93	105
			二类工	93		85						
			三类工	87		80						
		包工不包料工程		123	126~152	111	123	115	125	115		
3	扬州市 泰州市 南通市 镇江市	包工包料工程	一类工	96	96~125	88	92	84	95	81	93	104
			二类工	92		84						
			三类工	87		80						
		包工不包料工程		123	125~151	110	123	113	124	113		
4	徐州市 连云港市 淮安市 盐城市 宿迁市	包工包料工程	一类工	96	95~124	87	91	84	95	80	93	103
			二类工	91		84						
			三类工	86		78						
		包工不包料工程		122	124~150	110	122	112	123	113		

为了及时反映建筑市场劳动力使用情况,指导建设单位、施工单位的工程发包承包活动,各地工程造价管理机构还发布了建筑劳务工资指导价,见表 2-9。

表 2-9　南京市 2018 年 6 月劳务工资指导价

序号	工　种	规格	计量单位	含税单价
1	木工(模板工)	月工资	元	3 810.00
2	混凝土工	月工资	元	3 570.00
3	通风工	日工资	元	119.00
4	抹灰工(一般抹灰)	月工资	元	3 750.00
5	管工	日工资	元	121.00
6	管工	月工资	元	3 630.00
7	油漆工	月工资	元	3 570.00
8	金属制品安装工	月工资	元	3 810.00
9	金属制品安装工	日工资	元	127.00
10	砌筑工(砖瓦工)	月工资	元	3 570.00

（2）材料预算价格

材料预算价格是指材料由其来源地或交货地运达仓库或施工现场堆放地点后至出库过程中平均发生的全部费用。

材料价格由原价或出厂价、供销部分手续费、包装费、运输费和采购及保管费五部分组成。其中，原价、运输费、采购及保管费3项是构成材料预算价格的基本费用。

材料原价一般是指材料的出厂价、交货地点价格、国营主管部门的批发价和市场批发价，以及进口材料的调拨价等。

供销部门手续费是指某些材料不能直接向单位采购，需经过当地物资部门或供销部门供应所支付的手续费。

$$供销部门手续费 = 材料原价 \times 材料供销部门手续费率 \qquad (2-26)$$

包装费是指为了便于材料运输或保护材料不受损失而进行包装所需的费用，包括袋装、箱装、篷布所耗用的材料费和工资。

运杂费是指材料自来源地运至工地仓库或指定堆放地点所发生的全部费用，包括材料由采购地点或发货地点至施工现场的仓库或工地存放地点(含外埠中转运输过程)所发生的一切费用和过境过桥费。

材料运输费用一般按外埠运输费和市内运输费两段计算。外埠运输费包括材料由其来源地运至本市材料仓库或货站的全部费用；市内运输费包括材料从本市仓库或货站运至施工地仓库的出仓费、装卸费和运输费。

材料采购及保管费，是指施工企业材料的供应部门在组织材料采购、供应和保管过程中所需要支出的各项费用。其中包括：采购及保管部门的人员工资和管理费，工地材料仓库的保管费，货物过秤费，材料在运输及储存中所耗费用等。

采购及保管费率一般为 2%，采购和保管费率各占 1%。

混凝土、砂浆预算价格：现场制作的混凝土、砂浆等半成品的预算价格是确定分项工程预算单价的依据之一，它是根据消耗量等额的配合比用量和材料预算价格计算的。

现场制作的混凝土、砂浆配制所需的人工、机械包括在相应分项工程消耗量中，不包括在混凝土、砂浆的预算价格内；采用商品混凝土时，有关制作人工、机械包括在商品混凝土价格中。

表 2-10 江苏省 2013 年 5 月材料价格（节选）

序号	材料名称	规格型号	单位	价格（元）	备注
1	热石油沥青	70#	t	5 700	
2	乳化沥青		t	4 200	
3	改性沥青	SBS	t	6 700	
4	改性乳化沥青		t	5 150	
5	沥青砂（微粒式）	AC-5	t	606	
6	细粒式沥青混凝土	AC-13	t	472	
7	中粒式沥青混凝土	AC-20	t	453	
8	粗粒式沥青混凝土	AC-25	t	444	
9	沥青玛蹄脂碎石混合料	SMA-13	t	745	
10	细粒式改性沥青混凝土	AC-13（SBS 改性）	t	596	
11	中粒式改性沥青混凝土	AC-20（SBS 改性）	t	561	
12	粗粒式改性沥青混凝土	AC-25（SBS 改性）	t	545	
13	细粒式改性沥青混凝土（玄武岩）	AC-13（SBS 改性玄武岩）	t	689	
14	中粒式改性沥青混凝土（玄武岩）	AC-20（SBS 改性玄武岩）	t	656	
15	彩色沥青混凝土（红色）	AC-13	t	1 500	
16	橡胶沥青混凝土（玄武岩）	AC-13	t	930	
17	细粒式沥青混凝土（玄武岩）	AC-13	t	551	
18	水泥稳定碎石	3%	t	120	
19	水泥稳定碎石	4%	t	131	
20	水泥稳定碎石	5%	t	141	
21	二灰结石	（6:14:80）	t	59	
22	二灰结石	（8:17:75）	t	62	

混凝土、特种混凝土配合比表是按《普通配合比设计规程》（JGJ 55—2000），砌筑砂浆是按《砌筑砂浆配合比设计规程》（JGJ 98—2000）计算的。混凝土配合比、砌筑砂浆配合比作为确定工程造价使用，不能作为实际施工配合比，实际施工配合比应根据有关规范及试验单位提供的配合比配制，现场实际配合比与定额不同不得调整其用量。

（3）机械台班预算价格

施工机械使用费是根据施工中耗用的机械台班数量和机械台班单价确定的。施工机械台班单价是不同机械每个台班所必须消耗的人工、材料、燃料动力和应分摊的费用。

为了正确使用机械台班单价，国家建设部于 2001 年颁发了《全国统一施工机械台班费用编制规则》，各地据此纷纷制定了本地区使用的施工机械台班费用定额。江苏省也于 2004 年 4 月开始执行《江苏省施工机械台班费用定额》。鉴于近年来机械台班中的人工费、燃料动力费上涨较大，为了接轨市场，方便计价，对 2004《江苏省施工机械台班费用定额》中的人工工资单价、燃料动力费进行了调整，形成了 2007《江苏省施工机械台班 2007 单价表》。

① 施工机械台班预算价格的概念。为使机械正常运转，1 个台班中所支出和分摊的各

项费用之和,称为机械台班使用费或机械台班单价。

② 机械台班费用定额说明

A. 本定额包括土石方及筑路机械、桩工机械、起重机械、水平运输机械、垂直运输机械、混凝土及砂浆机械、加工机械、泵类机械、焊接机械、动力机械、地下工程机械和其他机械,共计十二类 635 个项目。江苏省补充了 206 个机械项目,补充了有关机械的场外运输费及组装、拆卸费。本次修编删除了部分已淘汰的机械、设备和原值小于 2 000 元的小型工具性机械,并根据实际情况及有关单位要求增补了有关章节的新项目。

B. 本定额每台班是按 8 h 工作制计算的。

C. 本定额由 7 项费用组成:折旧费、大修理费、经常修理费、安拆费及场外运费、燃料动力费、人工费、其他费用。

应当指出,一天 24 h,工作台班最多可算 3 个台班,但最多只能算 1 个停置台班。因此,机械连续工作 24 h,为工作 3 个台班,连续停置 24 h,为停置 1 个台班。

江苏省 2014 年台班单价(节选),见表 2-11。

表 2-11 江苏省 2014 台班单价(节选)

编码	机械名称	规 格	单价	编码	机械名称	规 格	单价
99053511	泥浆罐输送车	4 000 L	567.21	99072105	油罐车	罐容量 5 000 L	553.94
99070903	载货汽车	装载质量 2 t	366.45	99072106	油罐车	罐容量 8 000 L	575.46
99070904	载货汽车	装载质量 2.5 t	386.44	99072705	管子拖车	载重量 24 t	1 761.66
99070905	载货汽车	装载质量 3 t	426.65	99072706	管子拖车	载重量 27 t	1 900.53
99070906	载货汽车	装载质量 4 t	453.50	99072707	管子拖车	载重量 35 t	2 010.31
99070907	载货汽车	装载质量 5 t	484.40	99072905	壁板运输车	载重量 8 t	717.78
99070908	载货汽车	装载质量 6 t	510.59	99072906	壁板运输车	载重量 15 t	1 034.34
99070909	载货汽车	装载质量 8 t	567.93	99090503	汽车式起重机	提升质量 5 t	531.62
99070910	载货汽车	装载质量 10 t	742.78	99090504	汽车式起重机	提升质量 8 t	708.72
99070911	载货汽车	装载质量 12 t	888.66	99090505	汽车式起重机	提升质量 10 t	790.69
99070912	载货汽车	装载质量 15 t	1 031.27	99090506	汽车式起重机	提升质量 12 t	844.50
99070913	载货汽车	装载质量 18 t	988.84	99090507	汽车式起重机	提升质量 16 t	1 006.37
99070914	载货汽车	装载质量 20 t	1 044.22	99090508	汽车式起重机	提升质量 20 t	1 118.32
99071101	自卸汽车	装载质量 2 t	363.31	99090509	汽车式起重机	提升质量 25 t	1 174.12
99071102	自卸汽车	装载质量 4 t	542.40	99090510	汽车式起重机	提升质量 30 t	1 259.29
99071103	自卸汽车	装载质量 5 t	555.16	99090511	汽车式起重机	提升质量 32 t	1 259.29
99071104	自卸汽车	装载质量 6 t	589.48	99090512	汽车式起重机	提升质量 40 t	1 632.31
99071105	自卸汽车	装载质量 8 t	685.46	99090513	汽车式起重机	提升质量 50 t	2 838.92
99071106	自卸汽车	装载质量 10 t	856.59	99090514	汽车式起重机	提升质量 60 t	3 420.42
99071107	自卸汽车	装载质量 12 t	924.09	99090515	汽车式起重机	提升质量 70 t	3 906.13
99071108	自卸汽车	装载质量 15 t	1 018.21	99090516	汽车式起重机	提升质量 75 t	4 073.26
99071109	自卸汽车	装载质量 18 t	1 112.61	99090517	汽车式起重机	提升质量 80 t	4 288.13
99071110	自卸汽车	装载质量 20 t	1 202.84	99090518	汽车式起重机	提升质量 90 t	4 566.99
99071305	平板拖车组	装载质量 8 t	615.85	99090519	汽车式起重机	提升质量 100 t	4 935.60

续表 2-11

编码	机械名称	规　格	单价	编码	机械名称	规　格	单价
99071306	平板拖车组	装载质量 10 t	802.57	99090520	汽车式起重机	提升质量 110 t	5 771.28
99071307	平板拖车组	装载质量 15 t	959.96	99090521	汽车式起重机	提升质量 120 t	6 543.50
99071308	平板拖车组	装载质量 20 t	1 051.06	99090522	汽车式起重机	提升质量 125 t	6 939.19
99071309	平板拖车组	装载质量 25 t	1 140.83	99090523	汽车式起重机	提升质量 136 t	7 734.49
99071310	平板拖车组	装载质量 30 t	1 275.77	99090524	汽车式起重机	提升质量 150 t	8 470.81
99071311	平板拖车组	装载质量 40 t	1 520.98	99132511	沥青路面养护车	EJY5100	934.10
99071312	平板拖车组	装载质量 50 t	1 635.52	99250303	交流弧焊机	容量 21 kVA	65.00
99071313	平板拖车组	装载质量 60 t	1 784.97	99250304	交流弧焊机	容量 30 kVA	90.97
99071314	平板拖车组	装载质量 80 t	2 226.75	99250305	交流弧焊机	容量 32 kVA	98.64
99071315	平板拖车组	装载质量 100 t	2 569.57	99250306	交流弧焊机	容量 40 kVA	135.37
99071317	平板拖车组	装载质量 150 t	3 662.08	99250307	交流弧焊机	容量 42 kVA	139.66
99071505	长材运输车	装载质量 9 t	697.91	99250308	交流弧焊机	容量 50 kVA	153.07
99071506	长材运输车	装载质量 12 t	921.55	99250309	交流弧焊机	容量 80 kVA	208.93
99071507	长材运输车	装载质量 15 t	1 045.34	99250321	直流弧焊机	功率 10 kW	45.90
99071704	自装自卸汽车	装载质量 6 t	768.04	99250322	直流弧焊机	功率 12 kW	52.12
99071706	自装自卸汽车	装载质量 8 t	857.75	99250323	直流弧焊机	功率 14 kW	59.88

2.2.4 《江苏省建筑与装饰工程计价定额》(2014)示例

本计价定额由二十四章及 9 个附录组成,其中:第一章至第十八章为工程实体项目,第十九章至第二十四章为工程措施项目,另有部分难以列出定额项目的措施费用,应按照本计价表费用计算规则中的规定进行计算。

表 2-12 为江苏省计价定额砖砌外墙定额项目示例。以定额子目 4-35,1 砖外墙为例,定额综合单价计算说明如下:

(1)综合单价 = 人工费 + 材料费 + 机械费 + 管理费 + 利润
　　　　　　 = 118.90 + 271.87 + 5.76 + 31.17 + 14.96 = 442.66 元

(2)工料机计算:

人工费 = 1.45 × 82.00 = 118.90 元

材料费 $= \sum (5.36 \times 42.00 + 0.30 \times 0.31 + 0.107 \times 4.70 + 1.00 + 0.234 \times 193.00)$
　　　 $= \sum (225.12 + 0.09 + 0.50 + 1.00 + 45.16) = 271.87$ 元

机械费 = 0.047 × 122.64 = 5.76 元

(3)管理费 =(人工费 + 机械费)× 管理费费率 =(118.90 + 5.76)× 25% = 31.17 元

(4)利润 =(人工费 + 机械费)× 利润率 =(118.90 + 5.76)× 12% = 14.96 元

注:① 江苏省计价表中的管理费费率和利润率基本都是按照三类工程标准取定。

② 本子目所选用的砂浆为 80050104,混合砂浆 M5。

表 2-12 砖砌外墙定额

工作内容:(1)清理地槽、递砖、调制砂浆、砌砖;(2)砌砖过梁、砌平拱、模板制作、安装、拆除;(3)安放预制过梁板、垫板、木砖。

计量单位:m³

定额编号				4-33		4-34		4-35	
项目			单位	1/2 砖外墙		3/4 砖外墙		1 砖外墙	
				直形		圆、弧形		方形	
			单价	数量	合价	数量	合价	数量	合价
综合单价			元		469.90		464.26		442.66
其中	人工费		元		136.94		133.66		118.90
	材料费		元		275.57		273.58		271.87
	机械费		元		4.91		5.52		5.76
	管理费		元		35.46		34.80		31.17
	利润		元		17.02		16.70		14.96
二类工			工日	82.00	1.67	136.94	1.63	133.66	1.45	118.90
材料	04135500	标准砖 240×115×53(mm)	百块	42.00	5.60	235.20	5.34	228.06	5.36	225.12
	04010611	水泥 32.5 级	kg	0.31			0.30	0.09	0.30	0.09
	31150101	水	m³	4.70	0.112	0.53	0.109	0.51	0.107	0.50
		其他材料费	元			1.00		1.00		1.00
机械	99050503	灰浆搅拌机 200L	台班	122.64	0.04	4.91	0.045	5.52	0.047	5.76
(1)	80010106	水泥砂浆 M10 合计	m³	191.53	(0.199)	(38.11)	(0.225)	(43.09)	(0.234)	(44.82)
(2)	80010105	水泥砂浆 M7.5 合计	m³	182.23	(0.199)	(36.26)	(0.225)	(41.00)	(0.234)	(42.64)
(3)	80010104	水泥砂浆 M5 合计	m³	180.37	(0.199)	(35.89)	(0.225)	(40.58)	(0.234)	(42.21)
(4)	80050106	混合砂浆 M10 合计	m³	199.56	(0.199)	(39.71)	(0.225)	(44.90)	(0.234)	(46.70)
(5)	80050105	混合砂浆 M7.5 合计	m³	195.20	0.199	38.84	0.225	43.92	(0.234)	(45.68)
(6)	80050104	混合砂浆 M5 合计	m³	193.00	(0.199)	(38.41)	(0.225)	(43.43)	0.234	45.16

2.2.5 预算定额的应用

预算定额是编制施工图预算的基础资料,在选套定额项目时,一定要认真阅读定额的总说明、分部工程说明、分节说明和附注内容;要明确定额的适用范围,定额考虑的因素和有关问题的规定,以及定额中的用语和符号的含义(如定额中凡注有"×××以内"或"×××以下"者,均包括其本身在内;而"×××以外"或"×××以上"者,均不包括其本身在内等);要正确理解、熟记建筑面积和各分项工程的工程量计算规则,并注意分项工程(或结构构件)的工程量计量单位应与定额单位相一致,做到准确地套用相应的定额项目。

1) 直接套用定额项目

当施工图纸的分部分项工程内容与所选套的相应定额项目内容相一致时,应直接套用

定额项目;要查阅、选套定额项目和确定单位预算价值。绝大多数工程项目属于这种情况。选套定额项目的步骤和方法如下:

(1)根据设计的分部分项工程内容,从定额目录中查出该分部分项工程所在定额中的页数及其部位。

(2)判断设计的分部分项工程内容与定额规定的工程内容是否一致,当完全一致(或虽然不相一致,但定额规定不允许换算调整)时,即可直接套用定额基价。

(3)将定额编号和定额基价(其中包括人工费、材料费、机械使用费)填入预算表内。

(4)确定分项工程或结构构件预算价值,一般可按式(2-27)计算。

$$分项工程预算价值 = 分项工程工程量 \times 相应定额基价 \quad (2\text{-}27)$$

2)换算后定额项目

当施工图纸设计的分部分项工程内容与所选套的相应定额项目内容不完全一致,如定额规定允许换算,则应在定额规定范围内进行换算,套用换算后的定额基价。当采用换算后定额基价时,应在原定额编号右下角注明"换"字,以示区别。

在确定某一分项工程或结构构件单位预算价值时,如果施工图纸设计的项目内容与套用的相应定额项目内容不完全一致,但定额规定允许换算时,则应按定额规定的范围、内容和方法进行换算。使得预算定额规定的内容和施工图纸设计的内容相一致的换算(或调整)过程,就称为定额的换算(或调整)。根据预算定额(或基础定额)的规定,仅就最常见的几种换算(或调整)方法,简要叙述如下。

(1)乘系数换算法。在定额允许换算的项目中,有许多项目都是利用乘系数进行换算的。乘系数换算法是按定额规定,将原定额中人工、材料、机械或其中1项或2项乘以规定系数的换算方法,可按式(2-28)、式(2-29)和式(2-30)分别计算。

$$换算定额人工综合工日数 = 原定额人工综合工日数 \times 系数 \quad (2\text{-}28)$$
$$换算定额某种材料消耗量 = 原定额某种材料消耗量 \times 系数 \quad (2\text{-}29)$$
$$换算定额某种机械台班量 = 原定额某种机械台班量 \times 系数 \quad (2\text{-}30)$$

(2)材料变化的定额换算。在定额允许换算的项目中,有许多项目是由于材料的种类、规格、数量、配合比等发生变化而引起的定额换算。下面仅就在编制施工图预算时最常用的几种材料变化说明其换算方法。

① 砂浆的换算。由于砂浆强度等级不同而引起砌筑工程或抹灰工程相应定额基价的变动,必须进行换算,其换算的实质是预算单价的换算。在换算过程中,砂浆消耗量不变,仅调整定额规定的砂浆品种或强度等级不相同的预算价格。其换算可按式(2-31)计算。

$$换算后的定额基价 = 换算前的定额基价 \pm 应换算的砂浆定额用量 \times 两种不同砂浆的单价价差 \quad (2\text{-}31)$$

② 混凝土的换算。由于混凝土的标号、种类不同而引起定额基价的变动,可以进行换算。在换算过程中,混凝土消耗量不变,仅调整不同混凝土的预算价格。因此,混凝土的换算实质就是预算单价的调整。其换算方法与砂浆的换算相同,一般可按公式(2-32)计算。

$$换算后的定额基价 = 换算前的定额基价 \pm 应换算的混凝土定额用量 \times 两种不同标号混凝土的单价价差 \quad (2\text{-}32)$$

3）套用补充定额项目

当施工图纸中的某些分部分项工程还未列入建筑工程预算定额手册或定额手册中缺少某类项目,也没有相类似的定额供参考时,为了确定其预算价值就必须制定补充定额。当采用补充定额时,应在原定额编号内填写一个"补"字以示区别。

2.3　费用定额

2.3.1　江苏省建设工程费用定额(2014)

1）总则

(1)为了规范建设工程计价行为,合理确定和有效控制工程造价,根据《建设工程工程量清单计价规范》(GB 50500—2013)及其 9 本计算规范和《建筑安装工程费用项目组成》(建标〔2013〕44 号)等有关规定,结合江苏省实际情况,江苏省建设厅组织编制了《江苏省建设工程费用定额》(以下简称本定额)。

本定额是建设工程编制设计概算、施工图预(结)算、招标控制价(或标底)以及调解处理工程造价纠纷的依据;是确定投标价、工程结算审核的指导;也可作为企业内部核算和制定企业定额的参考。

(2)本定额适用于在江苏省行政区域范围内新建、扩建和改建的建筑、装饰、安装、市政、仿古建筑及园林绿化、房屋修缮等工程。与《建设工程工程量清单计价规范》(GB 50500—2013)及江苏省现行的建筑与装饰、安装、市政、仿古建筑及园林绿化、房屋修缮工程计价定额配套使用,原有关规定与本定额不一致的,按照本定额规定执行。

(3)本定额费用内容由分部分项工程费、措施项目费、其他项目费、规费和税金组成。其中,现场安全文明施工措施费、规费、税金为不可竞争费,应按规定标准计取。

(4)包工包料、包工不包料和点工说明:

包工包料是施工企业承包工程用工、材料的方式。

包工不包料是指只承包工程用工的方式。施工企业自带施工机械和周转材料的工程按包工包料标准执行。

点工适用于在建设工程中由于各种因素所造成的损失、清理等不在定额范围内的用工。

包工不包料、点工的临时设施应由建设单位提供。

(5)本定额由江苏省建设工程造价管理总站负责解释和管理。

2）建设工程费用的组成

建设工程费用由分部分项工程费、措施项目费、其他项目费、规费和税金组成。

(1)分部分项工程费。分部分项工程费是指施工过程中耗费的构成工程实体性项目的各项费用,由人工费、材料费、施工机械使用费、企业管理费和利润构成。

(2)措施项目费。措施项目费是指为完成工程项目施工所必须发生的施工准备和施工过程中技术、生活、安全、环境保护等方面的非工程实体项目费用。根据现行工程量清单计算规范,措施项目费分为单价措施项目与总价措施项目。

单价措施项目是指在现行工程量清单计算规范中有对应工程量计算规则,按人工费、材料费、施工机具使用费、管理费和利润形式组成综合单价的措施项目。单价措施项目根据专

业不同,包括项目分别为:

① 建筑与装饰工程:脚手架工程;混凝土模板及支架(撑);垂直运输;超高施工增加;大型机械设备进出场及安拆;施工排水、降水。

② 市政工程:脚手架工程;混凝土模板及支架;围堰;便道及便桥;洞内临时设施;大型机械设备进出场及安拆;施工排水、降水;地下交叉管线处理、监测、监控。

单价措施项目中各措施项目的工程量清单项目设置、项目特征、计量单位、工程量计算规则及工作内容均按现行工程量清单计算规范执行。

总价措施项目是指在现行工程量清单计算规范中无工程量计算规则,以总价(或计算基础乘费率)计算的措施项目。其中各专业都可能发生的通用的总价措施项目如下:

① 安全文明施工:为满足施工安全,文明、绿色施工,以及环境保护、职工健康生活所需要的各项费用。本项为不可竞争费用。

a. 环境保护包含范围:现场施工机械设备降低噪音、防扰民措施费用;水泥和其他易飞扬细颗粒建筑材料密闭存放或采取覆盖措施等费用;工程防扬尘洒水费用;土石方、建渣外运车辆冲洗、防洒漏等费用;现场污染源的控制、生活垃圾清理外运、场地排水排污措施费用;其他环境保护措施费用。

b. 文明施工包含范围:"五牌一图"的费用;现场围挡的墙面美化(包括内外粉刷、刷白、标语等)、压顶装饰费用;现场厕所便槽刷白、贴面砖,水泥砂浆地面或地砖费用,建筑物内临时便溺设施费用;其他施工现场临时设施的装饰装修、美化措施费用;现场生活卫生设施费用;符合卫生要求的饮水设备、淋浴、消毒等设施费用;生活用洁净燃料费用;防煤气中毒、防蚊虫叮咬等措施费用;施工现场操作场地的硬化费用;现场绿化费用、治安综合治理费用、现场电子监控设备费用;现场配备医药保健器材、物品费用和急救人员培训费用;用于现场工人的防暑降温费,电风扇、空调等设备及用电费用;其他文明施工措施费用。

c. 安全施工包含范围:安全资料、特殊作业专项方案的编制,安全施工标志的购置及安全宣传的费用;"三宝"(安全帽、安全带、安全网),"四口"(楼梯口、电梯井口、通道口、预留洞口),"五临边"(阳台围边、楼板围边、屋面围边、槽坑围边、卸料平台两侧),水平防护架、垂直防护架、外架封闭等防护的费用;施工安全用电的费用,包括配电箱三级配电、两级保护装置要求、外电防护措施;起重机、塔吊等起重设备(含井架、门架)及外用电梯的安全防护措施(含警示标志)费用及卸料平台的临边防护、层间安全门、防护棚等设施费用;建筑工地起重机械的检验检测费用;施工机具防护棚及其围栏的安全保护设施费用;施工安全防护通道的费用;工人的安全防护用品、用具购置费用;消防设施与消防器材的配置费用;电气保护、安全照明设施费;其他安全防护措施费用。

d. 绿色施工包含范围:建筑垃圾分类收集及回收利用费用;夜间焊接作业及大型照明灯具的挡光措施费用;施工现场办公区、生活区使用节水器具及节能灯具增加费用;施工现场基坑降水储存使用、雨水收集系统、冲洗设备用水回收利用设施增加费用;施工现场生活区厕所化粪池、厨房隔油池设置及清理费用;从事有毒、有害、有刺激性气味和强光、噪音施工人员的防护器具;现场危险设备、地段、有毒物品存放地安全标识和防护措施;厕所、卫生设施、排水沟、阴暗潮湿地带定期消毒费用;保障现场施工人员劳动强度和工作时间符合国家标准《体力劳动强度等级要求》(GB 3869)的增加费用等。

② 夜间施工:规范、规程要求正常作业而发生的夜班补助、夜间施工降效、夜间照明设

施的安拆、摊销、照明用电以及夜间施工现场交通标志、安全标牌、警示灯安拆等费用。

③ 二次搬运：由于施工场地限制而发生的材料、成品、半成品等一次运输不能到达堆放地点，必须进行的二次或多次搬运费用。

④ 冬雨季施工：在冬雨季施工期间所增加的费用。包括冬季作业、临时取暖、建筑物门窗洞口封闭及防雨措施、排水、工效降低、防冻等费用。不包括设计要求混凝土内添加防冻剂的费用。

⑤ 地上、地下设施及建筑物的临时保护设施：在工程施工过程中，对已建成的地上、地下设施和建筑物进行的遮盖、封闭、隔离等必要保护措施。在园林绿化工程中，还包括对已有植物的保护。

⑥ 已完工程及设备保护费：对已完工程及设备采取的覆盖、包裹、封闭、隔离等必要保护措施所发生的费用。

⑦ 临时设施费：施工企业为进行工程施工所必需的生活和生产用的临时建筑物、构筑物和其他临时设施的搭设、使用、拆除等费用。

临时设施包括临时宿舍、文化福利及公用事业房屋与构筑物、仓库、办公室、加工场等。

建筑、装饰、安装、修缮、古建园林工程规定范围内（建筑物沿边起 50 m 以内，多幢建筑两幢间隔 50 m 内）围墙、临时道路、水电、管线和轨道垫层等。

市政工程施工现场在定额基本运距范围内的临时给水、排水、供电、供热线路（不包括变压器、锅炉等设备）、临时道路。不包括交通疏解分流通道、现场与公路（市政道路）的连接道路、道路工程的护栏（围挡），也不包括单独的管道工程或单独的驳岸工程施工需要的沿线简易道路。建设单位同意在施工就近地点临时修建混凝土构件预制场所发生的费用，应向建设单位结算。

⑧ 赶工措施费：施工合同工期比我省现行工期定额提前，施工企业为缩短工期所发生的费用。如施工过程中，发包人要求实际工期比合同工期提前时，由发承包双方另行约定。

⑨ 工程按质论价：施工合同约定质量标准超过国家规定，施工企业完成工程质量达到经有权部门鉴定或评定为优质工程所必须增加的施工成本费。

⑩ 特殊条件下施工增加费：地下不明障碍物、铁路、航空、航运等交通干扰而发生的施工降效费用。

总价措施项目中，除通用措施项目外，各专业措施项目如下：

建筑与装饰工程：

① 非夜间施工照明：为保证工程施工正常进行，在如地下室、地宫等特殊施工部位施工时所采用的照明设备的安拆、维护、摊销及照明用电等费用。

② 住宅工程分户验收：按《住宅工程质量分户验收规程》（DGJ 32/TJ103—2010）的要求对住宅工程进行专门验收（包括蓄水、门窗淋水等）发生的费用。室内空气污染测试不包含在住宅工程分户验收费用中，由建设单位直接委托检测机构完成，由建设单位承担费用。

市政工程：行车、行人干扰：由于施工受行车、行人的干扰导致的人工、机械降效以及为了行车、行人安全而现场增设的维护交通与疏导人员费用。

（3）其他项目费。其他项目费包括暂列金额、暂估价、计日工和总承包服务费四部分内容。

（4）规费。规费是有权部门规定必须缴纳的费用。

① 工程排污费：包括废气、污水、扬尘及危险物和噪声排污费等内容。

② 社会保险费：企业为职工缴纳的养老保险、医疗保险、失业保险、工伤保险和生育保险等社会保障的费用（包括个人缴纳部分）。为确保施工企业各类从业人员社会保障权益落到实处，省、市、有关部门可根据实际情况制定管理办法。

③ 住房公积金：企业为职工缴纳的住房公积金。

（5）税金。税金是指国家税法规定的应计入建筑安装工程造价内的营业税、城市维护建设税及教育费附加。

3）工程类别的划分（仅列出建筑工程与市政工程）

（1）建筑工程类别划分（见表 2-13）

表 2-13　建筑工程类别划分

工程类型			单位	工程类别划分标准		
				一类	二类	三类
工业建筑	单层	檐口高度	m	≥20	≥16	<16
		跨度	m	≥24	≥18	<18
	多层	檐口高度	m	≥30	≥18	<18
民用建筑	住宅	檐口高度	m	≥62	≥34	<34
		层数	层	≥22	≥12	<12
	公共建筑	檐口高度	m	≥56	≥30	<30
		层数	层	≥18	≥10	<10
构筑物	烟囱	混凝土结构高度	m	≥100	≥50	<50
		砖结构高度	m	≥50	≥30	<30
	水塔	高度	m	≥40	≥30	<30
	筒仓	高度	m	≥30	≥20	<20
	贮池	容积（单体）	m³	≥2 000	≥1 000	<1 000
	栈桥	高度	m	—	≥30	<30
		跨度	m	—	≥30	<30
大型机械吊装工程		檐口高度	m	≥20	≥16	<16
		跨度	m	≥24	≥18	<18
大型土石方工程		挖或填土（石）方容量	m³	≥5 000		
桩基础工程		预制混凝土（钢板）桩长	m	≥30	≥20	<20
		灌注混凝土桩长	m	≥50	≥30	<30

（2）市政工程类别划分（见表 2-14）

表 2-14 市政工程类别划分

项目		单位	一类工程	二类工程	三类工程
一 道路工程	结构层厚度	cm	≥65	≥55	<55
	路幅宽度	m	≥60	≥40	<40
二 桥梁工程	单跨长度	m	≥40	≥20	<20
	桥梁总长	m	≥200	≥100	<100
三 排水工程	雨水管道直径	mm	≥1500	≥1 000	<1 000
	污水管道直径	mm	≥1 000	≥600	<600
四 水工构筑物（设计能力）	泵站（地下部分）	万吨/日	≥20	≥10	<10
	污水处理厂（池类）	万吨/日	≥10	≥5	<5
	自来水厂（池类）	万吨/日	≥20	≥10	<10
五 防洪堤挡土墙	实浇（砌）体积	m³	≥3 500	≥2 500	<2 500
	高度	m	≥4	≥3	<3
六 给水工程	主管直径	mm	≥1 000	≥800	<800
七 燃气工程	主管直径	mm	≥500	≥300	<300
八 大型土石方工程	挖或填土（石）方容量	m³	≥5 000		

4）工程费用取费标准及有关规定

（1）企业管理费、利润计取规定和标准

① 企业管理费、利润计取规定。企业管理费、利润计算基础按本定额执行。包工不包料、点工的管理费和利润包含在其工资单价中。

② 企业管理费、利润标准见表第 3 章表 3-2 和表 2-15（仅列出建筑工程与市政工程）。

（2）措施项目费取费标准及规定

① 单价措施项目以清单工程量乘以综合单价计算。综合单价按照各专业计价定额中的规定，依据设计图纸和经建设方认可的施工方案进行组价。

表 2-15 市政工程企业管理费、利润费率标准

序号	项目名称	计算基础	管理费费率（%）			利润率（%）
			一类工程	二类工程	三类工程	
一	通用项目、道路、排水工程	人工费＋机械费	25	22	19	10
二	桥梁、水工构筑物	人工费＋机械费	33	30	27	10
三	给水、燃气与集中供热	人工费	44	40	36	13
四	路灯及交通设施工程	人工费	42			13
五	大型土石方工程	人工费＋机械费	6			4

② 总价措施项目中部分以费率计算的措施项目费率标准见第 3.3 节所述,其计费基础为:分部分项工程费－工程设备费＋单价措施项目费;其他总价措施项目,按项计取,综合单价按实际或可能发生的费用进行计算。

(3) 其他项目费标准及规定

① 暂列金额、暂估价按发包人给的标准计取。

② 计日工:由发承包双方在合同中约定。

③ 总承包服务费:招标人应根据招标文件列出的内容和向总承包人提出的要求,参照下列标准计算:A. 招标人仅要求对分包的专业工程进行总承包管理和协调时,按分包的专业工程估算造价的 1% 计算;B. 招标人要求对分包的专业工程进行总承包管理和协调,并同时要求提供配合服务时,根据招标文件中列出的配合服务内容和提出要求,按分包的专业工程估算造价的 2%～3% 计算。

(4) 规费取费标准及有关规定

① 工程排污费:按有权部门规定计取。

② 社会保险费费率及住房公积金费率取费标准见第 3.3 节所述。

(5) 税金计算标准及有关规定

税金包括营业税、城市建设维护税、教育费附加,按各市规定计取。

2.3.2 《江苏省建设工程费用定额》(2014)营改增后调整内容

根据财政部、国家税务总局《关于全面推开营业税改征增值税试点的通知》(财税〔2016〕36 号),江苏省建筑业自 2016 年 5 月 1 日起纳入营业税改征增值税(以下简称"营改增")试点范围。因此对《江苏省建设工程费用定额》(2014)营改增后调整内容作简单介绍,以供读者了解,本书其他章节的相关内容仍以《江苏省建设工程费用定额》(2014)为基础。

1) 建设工程费用组成

(1) 一般计税方法

① 根据住房和城乡建设部办公厅《关于做好建筑业营改增建设工程计价依据调整准备工作的通知》(建办标〔2016〕4 号)规定的计价依据调整要求,营改增后,采用一般计税方法的建设工程费用组成中的分部分项工程费、措施项目费、其他项目费、规费中均不包含增值税可抵扣进项税额。

② 企业管理费组成内容中增加第(19)条附加税:国家税法规定的应计入建筑安装工程造价内的城市建设维护税、教育费附加及地方教育附加。

③ 甲供材料和甲供设备费用应在计取现场保管费后,在税前扣除。

④ 税金定义及包含内容调整为:税金是指根据建筑服务销售价格,按规定税率计算的增值税进项税额。

(2) 简易计税方法

① 营改增后,采用简易计税方式的建设工程费用组成中,分部分项工程费、措施项目费、其他项目费的组成,均与《江苏省建设工程费用定额》(2014 年)原规定一致,包含增值税可抵扣进项税额。

② 甲供材料和甲供设备费用应在计取现场保管费后,在税前扣除。

③ 税金定义及包含内容调整为:税金包含增值税应纳税额、城市建设维护税、教育费附

加及地方教育附加。

2）取费标准调整

（1）一般计税方法

① 企业管理费和利润取费标准（见表 2-16、表 2-17，仅列出建筑工程与市政工程）

表 2-16　建筑工程企业管理费和利润取费标准

序号	项目名称	计算基础	企业管理费费率（%）			利润率（%）
			一类工程	二类工程	三类工程	
一	建筑工程	人工费+除税施工机具使用费	32	29	26	12
二	单独预制构件制作		15	13	11	6
三	打预制桩、单独构件品装		11	9	7	5
四	制作兼打桩		17	15	12	7
五	大型土石方工程		7		4	

表 2-17　市政工程企业管理费和利润取费标准

序号	项目名称	计算基础	企业管理费费率（%）			利润率（%）
			一类工程	二类工程	三类工程	
一	通用项目、道路、排水工程	人工费+除税施工机具使用费	26	23	20	10
二	桥梁、水工构筑物	人工费+除税施工机具使用费	35	32	29	10
三	给水、燃气与集中供热	人工费	45	41	37	13
四	路灯及交通设施工程	人工费	43	13		
五	大型土石方工程	人工费+除税施工机具使用费	7	4		

② 措施项目费及安全文明施工措施费取费标准（见表 2-18、表 2-19）

表 2-18　措施项目费取费标准（节选）

项目	计算基础	各专业工程费率（%）				城市轨道交通	
		建筑工程	单独装饰	安装工程	市政工程	土建轨道	安装
临时设施	分部分项工程费+单价措施项目费-除税工程设备费	1～2.3	0.3～1.3	0.6～1.6	1.1～2.2	0.5～1.6	
赶工措施		0.5～2.1	0.5～2.2	0.5～2.1	0.5～2.2	0.4～1.3	
按质论价		1～3.1	1.1～3.2	1.1～3.2	0.9～2.7	0.5～1.3	

注：本表中除临时设施、赶工措施、按质论价费率有调整外，其他费率不变。

③ 其他项目取费标准

暂列金额、暂估价、总承包服务费中均不包括增值税可抵扣进项税额。

④ 规费取费标准（见表 2-20）

表 2-19　安全文明施工措施费取费标准（节选）

序号	工程名称		计费基础	基本费率（%）	省级标化增加费（%）
一	建筑工程	建筑工程	分部分项工程费＋单价措施项目费－除税工程设备费	3.1	0.7
		单独构件吊装		1.6	—
		打预制桩/制作兼打桩		1.5/1.8	0.3/0.4
二	单独装饰工程			1.7	0.4
三	安装工程			1.5	0.3
四	市政工程	通用项目、道路、排水工程		1.5	0.4
		桥涵、隧道、水工构筑物		2.2	0.5
		给水、燃气与集中供热		1.2	0.3
		路灯及交通设施工程		1.2	0.3
五	城市轨道交通工程	土建工程		1.9	0.4
		轨道工程		1.3	0.2
		安装工程		1.4	0.3
六	大型土石方工程			1.5	—

表 2-20　社会保险费及公积金取费标准

序号	工程类别		计算基础	社会保险费率（%）	公积金费率（%）
一	建筑工程	建筑工程	分部分项工程费＋措施项目费＋其他项目费－除税工程设备费	3.2	0.53
		单独预制构件制作、单独构件吊装、打预制桩、制作兼打桩		1.3	0.24
		人工挖孔桩		3	0.53
二	单独装饰工程			2.4	0.42
三	安装工程			2.4	0.42
四	市政工程	通用项目、道路、排水工程		2.0	0.34
		桥涵、隧道、水工构筑物		2.7	0.47
		给水、燃气与集中供热、路灯及交通设施工程		2.1	0.37

⑤ 税金计算标准及有关规定

税金以除税工程造价为计取基础，费率为 11%。

（2）简易计税方法

税金包括增值税应缴纳税额、城市建设维护税、教育费附加及地方教育附加。

① 增值税应纳税额＝包含增值税可抵扣进项税额的税前工程造价×适用税率。税率：3%。

② 城市建设维护税＝增值税应纳税额×适用税率。税率：市区 7%，县镇 5%，乡村 1%。

③ 教育费附加＝增值税应纳税额×适用税率。税率：3%。

④ 地方教育附加＝增值税应纳税额×适用税率。税率：2%。

以上 4 项合计,以包含增值税可抵扣进项额的税前工程造价为计费基础,税金费率为市区 3.36%,县镇 3.30%,乡村 3.18%。如各市另有规定的,按各市规定计取。

3) 计算程序

(1) 一般计税方法

包工包料工程的计费程序见表 2-21。

表 2-21　工程量清单法计算程序(包工包料)

序号	费用名称		计算公式
一	分部分项工程费		清单工程量×除税综合单价
	其中	1. 人工费	人工消耗量×人工单价
		2. 材料费	材料消耗量×除税材料单价
		3. 施工机具使用费	机械消耗量×除税机械单价
		4. 管理费	(1+3)×费率或(1)×费率
		5. 利　润	(1+3)×费率或(1)×费率
二	措施项目费		
	其中	单价措施项目费	清单工程量×除税综合单价
		总价措施项目费	(分部分项工程费+单价措施项目费-除税工程设备费)×费率或以项计费
三	其他项目费		
四	规　费		
	其中	1. 工程排污费	
		2. 社会保险费	(一+二+三-除税工程设备费)×费率
		3. 住房公积金	
五	税　金		[一+二+三+四-(除税甲供材料费+除税甲供设备费)/1.01]×费率
六	工程造价		一+二+三+四-(除税甲供材料费+除税甲供设备费)/1.01+五

(2) 简易计税方法

包工不包料工程(清包工工程),可按简易计税法计税,原计费程序不变。

2.4　建筑工程概算定额、概算指标与估算指标

2.4.1　概算定额

1) 概算定额的概念

概算定额也叫作扩大结构定额,它规定了完成一定计量单位的扩大结构构件或扩大分项工程的人工、材料、机械台班消耗量的数量标准,它是在预算定额的基础上进行综合、合并而成,因此概算定额与综合预算定额在性质上具有相同的特征。

概算定额表达的主要内容、主要方式及基本使用方法都与综合预算定额相近。

定额基准价= 定额单位人工费+定额单位材料费+定额单位机械费

$$= 人工概算定额消耗量 \times 人工工资单价$$
$$+ \sum (材料概算定额消耗量 \times 材料预算价格)$$
$$+ \sum (施工机械概算定额消耗量 \times 机械台班费用单价) \quad (2\text{-}33)$$

概算定额的内容和深度是以预算定额为基础的综合与扩大。概算定额与预算定额的不同之处在于项目划分和综合扩大程度上的差异,同时,概算定额主要用于设计概算的编制。由于概算定额综合了若干分项工程的预算定额,因此使概算工程量计算和概算表的编制都比编制施工图预算简化了很多。

编制概算定额时,应考虑到能适应规划、设计、施工各阶段的要求。概算定额与预算定额应保持一致水平,即在正常条件下反映大多数企业的设计、生产及施工管理水平。

2)概算定额的项目划分

概算定额手册通常由文字说明和定额项目表组成。文字说明包括总说明和各分部说明。总说明中主要说明定额的编制目的、编制依据、适用范围、定额作用、使用方法、取费计算基础以及其他有关规定等。各分部说明中主要阐述本分部综合分项工程内容、使用方法、工程量计算规则以及其他有关规定等。

(1)总说明:主要介绍概算定额的作用、编制依据、编制原则、适用范围、有关规定等内容。

(2)建筑面积计算规则:规定了计算建筑面积的范围、计算方法,不计算建筑面积的范围等。建筑面积是分析建筑工程技术经济指标的重要数据,现行建筑面积的计算规则,是由国家统一规定的。

(3)册章节说明:册章节(又称各章分部说明)主要是对本章定额运用、界限划分、工程量计算规则、调整换算规定等内容进行说明。

(4)概算定额项目表:定额项目表是概算定额的核心,它反映了一定计量单位扩大结构或构件扩大分项工程的概算单价,以及主要材料消耗量的标准。

(5)附录、附件:附录一般列在概算定额手册的后面,包括砂浆、混凝土配合比表,各种材料、机械台班造价表等有关资料,供定额换算、编制施工作业计划等使用。

3)概算定额的作用

概算定额在控制建设投资、合理使用建设资金及充分发挥投资效果等方面发挥着积极的作用。为了合理确定工程造价和有效控制工程建设投资,江苏省编制颁发了《江苏省建筑工程概算定额(2005年)》,自2006年1月起在全省范围内施行,原《江苏省建筑工程概算定额(1999)》同时停止执行。该定额的作用主要体现在6个方面:

(1)建筑工程概算定额是对设计方案进行经济技术分析比较的依据。设计方案比较,主要是对不同建筑及结构方案的人工、材料和机械台班消耗量、材料用量、材料资源短缺程度等进行比较,弄清不同方案、人工材料和机械台班消耗量对工程造价的影响,材料用量对基础工程量和材料运输量的影响,以及由此而产生的对工程造价的影响,短缺材料用量及其供给的可能性,某些轻型材料和变废为利的材料应用所产生的环境效益和国民经济宏观效益等。其目的是选出经济合理的建筑设计方案,在满足功能和技术性能要求的条件下降低造价和人工、材料消耗。概算定额按扩大建筑结构构件或扩大综合内容划分定额项目,对上述诸方面均能提供直接或间接的比较依据,从而有助于做出最佳选择。对于新结构和新材料的选择和推广,也需要借助于概算定额进行技术经济分析和比较,从经济角度考虑普遍采用的可能性和效益。

（2）建筑工程概算定额是初步设计阶段编制工程设计概算、技术设计阶段编制修正概算、施工图设计阶段编制施工图概算的主要依据。概算项目的划分与初步设计的深度相一致，一般是以分部工程为对象。根据国家有关规定，按设计的不同阶段对拟建工程进行估价，编制工程概算和修正概算，这样，就需要有与设计深度相适应的计价定额，概算定额正是适应了这种设计深度而编制的。

（3）建筑工程概算定额是招、投标工程编制招标标底、投标报价及签订施工承包合同的依据。

（4）建筑工程概算定额是编制主要材料申请计划、设备清单的计算基础和施工备料的参考依据。保证材料供应是建筑工程施工的先决条件。根据概算定额的材料消耗指标，计算工程用料的数量比较准确，并可以在施工图设计之前提出计划。

（5）建筑工程概算定额是拨付工程备料款、结算工程款和审定工程造价的依据。

（6）建筑工程概算定额是编制建设工程概算指标或估算指标的基础。

4）概算定额与预算定额的关系

（1）概算定额是一种计价性定额，其主要作用是作为编制设计概算的依据。而对设计概算进行编制和审核是我国目前控制工程建设投资的主要方法。所以，概算定额也是我国目前控制工程建设投资的主要依据。

（2）概算定额是一种社会标准，在涉及国有资本投资的工程建设领域，同样具有技术经济法规的性质，其定额水平一般取社会平均水平。

（3）概算定额是在预算定额或综合预算定额的基础上综合扩大而成的计价性定额，不论从定额的形式、数据结构还是从定额的标定对象、消耗量水平来看都与综合预算定额基本相同。

（4）概算定额与预算定额的相同之处，都是以建（构）筑物各个结构部分和分部分项工程为单位表示的，定额标定对象均为扩大了的分项工程或结构构件；定额消耗量的内容也包括人工、材料和机械台班3个基本部分；概算定额表达的主要内容、主要方式及基本使用方法都与预算定额相近。

（5）概算定额与预算定额的不同之处在于项目划分和综合扩大程度上的差异，同时，概算定额主要用于设计概算的编制，而预算定额还可以作为编制施工图预算的依据。由于概算定额综合了若干分项工程的预算定额，因此使概算工程量计算和概算表的编制都比编制施工图预算简化了很多。

2.4.2 概算指标

1）概算指标的概念

概算指标是以每100 m² 建筑面积、每1 000 m³ 建筑体积或每座构筑物为计量单位，规定人工、材料、机械及造价的定额指标。概算指标是概算定额的扩大与合并，它是以整个房屋或构筑物为对象，以更为扩大的计量单位来编制的，也包括劳动力、材料和机械台班定额3个基本部分。同时，还列出了各结构分部的工程量及单位工程（以体积计或以面积计）的造价。例如每1 000 m³ 房屋或构筑物、每1 000 m 管道或道路、每座小型独立构筑物所需要的劳动力、材料和机械台班的消耗数量等。

2）概算指标的表现形式

按具体内容和表示方法的不同，概算指标一般有综合指标和单项指标两种形式。综合指标是以一种类型的建筑物或构筑物为研究对象，以建筑物或构筑物的体积或面积为计量单位,综合了该类型范围内各种规格单位工程的造价和消耗量指标而形成的,它反映的不是具体工程的指标,而是一类工程的综合指标,是一种概括性较强的指标。单项指标则是一种以典型的建筑物或构筑物为分析对象的概算指标,仅仅反映某一具体工程的消耗情况。

建筑物或构筑物的概算指标有以下种类:

(1) 建设投资参考指标(见表 2-22)。

(2) 各类工程的主要项目费用构成指标。

(3) 各类工程技术经济指标(见表 2-23)。

表 2-22 建设投资参考指标

一、各类工业项目投资参考指标

序号	项 目	投资分配(%)					
		建筑工程			设备及安装工程		其他
		工业建筑	民用建筑	厂外工程	设备	安装	
1	冶金工程	33.4	3.5	1.3	48.2	5.7	7.9
2	电工器材工程	27.7	5.4	0.8	51.7	2.2	12.2
3	石油工程	22	3.5	1	50	10	13.5
4	机械制造工业	27	3.9	1.3	56	2.3	9.5
5	化学工程	33	3	1	46	11	9
6	建筑材料工业	35.6	3.1	3.5	50	2.8	7.8
7	轻工业	25	4.4	0.5	55	6.1	
8	电力工业	30	1.6	1.1	51	13	3.3
9	煤炭工业	41	6	2	38	7	6
10	食品工业(冻肉厂)	55	3	0.5	30	9	2.5
11	纺织工业(棉纺厂)	29	4.5	1.	53	4	8.5

二、建筑工程每 100 m² 消耗工料指标

项 目	人工及主要材料											
	人工	钢材	水泥	模板	成材	砖	黄沙	碎石	毛石	石灰	玻璃	油毡	沥青
	工日	t	t	m³	m³	千块	t	t	t	t	m²	m²	kg
工业与民用建筑综合	315	3.04	13.57	1.69	1.44	14.76	44	46	8	1.48	18	110	240
(一)工业建筑	340	3.94	14.45	1.82	1.43	11.56	46	51	10	1.02	18	133	300
(二)民用建筑	277	1.68	12.24	1.50	1.48	19.58	42	36	6	2.63	17	67	160

表 2-23 各类工程技术指标

一、办公楼技术经济指标汇总表

层数及结构形式		2 层混合结构	4 层混合结构	6 层框架结构	9 层框架结构	12 层框架结构	29 层框剪结构
总建筑面积	m²	435	1 377	4 865	5 378	14 800	21 179
总 造 价	万元	27.8	86.7	243	309	1 595	2 008

续表 2-23

层数及结构形式		2层混合结构	4层混合结构	6层框架结构	9层框架结构	12层框架结构	29层框剪结构
檐 高	m	7.1	13.5	23.4	29	46.9	90.9
工程特征及设备选型		混合结构,钢筋混凝土带基,桩基(0.2 m×0.2 m×8 m×109 根),铝合金茶色玻璃窗,硬木弹簧门,外墙石屑砂浆面层,内墙刷乳胶漆,2件卫生洁具	混合结构,无梁带基,外墙刷PA-1涂料,2件卫生洁具,吊扇,立式空调器,50门电话交换机1套	框架结构,钢筋混凝土有梁满堂基础,内外墙面刷涂料,地面做777涂料,吊扇,50门共电式交换机1套,窗式空调器,2t电梯1台	框架结构,独立柱基,桩基(0.4 m×0.4 m×26.5 m×365根),铝合金门窗,外墙做水刷石,地面做777涂料,2件卫生洁具,吊扇,1t电梯2台	框架结构,独立柱基,桩基(0.4 m×0.4 m×17 m×262根),古铜色铝合金茶色玻璃门窗,外墙石屑砂浆面层,局部泰山面砖,彩色水磨石地面,2件卫生洁具,窗式空调器,400门自动电话交换机,1t电梯3台	框剪结构,箱基(底板厚δ=1 200 mm),桩基(0.45 m×0.45 m×38.2 m×251根),铝合金弹簧门,铝合金窗,外墙贴马赛克,局部轻钢龙骨吊顶,水磨石地面,3件卫生洁具,0.5t电梯2台,1t电梯4台
每 m² 建筑面积总造价(元)		639	631	500	573	1 078	948
其中:土建		601	454	382	453	823	744
设备		35	176	112	115	242	191
其他		3	1	6	5	13	13
主要材料消耗指标	水 泥 kg/m²	251	212	234	247	292	351
	钢 材 kg/m²	28	28	55	57	79	74
	钢 模 kg/m²	1.2	2.2	2.5	3	5.2	7.4
	原 木 m³/m²	0.022	0.018	0.015	0.023	0.029	0.018
	混凝土折厚 cm/m²	19	12	23	54	48	58

二、工业厂房技术经济指标汇总表

层数及结构形式		单层排架结构	单层排架结构	2层框架结构	3层框架结构	3层框架结构	4层框架结构
总建筑面积	m²	1 698	4 974	4 605	1 042	2 247	1 311
总 造 价	万元	159	297.4	277.2	64.4	130.1	78.1
檐 高	m	11.7	10.5	9.6	10.8	16.11	15.4
工程特征及设备选型		排架结构,独立柱基,大型屋面板,行车起吊重量10t,跨度22.5 m,轨高8.2 m,1.5 t钢板水箱1座,离心水泵及齿轮油泵各4台	排架结构,杯基,桩基(0.4 m×0.4 m×24 m×248 根),大型屋面板,10 t桥式吊车2台,跨度22.5 m,轨高8 m	框架结构,有梁带基,铝合金卷帘门,外墙贴面砖,局部内墙贴墙纸,轻钢龙骨石膏板吊顶,3.9 t钢板水箱1座,480 kVA变压器设备1套,立式空调器,1t锅炉1台,2t电梯1台	框架结构,有梁带基,铝合金弹簧门,外墙贴玻璃马赛克,水磨石地面。立式冷风机3台,窗式空调器1台,500门共电式交换机1套	框架结构,有梁带基,行车起吊重量3t,跨度10.5 m,轨高5.2m,0.5t、1t电动葫芦各1台,外墙马赛克,1t电梯1台	框架结构,独立柱基,10 t钢筋混凝土水箱1座,2t电梯1台

续表 2-23

层数及结构形式			单层排架结构	单层排架结构	2层框架结构	3层框架结构	3层框架结构	4层框架结构
每 m² 建筑面积总造价(元)			936	597	602	618	579	596
其中：土建			752	579	418	474	484	482
设备			164	13	173	139	88	107
其他			20	5	11	5	7	7
主要材料消耗指标	水泥	kg/m²	409	269	244	282	270	327
	钢材	kg/m²	120	100	41	44	75	59
	钢模	kg/m²	2.1	1.6	2.8	2.9	2.2	3.5
	原木	m³/m²	0.03	0.017	0.026	0.02	0.014	0.022
	混凝土折厚	cm/m²	39	41	30	25	28	36

3）概算指标的作用

概算指标的作用与概算定额类似，在设计深度不够的情况下，往往用概算指标来编制初步设计概算。因为概算指标比概算定额进一步扩大与综合，所以依据概算指标来估算投资就更为简便，但精度也随之降低。建筑工程概算指标的作用：①是初步设计阶段编制建筑工程设计概算的依据，这是指在没有条件计算工程量时只能使用概算指标；②设计单位在建筑方案设计阶段，进行方案设计技术经济分析和估算的依据；③在建设项目可行性研究阶段，作为编制项目投资估算的依据；④是建设项目规划阶段，估算投资和计算资源需要量的依据。

2.4.3　估算指标

1）估算指标的概念与作用

估算指标是确定生产一定计量单位(如 m²、m³ 或幢、座等)建筑安装工程的造价和工料消耗的标准。主要是选择具有代表性、符合技术发展方向、数量足够并具有重复使用可能的设计图纸及其工程量的工程造价实例，经筛选、统计分析后综合取定。

估算指标的制定是建设工程管理的一项重要工作。估算指标是编制项目建议书和可行性研究报告书投资估算的依据，是对建设项目全面的技术性与经济性论证的依据。估算指标对提高投资估算的准确度、建设项目全面评估、正确决策具有重要意义。

2）估算指标的编制原则与编制依据

(1) 编制原则：①估算指标的编制必须适应今后一段时期编制建设项目建议书和可行性研究报告书的需要；②估算指标的分类、项目划分、项目内容、表现形式等必须结合工程专业特点，与编制建设项目建议书和可行性研究报告书深度相适应；③估算指标编制要符合国家有关的方针政策、近期技术发展方向，反映正常建设条件下的造价水平并适当留有余地；④采用的依据和数据尽可能做到正确、准确和具有代表性；⑤估算指标力求满足各种用户使用的需要。

(2) 编制依据：①国家和建设行政主管部门制定的工期定额；②国家和地区建设行政主管部门制定的计价规范、专业工程概预算定额及取费标准；③编制基准期的人工单价、材料价格、施工机械台班价格。

2.5 建筑安装工程工期定额

工期是指工程从正式开工起至完成建筑安装工程的全部设计内容,并达到验收标准之日止的全部日历天数。

工期定额是指在一定的经济和社会条件下,在一定时期内由建设行政主管部门制定并发布的工程项目建设消耗时间标准。我国的施工工期定额,是建设部组织编制,以民用和工业通用的建设安装工程为对象,按工程结构、层数不同,并考虑到施工方法等因素,规定从基础破土开始至完成全部工程设计或定额子目规定的内容并达到国家验收标准的日历天数。工期定额具有一定的法规性,对确定具体工程项目的工期具有指导意义。体现了合理建设工程,反映了一定时期国家、地区或部门不同建设项目的建设和管理水平。工程工期和工程造价、工程质量一起被视为工程项目管理的三大目标。

根据江苏省住房和城乡建设厅苏建价〔2016〕740 号文规定:为贯彻落实住房城乡建设部《关于印发建筑安装工程工期定额的通知》(建标〔2016〕161 号),现结合我省实际,就执行《建筑安装工程工期定额》(TY 01-89-2016)(以下简称"工期定额")的有关事项明确如下:

(1)工期定额是国有资金投资工程确定建筑安装工程工期的依据,非国有资金投资工程参照执行。工期定额是签订建筑安装施工合同、合理确定施工工期及工期索赔的基础,也是施工企业编制施工组织设计、安排施工进度计划的参考。

(2)工期定额中的工程分类按照《建设工程分类标准》(GB/T 50841—2013)执行。

(3)装配式剪力墙、装配式框架剪力墙结构按工期定额中的装配式混凝土结构工期执行;装配式框架结构按工期定额中的装配式混凝土结构工期乘以系数 0.9 执行。

(4)当单项工程层数超出工期定额中所列层数时,工期可按定额中对应建筑面积最高相邻层数的工期差值增加。

(5)钢结构工程建筑面积和用钢量两个指标中,只要满足其中一个指标即可。在确定机械土方工程工期时,同一单项工程内有不同挖深的,按最大挖土深度计算。

(6)在计算建筑工程垂直运输费时,按单项工程定额工期计算工期天数,但桩基工程、基础施工前的降水、基坑支护工期不另行增加。

(7)为有效保障工程质量和安全,维护建筑行业劳动者合法权益,建设单位不得任意压缩定额工期。如压缩工期,在招标文件和施工合同中应明确赶工措施费的计取方法和标准。建筑安装工程赶工措施费按《江苏省建设工程费用定额》(2014 年)规定执行,费率为0.5%~2%。压缩工期超过定额工期 30%以上的建筑安装工程必须经过专家认证。

(8)江苏省行政区域内,2017 年 3 月 1 日起发布招标文件的招投标工程以及签订施工合同的非招投标工程,应执行本工期定额。原《全国统一建筑安装工程工期定额》(2000 年)和江苏省《关于贯彻执行〈全国统一建筑安装工程工期定额〉的通知》(苏建定〔2000〕283 号文)同时停止执行。

2.5.1 工期定额的规定

建筑安装工程工期定额主要包括民用建筑、一般通用工业建筑和专业工程施工的工期标准。除定额另外有说明,均指单项工程工期。

（1）地区类别划分

由于我国幅员辽阔,各地气候条件差别较大,故将全国划分为Ⅰ、Ⅱ、Ⅲ类地区,分别制定工期定额。

Ⅰ类地区:上海、江苏、浙江、安徽、福建、江西、湖北、湖南、广东、广西、四川、贵州、云南、重庆、海南。

Ⅱ类地区:北京、天津、河北、山西、山东、河南、陕西、甘肃、宁夏。

Ⅲ类地区:内蒙古、辽宁、吉林、黑龙江、西藏、青海、新疆。

同一省、自治区内由于气候条件不同,也可按工期定额地区类别划分原则,由省、自治区建设行政主管部门在本区域内再划分类区,报建设部批准后执行。

设备安装和机械施工工程不分地区类别,执行统一的工期定额。

本定额是按各类地区情况综合考虑的,由于各地施工条件不同,允许各地有15%以内的定额水平调整幅度,各省、自治区、直辖市建设行政主管部门可按上述规定制定实施细则报建设部备案。

（2）工期定额的内容划分

工期定额划分为3个部分和6项工程,详见表2-24。

表 2-24 工期定额内容划分

一级划分	二级划分
民用建筑工程	单项工程(含住宅、宾馆、饭店、综合楼、办公楼、教学楼、医疗门诊楼、图书馆、影剧院、体育馆工程等)
	单位工程(含结构及装修工程)
工业及其他建筑工程	工业建筑工程(含单层厂房、多层厂房、降压站、冷冻机房、冷库、冷藏间、空压机房、变电室、锅炉房工程)
	其他建筑工程(含地下汽车库、汽车库、仓库、独立地下室、服务用房、停车场、园林庭院、构筑物工程)
专业工程	设备安装工程(含电梯、起重机、锅炉、供热交换设备、空调、变电室、降压站发电机房、肉联厂屠宰间、冷冻机房、冷库、冷藏间、空压站、自动电话交换机、金属容器安装、锅炉砌筑工程)
	机械施工工程(含构件、网架吊装、机械土方、机械打桩、钻孔灌注桩、人工挖孔桩工程)

2.5.2 《建筑安装工程工期定额》(TY 01-89-2016)示例

表 2-25 ±0.000 以下无地下室

编号	基础类型	首层建筑面积(m²)	工期(天)		
			Ⅰ类	Ⅱ类	Ⅲ类
1-1	带形基础	500 以内	30	35	40
1-2		1 000 以内	36	41	46
1-3		2 000 以内	42	47	52
1-4		3 000 以内	49	54	59
1-5		4 000 以内	64	69	74

续表 2-25

编号	基础类型	首层建筑面积(m²)	工期(天)		
			Ⅰ类	Ⅱ类	Ⅲ类
1-6	带形基础	5 000 以内	71	76	81
1-7		10 000 以内	90	95	100
1-8		10 000 以外	105	110	115
1-9	筏板基础,满堂基础	500 以内	40	45	50
1-10		1 000 以内	45	50	55
1-11		2 000 以内	51	56	61
1-12		3 000 以内	58	63	68
1-13		4 000 以内	72	77	82
1-14		5 000 以内	76	81	86
1-15		10 000 以内	105	110	115
1-16		10 000 以外	130	135	140

表 2-26　±0.000 以下有地下室

编号	层数(层)	建筑面积(m²)	工期(天)		
			Ⅰ类	Ⅱ类	Ⅲ类
1-25	1	1 000 以内	80	85	90
1-26		3 000 以内	105	110	115
1-27		5 000 以内	115	120	125
1-28		7 000 以内	125	130	135
1-29		10 000 以内	150	155	160
1-30		10 000 以外	170	175	180
1-31	2	2 000 以内	120	125	130
1-32		4 000 以内	135	140	145
1-33		6 000 以内	155	160	165
1-34		8 000 以内	170	175	180
1-35		10 000 以内	185	190	195
1-36		15 000 以内	210	220	230
1-37		20 000 以内	235	245	255
1-38		20 000 以外	260	270	280

表 2-27 ±0.00 以上居住建筑

结构类型:砖混结构

编号	层数(层)	建筑面积(m²)	工期(天)		
			Ⅰ类	Ⅱ类	Ⅲ类
1-64	2 以下	500 以内	40	50	70
1-65		1 000 以内	50	60	80
1-66		2 000 以内	60	70	90
1-67		2 000 以外	75	85	105
1-68	3	1 000 以内	70	80	100
1-69		2 000 以内	80	90	110
1-70		3 000 以内	95	105	130
1-71		3 000 以外	115	125	150
1-72	4	2 000 以内	100	110	130
1-73		3 000 以内	110	120	140
1-74		5 000 以内	135	145	165
1-75		5 000 以外	155	165	185
1-76	5	3 000 以内	130	140	165
1-77		5 000 以内	150	165	185
1-78		8 000 以内	170	180	205
1-79		10 000 以内	185	195	220
1-80		10 000 以外	205	215	240

3 建筑工程费用(造价)组成

3.1 建设工程项目投资(费用)构成

建设工程项目投资是指建设工程项目在建设阶段所需全部建设费用的总和,分生产性和非生产性两种建设项目投资。生产性建设项目投资包括建设投资、建设期利息和流动资金三部分;非生产性建设项目投资包括建设投资和建设期利息两部分。建设工程项目投资构成如图 3-1 所示。

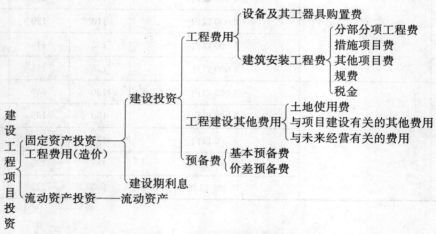

图 3-1　建设工程项目投资构成

由图 3-1 可知:建设投资由工程费用、工程建设其他费用和预备费 3 种费用组成。其中工程费用是指直接构成固定资产(工程)实体的各种费用,包括建筑安装工程费和设备及工器具购置费;工程建设其他费用是指按国家有关规定应在投资支付,并列入建设工程项目或单项工程项目造价的费用;预备费是指为了保证工程项目顺利实施,避免在实施过程中可能发生且难以预料的支出情况下,造成投资不足而需要预先安排预留的费用。

建设期利息是指工程建设项目若使用投资贷款,应在建设期内归还的贷款利息。

3.2 建筑安装工程费用构成

在工程建设中,建筑安装工程是创造价值的活动。建筑安装工程费用是建设工程建设项目费用的重要组成部分,它作为建筑安装工程价值的货币表现,也被称为建筑安装工程造价,是由建筑工程费和安装工程费两部分构成的。建筑安装工程费用,是指在建筑安装工程施工过程中直接发生的费用,和施工企业在组织管理施工过程中间接为工程支出的费用,以及按国家规定施工企业应获得的利润、规费和应缴纳的税金的总和。

　　建筑安装工程预算费用(造价)的构成,目前有住房城乡建设部、财政部联合颁布的《建筑安装工程费用项目组成》的通知(建标〔2013〕44 号)文件和住房城乡建设部颁布的《建设工程工程量清单计价规范》(GB 50500—2013)公告文件等两种费用组成方法,但两种费用组成方法所包含的内容并无实质性差异,只是前者主要表述的是建筑安装工程费用项目要素组成,后者主要表述的是费用项目形成类别。

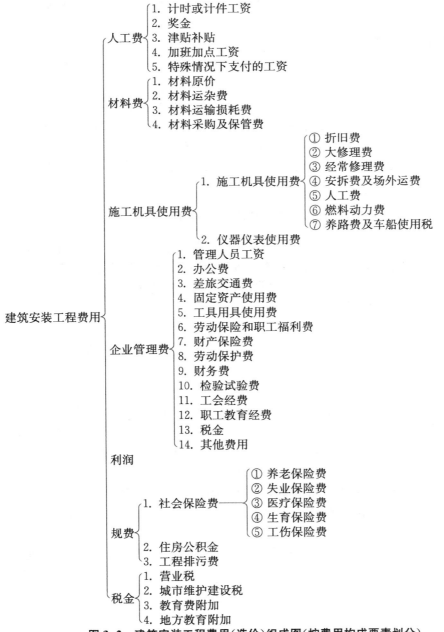

图 3-2　建筑安装工程费用(造价)组成图(按费用构成要素划分)

3.2.1 建筑安装工程费用的内容

1) 建筑工程费用的内容

(1) 各类房屋建筑工程及其供水、供暖、卫生、通风、燃气等设备的费用;列入建筑工程预算的各种管道、电力、电信和电缆敷设工程的费用。

(2) 设备基础、支柱、支架、操作台、水池、水塔、烟囱等建筑工程,各种炉窑砌筑工程和金属结构工程的费用。

(3) 开凿矿井,延伸井巷,石油、天然气钻井,铺筑铁路、桥梁,修建水库、堤坝、灌渠及防洪工程的费用。

(4) 工程和水文地质勘探,施工前场地平整、原有建(构)筑物和障碍物拆除,施工时临时用水、用电、用气,临时道路铺筑、施工场地清理、环境绿化、永久道路修建等费用。

2) 安装工程费用的内容

(1) 生产、动力、起重、运输、传动和医疗、实验室等各种设备的安装和装配的费用;与设备相连的工作平台、梯子、栏杆等设施的工程费用;附属于设备的管线敷设工程的费用;以及被安装设备的绝缘、防腐、保温、油漆等工作的材料费和安装费用。

(2) 对单台设备进行单机试运转、对系统设备进行联动无负荷试运转工作的调试费用。

3.2.2 建筑安装工程费用项目组成(按费用构成要素划分)

根据建标〔2013〕44 号文件《建筑安装工程费用项目组成》的规定(按照费用构成要素划分),建筑安装工程费用由人工费、材料费、施工机具使用费、企业管理费、利润、规费和税金组成。其中:人工费、材料费、施工机具使用费、企业管理费和利润,包含在分部分项工程费、措施项目费和其他项目费中(见图 3-2)。

1) 人工费

人工费是指支付给直接从事于建筑安装工程施工的生产工人和附属生产单位工人的各项费用。

(1) 人工费的内容

① 计时或计件工资。是指按计时工资标准和工作时间或计件单价和完成工作件数,支付给工人个人的劳动报酬。

② 奖金。是指对超额劳动和增收节约,支付给工人个人的劳动报酬。

③ 津贴补贴。是指为了补偿工人特殊原因或额外劳动消耗,支付给工人个人的津贴。同时为了保证工人工资水平不受物价波动影响,支付给工人个人的物价补贴。

④ 加班加点工资。是指按国家规定应支付的法定节假日工作的加班工资,和法定节假日工作时间外延时工作的加点工资。

⑤ 特殊情况下支付的工资。是指按国家法定的因病假、工伤、产假、计划生育假、婚丧假、事假、探亲假、定期休假、停工学习、执行社会义务等原因,按计时工资标准的一定比例支付的工资。

(2) 人工费的计算

构成人工费的两个要素是工日消耗量和日工资单价。

$$人工费 = \sum(工日消耗量 \times 日工资单价) \tag{3-1}$$

$$日工资单价 = \frac{生产工人平均月工资+平均月(奖金+津贴补贴+特殊情况支付的)工资}{年平均每月法定工作日}$$

$$\tag{3-2}$$

日工资单价是指施工企业平均技术熟练程度的生产工人在每工作日,按规定从事施工作业应得的日工资额。

日工资单价应由工程造价管理机构,通过市场调查,并根据工程项目的技术复杂程度,经综合分析后确定,且最低日工资单价不得低于工程所在地人力资源和社会保障部门所公布的最低工资标准。

2) 材料费

材料费是指施工过程中耗用的构成工程实体的原材料、辅助材料、构配体、零件、半成品或成品,以及工程设备的费用。

(1) 材料费的内容

① 材料原价。是指材料、工程设备的出厂价格或市场采购价格。

② 材料运杂费。是指材料、工程设备自来源地运至工地仓库或指定堆放地点所发生的全部费用。费用包括:车船的运输费、调车费或驳船费、装卸费等费用。

③ 材料运输损耗费。是指材料在运输、装卸过程中不可避免的损耗的费用。

④ 材料采购及保管费。是指为组织采购、供应和保管材料、工程设备的过程中所需要的各项费用。费用包括:采购费、仓储费、工地保管费、仓储损耗等费用。

(2) 材料费的计算

构成材料费的两个要素是:材料消耗量和材料单价。

$$材料费 = \sum(材料消耗量 \times 材料单价) \tag{3-3}$$

$$材料单价 = \{(材料原价+材料运杂费) \times [1+材料运输损耗率(\%)] \times [1+材料采购保管费率(\%)]\} \tag{3-4}$$

$$工程设备费 = \sum(工程设备量 \times 工程设备单价) \tag{3-5}$$

$$工程设备单价 = (工程设备原价 \times 运杂费) \times [1+采购保管费率(\%)] \tag{3-6}$$

3) 施工机具使用费

施工机具使用费是指施工作业时所发生的施工机械、仪器仪表使用或租赁费用。

(1) 施工机械使用费的内容

施工机械使用费是施工机械台班消耗量与施工机械台班单价相乘积的费用形式表示。施工机械台班单价由下列费用组成:

① 折旧费。是指施工机械在规定的使用期限内,陆续收回其原值及购置资金的时间价值。

② 大修理费。是指施工机械按规定的大修理间隔台班进行必要的大修理,以恢复其正常功能所需的费用。

③ 经常修理费。是指施工机械除大修理以外的各级保养和临时故障排除所需的费用。包括为保障机械正常运转所需替换设备与随机配备工具用具的摊销和维护费用,机械运转

及日常保养所需润滑与擦拭的材料费用及机械停滞期间的维护和保养费用等。

④ 安拆费及场外运费。安拆费是指施工机械在现场进行安装与装卸所需的人工、材料、机械和试运转费用以及机械辅助设施的折旧、搭设、拆除等费用;场外运输费是指施工机械整体或分体自停放地点运至施工现场或由一施工地点运至另一施工地点的运输、装卸、辅助材料及架线等费用。

⑤ 人工费。是指机上司机(司炉)和其他操作人员的工作日人工费及上述人员在施工机械规定的年工作台班以外的人工费。

⑥ 燃料动力费。是指施工机械在运转作业中所消耗的固体燃料(煤、木炭)、液体燃料(汽油、柴油及水电)等费用。

⑦ 养路费及车船使用税。是指施工机械按照国家规定和有关部门应缴纳的养路费、车船使用税、保险费和年检费等。

(2) 施工机械费的计算

$$施工机械使用费 = \sum(施工机械台班消耗量 \times 施工机械台班单价) \qquad (3-7)$$

$$施工机械台班单价 = 台班折旧费 + 台班大修理费 + 台班经常修理费 + 台班安拆费及$$
$$场外运费 + 台班人工费 + 台班燃料动力费 + 台班车船税费 \qquad (3-8)$$

(3) 仪器仪表使用费的计算

仪器仪表使用费是指工程施工所需使用的仪器仪表的摊销费和维修费。

$$仪器仪表使用费 = 工程使用的仪器仪表摊销费 + 维修费 \qquad (3-9)$$

4) 企业管理费

(1) 企业管理费的内容

企业管理费是指施工企业为组织施工生产和经营管理所需支出的费用。

① 管理人员工资。是指支付给管理人员的计时(或计件)工资、奖金、津贴补贴、加班加点工资及特殊情况下支付的工资。

② 办公费。是指施工企业管理办公用的文具、纸张、账表、印刷、邮电、书报、办公软件、现场监控、会议、水电、烧水、集体降温取暖等费用。

③ 差旅交通费。是指施工企业职工因公出差、调动工作的差旅费、住勤补助费、市内交通费和误餐补助费、职工探亲费、劳动力招募费、职工退休退职一次性路费、工伤人员就医路费、工地转移费、管理部门使用的交通工具的油燃、燃料等费用。

④ 固定资产使用费。是指企业管理和试验部门及附属生产单位使用的属于固定资产的房屋、设备、仪器等的折旧、大修、维修或租赁费。

⑤ 工具用具使用费。是指施工企业生产和管理使用的不属于固定资产的工具、器具、家具、交通工具、检验试验、测绘、消防等的购置、维修和摊销费。

⑥ 劳动保险和职工福利费。是指施工企业支付的职工退休金、支付给离休干部的经费、集体福利费、夏季防暑降温、冬季取暖补贴、上下班补贴等费用。

⑦ 财产保险费。是指施工企业施工管理用财产、车辆等的保险费用。

⑧ 劳动保护费。是指施工企业按规定发放的劳动保护用品的支出费用。如工作服、手套、防暑降温饮料、在有碍健康的环境中施工的保健费等费用。

⑨ 财务费。是指施工企业为施工生产筹集资金或提供预付款担保、履约担保、职工工资支付担保等所发生的各种费用。

⑩ 检验试验费。是指施工企业按有关标准规定,对建筑材料、构件和建筑安装物进行一般的鉴定、检查所发生的费用。该费用包括企业自设试验室进行试验所耗用的材料等费用;不包括新结构、新材料的试验费,对构件进行破坏性试验费,有特殊要求的检验试验费,建设单位委托检测的费用等。

⑪ 工会经费。是指施工企业按规定的全体职工工资总额比例计提的工会经费。

⑫ 职工教育经费。是指施工企业为职工进行专业技术和职业技能培训,专业技术人员继续教育,职工职业技能鉴定、职业资格认定,以及对职工进行各类文化教育所发生的费用。

⑬ 意外伤害保险费。是指企业为从事危险作业的建安施工人员支付的意外伤害保险费。

⑭ 工程定位复测费。是指工程施工过程中进行全部施工测量放线和复测工作的费用。

⑮ 非建设单位所为 4 小时以内的临时停水停电费用。

⑯ 税金。是指施工企业按规定应缴纳的房产税、车船使用税、土地使用税、印花税等。

⑰ 其他费用。包括技术转让费、科技研发费、投标费、业务招待费、绿化费、广告费、公证费、法律顾问费、审计费、咨询费、保险费等(其中⑬~⑮项为实际施工工程如有发生时,则应另加计算的费用)。

(2) 企业管理费费率的计算

① 按分部分项工程费为计算基础

$$企业管理费费率(\%) = \frac{生产工人年平均管理费}{年有效施工天数 \times 人工单价} \times 人工费占分部分项工程费比例$$

(3-10)

② 按人工费+机械使用费为计算基础

$$企业管理费费率(\%) = \frac{生产工人年平均管理费}{年有效施工天数 \times (人工单价 + 每一工日机械使用费)} \times 100\%$$

(3-11)

③ 按人工费为计算基础

$$企业管理费费率(\%) = \frac{生产工人年平均管理费}{年有效施工天数 \times 人工单价}$$

(3-12)

5) 利润

利润是指施工企业完成承包工程所获得的盈利。

利润由施工企业根据自身需求并结合建筑市场实际情况,自主确定并列入投标报告中。通常利润可按税前建筑安装工程费 5%~7% 的利润费率进行计算。

6) 规费

规费是指政府和有关权力部门规定,必须缴纳或计取的费用。包括以下费用内容:

(1) 社会保险费。是指施工企业为职工缴纳的以下 5 种社会保障费用(包括个人缴纳部分),为确保施工企业各类从业人员社会保障权益落实到位,省、市有关部门根据实际情况制定出管理办法。

① 养老保险费。是指施工企业按照规定标准为职工缴纳的基本养老保险费。

② 失业保险费。是指施工企业按照规定标准为职工缴纳的失业保险费。

③ 医疗保险费。是指施工企业按照规定标准为职工缴纳的基本医疗保险费。

④ 生育保险费。是指施工企业按照规定标准为职工缴纳的生育保险费。

⑤ 工伤保险费。是指施工企业按照规定标准为职工缴纳的工伤保险费。

（2）住房公积金。是指施工企业按规定标准为职工缴纳的住房公积金。

（3）工程排污费。是指按规定缴纳的施工现场工程排污费。应根据施工现场的废气、污水、扬尘、噪音等污染情况,按施工工程所在地环境保护部门规定的标准缴纳排污费,并按实计取,列入工程造价中。

（4）其他。应列入而未列入的其他规费,可根据实际发生情况进行计算。

说明:

① 社会保障费和住房公积金应以定额人工费为计算基础,根据工程所在地行政建设主管部门规定的费率计算。

② 社会保障费和住房公积金计算式:

$$社会保障费和住房公积金 = \sum（工程定额人工费 \times 社会保险费和住房公积金费率）$$

$$(3-13)$$

7）税金

税金是指国家税法规定的应计入建筑安装工程预算（造价）内的营业税、城市维护建设税、教育费附加及地方教育附加。

（1）营业税。营业税是指以产品销售或劳务取得的营业额为对象的税种。营业税应纳税额的计算公式为

$$应纳营业税额 = 计税营业额 \times 适用税率（\%） \qquad (3-14)$$

营业税税率一般规定为3%,即

$$应纳营业税额 = 计税营业额 \times 3\% = 不含税工程造价 \times 3\%$$

（2）城市维护建设税。是指为加强城市公共事业和公共设施的维护建设而开征的税种。它以附加形式附于营业税。应纳税额的计算公式为

$$应纳城市维护建设税额 = 应纳营业税额 \times 适用税率（\%） \qquad (3-15)$$

城市维护建设税税率规定如下:①纳税地点在市区（包括郊区）的企业税率为7%;②纳税地点在县城、镇的企业税率为5%;③纳税地点不在市区、县城、镇的企业税率为1%。

（3）教育费附加。是指为发展地方教育事业,扩大教育经费来源而征收的税种。它以营业税的税额为计征基数。应纳税额的计算公式为

$$应纳教育费附加税额 = 应纳营业税额 \times 适用税率（\%） \qquad (3-16)$$

教育费附加税率一般规定为3%,即

$$应纳教育费附加税额 = 应纳营业税额 \times 3\% = 不含税工程造价 \times 3\%$$

（4）地方教育附加。是指根据国家有关规定,为实施"科教兴省"战略,增加地方教育资金的投入,促进省、市、自治区教育事业发展,开征的一种地方政府性基金。该项收入主要用

于各地方教育经费的投入补充。它以营业税的税额为计征基数。应纳税额的计算公式为

$$应纳地方教育附加税额 = 应纳营业税额 \times 适用税率(\%) \qquad (3-17)$$

地方教育附加税率一般规定为 2%，即

$$应纳地方教育附加税额 = 应纳营业税额 \times 2\% = 不含税工程造价 \times 2\%$$

（5）综合税率。为便于税金的计算，通常采用"综合税率"计算工程税金。其计算公式为

$$综合税率 = \{1/[营业税税率 - (营业税税率 \times 城市维护税税率) - (营业税税率 \times 教育费附加税税率) - (营业税税率 \times 地方教育附加税税率)] - 1\} \times 100\% \qquad (3-18)$$

（6）按综合税率计算税金

$$税金 = 不含税工程造价 \times 综合税率 \qquad (3-19)$$

综合税率如下：

① 纳税人地点在市区（包括郊区）的企业

$$综合税率 = \frac{1}{1-3\%-(3\%\times7\%)-(3\%\times3\%)-(3\%\times2\%)} - 1 = 3.48\% \qquad (3-20)$$

② 纳税人地点在县城、镇的企业

$$综合税率 = \frac{1}{1-3\%-(3\%\times5\%)-(3\%\times3\%)-(3\%\times2\%)} - 1 = 3.41\% \qquad (3-21)$$

③ 纳税人地点不在市区、县城、镇的企业

$$综合税率 = \frac{1}{1-3\%-(3\%\times1\%)-(3\%\times3\%)-(3\%\times2\%)} - 1 = 3.28\%$$

$$(3-22)$$

说明：

① 实行营业税改增值税的，按纳税地点进行税率计算。

② 营业税的计税依据是营业额。营业额是指从事建筑、安装、修缮、装饰及其他工程作业收取的全部收入，还包括建筑、修缮、装饰工程所用的原材料及其他物资和动力的价款。

③ 当工程总包方将工程进行分包或转包，工程的税金由总包方缴纳。

3.2.3 建筑安装工程费用构成（按费用项目形成划分）

建筑安装工程预算费用（造价），按照费用（造价）项目形成，可由分部分项工程费、措施项目费、其他项目费、规费和税金五部分构成。其中，分部分项工程费、措施项目费、其他项目费中已包含人工费、材料费、施工机具使用费、企业管理费和利润。

建筑安装工程预算费用（造价）构成内容（按费用项目形成划分），见图 3-3 所示。

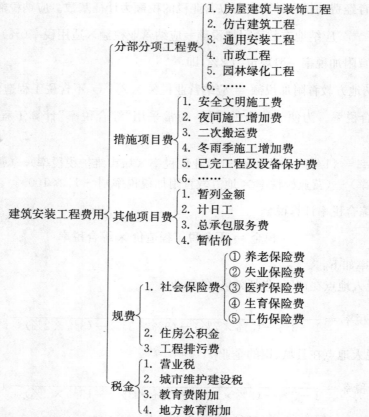

图 3-3　建筑安装工程预算费用(造价)构成图(按费用项目形成划分)

1)分部分项工程费

分部分项工程费是指各专业工程的分部分项工程,在施工过程中耗费的构成工程实体项目的,应予列入支出的各项费用。

(1)专业工程。是指按计量规范划分的房屋建筑与装饰工程、仿古建筑工程、通用安装工程、市政工程、园林绿化工程、矿山工程、构筑物工程、城市轨道交通工程、爆破工程等各类工程。

(2)分部分项工程。是指按计量规范对各类专业工程划分的项目。

分部分项工程费的计算方法如下:

$$分部分项工程费 = \sum(分部分项工程量 \times 相应综合单价) \qquad (3-23)$$

式中:综合单价=人工费+材料费+机械使用费+企业管理费+利润+定量风险费。

2)措施项目费

措施项目费是指为完成建设工程施工,所必须发生于该工程施工前和施工过程中的技术、生活、安全、环境保护等方面的非工程实体各项目费用。

措施项目费内容包括如下:

(1)安全文明施工费。是指为满足施工现场生产安全、文明施工、环境保护,以及搭建现场生活、生产临时设施所需要的各项费用。

① 环境保护费。是指施工现场为达到环境保护部门要求所需要的各项费用。

②　文明施工费。是指施工现场文明施工所需要的各项费用。

③　安全施工费。是指施工现场安全施工所需要的各项费用。

④　临时设施费。是指施工企业为进行工程建设所必须搭设的生活和生产用的临时建筑物、构筑物和其他临时设施的费用。包括临时设施的搭设、维修、拆除、清理及摊销等费用。

临时设施内容包括:临时宿舍、文化福利及公用事业房屋与构筑物、仓库、办公室、加工厂等;建筑物(在建)沿边起 50 m 以内(多幢建筑物为两幢间隔 50 m 以内)、临时围墙、道路、水电管线和塔吊基座(轨道)垫层等。

$$安全文明施工费 = 计算基数 × 安全文明施工费费率(\%) \tag{3-24}$$

式中:计算基数——定额基价(定额分部分项工程费+定额中可计量的措施项目费),或定额人工费,或定额人工费+定额机械使用费。

费率——由工程造价管理机构确定。

(2)夜间施工增加费。是指规范、规程要求正常作业、因夜间施工所发生的夜班补贴、夜间施工降效、夜间施工照明设备摊销及照明用电等费用。

$$夜间施工增加费 = 计算基数 × 夜间施工增加费费率(\%) \tag{3-25}$$

(3)二次搬运费。是指因施工场地狭小,条件限制而发生材料、构件、配件、半成品等一次运输不能到达堆放地点,必须进行二次或多次搬运所发生的费用。

$$二次搬运费 = 计算基数 × 二次搬运费费率(\%) \tag{3-26}$$

(4)冬雨季施工增加费。是指在冬季或雨季施工期间所增加的费用。包括冬季作业效率降低、排除冰雪、临时取暖、建筑物门窗洞口封闭及防滑、排水措施等费用。

$$冬雨季施工增加费 = 计算基数 × 冬雨季施工增加费费率(\%) \tag{3-27}$$

(5)已完工程及设备保护费。是指在竣工验收前,对已施工完成的工程和设备采取保护措施所发生的费用。

$$已完工程及设备保护费 = 计算基数 × 已完工程及设备保护费费率(\%) \tag{3-28}$$

(6)工程定位复测费。是指工程施工过程中进行全部定位放线和复测工作的所需费用。

(7)特殊地区施工增加费。是指工程在沙漠、高海拔、高寒、原始森林等特殊地区施工需增加的费用。

(8)大型机械设备进出场及安拆费。是指机械整体或分体自停放场地运至施工现场,或由一个施工地点运至另一个施工地点所发生的机械进出场运输费和转移费,以及机械在施工现场进行安拆所需的人工费、材料费、机械费、试运转费和安装所需的辅助设施的费用。

(9)脚手架工程费。是指工程施工需要的各种脚手架搭设、加固、拆除、运输等的费用,以及脚手架购置费(周转性材料)的摊销(或租赁)费用。

3)其他项目费

(1)总承包服务费。是指总承包人为配合、协调建设单位(发包人)进行工程发包,对建设单位自行采购的材料、工程设备进行保管和施工现场管理、竣工资料汇总整理等服务所需的费用。

总承包服务费由建设单位在工程招标控制价中,根据总包服务范围和有关计价规定编制,施工企业(承包人)在投标时自主报价,施工过程中按签约合同执行。

（2）暂列金额。是指招标人（建设单位）在工程量清单中暂定并包括在工程合同价款中的一笔价款。该项用于施工合同签订时尚未确定或者不能预见的所需材料、工程设备、服务的采购，施工中可能发生的工程变更、合同约定调整因素出现的工程价款调整，以及发生的索赔、现场签证确认等的费用。

暂列金额由建设单位根据工程特点按有关计价规定估算，在工程施工过程中由建设单位掌握使用。当扣除工程合同价款调整后如有余额，归建设单位所有。

（3）计日工。是指在施工过程中，施工企业完成建设单位提出的施工图纸以外的零星项目或工作所需的费用。由建设单位和施工企业按施工过程中的签证计价。

（4）暂估价。是指建设单位在工程量清单中，提供的用于支付必然发生但暂时不能确定价格的材料的单价，以及专业工程的金额。包括材料暂估价和专业工程暂估价。材料暂估价在清单综合单价中考虑，不计入暂估价的汇总。

4）规费

同3.2.2中的规费内容计取。

5）税金

同3.2.2中的税金内容计取。

3.3 建筑工程类别划分、费用取费标准及造价计算

3.3.1 工程类别划分

1）建筑工程类别划分及说明

（1）工程类别划分标准

《建筑与装饰工程计价定额》中的管理费，是按不同工程类别和规定的取费费率提取。建筑工程类别划分标准见表2-13。

（2）工程类别划分说明

① 根据不同单位工程，按施工难易程度来划分工程类别。

② 单位工程层数组成不同，当高层部分的面积大于或等于30%总面积时，按高层的指标确定工程类别；当高层部分的面积小于30%时，按低层的指标确定工程类别。

③ 单独承包地下室工程：按二类标准取费。如地下室建筑面积指标≥10 000 m² 的则按一类标准取费。

④ 建（构）筑物高度系指室外地面至檐口顶面高度（不包括女儿墙、高出屋面的电梯间、水箱间、塔楼等的高度）。跨度系指轴线之间的宽度。

⑤ 工业建筑工程：指从事物质生产和直接为生产服务的建筑工程，主要包括生产车间、实验车间、仓库、独立实验室、化验室、民用锅炉房、变电所和其他生产用建筑工程。

⑥ 民用建筑工程：指直接用于满足人们物质与文化生活需要的非生产性建筑，主要包括商住楼、综合楼、办公楼、教学楼、宾馆、宿舍及其他民用建筑工程。

⑦ 构筑物工程：指与工业及民用建筑工程相配套且独立于工业与民用建筑的工程，主要包括烟囱、水塔、仓类、池类等。

⑧ 桩基工程：指天然地基上的浅基础不能满足建（构）筑物和稳定要求而采用的一种深

基础,主要包括混凝土预制桩和混凝土灌注桩。

⑨ 强夯法加固地基、基坑钢管支撑:按二类标准取费。

⑩ 深层搅拌桩、粉喷桩、基坑锚喷护壁:按混凝土灌注桩基工程三类标准取费。

⑪ 专业预应力张拉施工:如主体为一类工程,按一类标准取费;主体为二、三类工程,均按二类标准取费。

⑫ 有地下室的建筑物,工程类别不低于二类。

⑬ 多幢建筑物下有连通的地下室时,地上建筑物的工程类别同有地下室的建筑物;其地下室部分的工程类别同单独地下室工程。

⑭ 预制构件制作:按相应的建筑工程类别来划分其标准。

⑮ 零星项目:A. 化粪池、检查井、分户围墙按相应的主体建筑工程类别标准;B. 厂区道路、下水道、挡土墙、围墙等,均按三类标准取费。

⑯ 建筑物加层扩建:要与原建筑物一并考虑套用类别标准。

⑰ 确定类别时,地下室、半地下室和层高小于 2.20 m 者,均不计算层数。

⑱ 凡工程类别标准中,有两个指标控制的,只要满足一个指标即可按该指标确定工程类别。

⑲ 在确定工程类别时,对于工程施工难度很大的(如建筑造型复杂、基础要求高、有地下室、采用新施工工艺的工程等),以及工程类别标准中未包括的特殊工程(如展览中心、影剧院、体育馆、游泳馆、别墅、别墅群等),由工程造价管理部门根据具体情况确定,并报上级造价管理部门备案。

⑳ 桩基工程类别有不同桩长时,按照超过 30% 根数的设计最大桩长为准。同一单位工程内有不同类型桩时,应分别计算。

㉑ 加工厂完成制作,到施工现场安装的钢结构工程,安全文明施工费按单独发包的构件吊装标准执行。钢结构为企业成品购入的,以成品预算价格计入材料费,费用标准按照单独发包的构件吊装工程执行。

2) 单独装饰工程类别划分及说明

(1) 单独装饰工程是指建设单位单独发包的装饰工程,不分工程类别。

(2) 幕墙工程按照单独装饰工程取费。

3.3.2 工程费用计算方法及取费标准

1) 分部分项工程费计算及企业管理费、利润取费标准

其中:综合单价 = 人工费 + 材料费 + 机械费 + 管理费 + 利润

(1) 人工费的计算

$$人工费 = \sum (计价定额中人工消耗量 \times 人工单价) \tag{3-29}$$

(2) 材料费的计算

$$材料费 = \sum (计价定额中材料消耗量 \times 材料单价) \tag{3-30}$$

(3) 机械费的计算

$$机械(使用)费 = \sum (计价定额中机械台班消耗量 \times 机械台班单价) \tag{3-31}$$

（4）管理费的计算

$$管理费＝（人工费＋机械费）×管理费费率 \quad (3-32)$$

江苏省企业管理费和利润的费率取定见表 3-1 至表 3-4 所示。

表 3-1　建筑工程企业管理费和利润取费标准表

序号	项目名称	计算基础	企业管理费费率（%）			利润率（%）
			一类工程	二类工程	三类工程	
一	建筑工程	人工费＋机械费	31	28	25	12
二	单独预制构件制作	人工费＋机械费	15	13	11	6
三	打预制桩、单独构件吊装	人工费＋机械费	11	9	7	5
四	制作兼打桩	人工费＋机械费	15	13	11	7
五	机械施工大型土石方工程	人工费＋机械费	6	6	6	4

表 3-2　单独装饰工程企业管理费和利润取费标准表

序号	项目名称	计算基础	企业管理费费率（%）	利润率（%）
一	单独装饰工程	人工费＋机械费	42	15

表 3-3　安装工程企业管理费和利润取费标准表

序号	项目名称	计算基础	企业管理费费率（%）			利润率（%）
			一类工程	二类工程	三类工程	
一	安装工程	人工费	47	43	39	14

表 3-4　房屋修缮工程企业管理费和利润取费标准表

序号	项目名称		计算基础	企业管理费费率（%）	利润率（%）
一	修缮工程	建筑工程部分	人工费＋机械费	25	12
二		安装工程部分	人工费	43	14
三	单独拆除工程		人工费＋机械费	10	5
四	单独加固工程			35	12

（5）利润的计算

$$利润＝（人工费＋机械费）×利润率 \quad (3-33)$$

附注：①企业管理费、利润计算基础按本定额计算；②包工包料、点工的管理费和利润已包含在工资单价中。

2）措施项目费计算及取费标准

（1）单价措施项目费：按（清单工程量×综合单价）计算。其中，综合单价按照各专业计价定额中的规定，依据设计图纸和经建设单位认可的施工方案进行组合。

（2）总价措施项目费：其中部分以费率计算的措施项目费率标准，见表 3-5 及表 3-6 所示。其计费基础为：（分部分项工程费－工程设备费＋单价措施项目费）；其他总价措施项目费，按项计取，综合单价按实际或可能发生的费用计算。

表 3-5　措施项目费取费标准表

项目	计算基数	各专业工程费率（%）							
		建筑工程	单独装饰	安装工程	市政工程	修缮土建（修缮安装）	仿古（园林）	城市轨道交通	
								土建轨道	安装
夜间施工	分部分项工程费＋单价措施项目费－工程设备费	0～0.1	0～0.1	0～0.1	0.05～0.15	0～0.1	0～0.1	0～0.15	
非夜间施工照明		0.2	0.2	0.3	—	0.2(0.3)	0.3	—	
冬雨季施工		0.05～0.2	0.05～0.1	0.05～0.1	0.1～0.3	0.05～0.2	0.05～0.2	0～0.1	
已完工程及设备保护		0～0.05	0～0.1	0～0.05	0～0.02	0～0.05	0～0.1	0～0.02	0～0.05
临时设施		1～2.2	0.3～1.2	0.6～1.5	1～2	1～2(0.6～1.5)	1.5～2.5(0.3～0.7)	0.5～1.5	
赶工措施		0.5～2	0.5～2	0.5～2	0.5～2	0.5～2	0.5～2	0.4～1.2	
按质论价		1～3	1～3	1～3	0.8～2.5	1～2	1～2.5	0.5～1.2	
住宅分户验收		0.4	0.1	0.1	—	—	—	—	

注：(1) 在计取非夜间施工照明费时，建筑工程、仿古工程、修缮土建部分仅地下室部分可计取；单独装饰、安装工程、园林绿化工程、修缮安装部分仅特殊施工部位内施工项目可计取。

(2) 在计取住宅分户验收时，大型土石方工程、桩基工程和地下室部分不计入计费基础。

表 3-6　安全文明施工措施费取费标准表

序号	工程名称		计算基础	基本费率（%）	省级标化增加费（%）
一	建筑工程	建筑工程	分部分项工程费＋单价措施项目费－工程设备费	3.0	0.7
		单独构件吊装		1.4	—
		打预制桩/制作兼打桩		1.3/1.8	0.3/0.4
二	单独装饰工程			1.6	0.4
三	安装工程			1.4	0.3
四	市政工程	通用项目、道路、排水工程		1.4	0.3
		桥涵、隧道、水工构筑物		2.1	0.5
		给水、燃气与集中供热		1.1	0.3
		路灯及交通设施工程		1.1	0.3
五	仿古建筑工程			2.5	0.5
六	园林绿化工程			0.9	—
七	修缮工程			1.4	—
八	城市轨道交通工程	土建工程	分部分项工程费＋单价措施项目费－工程设备费	1.8	0.4
		轨道工程		1.1	0.2
		安装工程		1.3	0.3
九	大型土石方工程			1.4	

注：(1) 对于开展市级建筑安全文明施工标准化示范工地创建活动的地区，市级标化增加费按照省级费率乘以系数 0.7 执行。

(2) 建筑工程中的钢结构工程，若钢结构为施工企业成品购入或加工厂完成制作，到施工现场安装的，安全文明施工措施费率标准按单独发包的构件吊装工程执行。

(3) 大型土石方工程适用各专业中达到大型土石方标准的单位工程。

3)其他项目费计算及取费标准

(1)暂列金额和暂估价:按发包人给定的标准计取。

(2)计日工:由发承包双方在合同中约定。

(3)总承包服务费:应根据招标文件列出的内容和向总承包人提出的要求,参照下列标准计算:①建设单位仅要求对分包的专业工程进行总承包管理和协调时,按分包的专业工程估算造价的1%计算;②建设单位要求对分包的专业工程进行总承包管理和协调,并同时要求提供配合服务时,根据招标文件中列出的配合服务内容和提出的要求,按分包的专业工程估算造价的2%~3%计算。

4)规费计算及取费标准

(1)工程排污费:按工程所在地环保部门规定的标准缴纳,按实计取列入。

(2)社会保险费及住房公积金:按表3-7标准计取。

表3-7 社会保险费及公积金取费标准表

序号	工程名称		计算基础	社会保险费率(%)	公积金费率(%)
一	建筑工程	建筑工程	分部分项工程费+措施项目费+其他项目费-工程设备费	3	0.5
		单独预制构件制作、单独构件吊装、打预制桩、制作兼打桩		1.2	0.22
		人工挖孔桩		2.8	0.5
二	单独装饰工程			2.2	0.38
三	安装工程			2.2	0.38
四	市政工程	通用项目、道路、排水工程		1.8	0.31
		桥涵、隧道、水工构筑物		2.5	0.44
		给水、燃气与集中供热、路灯、交通设施工程		1.9	0.34
五	仿古建筑与园林绿化工程			3	0.5
六	修缮工程			3.5	0.62
七	单独加固工程			3.1	0.55
八	城市轨道交通工程	土建工程		2.5	0.44
		轨道工程(盾构法)		1.8	0.30
		轨道工程		2.0	0.32
		安装工程		2.2	0.38
九	大型土石方工程			1.2	0.22

注:(1)社会保险费包括养老保险费、失业保险费、医疗保险费、工伤保险费、生育保险费。

(2)点工和包工不包料的社会保险费和公积金,已含在人工工资单价中。

(3)大型土石方工程:适用于各专业中达到大型土石方标准的单位工程。

(4)社会保险费率和公积金费率:随着社会保险部门要求和建设工程实际缴纳费率的提高,适时调整。

5)税金计算及取费标准

税金包括营业税(或增值税)、城市建设维护税、教育费附加、地方教育附加等,按有权部门规定计取。

3.3.3 建筑工程造价计算

1)建筑工程造价计算程序

工程清单法造价计算程序:见表3-8及表3-9所示。

（1）工程量清单法计算程序（包工包料）（见表 3-8）

表 3-8　工程量清单法计算程序（包工包料）

序号	费用名称		计算式	备注
一	分部分项工程量清单费用		清单工程量×综合单价	
	其中	1. 人工费	人工消耗量×人工单价	
		2. 材料费	材料消耗量×材料单价	
		3. 机械费	机械消耗量×机械单价	
		4. 企业管理费	(1+3)×费率或(1)×费率	
		5. 利润	(1+3)×费率或(1)×费率	
二	措施项目费			
	其中	单价措施项目费	清单工程量×综合单价	
		总价措施项目费	(分部分项工程费+单价措施项目费－工程设备费)×费率或以项计费	
三	其他项目费用			
四	规费			按规定计取
	其中	1. 工程排污费	[(一)+(二)+(三)－(工程设备费)]×费率	
		2. 社会保险费		
		3. 住房公积金		
五	税金		[(一)+(二)+(三)+(四)－(按规定不计税的工程设备金额)]×费率	按当地规定计取
六	工程造价		(一)+(二)+(三)+(四)+(五)	

（2）工程量清单法计算程序（包工不包料）（见表 3-9）

表 3-9　工程量清单法计算程序（包工不包料）

序号	费用名称		计算式	备注
一	分部分项工程量清单人工费		清单人工消耗量×人工单价	
二	措施项目费中人工费			
	其中	单价措施项目中人工费	清单人工消耗量×人工单价	
三	其他项目费			
四	规费			按规定计取
	其中	工程排污费	[(一)+(二)+(三)]×费率	
五	税金		[(一)+(二)+(三)+(四)]×费率	按当地规定计取
六	工程造价		[(一)+(二)+(三)+(四)+(五)]	

2）工程预算费用（造价）调整概念及材差计算

（1）预算造价调整的概念

从造价的计算方法和程序可知，决定工程预算造价的主要因素是根据设计图纸的工程量和计价表的综合单价计算出分部分项工程费。由于人工、材料、施工机械台班价格在不断地变化，计价表采用的预算价格往往会滞后于实际价格，以致产生预算编制期的价格与计价表编制期的价格之间的价差。因此，编制预算造价时需要按规定对其进行调整。也就是说，这种按计价表计算出来的分部分项工程费，还需要加上人工、材料和机械费的调差后，才能算是完整的预算分部分项工程费，即：

$$预算分部分项工程 = \sum 工程量 \times 综合单价 + 人工费调差 + 材料费调差 + 机械费调差$$

① 人工费调差

$$人工费调差 = \frac{计价表人工费}{计价表人工单价} \times (预算新人工单价 - 计价表人工单价) \quad (3-34)$$

预算新人工单价是指"指导价"或"市场价"。

② 机械费调差。从施工机械台班单价的费用构成来看,只要人工工资单价、有关燃料、动力等预算价格发生变化,则施工机械费也会随之改变,就需要进行调整。其调整方法,一般建筑与装饰工程常采用在计价表机械费的基础上以"系数法"调整。此法类似于材差计算中的系数法,可参照计算。

③ 材料费调差。材料费调差是指建筑与装饰工程材料的实际价格与计价表取定价格之间的差额,即材料价差,简称为"材差"。材差产生的原因,是由于作为计算工程造价依据的计价表综合单价,它是采用某一年份某一中心城市的人工工资标准、材料和机械台班预算价格进行编制的。计价表有一定年限的使用期,在该使用期内综合单价维持不变动。但是,在市场经济条件下,建筑材料的价格会随市场行情的变化而发生上下波动,这就必然导致材料的实际购置价格与计价表综合单价中确定的材料价格之间产生差额,因而就出现了"材差"。

材差的计算和确定,对于建设单位在控制工程造价、确定招标工程标底,施工单位在工程投标报价、进行经济分析以及双方签订施工合同、明确施工期间的材料价格变动的结算办法等方面,都具有极其重要的意义。

(2) 材料价差计算

① 建筑材料分类。为适应材差计算的需要,建筑与装饰工程中常将建筑材料划分为如下三大类:

A. 主要材料。是指价格较高,使用较普遍且使用量大,在建筑与装饰工程材料费用中所占比重较大的钢材、木材、水泥以及玻璃、沥青等所谓的"五大主材"。

B. 地方材料。是指价格较低,使用很普遍,且来源广泛,产地众多,运取方便的砖、瓦、灰、砂、石等材料。

C. 特殊材料。是指价格偏高,使用不尽普遍,但在特殊条件下又必须使用的,如花岗岩、大理石、汉白玉、轻钢龙骨、瓷砖、缸砖、壁纸、隔音板、蛭石、加气混凝土、防火门、硫磺、胶泥、屋面新型防水涂料等材料。

② 材料价差计算方法。计算材料价差的方法主要有单项调差法和材差系数法。

A. 单项调差法。是指将单位工程中的各种材料,逐个地进行调整其价格的差异。计算方法是:根据单位工程材料分析,汇总得出各种材料数量,然后将其中的每一种材料的用量乘以该材料调整前后的价差,即得到该单项材料的价差。计算公式如下:

$$材料价差 = (材料调整时的预算指导价或实际价 - 计价表材料单价) \times$$
$$计价表材料消耗用量 \quad (3-35)$$

对于主要材料和特殊材料,一般采用单项调差法来计算材料价差。

B. 材差系数法。是指规定单位工程中的某些材料作为调整的范围,并按其材料价差占分部分项工程费(或计价表材料费)的百分比所确定的系数,来调整材料价差。计算公式如下:

材料价差 = 分部分项工程费(或计价表材料费)× 调价系数 　　　　(3-36)

对于建筑与装饰工程中的次要材料和安装工程中的辅助材料,均可采用"材差系数法"来计算材料价差。

(3)材料价格在预算(造价)编制时实际价格的确定方法

预算(造价)编制时材料实际价格可按以下两种方法确定:

① 参照当地造价管理部门定期发布的各种材料信息价格。

② 建设单位指定或施工单位采购经建设单位认可,由材料供应部门提供的实际价格。

3.4 设备及工具、器具、生产家具的购置费用

设备及工具、器具、生产家具的购置费用由设备及工具、器具购置费用和工具、器具及生产家具购置费用组成,它是固定资产投资的构成部分。在生产性工程建设中,设备及工具、器具购置费用占工程造价比重的增加,意味着生产技术的进步和资本有机构成的提高。

3.4.1 设备购置费

设备购置费是指为建设项目购置或自制的,达到固定资产标准的各种国产或进口设备、工具、器具的购置费用。它由设备原价和运杂费组成。

1)国产设备原价的构成及计算

国产设备原价:是指设备制造厂的交货价或订货合同价。国产设备原价分为国家标准设备原价和国产非标准设备原价。

(1)国产标准设备原价

国产标准设备:是指按照主管部门颁发的标准图纸和技术要求,由我国设备生产厂批量生产的,符合国家质量检验标准的设备。

国产标准设备原价:是指设备制造厂的交货价。设备一般有两种出厂价,即带有备件的出厂价和不带有备件的出厂价,通常按带有备件的出厂价作为原价计算。

(2)国产非标准设备原价

国产非标准设备:是指国家尚无定型标准,各设备生产厂不可能采用批量生产,只能按一次订货,并根据具体的设计图纸制造的设备。

国产非标准设备原价:有多种不同的计算方法,如有成本计算估价法、系列设备插入估价法、分部组合估价法、定额估价法等。但无论采用哪种计算方法,都应该使非标准设备计价的准确度接近于实际出厂价,并要求计算方法应简便易掌握。

(3)按成本计算估价法,计算非标准设备的原价

按该法计算非标准设备的原价,其费用由以下10项内容组成:

① 材料费。

材料费 = 材料净重 × (1 + 加工损耗系数) × 每吨材料综合价 　　　　(3-37)

② 加工费。加工费包括生产工人工资和工资附加费、燃料动力费、设备折旧费、车间经费等费用。

加工费 = 设备总重量(t) × 设备每吨加工费 　　　　(3-38)

③ 辅助材料费。辅助材料费包括焊条、焊丝、氧气、氩气、氮气、电石、油漆等费用。

$$辅助材料费 = 设备总重量(t) \times 辅助材料费指标 \qquad (3-39)$$

④ 专用工具费。

$$专用工具费 = [①+②+③] \times 百分比例(\%)$$

⑤ 废品损失费。

$$废品损失费 = [①+②+③+④] \times 百分比例(\%)$$

⑥ 外购配套件费。该费用是按设备设计图纸所列的外购配套件的名称、型号、规模、数量、重量,按相应的价格加运杂费计算。

⑦ 包装费。

$$包装费 = [①+②+③+④+⑤+⑥] \times 百分比例(\%)$$

⑧ 利润。

$$利润 = [①+②+③+④+⑤+⑥+⑦] \times 利润率(\%)$$

⑨ 税金。主要是缴纳增值税。

$$增值税 = 当期销项税额 - 进项税额 \qquad (3-40)$$

其中:　　　　$$当期销项税额 = [①+②+③+\cdots+⑧] \times 增值税率$$

⑩ 设计费。非标准设备设计费按国家规定的设计费标准计算。

综合上述,单台非标准设备原价可按下式计算:

单台非标准设备原价 = {[(材料费+加工费+辅助材料费)×(1+专用工具费率)+(1+废品损失费率)+外购配套件费]×(1+包装费率)-外购配套件费}×(1+利润率)+销项税额+非标准设备设计费+外购配套件费

$$\qquad (3-41)$$

2) 进口设备原价的构成及计算

进口设备原价:是指进口设备的抵岸价,即抵达买方边境港口或边境车站,且交完关税后形成的价格。国际贸易中,进口设备抵岸价的构成与进口设备交货类别有关。

(1) 进口设备的交货类别

进口设备交货类别可分为内陆交货、目的地交货、转运港交货 3 类。

① 内陆交货。是指卖方在出口国内陆某地交货。在交货地点,卖方及时提交合同规定的货物和有关证明,并负担交货前的一切费用和风险。买方则按时接收货物,交付货款,承担交货后的一切费用和风险,并自行办理出口手续和装运出口。

② 目的地交货。是指卖方在进口国的港口或内地交货。有目的港船上交货价、目的港船边交货价、目的港码头交货价及完税后交货价等几种交货价。这种交货方式,对卖方承担的风险较大,在国际贸易中卖方一般不愿采用。

③ 装运港交货。是指卖方在出口国装运港交货。主要分有:装运港船上交货价(离岸价格)、运费在内价和运费、保险费在内价(到岸价格)。这种交货方式,是我国进口设备采用最多的一种交货价。

（2）进口设备抵岸价的构成及计算

进口设备抵岸价＝进口设备到岸价＋进口从属费＝（货价＋国际运费＋运输保险费）＋（银行财务费＋外贸手续费＋关税＋消费税＋进口环节增值税＋车辆购置税）　　　（3-42）

① 货价。一般是指装运港船上交货价。货价分为原币货价和人民币货价。原币货价按美元折算表示；人民币货价按（原币货价×美元兑换人民币中间价）确定。

进口设备货价按有关生产厂商询价、报价、订货合同等计算。

② 国际运费。是指从装运港到达我国抵达港的运费。我国进口设备采用的运输方式分为海洋运输（多数）、铁路运输（少数）和航空运输（个别）。

$$国际运费（海、陆、空）＝原币货价×运费率（\%）$$
$$或\qquad\qquad\qquad\qquad ＝运量×单位运价 \qquad\qquad (3-43)$$

式中：运费率或单位运价——按进出口公司有关规定执行。

③ 运输保险费。外贸货物运输保险，是保险人（保险公司）与被保险人（出口人或进口人）间订立的保险契约。在被保险人交付保险费后，保险人根据保险契约的规定，对货物运输过程中发生的承保责任范围内的损失，予以经济上的补偿。

$$运输保险费＝\frac{原币货价＋国外运费}{1－保险费率}×保险费率（\%）\qquad (3-44)$$

④ 银行财务费。是指中国银行手续费。

$$银行财务费＝人民币货价×银行财务费率 \qquad\qquad (3-45)$$

⑤ 外贸手续费。是指由对外经济贸易部规定的费率计取的费用。

$$外贸手续费＝（货价＋国际运费＋运输保险费）×外贸手续费率 \qquad (3-46)$$

外贸手续费率一般取 1.5%。

⑥ 关税。是指由海关对进出国境的货物征收的一种税。

$$关税＝（货价＋国际运费＋运输保险费）×进口关税税率（\%）\qquad (3-47)$$

式中：进口关税税率——按我国海关总署发布的进口关税税率计算。

⑦ 消费税。它是仅对部分进口设备征收的一种税。

$$消费税税额＝\frac{到岸价格×人民币外汇汇率＋关税}{1－消费税税率}×消费税税率（\%）\qquad (3-48)$$

式中：消费税税率——按有关部门规定的税率计算。

⑧ 进口环节增值税。是指对从事进口贸易的单位或个人，在进口商品报关进口后征收的一种税。

$$进口产品增值税额＝组成计税价格×增值税税率（\%）\qquad (3-49)$$

式中：
$$组成计税价格＝关税完税价格＋关税＋消费税$$

增值税税率——按有关部门规定的税率计算。

⑨ 车辆购置税。是指进口车辆需缴纳进口车辆购置税。

$$进口车辆购置税＝(到岸价＋关税＋消费税)×进口车辆购置税税率(\%) \qquad (3-50)$$

3）设备运杂费的构成及计算

（1）设备运杂费的构成

设备运杂费由下列内容构成：

① 运费和装卸费。国产设备由设备制造厂交货地点起运至工地仓库或堆放场地上,所发生的运费和包装费;进口设备则由我国到岸港口或边境车站起至工地仓库或堆放场地止,所发生的运费和包装费。

② 包装费。是指为便于运输和保护设备而进行包装所支出的各种费用。

③ 设备供销部门手续费。是指通过物资部门供应而发生的经营管理费用,按有关部门规定的统一费率计算。

④ 采购与仓库保管费。是指为采购、验收、保管和收发设备所发生的各种费用。内容包括:设备采购、保管和管理等人员的工资、工资附加费、办公费、差旅交通费、设备供应部门办公和仓库所占固定资产使用费、工具用具使用费、劳动保护费、检验试验费等。这些费用可按其主管部门规定的采购与保管费费率计算。

（2）设备运杂费的计算

$$设备运杂费＝设备原价×设备运杂费费率(\%) \qquad (3-51)$$

式中:设备运杂费费率(%)——按有关主管部门的规定计算。

3.4.2　工具、器具及生产家具的购置费

（1）工具、器具及生产家具购置费的构成

工具、器具及生产家具的购置费,由设备、仪器、工卡模具、器具、生产家具和备品备件等的购置费用组成。

（2）工具、器具及生产家具购置费的计算

$$工具、器具及生产家具购置费＝设备购置费×定额费率(\%) \qquad (3-52)$$

3.5　工程建设其他费用

工程建设其他费用,是指从工程筹建起至工程竣工验收交付使用止的整个建设期间,除建筑安装工程费用和设备、工具、器具与生产家具的购置以外的,为保证工程建设顺利完成和交付使用后,能够正常发挥效益或效能而发生的各项费用。

3.5.1　建设用地费

建设用地费是指由于建设工程项目具有的固定性,必须在固定的地点建造,需要占用一定量的土地,因而必然要发生为获得建设用地而需支付的费用。工程建设项目为获得建设土地的使用权,在建设期内发生的各项费用,包括:①通过土地划拨方式,取得土地使用权而支付的土地征用费及迁移补偿费;②通过土地出让方式,取得土地使用权而支付的土地使用权出让金。

1）建设用地取得的方式

根据《房地产管理法》规定,获得国有土地使用权的基本方式有两种:划拨和出让方式。

其他还有租赁和转让方式。

（1）通过划拨方式获取国有土地使用权

划拨国有土地使用权,是需经县级以上人民政府依法批准,在土地使用者缴纳补偿、安置费等费用后,即可获取该土地使用权,或者将土地使用无偿交付给土地使用者使用。

凡属下列状况的建设用地,经县级以上人民政府批准后,可以划拨方式取得土地使用权;①国家机关用地和军事用地;②城市基础设施用地和公益事业用地;③能源、交通、水利等基础设施用地;④法律、行政法规规定的其他用地。

（2）通过出让方式获取国有土地使用权

出让国有土地使用权,是国家将国有土地使用权在一定年限内出让给土地使用者。而土地使用者向国家支付土地使用权的出让金后,可取得土地使用权。

出让国有土地使用权的具体方式分为以下两种:

① 通过招标、拍卖、挂牌等竞争出让方式获取国有土地使用权。按照国家规定:凡工业、商业、旅游、娱乐和住宅等各类经营性用地,必须通过以招标、拍卖、挂牌等方式出让。

② 通过协商出让方式获取国有土地使用权。但土地出让金不得低于按国家规定所确定的最低价;协商出让底价不得低于拟出让地块所在地区域的协议出让最低价。

2）建设用地取得的费用

（1）征地补偿费用。是指建设项目的土地是通过划拨方式取得无限期的土地使用权的,则按国家有关规定须支付"征地补偿费"的一种费用。其费用总和不得超过该土地被征用前3年平均年产值的30倍和国家规定的价格计算。费用内容包括:土地补偿费、青苗补偿费、地上附着物补偿费、安置补偿费、新菜地开发建设基金、耕地占用税、土地管理费等。

（2）拆迁补偿费用。是指在征用土地上的房屋、城市公共设备等,被实施拆除、迁移,迁建人应当对被拆迁人给予的拆迁补偿和安置补助的费用。拆迁补助(偿)的方式,可以实行房屋产权置换。

（3）土地使用权出让金。是指建设项目通过土地使用权出让方式,获取有限期的土地使用权,按照国家有关规定须支付土地使用权出让金。城市土地出让和转让,可采用协议、招标、拍卖等方式进行。

3.5.2　与项目建设有关的其他费用

（1）建设单位管理费。是指建设单位从建设项目开工之日起至办理竣工决算之日止,所发生的管理性质的开支费用。内容包括:工作人员的工资(含养老保险费、医疗保险费、失业保险费等)、办公费、差旅交通费、劳动保护费、工具用具使用费、固定资产使用费、招募工人费、技术图书资料费、印花税、业务招待费、施工现场津贴、竣工验收费以及其他管理性质开支等。

（2）可行性研究费。是指建设工程项目在投资决策阶段,根据可行性研究调研报告对有关建设方案、技术方案或生产经营方案进行经济技术论证,以及编制、评审可行性研究报告所需用的费用。

（3）勘察设计费。是指对建设工程项目,进行工程水文地质勘查和工程设计所发生的费用。内容包括:工程勘探勘察费、初步设计费、施工图设计费、设计模型制作费、设计概算编制费、竣工图文件编制费等。

（4）研究试验费。是指为建设工程项目提供或验证设计参数、数据资料等进行必要的研究试验,以及按照有关规定在建设施工过程中必须进行的试验、验证所需的费用。

(5) 环境影响评价费。是指建设工程项目在投资决策过程中,对其进行环境污染或影响评价所需的费用。内容包括:编制环境影响报告书、环境影响报告表及环境评估等的费用。

(6) 临时设施费。是指建设工程项目的建设场地为达到开工条件,由建设单位组织进行建设场地平整,以及为满足建设、生活、办公的需要而搭设临时设施的建设、维修、租赁、使用所发生或摊销的费用。

(7) 劳动安全卫生评价费。是指建设工程项目在投资决策过程中,为编制劳动安全卫生评价报告所需的费用。内容包括:编制建设项目劳动安全卫生评价大纲和劳动安全卫生评价报告书,以及为编制上述文件所进行的工程分析和环境状况调查等所需费用。

(8) 引进技术和进口设备其他费用。是指引进技术和设备发生的但未计入设备购置费中的费用。内容包括:引进项目图纸资料翻译复制费、备品备件测绘费、出国人员费用、国外技术人员来华费用、银行担保费以及进口设备检测鉴定费。

(9) 工程监理费。是指建设单位委托监理单位对工程实施监理所支付的费用。

(10) 工程保险费。是指建设工程项目在建设期间根据需要进行工程保险所支付的费用。

(11) 特殊设备安全监督检验费。是指安全监察部门对在施工现场组装的锅炉及压力容器、压力管道、消防设备、燃气设备、电梯等特殊设备和设施实施安全检验收取的费用。

(12) 市政公用设施费。是指建设工程项目使用市政公用设施,按当地政府有关规定应缴纳的市政公用设施建设配套费用,以及绿化工程补偿费用。

3.5.3 与未来生产经营有关的其他费用

(1) 联合试运转费。是指新建或新增加生产能力的建设项目,在竣工验收交付使用前,按照设计文件规定的工程质量标准和技术要求,对整个车间生产线进行负荷或无负荷联合试运转所发生的试运转费用支出大于试运转收入的差额费用。

费用内容包括:试运转所需原材料、燃料、油料和动力的费用,低值易耗品及其他物料的消耗费,工具用具使用费,机械使用费,施工单位参加试运转人员工资及专家指导费等。

(2) 生产准备费。是指新建或新增加生产能力的建设工程项目,为保证项目竣工交付使用后所进行必要的生产准备而发生的费用。

费用内容包括:

① 生产人员培训费。含生产人员(培训期)的工资、工资性补贴、职工福利费、差旅交通费、劳动保护费等。

② 生产单位提前进厂费。提前进厂参与施工、设备安装调试运转等人员的工资、工资性补贴、职工福利费、差旅交通费、劳动保护费等。

(3) 办公和生活家具购置费。是指新建或改建的建设工程项目,为保证建厂投产初期能正常生产、使用、管理所需购置的办公和生活家具、用具的费用。

3.5.4 预备费、建设期贷款利息

1) 预备费

按我国现行规定,预备费包括基本预备费和价差预备费。

(1) 基本预备费。基本预备费是指在初步设计和设计概算内难以预料而可能发生的支

出,需要事先预留的费用,故又称工程建设不可预见费。

费用内容包括:

① 在批准的初步设计范围内、施工图设计及施工过程中必须增加的工程费用(含相应增加的价差和税金)。

② 设计变更、材料代换、局部地基处理等增加的费用。

③ 在设计过程中,遭受一般自然灾害所造成的工程损失和预防自然灾害应采取的措施费用。

④ 竣工验收时,为鉴定工程质量,对隐蔽工程进行必要的挖掘和修复的费用。

基本预备费=(建筑安装工程费+设备及工器具购置费+工程建设其他费用)×基本预备费费率(%)   (3-53)

(2)价差预备费。价差预备费是指建设工期较长的建设工程项目,在建设期内由于可能发生人工、材料、施工机械台班价格等的变化,以及费率、利率、汇率等的变动,因而引起工程预算费用(造价)的变化,需要预先预留的费用,故也称价格变动不可预见费。计算公式如下:

$$价差预备费\ PF = \sum_{t=1}^{n} I_t [(1+f)^m \cdot (1+f)^{0.5} \cdot (1+f)^{t-1} - 1] \tag{3-54}$$

式中:n—— 建设期年份数;

I_t—— 建设期中第 t 年的投资计划额;

f—— 平均投资价格上涨率;

m—— 建设前期年限(从编制估算至开工建设)。

2) 建设期贷款利息

建设期贷款利息是指包括国内银行和其他非银行金融机构贷款、出口信贷、外国政府贷款、国际商业银行贷款,以及在境内外发行的债券等建设期间内应偿还的借贷利息。计算公式如下:

$$Q_j = \left(P_{j-1} + \frac{1}{2} A_j\right) \cdot i \tag{3-55}$$

式中:Q_j—— 第 j 年的利息额;

P_{j-1}—— 第 j 年以前所欠的本利和;

A_j—— 当年的借款额;

i—— 年有效利率。

4 建设项目投资估算

4.1 建设项目投资估算概述

4.1.1 投资估算的概念

投资估算是指在投资决策阶段,以方案设计或可行性研究文件为依据,按照规定的程序、方法和依据,对拟建项目所需总投资及其构成进行的预测和估计;是在研究并确定项目的建设规模、产品方案、技术方案、工艺技术、设备方案、厂址方案、工程建设方案以及项目进度计划等的基础上,依据特定的方法,估算项目从筹建、施工直至建成投产所需全部建设资金总额并测算建设期隔年资金使用计划的过程。投资估算的成果文件称为投资估算书,也简称投资估算。投资估算书是项目建议书或可行性研究报告的重要组成部分,是项目决策的重要依据之一。

投资估算的准确与否不仅影响到可行性研究工作的质量和经济评价结果,而且直接关系到下一阶段设计概算和施工图预算的编制,以及建设项目的资金筹措方案。因此,全面准确地估算建设项目的工程造价,是可行性研究乃至整个决策阶段造价管理的重要任务。

4.1.2 投资估算的作用

投资估算作为论证拟建项目的重要经济文件,既是建设项目技术经济评价和投资决策的重要依据,又是该项目实施阶段投资控制的目标值。投资估算在建设工程的投资决策、造价控制、筹措资金等方面都有着重要作用。

(1) 项目建议书阶段的投资估算,是项目主管部门审批项目建议书的依据之一,也是编制项目规划、确定建设规模的参考依据。

(2) 项目可行性研究阶段的投资估算,是项目投资决策的重要依据,也是研究、分析、计算项目投资经济效果的重要条件。当可行性研究报告被批准后,其投资估算额将作为设计任务书中下达的投资限额,即建设项目投资的最高限额,不得随意突破。

(3) 项目投资估算是设计阶段造价控制的依据,投资估算一经确定即成为限额设计的依据,用以对各设计专业实行投资切块分配,作为控制和指导设计的尺度。

(4) 项目投资估算可作为项目资金筹措及制订建设贷款计划的依据,建设单位可根据批准的项目投资估算额进行资金筹措和向银行申请贷款。

(5) 项目投资估算是核算建设项目固定资产投资需要额和编制固定资金投资计划的重要依据。

(6) 投资估算是建设工程设计招标、优选设计单位和设计方案的重要依据。在工程设计招标阶段,投标单位报送的投标书中包括项目设计方案、项目的投资估算和经济性分析,招标单位根据投资估算对各项设计方案的经济合理性进行分析、衡量、比较,在此基础上择优确定设计单位和设计方案。

4.2 建设项目投资估算的编制

4.2.1 投资估算的编制依据、要求及步骤

1) 投资估算的编制依据

依据建设项目的特征、设计文件和相应的工程计价依据,对项目总投资及其构成进行估算,并对主要技术经济指标进行分析。建设项目投资估算编制依据主要有以下几个方面:①国家、行业和地方政府的有关规定;②拟建项目建设方案确定的各项工程建设内容;③工程勘察与设计文件、图示计算或有关专业提供的主要工程量和主要设备清单;④行业部分、项目所在地工程造价管理机构或行业协会等编制的投资估算办法、投资估算指标、概算指标(定额)、工程建设其他费用定额(规定)、综合单价、价格指数和有关造价文件等;⑤类似工程的各种技术经济指标和参数;⑥工程所在地同期的人工、材料、设备的市场价格,建筑、工艺及附属设备的市场价格和有关费用;⑦政府有关部门、金融机构等部门发布的价格指数、利率、汇率、税率等有关参数;⑧与项目建设相关的工程地质资料、设计文件、图纸等;⑨其他技术经济资料。

2) 投资估算的编制要求

建设项目投资估算编制时应满足以下要求:①应委托有相应工程造价咨询资质的单位编制;②应根据主体专业设计的阶段和深度,结合各自行业的特点,所采用的生产工艺流程的成熟性,以及编制单位所掌握的国家及地区、行业或部门相关投资估算基础资料和数据的合理、可靠、完整程度,采用合适的方法,对建设项目投资估算进行编制;③应做到工程内容和费用构成齐全,不漏项,不提高或降低估算标准,计算合理,不少算,不重复计算;④应充分考虑拟建项目设计的技术参数和投资估算所采用的估算系数、估算指标在质和量方面所综合的内容,应遵循口径一致的原则;⑤应根据项目的具体内容及国家有关规定等,将所采用的估算系数和估算指标价格、费用水平调整到项目建设所在地及投资估算编制年的实际水平。对于建设项目的边界条件,应结合建设项目的实际情况进行修正;⑥应对影响造价变动的因素进行敏感性分析,分析市场的变动因素,充分估计物价上涨因素和市场供求情况对项目造价的影响,确保投资估算的编制质量。

3) 投资估算的编制步骤

根据投资估算的不同阶段,主要包括项目建议书阶段及可行性研究阶段的投资估算。可行性研究阶段的投资估算编制一般包含静态投资部分、动态投资部分和流动资金估算三部分,主要包括以下步骤:①分别估算各单项工程所需建筑工程费、设备及工器具购置费、安装工程费,在汇总各单项工程费用的基础上,估算工程建设其他费用和基本预备费,完成工程项目静态投资部分的估算;②在静态投资部分的基础上,估算价差预备费和建设期利息,完成工程项目动态投资部分的估算;③估算流动资金;④估算建设项目总投资。

4.2.2　静态投资部分的估算方法

静态投资部分估算的方法很多,各有其适用的条件和范围,而且误差程度也不相同。一般情况下,应根据项目的性质、占有的技术经济资料和数据的具体情况选用适用的估算方法。在项目规划和建议书阶段,投资估算的精度较低,可采取简单的匡算法,如单位生产能力估算法、生产能力指数法、系数估算法、比例估算法或混合法等,在条件允许时也可采用指标估算法;在可行性研究阶段,投资估算精度要求高,需采用相对详细的投资估算方法,即指标估算法。

1) 项目规划和建议书阶段投资估算方法

(1) 单位生产能力估算法。单位生产能力估算法是根据已建成的、性质类似的建设项目的单位生产能力投资乘以建设规模,即得到拟建项目的静态投资额的方法。其计算公式为

$$C_2 = \left(\frac{C_1}{Q_1}\right)Q_2 f \tag{4-1}$$

式中:C_1——已建类似项目的静态投资额;

　　　C_2——拟建项目静态投资额;

　　　Q_1——已建类似项目的生产能力;

　　　Q_2——拟建项目的生产能力;

　　　f——不同时期、不同地点的定额、单价、费用变更等的综合调整系数。

(2) 生产能力指数法。生产能力指数法又称为指数估算法,它是根据已建成的类似项目生产能力和投资额来粗略估算同类但生产能力不同的拟建项目静态投资额的方法,是对单位生产能力估算法的改进。其计算公式为

$$C_2 = C_1 \left(\frac{Q_2}{Q_1}\right)^x \cdot f \tag{4-2}$$

式中:x——生产能力指数。

其他符号含义同式(4-1)。

正常情况下,$0 \leqslant x \leqslant 1$。不同生产率水平的国家和不同性质的项目中,$x$ 取值是不同的。若已建类似项目规模和拟建项目规模的比值在 0.5～2 之间,x 的取值近似为 1;若已建类似项目规模与拟建项目规模的比值为 2～50,且拟建项目生产规模的扩大仅靠增大设备规模来达到时,则 x 的取值为 0.6～0.7;若是靠增加相同规格设备的数量达到时,x 的取值在 0.8～0.9 之间。

(3) 系数估算法。系数估算法也称为因子估算法,它是以拟建项目的主体工程费或只要设备购置费为基数,以其他工程费与主体工程费或设备购置费的百分比为系数,依此估算拟建项目静态投资的方法。在我国国内常用的方法有设备系数法和主体专业系数法,世界银行项目投资估算常用的方法是朗格系数法。

① 设备系数法。设备系数法是指以拟建项目的设备购置费为基数,根据已建成的同类项目的建筑安装费和其他工程费等于设备价值的百分比,求出拟建项目建筑安装工程费和其他工程费,进而求出项目的静态投资。其计算公式为

$$C = E(1 + f_1 P_1 + f_2 P_2 + f_3 P_3 + \cdots) + I \tag{4-3}$$

式中:C——拟建项目的静态投资;

　　　E——拟建项目根据当时当地价格计算的设备购置费;

　　　$P_1, P_2, P_3 \cdots$——已建项目中建筑安装工程费及其他工程费等与设备购置费的比例;

　　　$f_1, f_2, f_3 \cdots$——由于时间、地点因素引起的定额、价格、费用标准等变化的综合调整系数;

　　　I——拟建项目的其他费用。

② 主体专业系数法。主体专业系数法是指以拟建项目中投资比重较大,并与生产能力直接相关的工艺设备投资为基数,根据已建同类项目的有关统计资料,计算出拟建项目各专业工程(总体、土建、采暖、给排水、管道、电气、自控等)与工艺设备投资的百分比,据以求出拟建项目各专业投资,然后加总即为拟建项目的静态投资。其计算公式为

$$C = E(1 + f_1 P_1' + f_2 P_2' + f_3 P_3' + \cdots) + I \tag{4-4}$$

式中:$P_1', P_2', P_3' \cdots$——已建项目中各专业工程费用与工艺设备投资的比重。

其他符号含义同式(4-3)。

③ 朗格系数法。这种方法是以设备费购置费为基数,乘以适当系数来推算项目的静态投资。这种方法在国内不常见,是世界银行投资估算常采用的方法。该方法的基本原理是将项目建设中总成本费用中的直接成本和间接成本分别计算,再合为项目的静态投资。其计算公式为

$$C = E \cdot (1 + \sum K_i) \cdot K_C \tag{4-5}$$

式中:K_i——管线、仪表、建筑物等项费用的估算系数;

　　　K_C——管理费、合同费、应急费等间接费用的总估算系数。

其他符号含义同式(4-3)。

静态投资与设备购置费之比为朗格系数 K_L。即

$$K_L = (1 + \sum K_i) \cdot K_C \tag{4-6}$$

(4) 比例估算法。比例估算法是根据已知的同类建设项目主要生产工艺设备占整个建设项目的投资比例,先逐项估算出拟建项目主要生产工艺设备投资,再按比例估算拟建项目静态投资的方法。其计算公式为

$$I = \frac{1}{K} \sum_{i=1}^{n} Q_i P_i \tag{4-7}$$

式中:I——拟建项目的静态投资;

　　　K——已建项目主要设备投资占已建项目投资的比例;

　　　n——设备种类数;

　　　Q_i——第 i 种设备的数量;

　　　P_i——第 i 种设备的单价(到厂价格)。

比例估算法主要应用于设计深度不足,拟建建设项目与类似建设项目的主要生产工艺设备投资比重较大,行业内相关系数等基础资料完备的情况。

（5）混合法。混合法是根据主体专业设计的阶段和深度，投资估算编制者所掌握的国家及地区、行业内相关投资估算基础资料和数据，以及其他统计和积累的、可靠的相关造价基础资料，对一个拟建建设项目采用生产能力指数法与比例估算法或系数估算法与比例估算法混合估算其相关投资额的方法。

2）可行性研究阶段投资估算方法

指标估算法是投资估算的主要方法。为了保证编制精度，可行性研究阶段建设项目投资估算原则上应采用指标估算法。指标估算法是依据投资估算指标，对各单位工程或单项工程费用进行估算，进而估算建设项目总投资的方法。

在条件具备时，对于对投资有重大影响的主体工程应估算出分部分项工程量，套用相关综合单价（概算指标）或概算定额进行编制。对于子项单一的大型民用公共建筑，主要单项工程估算应细化到单位工程估算书。无论如何，可行性研究阶段的投资估算应满足项目的可行性研究与评估，并最终满足国家和地方相关部门批复或备案的要求。预可行性研究阶段、方案设计阶段项目建设投资估算视设计深度，宜参照可行性研究阶段的编制方法进行。

（1）建筑工程费用估算。建筑工程费用是指建造永久性建筑物和构筑物所需要的费用。主要有单位建筑工程投资估算法、单位实物工程量投资估算法和概算指标投资估算法。单位建筑工程投资估算法可以分为单位长度价格法、单位面积价格法、单位容积价格法和单位功能价格法。计算公式分别如下：

$$建筑工程费 = 单位长度建筑工程费指标 \times 建筑工程长度 \tag{4-8}$$

$$建筑工程费 = 单位面积建筑工程费指标 \times 建筑工程面积 \tag{4-9}$$

$$建筑工程费 = 单位容积建筑工程费指标 \times 建筑工程容积 \tag{4-10}$$

$$建筑工程费 = 功能单位建筑工程费指标 \times 建筑工程功能总量 \tag{4-11}$$

单位实物工程量投资估算法是以单位实物工程量的建筑工程费乘以实物工程总量来估算建筑工程费的方法。计算公式如下：

$$建筑工程费 = 单位实物工程量建筑工程费指标 \times 实物工程总量 \tag{4-12}$$

对于没有上述估算指标，或者建筑工程费占总投资比例较大的项目，可采用概算指标估算法。采用此种方法，应拥有较为详细的工程资料、建筑材料价格和工程费用指标信息，投入的时间和工作量较大。具体见以下计算公式：

$$建筑工程费 = \sum 分部分项实物工程量 \times 概算指标 \tag{4-13}$$

（2）设备及工器具购置费估算。

（3）安装工程费估算。

（4）工程建设其他费用估算。工程建设其他费用的计算应结合拟建项目的具体情况，有合同或协议明确的费用按合同或协议列入；无合同或协议明确的费用，根据国家和各行业部门、工程所在地地方政府的有关工程建设其他费用定额（规定）和计算办法估算。

（5）基本预备费估算。基本预备费估算一般都是以建设项目的工程费用和工程建设其他费用之和为基础，乘以基本预备费费率进行计算的。基本预备费费率的大小，应根据建设项目设计阶段和具体的设计深度，以及在估算中所采用的各项估算指标与设计内容的贴近度、项目所属行业主管部门的具体规定确定。

$$基本预备费 = （工程费用 + 工程建设其他费用） \times 基本预备费费率（\%） \quad （4-14）$$

4.2.3 动态投资部分的估算方法

（1）价差预备费。主要包括外币对人民币的升值以及外币对人民币的贬值。估计汇率变化对建设项目投资的影响，是通过预测汇率在项目建设期内的变动程度，以估算年份的投资额为基数，相乘计算求得。

（2）建设期利息。建设期利息包括银行借款和其他债务资金的利息以及其他融资费用。其他融资费用是指某些债务融资中发生的手续费、承诺费、管理费、信贷保险费等融资费用，一般情况下应将其单独计算并计入建设期利息；在项目前期研究的初期阶段，也可作粗略估算并计入建设投资；对于不涉及国外贷款的项目，在可行性研究阶段，也可作粗略估算并计入建设投资。

4.2.4 流动资金的估算

1）流动资金估算方法

流动资金是指项目运营需要的流动资产投资，指生产经营性项目投产后，为进行正常生产运营，用于购买原材料、燃料，支付工资及其他经营费用等所需的周转资金。流动资金估算一般采用分项详细估算法，个别情况或者小型项目可采用扩大指标法。

（1）分项详细估算法。

$$流动资金 = 流动资产 - 流动负债 \quad （4-15）$$

$$流动资产 = 应收账款 + 预付账款 + 存货 + 库存现金 \quad （4-16）$$

$$流动负债 = 应付账款 + 预收账款 \quad （4-17）$$

$$流动资金本年增加额 = 本年流动资金 - 上年流动资金 \quad （4-18）$$

进行流动资金估算时，首先计算各类流动资产和流动负债的年周转次数，然后再分项估算占用资金额。

（2）扩大指标估算法。扩大指标估算法是根据现有同类企业的实际资料，求得各种流动资金率指标，亦可依据行业或部门给定的参考值或经验确定比率，将各类流动资金率乘以相对应的费用基数来估算流动资金。一般常用的基数有营业收入、经营成本、总成本费用和建设投资，究竟采用何种基数依据行业习惯而定。其计算公式为

$$年流动资金额 = 年费用基数 \times 各类流动资金率 \quad （4-19）$$

2）流动资金估算应注意的问题

（1）在采用分项详细估算法时，应根据项目实际情况分别确定现金、应收账款、预付账款、存货、应付账款和预收账款的最低周转天数，并考虑一定的保险系数。

（2）流动资金属于长期性（永久性）流动资产，流动资金的筹措可通过长期负债和资本金（一般要求占30%）的方式解决。流动资金一般要求在投产前一年开始筹措，为简化计算，可规定在投产的第一年开始按生产负荷安排流动资金需要量。其借款部分按全年计算

利息,流动资金利息应计入生产期间财务费用,项目计算期末收回全部流动资金(不含利息)。

(3) 用扩大指标估算法计算流动资金,需要以经营成本及其中的某些科目为基数,因此实际上流动资金估算应能够在经营成本估算之后进行。

(4) 在不同生产负荷下的流动资金,应按不同生产负荷所需的各项费用金额,根据上述公式分布估算,而不能直接按照100%生产负荷下的流动资金乘以生产负荷百分比求得。

4.2.5 投资估算文件的编制

根据《建设项目投资估算编审规程》(CECA/GCI—2007)规定,单独成册的投资估算文件应包括封面、签署页、目录、编制说明、有关附表等,与可行性研究报告(或项目建议书)统一装订的应包括签署页、编制说明、有关附表等。在编制投资估算文件的过程中,一般需要编制建设投资估算表、建设期利息估算表、流动资金估算表、单项工程投资估算汇总表、总投资估算汇总表和分年度总投资估算表等。对于对投资有重大影响的单位工程或分部分项工程的投资估算应另外附主要单位工程或分部分项工程投资估算表,列出主要分部分项工程量和综合单价进行详细估算。

1) 建设投资估算表的编制

(1) 概算法。按照概算法分类,建设投资由工程费用、工程建设其他费用和预备费三部分构成,其中工程费用又由建筑工程费、设备及工器具购置费(含工器具及生产家具购置费)和安装工程费构成;工程建设其他费用内容较多,随行业和项目的不同而有所区别;预备费包括基本预备费和价差预备费。按照概算法编制的建设投资估算表如表4-1所示。

表4-1　建设投资估算表(概算法)

人民币单位:万元　　外币单位:

序号	工程或费用名称	建筑工程费	设备及工器具购置费	安装工程费	工程建设其他费用	合计	其中:外币	比例(%)
1	工程费用							
1.1	主体工程							
1.1.1	×××							
	……							
1.2	辅助工程							
1.2.1	×××							
	……							
1.3	公用工程							
1.3.1	×××							
	……							
1.4	服务性工程							
1.4.1	×××							
	……							

续表 4-1

序号	工程或费用名称	建筑工程费	设备及工器具购置费	安装工程费	工程建设其他费用	合计	其中：外币	比例（%）
1.5	厂外工程							
1.5.1	×××							
	……							
2	工程建设其他费用							
2.1	×××							
	……							
3	预备费							
3.1	基本预备费							
3.2	价差预备费							
4	建设投资合计							
	比例（%）							

（2）形成资产法。按照形成资产法分类，建设投资由形成固定资产的费用、形成无形资产的费用、形成其他资产的费用和预备费四部分组成。固定资产是指项目投产时将直接形成固定资产的建设投资，包括工程费用和工程建设其他费用中按规定将形成固定资产的费用，后者称为固定资产其他费用，主要包括建设管理费、可行性研究费、研究试验费、勘察设计费、环境影响评价费、场地准备及临时设施费、引进技术和引进设备其他费、工程保险费、联合试运转费、特殊设备安全监督检验费和市政公用设施建设及绿化费等；无形资产费用是指将直接形成无形资产的建设投资，主要是指专利权、非专利技术、商标权、土地使用权和商誉等；其他资产费用是指建设投资中除形成固定资产和无形资产以外的部分，如生产准备及开办费等。

对于土地使用权的特殊处理：按照有关规定，在尚未开发或建造自用项目前，土地使用权作为无形资产核算，房地产开发企业开发商品房时，将其账面价值转入开发成本；企业建造自用项目时将账面价值转入在建工程成本。因此，为了与以后的折旧和摊销计算相协调，在建设投资估算表中通常可将土地使用权直接列入固定资产其他费用中。按形成资产法编制的建设投资估算表见表 4-2 所示。

表 4-2　建设投资估算表（形成资产法）

人民币单位：万元　　外币单位：

序号	工程或费用名称	建筑工程费	设备及工器具购置费	安装工程费	工程建设其他费用	合计	其中：外币	比例（%）
1	固定资产费用							
1.1	工程费用							
1.1.1	×××							
	……							
1.2	固定资产其他费用							
1.2.1	×××							

续表 4-2

序号	工程或费用名称	建筑工程费	设备及工器具购置费	安装工程费	工程建设其他费用	合计	其中：外币	比例（％）
	……							
2	无形资产费用							
2.1	×××							
	……							
3	其他资产费用							
3.1	×××							
	……							
4	预备费							
4.1	基本预备费							
4.2	价差预备费							
5	建设投资合计							
	比例（％）							

2）建设期利息估算表的编制

在估算建设期利息时，需要编制建设期利息估算表（见表 4-3）。建设期利息估算表主要包括建设期发生的各项借款及债券等项目，期初借款余额等于上年借款本金和应计利息之和，即上年期末借款余额；其他融资费用主要指融资中发生的手续费、承诺费、管理费、信贷保险费等费用。

表 4-3　建设期利息估算表

人民币单位：万元

序号	项　　目	合计	建　设　期					
			1	2	3	4	…	n
1	借款							
1.1	建设期利息							
1.1.1	期初借款余额							
1.1.2	当期借款							
1.1.3	当期应计利息							
1.1.4	期末借款余额							
1.2	其他融资费用							
1.3	小计（1.1＋1.2）							
2	债券							
2.1	建设期利息							
2.1.1	期初债务余额							
2.1.2	当期债务余额							
2.1.3	当期应计利息							
2.1.4	期末债务余额							

续表 4-3

序号	项 目	合计	建 设 期					
			1	2	3	4	…	n
2.2	其他融资费用							
2.3	小计(2.1+2.2)							
3	合计(1.3+2.3)							
3.1	建设期利息合计(1.1+2.1)							
3.2	其他融资费用合计(1.2+2.2)							

3) 流动资金估算表的编制

可行性研究阶段,根据详细估算法估算的各项流动资金估算的结果,编制流动资金估算表,见表4-4。

表 4-4　流动资金估算表

人民币单位:万元

序号	项 目	最低周转天数	合计	建 设 期					
				1	2	3	4	…	n
1	流动资金								
1.1	应收账款								
1.2	存货								
1.2.1	原材料								
1.2.2	×××								
	……								
1.2.3	燃料								
1.2.4	×××								
	……								
1.2.5	在产品								
1.2.6	产成品								
1.3	现金								
1.4	预付账款								
2	流动负债								
2.1	应付账款								
2.2	预收账款								
3	流动资金(1-2)								
4	流动资金当期增加额								

4) 单项工程投资估算汇总表的编制

按照指标估算法,可行性研究阶段根据各种投资估算指标,进行各单位工程或单项工程投资的估算。单项工程投资估算应按建设项目划分的各个单项工程分别计算组成工程费用的建筑工程费、设备及工器具购置费、安装工程费及工程建设其他费,形成单项工程投资估算汇总表,见表4-5。

表 4-5 单项工程投资估算汇总表

工程名称：

序号	工程和费用名称	估算价值（万元）					技术经济指标			
		建筑工程费	设备及工器具购置费	安装工程费	工程建设其他费用	合计	单位	数量	单位价值	比例（%）
一	工程费用									
（一）	主要生产系统									
1	××车间									
	一般土建									
	给排水									
	采暖									
	通风空调									
	照明									
	工艺设备及安装									
	工艺金属结构									
	工艺管道									
	工艺筑炉及保温									
	变配电设备及安装									
	仪表设备及安装									
	……									
	小　计									
	……									
2	×××									
	……									

5）项目总投资估算汇总表的编制

将上述投资估算内容和估算方法所估算的各类投资进行汇总，编制项目总投资估算汇总表，见表 4-6。

表 4-6 项目总投资估算汇总表

工程名称：

序号	费用名称	估算价值（万元）					技术经济指标			
		建筑工程费	设备及工器具购置费	安装工程费	工程建设其他费用	合计	单位	数量	单位价值	比例（%）
一	工程费用									
（一）	主要生产系统									
1	××车间									
2	××车间									
3	……									
（二）	辅助生产系统									

续表 4-6

序号	费用名称	估算价值(万元)					技术经济指标			
		建筑工程费	设备及工器具购置费	安装工程费	工程建设其他费用	合计	单位	数量	单位价值	比例(%)
1	××车间									
2	××仓库									
3	......									
(三)	公用及福利设施									
1	变电所									
2	锅炉房									
3	......									
(四)	外部工程									
1	××工程									
2	......									
	小　计									
二	工程建设其他费用									
1	......									
2	小　计									
三	预备费									
1	基本预备费									
2	价差预备费									
	小　计									
四	建设期利息									
五	流动资金									
	投资估算合计(万元)									
	比例(%)									

6)项目分年投资计划表的编制

估算出项目总投资后,应根据项目计划进度的安排编制分年投资计划表,见表 4-7。该表中的分年建设投资可以作为安排融资计划、估算建设期利息的基础。

表 4-7　分年投资计划表

人民币单位:万元　外币单位:

序号	项　目	人民币			外币		
	分年计划(%)	第1年	第2年	...	第1年	第2年	...
1	建设投资						
2	建设期利息						
3	流动资金						
4	项目投入总资金(1+2+3)						

5 建筑工程设计概算

5.1 设计概算概述

设计概算是在初步设计(或扩大初步设计)阶段,设计单位根据初步设计(或扩大初步设计)图纸、概算定额或概算指标、材料价格、费用定额和有关取费规定,对拟建工程进行概略的费用计算。它是初步设计文件的重要组成部分,是初步设计阶段计算建筑物、构筑物的造价以及从筹建开始起至交付使用时止所发生的全部建设费用的文件。根据国家有关规定,建设工程在初步设计阶段,必须编制设计概算;在报批设计文件的同时,必须要报批设计概算;施工图设计,也必须按照批准的初步设计及其设计概算进行。设计概算由设计单位编制。

5.1.1 设计概算的编制依据

(1) 经批准的可行性研究报告。其内容包括项目建设必要性、市场分析、项目建设条件及选址、建设方案、环保、劳动安全、项目组织与劳动定员、项目建设实施计划、投资估算与资金筹措、效益分析与评价等。

(2) 经批准的建设项目设计任务书。其内容包括建设目的、建设规模、建设理由、建设布局、建设内容、建设进度、建设投资、产品方案和原材料来源地等。只有根据设计任务书编制的设计概算,才能列为建设工程的项目建设投资。

(3) 经批准的投资估算文件。对于国有投资项目,投资估算是设计概算的最高额度标准,投资概算不是突破投资估算,否则要按规定重新报批。

(4) 建设场地的自然、经济条件和地质资料以及总平面图。

(5) 初步设计项目一览表。

(6) 有关合同、协议等资料。

(7) 有关税收和规划费用等资料。

(8) 初步设计或扩大初步设计图纸和说明书。

(9) 现行的概算定额、概算指标。

(10) 设备价格资料。

(11) 地区材料价格、工资标准。

(12) 有关部门颁布的现行的取费标准和费用定额。包括各种费用、取费标准、计算范围、材差系数等,必须符合建设项目主管部门制定的基本原则。

5.1.2 设计概算编制的准备工作

(1) 深入现场,调查研究,掌握第一手材料。对新结构、新材料、新技术和非标准设备价格要搞清楚并落实,认真收集其他有关基础资料(如定额、指标等)。

(2)根据设计要求、总体布置图和全部工程项目一览表等资料,对工程项目的内容、性质、建设单位的要求、建设地区的施工条件等,作一概括性的了解。

(3)在掌握和了解上述资料与情况的基础上,拟出编制设计概算的提纲,明确编制工作的主要内容、重点、步骤和审核方法。

(4)根据已拟定的设计概算编制提纲,合理选用编制依据,明确取费标准。

5.1.3　设计概算编制的作用

(1)设计概算是编制设计项目投资计划,确定和控制建设项目投资的依据。国家规定没有批准的初步设计及其设计概算的建设工程,不得列入年度固定资产投资计划。经批准的项目设计概算投资额,是建设银行对工程建设控制投资的最高限额。如果设计概算超过投资估算的10%以上,则要进行设计概算修正。

(2)设计概算是控制施工图设计和施工图预算的依据。设计单位必须按批准的初步设计和总概算进行施工图设计。施工图预算不得突破设计概算,否则要修改初步设计,重编修正概算。

(3)设计概算是衡量设计方案经济合理性和选择最佳设计方案的依据。设计概算是设计方案技术经济合理性的反映,设计单位据此用来对不同设计方案进行技术与经济的合理性比较,以确定出最佳设计方案。

(4)设计概算是工程造价管理及编制招标标底和投标报价的依据。招标人编制控制价以此作为评定标准和投标人编制报价以此在投标竞争中获胜,都是以设计概算的造价为依据。

(5)设计概算是考核建设项目投资效果的依据。通过设计概算与竣工决算的对比,就可以分析和考核投资效果的好坏。

(6)设计概算是签订承包合同和贷款合同的依据。承包人进行工程承包施工,发包人支付工程价款,双方签订合同和合同价款的多少,都是以设计概算为依据的,其总承包价款不得超过设计概算的投资总额。

5.1.4　设计概算的内容

设计概算包括了单位工程概算、单项工程综合概算和建设项目总概算三级。若干个单位工程概算和其他工程费用文件汇总后,成为单项工程综合概算。若干个单项工程综合概算汇总后,成为建设项目总概算。综合概算和总概算,仅是一种归纳和汇总性文件,而最基本、最主要的设计概算文件仍是单位工程设计概算。

1)单位工程概算

单位工程概算是确定一个单位工程所需建设费用的文件,它是单项工程综合概算的组成部分。单位工程概算按其性质又可分为建筑工程设计概算和设备及安装工程设计概算两大类。

建筑工程设计概算内容包括:土建工程概算、给水排水工程概算、采暖通风工程概算、空调工程概算、电气照明工程概算、弱电工程概算、特殊构筑物工程概算等。

设备及安装工程设计概算内容包括:机械设备及安装工程概算、电气设备及安装工程概算、工器具及生产家具购置费概算等。

2）单项工程综合概算

单项工程综合概算是确定一个单项工程所需建设费用的文件,它由单项工程中的各单位工程概算汇总编制而成,是建设项目总概算的组成部分。

单项工程综合概算内容包括:单位建筑工程概算、单位设备及安装工程概算、工程建设其他费用概算(当建设项目仅有一个单项工程时列此项费用)。

3）建设项目总概算

建设项目总概算是确定一个建设项目从筹建项目起至竣工验收止所需全部建设费用的文件,它是由各单项工程综合概算,工程建设其他费用概算,预备费、建设期贷款利息概算,投资方向调节税概算和生产或经营性项目铺底流动资金概算等汇总而成。

5.2 单位工程设计概算的编制方法

单位工程设计概算是初步设计文件的重要组成部分。设计单位在进行初步设计时,必须同时编制出建筑工程设计概算。单位工程设计概算,是在初步设计阶段,利用设计图纸和国家颁发的概算指标、概算定额或综合预算定额费用定额等,按照设计要求,概略地计算建筑物或构筑物的造价,以及确定人工、材料和机械等需用量。设计概算的特点是编制工作较为简单,在精度上没有施工图预算准确。

5.2.1 单位建筑工程设计概算的编制方法

一般情况下,施工图预算造价不允许超过设计概算造价,以使设计概算能起到控制施工图预算的作用。建筑单位工程设计概算的编制是一项重要的工作,既要保证它的及时性,又要保证它的正确性。

建筑单位工程设计概算一般有 3 种编制方法:①根据概算定额进行编制;②根据概算指标进行编制;③根据类似工程预算进行编制。

1）应用概算定额编制设计概算

(1)编制依据

① 初步设计或扩大初步设计的图纸资料和说明书。

② 概算定额。

③ 概算费用指标。

④ 施工条件和施工方法。

(2)编制方法

应用概算定额编制建筑单位工程设计概算的方法,与应用预算定额编制建筑单位工程施工图预算的方法基本上相同,概算书所用表式与预算书表式亦基本相同。不同之处在于设计概算项目划分较施工图预算粗略,是把施工图预算中的若干个项目合并为一项,并且采用的是概算工程量计算规则。

应用概算定额编制概算,其编制对象必须是设计达到一定深度的设计图纸中对建筑、结构、构造均有明确的规定,图纸内容比较齐全、完善,能够按照初步设计的平面、立面、剖面图纸,计算出地面、墙身、门窗和屋面等扩大分项工程项目的工程量。该法编制精度高,是编制设计概算的常用方法。应用概算定额编制设计概算的具体步骤如下：

① 熟悉设计图纸，了解设计意图、施工条件和施工方法。

② 列出建筑工程设计图中各分部分项的工程项目名称，并计算其工程量。工程量计算应按概算定额中规定的工程量计算规则进行，并将各分项工程量按概算定额编号顺序，填入工程概算表内。

③ 确定各分部分项工程项目的概算定额单价（基价）和工料消耗指标。工程量计算完毕并经复核整理后，即按照概算定额中分部分项工程项目的顺序查概算定额的相应项目，将项目名称、定额编号、工程量及其计量单位、定额基准价和人工、材料消耗量指标分别填入工程概算表和工料分析表中的相应栏内。

④ 计算各分部分项工程工程量清单费用。

⑤ 计算措施项目费用。

⑥ 计算其他项目费用。

⑦ 计算规费。

⑧ 计算税金。

⑨ 计算总价。工程总价等于工程建筑安装工程费加上工程建设其他费用和预备费。

⑩ 编写概算编制说明。

江苏省规定，在应用概算定额编制设计概算时，可在基准价基础上增加概算编制期的材料价差、有权部门批准的政策性调价，然后根据工程特点、工期等情况再增加预备费5％～10％。如编制施工图预算和标底，在基准价基础上增加编制期的材料价差和有权部门批准的政策性调价；如编制投标报价，由投标单位根据各自的管理水平、技术水平和经济实力等因素，结合定额，自主报价。

2）应用概算指标编制设计概算

（1）编制特点

概算指标一般是以建筑面积为单位，以整幢建筑物为依据而编制的。它的数据均来自于各种已建的建筑物预算或竣工结算资料，用其建筑面积除需要的各种人工、材料等得出。

由于概算指标通常是按每幢建筑物每 100 m² 建筑面积表示的价值或工料消耗量，因此，它比概算定额更为扩大、综合，所以按此编制的设计概算比按概算定额编制的设计概算更加简化，精确度显然也要比用概算定额编制的设计概算低一些，是一种对工程造价估算的方法。但由于编制速度快，能解决时间紧迫的要求，该法仍有一定的实用价值。

在初步设计阶段编制设计概算，如已有初步设计图纸，则可根据初步设计图纸、设计说明和概算指标，按设计的要求、条件和结构特征（如结构类型、基础、内外墙、楼板、屋架；建筑外形、层数、层高、檐高、屋面、地面、门窗、建筑装饰等），查阅概算指标中相同类型建筑物的简要说明和结构特征来编制设计概算；如无初步设计图纸无法计算工程量或在可行性研究阶段只具有轮廓方案，也可用概算指标来编制设计概算。

（2）编制方法

① 直接套用概算指标编制概算。如果拟建工程项目在设计上与概算指标中的某建筑物相符，则可直接套用指标进行编制。当指标规定了土建工程每百平方米或每平方米的人工、主要材料消耗量时，概算具体步骤及计算公式如下：

A. 根据概算指标中的人工工日数及现行工资标准计算人工费：

$$每平方米建筑面积人工费 = 指标人工工日数 \times 地区日工资标准 \quad (5-1)$$

B. 根据概算指标中的主要材料数量及现行材料预算价格计算材料费：

$$每平方米建筑面积主要材料费 = \sum (主要材料数量 \times 地区材料预算价格) \quad (5-2)$$

C. 按求得的主要材料费及其他材料费占主要材料费中的百分比,求出其他材料费：

$$每平方米建筑面积其他材料费 =$$
$$每平方米建筑面积主要材料费 \times 其他材料费的比例 \quad (5-3)$$

D. 施工机械使用费在概算指标中一般是用"元"或占直接费百分比表示,直接按概算指标规定计算。

E. 按求得的人工费、材料费、机械费,求出直接费：

$$每平方米建筑面积直接费 = 人工费 + 主要材料费 + 其他材料费 + 机械费$$
$$(5-4)$$

F. 按求得的直接费及地区现行取费标准,求出间接费、税金等其他费用及材料价差。

G. 将直接费和其他费用相加,得出概算单价：

$$每平方米建筑面积概算单价 = 直接费 + 间接费 + 材料价差 + 税金 \quad (5-5)$$

H. 用概算单价和建筑面积相乘,得出概算价值：

$$设计工程概算价值 = 设计工程建筑面积 \times 每平方米建筑面积概算单价 \quad (5-6)$$

② 概算指标的修正。由于随着建筑技术的发展,新结构、新技术、新材料的应用,设计做法也在不断发展,因此在套用概算指标时,设计的内容不可能完全符合概算指标中所规定的结构特征,此时,就不能简单地按照类似的概算指标套算,而必须根据差别的具体情况,对其中某一项或某几项不符合设计要求的内容分别加以修正,经修正后的概算指标方可使用。修正方法如下：

$$单位建筑面积造价修正概算指标 =$$
$$原概算指标单价 - 换出结构构件单价 + 换入结构构件单价 \quad (5-7)$$
$$换出(或换入)结构构件单价 =$$
$$换出(或换入)结构构件工程量 \times 相应的概算定额单价 \quad (5-8)$$

设计内容与概算指标规定不符时需要修正概算指标,其目的是为了保证概算价值的正确性。具体编制步骤如下：

A. 根据概算指标求出每平方米建筑面积的直接费。

B. 根据求得的直接费,算出与拟建工程不符的结构构件的价值。

C. 将换入结构构件工程量与相应概算定额单价相乘,得出拟建工程所要的结构构件价值。

D. 将每平方米建筑面积直接费,减去与拟建工程不符的结构构件价值,加上拟建工程所要的结构构件价值,即为修正后的每平方米建筑面积的直接费。

E. 求得修正后的每平方米建筑面积的直接费后,就可按照"直接套用概算指标法"编制出单位工程概算。

3）应用类似工程预算编制概算

类似工程预算法是利用技术条件与拟建工程相类似的已完工程或在建工程的工程造价资料来编制拟建工程设计概算的方法。

类似工程预算法适用于拟建工程初步设计与已完工程或在建工程的设计相类似又没有可用的概算指标时，但必须对建筑结构差异和价差进行调整。

建筑结构差异的调整方法与概算指标法的调整方法相同。

类似工程造价的价差调整常有两种方法：

（1）类似工程造价资料有具体的人工、材料、机械台班的用量时，可按类似工程造价资料中的主要材料用量、工日数量、机械台班用量乘以拟建工程所在地的主要材料预算价格、人工单价、机械台班单价，计算出直接费，再乘以当地的综合费率，即可得出造价指标。

（2）类似工程造价资料只有人工、材料、机械台班费用和其他直接费、现场经费、间接费时，可按下面公式调整：

$$D = AK \tag{5-9}$$

$$K = a\%K_1 + b\%K_2 + c\%K_3 + d\%K_4 + e\%K_5 + f\%K_6 \tag{5-10}$$

式中：D——拟建工程单方概算造价；

A——类似工程单方预算造价；

K——综合调整系数；

$a\%$、$b\%$、$c\%$、$d\%$、$e\%$、$f\%$——类似工程预算的人工费、材料费、机械台班费、其他直接费、现场经费、间接费占预算造价的比重，$a\% = $ 类似工程人工费（或工资标准）/类似工程预算造价×100%，$b\%$、$c\%$、$d\%$、$e\%$、$f\%$类同；

K_1、K_2、K_3、K_4、K_5、K_6——拟建工程地区与类似工程预算造价在人工费、材料费、机械台班费、其他直接费、现场经费和间接费之间的差异系数，$K_1 = $类似工程预算的人工费（或工资标准）/拟建工程概算人工费（或地区工资标准），K_2、K_3、K_4、K_5、K_6 类同。

5.2.2 设备及安装工程设计概算的编制方法

设备及安装工程概算主要内容包括设备购置费及设备安装费两大部分。

1）设备购置费概算的编制方法

设备购置费由设备原价及设备运杂费两项组成。

（1）设备原价。设备原价是指国产标准设备、国产非标准设备和进口设备的原价。国产标准设备原价可根据设备型号、规格、性能、材质及附带的配件内容向制造厂咨询现行产品出厂价格，或按有关主管部门规定逐项计算。国产非标准设备原价，可根据设备的类别、性质、质量、材质等，按设备单位重量（t）规定的估价指标计算。进口设备原价可按设备抵达买方边境港口或车站，且交完税后形成的价格计算。

（2）设备运杂费。设备运杂费是指除设备原价之外的关于设备采购、运输、包装及仓库保管等支出的费用总和。设备运杂费按有关主管部门规定的费率计算，即

$$设备运杂费 = 设备原价 × 设备运杂费费率（\%） \tag{5-11}$$

2) 设备安装费概算的编制方法

设备安装费概算应根据初步设计的深度和要求的明确程度确定计算方法。

(1) 预算单价法。当初步设计深度满足要求,有详细完备的清单时,可直接按安装工程预算定额单价编制设备安装工程概算。用该法编制的概算精度较高。

(2) 扩大单价法。当初步设计深度不够,设备清单不完备时,可采用主体设备、成套设备的综合扩大安装单价编制设备安装工程概算。

(3) 设备价值百分比法。当初步设计深度不够,只有设备出厂价格,无详细的设备规格、重量时,则其设备安装费可按占设备费的百分比(%)来计算。其百分比(费率)由有关主管部门规定。计算公式为

$$设备安装费 = 设备原价 \times 安装费率(\%) \tag{5-12}$$

(4) 综合吨位法。当初步设计提供的设备清单完备,有设备规格和重量时,可采用综合吨位指标法编制概算。其综合吨位指标由有关主管确定。计算公式为

$$设备安装费 = 设备吨重 \times 每吨设备安装费指标 \tag{5-13}$$

5.3 单项工程综合概算的编制方法

单项工程综合概算是由各专业的单位工程概算所组成,它是确定单项工程建设费用的综合性文件。其内容包括:编制说明、单位工程概算表、主要建筑材料表、综合概算表等。

1) 编制说明

说明的主要内容包括:工程概况、编制依据、编制方法、主要设备(机械和电气设备)和主要建材(钢材、木材、水泥)的数量,以及其他有关问题的说明。

2) 综合概算表

单项工程综合概算表是根据该单项工程所管辖范围的各单位工程概算的基础资料,按国家有关主管部门所规定的统一格式表格进行编制的。其综合概算表的项目内容组成如下:

(1) 民用建筑概算。由一般土建工程、给水排水工程、采暖工程、通风工程、电气照明工程等概算组成。

(2) 工业建筑概算。由建筑工程和设备及安装工程两大部分概算组成。

① 建筑工程概算。包括:一般土建工程、给水排水工程、采暖工程、通风工程、电气照明工程、工业管道工程、构筑物工程等概算。

② 设备及安装工程概算。包括:机械设备及安装工程、电气设备及安装工程两部分概算。

当建设项目只有一个单项工程时(即不编制总概算),单项工程综合概算还应包括工程建设其他费用、建设期贷款利息、预备费和固定资产投资方向调节税等费用项目。

3) 综合概算的费用组成

(1) 建筑工程费用。

(2) 设备及安装工程费用。

(3) 工具、器具和生产家具购置费。

4）综合概算表格式（见表 5-1）

表 5-1　某单项工程概算表（格式）

序号	单位工程和费用名称	概算价值（万元）					技术经济指标（元/m²)	占总投资额（%）	备注
		建筑工程费	设备购置费	工器具购置费	其他工程费用	合计（总价值）			
一	建筑工程	✕				✕	✕	✕	
1	一般土建工程	✕				✕	✕		
2	给水排水工程	✕				✕	✕		
3	采暖工程	✕				✕	✕		
4	通风工程	✕				✕	✕		
5	电气照明工程	✕				✕	✕		
6	工业管道工程	✕				✕	✕		
7	设备安装工程	✕				✕	✕		
…	……								
二	设备及安装工程		✕			✕	✕	✕	
1	机械设备及安装工程		✕			✕	✕		
2	电气设备及安装工程		✕			✕	✕		
…	……								
三	工器具和生产家具购置费			✕		✕		✕	
四	合　计	✕	✕	✕	✕	✕			

5.4　建设项目设计总概算的编制方法

建设项目总概算是确定整个建设项目，从投资筹建起到竣工交付使用止，所预支的全部建设费用的总文件。它是由各个单项工程综合概算、工程建设其他费用、建设期贷款利息、预备费、固定资产投资方向调节税、经营性项目铺底基金概算等汇总编制而成。

5.4.1　建设项目设计总概算的编制内容

1）编制说明

应说明下列内容：

（1）工程概况。说明建设项目的工程性质、工程特点、建设规模、建设范围、建设周期、建设地点、建设条件、生产品种及场外工程主要情况等。

（2）编制依据。说明设计文件依据、采用概算定额或概算指标依据、材料概算价格依据、各种费用标准依据等。

（3）编制方法。说明设计总概算采用的是概算定额还是概算指标或其他方法。

（4）投资分析。主要分析各项投资的比例，与类似工程相比较，分析其投资高低的原因；说明该工程设计是否经济合理。

（5）主要设备和材料数量。说明建筑安装工程主要材料（钢材、木材、水泥）的数量，主要设备（机械、电气）的数量。

（6）其他需要说明的有关问题。

5.4.2　总概算表

建设项目总概算表格式见表5-2所示。

表 5-2　某工程建设项目总概算表（格式）

序号	单位工程综合概算或费用名称	概算价值（万元）					技术经济指标（元/m²）			占总投资额（%）
		建筑工程费	设备购置费	工器具购置费	安装工程费	合计	费用	数量	单位造价（元）	
一	单项工程综合概算									×
1	××图书馆	×	×	×	×	×	×	×	×	
2	××教学楼	×	×	×	×	×	×	×	×	
3	××实验楼	×	×	×	×	×	×	×	×	
…	……									
	小计	×	×	×	×	×	×	×	×	
二	工程建设其他费用	×								×
1	建设管理费	×				×				
2	可行性研究费	×				×				
…	……									
	小计	×				×				
三	预备费									×
1	基本预备费					×	×	×	×	
2	涨价预备费					×	×	×	×	
…	……									
	小计					×				
四	建设期利息					×				×
…	……									
	小计									
五	总概算价值	×	×	×	×	×				
	（其中回收金额）									
	投资比例（%）	×	×	×	×					

5.4.3　总概算表的编制步骤

（1）在总概算表中，将各个单项工程的工程项目名称及其各项数值分别填入相应栏内，然后按各栏分别汇总（小计）。

（2）在总概算表中，将工程建设其他费用中的工程费用名称及其各项数值分别填入相应栏内,然后按各栏分别汇总(小计)。

(3)以前面 2 项数值相加(即(1)+(2))后的总额为基础,按取费标准计算预备费、建设期利息、铺底流动资金等,并填入表中相应栏内。

(4)计算回收金额。回收金额是指在整个工程建设过程中所获得的各种收入。将计算出的回收金额数值填入表中相应栏内。

(5)计算总概算价值。将计算的数值填入表中相应栏内。

(6)计算技术经济指标。将计算的数值填入表中相应栏内。

(7)投资分析。计算出各项工程的费用投资占总投资额的比例,并填入表中相应栏内。

5.5 建筑工程设计概算工程量计算

概算中工程量的计算与预算大体相同,但因概算项目划分较粗,工作内容扩大,编制概算时必须按概算定额的规定进行。

本节简要介绍《江苏省建筑工程概算定额》(2005 年)的项目划分及其计算方法。

5.5.1 土方工程

(1)本定额机械土方适用于挖地下室等大型土方工程和单独编制概算的机械土方工程,但不包括人工土方和石方工程,如发生,可按《江苏省建筑与装饰工程计价表》规定执行。

(2)强夯定额中均考虑了各夯的布点程序和间隔距离及有关辅助机械和材料,以及夯坑就地取材填平内容。如需外运材料填坑、设计要求试夯,费用另行计算。

(3)本定额中综合考虑了常规施工工艺装备水平及其他有关因素,执行过程不再调整。

(4)土方工程定额中不包括大型机械进(退)场费。

5.5.2 基础工程

(1)本定额所有基础均综合考虑了:挖土、运土、回填土、基础防潮层、垫层;混凝土及钢筋混凝土基础还综合了钢筋制安。

(2)设备基础定额除包括本说明第一条综合内容外,还综合了二次灌浆、铁件及地脚螺栓固定架和螺栓套内容。

(3)基础土方已综合考虑了土方的放坡系数、土方的类别比例等因素。但不包括挖淤泥、流砂、井点降水以及土方外运费用,发生时,可执行《江苏省建筑与装饰工程计价表》的有关规定,另行计算。

(4)打桩工程:

① 各类打桩定额(砂桩、砂石桩、灰土挤密桩、碎石桩除外)均包括了截桩费用。

② 凡有钢筋的桩的打桩定额均包括了钢筋、钢筋笼制安内容。

③ 打各类预制桩、离心管桩包括了制桩、打桩、接桩、送桩,送桩后隆起土平整和桩孔回填土已包括在定额中,打(静压)预制离心管桩未包括管桩打入后的空心部分填孔材料费,这部分费用另行计算。

④ 打桩机打现场灌注混凝土、砂、石和砂石桩均考虑了复打费用,打孔夯扩桩综合了一次、二次夯扩;钻孔桩考虑了泥浆场外运输 15 km,弃土场地费用未计,发生时另行计算;人

工挖孔桩综合了挖土和风化石的开挖;砖砌井壁考虑了砂浆填缝。

⑤ 每个单位工程打(灌)桩工程量小于表5-3规定数量时其人工、机械按相应定额子目乘系数1.25。

(5) 强风化岩均作为土层考虑。

(6) 本章在执行过程中除有注明外,均不得换算。

表5-3

项 目	工程量(m³)
预制钢筋混凝土方桩	150
预制钢筋混凝土离心管桩	50
打孔灌注混凝土桩	60
打孔灌注砂(碎石)桩	100
钻孔灌注混凝土桩	60

5.5.3 墙体工程

(1) 本定额包括一般砖墙、框架墙、排架墙、现浇钢筋混凝土墙、现浇钢筋混凝土地下室墙、玻璃幕墙、间壁墙等及各种内外墙面装饰、墙面保温。

(2) 各种墙体项目综合《建筑与装饰工程计价表》子目内容如下:

① 一般砖墙外墙包括砌墙、现浇钢筋混凝土构造柱、圈梁、过梁、墙内钢筋加固、内墙面粉刷、乳胶漆;内墙包括砌墙、双面抹灰、乳胶漆、钢筋混凝土圈梁、构造柱、过梁、墙内钢筋加固。

② 框架外墙包括砌墙、钢筋混凝土过梁、内墙面抹灰、乳胶漆;排架外墙包括钢筋混凝土过梁、圈梁、内墙面抹灰、乳胶漆。框架、排架内墙均包括砌墙、双面抹灰、刷浆、钢筋混凝土过梁。排架内墙还包括钢筋混凝土圈梁。

③ 钢筋混凝土墙、钢筋混凝土地下室墙,包括墙体混凝土、钢筋、内墙面粉刷、乳胶漆。

④ 间壁墙包括间壁龙骨、面层、抹灰、油漆。

(3) 定额中的砌筑砂浆等级、抹灰砂浆厚度及配合比综合考虑取定,设计与定额不同时不予调整,但品种不同时需调整。

(4) 墙面装饰包括外墙面抹灰、贴砖、石材;内墙面抹灰、木材面、贴砖、石材;抹灰面油漆、乳胶漆。

(5) 名种墙面装饰项目综合《建筑与装饰工程计价表》子目内容如下:

① 外墙面抹灰、贴砖包括了外墙面、门窗洞口侧面、窗台线、腰线、勒脚抹灰、贴砖。

② 内墙面抹灰、贴面包括了内墙面抹灰、贴砖。

③ 内墙面抹灰、贴面项目中均扣除了墙体项目所综合的内墙抹灰数量。

(6) 在圆弧形墙面、梁面抹灰或块料面屋,按相应定额项目人工乘1.18(工程量按弧形面积计算)。

5.5.4 梁工程

(1) 柱、梁工程包括砖、石柱,钢筋混凝土柱、梁,钢柱、梁等项目。

(2) 定额项目综合内容:

① 砖、石柱包括了挖土、运土、回填土,柱砌筑、柱面抹灰、勾缝、刷乳胶漆。

② 现浇钢筋混凝土柱、梁包括了混凝土、钢筋,柱梁室内抹灰,刷乳胶漆。

③ 现场预制钢筋混凝土柱、梁包括了钢筋、预埋铁件、构件预制、安装,柱与基础接头灌缝、场内运输和刷乳胶漆。

④ 钢柱、梁综合了构件制作、安装、场外运输、场内运输,油漆。

（3）柱、梁包括了抹灰和刷乳胶漆，如柱、梁面设计镶贴块料面层，则按第三章墙体工程的装饰面层定额执行。

（4）现场预制构件已包括了场内 50 m 以内的运输，加工厂预制的钢柱已包括了场外 15 km 的运输和场内 500 m 以内的运输，如运距不同均不调整。

5.5.5 楼地面、天棚工程说明

（1）本定额包括地面、楼板、楼面、楼梯、阳台、雨篷、天棚、台阶、散水、明沟等项目。

（2）定额综合内容：

① 地面：参照省标准图苏 J01 - 2005 中常用做法编制。综合了平整场地、人工挖运土方、地面夯填土。

② 垫层、混凝土基层、面层、踢脚线。地面工程室内外高差按±300 mm 考虑。

③ 楼板：包括了现浇钢筋混凝土有梁板、平板、无梁板，预制圆孔板、平板、槽形板。现浇钢筋混凝土楼板综合了混凝土、钢筋，水泥砂浆找平层、水泥砂浆面层、水泥砂浆踢脚线，板底面（天棚）抹灰，刷乳胶漆。

④ 楼面：面层参照苏 J01 - 2005 按照常用做法编制。综合了：水泥砂浆找平层、面层、踢脚线，同时扣除了楼板项目中综合的找平层、面层、踢脚线。

⑤ 天棚：综合了天棚龙骨、面层、油漆，同时扣除了楼板项目中综合的板底面（天棚）抹灰，刷乳胶漆。

⑥ 楼梯：包括了现浇钢筋混凝土楼梯和简易钢梯。

⑦ 钢筋混凝土楼梯：综合了混凝土、钢筋，水泥砂浆找平层、面层、踢脚线，楼梯底面抹灰，刷乳胶漆，楼梯栏杆、扶手。

⑧ 钢梯：综合了制作、运输、安装、油漆。

⑨ 阳台、雨篷仅考虑现浇钢筋混凝土的做法。

⑩ 阳台：综合了阳台底板、梁、栏板的混凝土、钢筋，阳台地面水泥砂浆找平层、水泥砂浆面层，栏板抹灰、面层，阳台底面抹灰、刷乳胶漆。

⑪ 雨篷：综合了雨篷底板及翻边的混凝土、钢筋，表面的找平、抹灰、板底面刷乳胶漆。

⑫ 散水、明沟、台阶：综合了素土夯实、碎石垫层、混凝土垫层、面层。

（3）阳台、雨篷挑出超过 1.5 m 或柱式雨篷，应该按相应的有梁板、柱等定额项目计算。

（4）定额项目中钢筋消耗量为计价表中相应项目含量，实际消耗量不同，可按第十章另行调整。

5.5.6 屋盖工程说明

（1）本定额包括屋架、瓦材屋面、钢筋混凝土屋面、钢筋混凝土檐沟、天沟、屋面防水层、保温隔热层、变形缝、屋面排水等项目。

（2）金属构件均考虑在现场加工制作，场内运输按 1 km 内构件运输定额乘系数 0.65；预制钢筋混凝土构件场外运输按 15 km 考虑，钢筋混凝土屋架按现场预制，场内运输运距按 150 m 考虑；运距不同时均不换算。

（3）预制钢筋混凝土构件、金属构件安装过程中及现浇钢筋混凝土构件浇筑混凝土所需搭设的脚手架费用未包括在本定额中，应根据第十一章规定执行。

（4）钢筋混凝土屋面、檐沟、天沟已综合了钢筋混凝土基层，水泥砂浆找平层或细石混凝土找平层、保温层、防水层、板底抹灰等（檐沟、天沟无保温层），其中保温层为沥青珍珠岩块、防水层为 SBS 沥青卷材，如设计保温层、防水层的品种不同时，可以按不同品种项目定额差价进行调整。

保温层、防水层定额差价即：各品种的保温层、防水层与"沥青珍珠岩块保温层""SBS 沥青卷材防水层"的差价。

5.5.7 门窗工程

（1）铝合金门窗按购入构件成品安装考虑，除地弹簧、闭门器、管子拉手等特殊五金外，玻璃及一般五金已包括在相应的成品单价中，一般五金的安装人工已包括在定额内，特殊五金和安装人工应按"门特殊五金安装"的相应子目执行。

（2）普通木门窗综合了制作、安装、油漆、五金。如门窗设计要求安装管子拉手、弹簧铰链（除自由门外）等特殊五金，安装人工不变，五金费另行增加。

（3）普通木门不分有亮、无亮，木窗不分单扇、双扇、多扇，均按本定额执行。普通木门窗均按无纱窗，如设计带纱窗，按相应的定额子目乘系数 1.2。

（4）门锁安装（执手锁）及门贴脸已综合考虑在定额中。

（5）木门窗及木装修均以一、二类材种为准，如采用三、四类材种时，分别乘以下系数：木门窗制作，按相应项目人工、机械乘系数 1.3；木门窗安装，按相应项目人工、机械乘系数 1.15；其他项目人工、机械乘系数 1.35。

（6）本定额木门窗除注明者外均是按苏 J73－2 图集Ⅲ断面取用，如设计要求断面与定额木门窗框、扇取定断面不同时，框、扇用料按比例换算，换算公式为

$$设计断面材积 = \frac{设计断面（加刨光磨损）}{定额断面积} \times 相应项目定额材积 \qquad (5-14)$$

$$调整材积（m^3/10\ m^2） = 设计（断面）材积 - 定额取定材积 \qquad (5-15)$$

计算结果为"＋"值，增加材积；计算结果为"－"值，减少材积。

以上断面积均以 10 m² 为计量单位。

（7）定额材积均以毛料为准，如设计图纸注明断面或厚度的净料时，应增加刨光损耗，板方材单面刨光增加 3 mm，双面刨光增加 5 mm。

（8）胶合板门的基价是按四八尺（1.22 m×2.44 m）胶合板编制的，剩余的边角料残值已考虑回收。

（9）冷藏门、保温门、金属防火门、变电室门等特种门未列入本定额，如工程中遇有特种门，按市场价加安装费计取，并计取相应的间接费用。

5.5.8 构筑物工程

（1）本定额包括烟囱、水塔、贮水（油）池、贮仓和地沟等项目。

（2）烟囱、水塔基础已综合土方项目，土方含量不同，不做调整。

（3）砖砌烟道是按省通用图集苏 G8009 编制的，已综合土方、基础、砖烟道及内衬等项目。

（4）本定额涉及的钢筋混凝土项目均已包括钢筋和混凝土工程,含钢量不同,可以按"钢筋、铁件、套管接头增减调整表"调整。

（5）钢筋混凝土柱式水塔塔身、钢筋混凝土水柜及池类、仓类定额项目是按省通用图编制的,图集中所示的混凝土、钢筋外的金属构件、抹灰等项目也均已包括在内。

（6）混凝土地沟项目已综合土方、垫层及混凝土项目,设计地沟面不同,可按定额规定调整。

（7）本章项目中必需的脚手架费、垂直运输机械费、模板制作安装拆除等均属措施项目费,未包括在内,应按其他章相关项目及规定执行。

5.5.9　附属工程及零星工程

（1）本定额包括围墙及大门、道路,室外排水管道铺设、窨井、化粪池,汽车洗车台,修理坑等附属工程。

（2）附属工程是按江苏省标准图集编制的,定额中已包括了完成该产品的全部施工过程所需的人工、材料、机械等费用,如设计采用的图集或设计的规格尺寸与定额注明的图集不同时,可以按其面积或体积的比例调整。

（3）编制工程概算时,对壁柜、厨房和厕所配件等零星项目,可按分部分项工程费的2.0%～3.0%加入分部分项工程费中。

（4）本定额内潜水泵 $\phi100$ mm 的单价中已包含了一类工程标准的管理费及利润。

5.5.10　其他

其他工程项目此处仅列出项目名称,其计算规则参见概算定额。

（1）钢筋、铁件、套管接头调整表。

（2）建筑物超高人工降效费。

（3）脚手架工程。

（4）模板工程。模板工作内容包括清理、场内运输、安装、刷隔离剂、浇灌混凝土时模板维护、拆模、集中堆放、场外运输。木模板包括制作（预制构件包括刨光,现浇构件不包括刨光）;组合钢模板、复合木模板包括装箱。

（5）施工排水、降水费用。

（6）建筑物超高措施增加费。

（7）建筑物垂直运输费。

（8）烟囱、水塔、筒仓垂直运输。

（9）大型机械进退场费,包括机械一次组装、拆卸费用,施工塔吊、电梯基础,塔吊及电梯与建筑物连接件等费用。

5.6　建筑工程设计概算的审查

5.6.1　设计概算审查的意义

（1）有利于落实工程建设计划,合理确定工程造价,提高经济效益。

（2）有利于保证建设材料和物资的供应准确性，加速工程建设的进度。

（3）有利于施工单位端正经营思想，加强经济核算，提高经营管理水平。

（4）有利于搞好财务拨款。工程拨款和结算，必须以概算为依据。如果没有准确的概算，就不能有效地实现对财务拨款的监督，也不能正确地组织工程项目的经济活动。

（5）有利于促进设计概算编制单位严格执行国家有关概算的编制规定和费用标准，从而提高设计概算的编制质量。

（6）有利于合理分配投资资金，加强投资计划管理，有效控制工程造价。

5.6.2　设计概算的审查内容

（1）审查概算编制依据。审查概算编制采用的概算定额或概算指标的结构特征和工程量是否与初步设计相符，材料、设备的价格和各项取费标准是否遵守国家或地区的规定。

（2）审查设计文件。是指审查设计文件所包括的设计内容是否完整，设计项目有无遗漏或多列，工程项目是否按照设计要求确定；审查总图布置是否紧凑合理，是否符合生产或生活需要；审查总图占地面积是否与规划指标相符，用地有无多征、早征情况等。

（3）审查概算编制作风。审查概算编制是否实事求是，有无弄虚作假、高估冒算，造价是否过高或留有"活口"。

（4）审查概算编制方法、项目工程量和单价。审查概算编制方法及计算表、工程量计算方法和采用定额单价是否正确，工程项目有否漏项或重项。

（5）审查材料价差。审查时应注意实际（市场）价格与定额预算价格之间的价差。

（6）审查各项费用。审查概算所列项目费用是否准确齐全，概算投资是否是工程项目从筹建开始到竣工交付为止的全部建设费用。审查其他各项费用（如土地征购费、障碍物清除费、青苗赔偿费、施工机构搬迁费、大型机械进退场费等）的计算是否符合国家和地区的有关规定。不属于工程建设范围的费用不得列入，无规定者要根据情况核实后方可列入。

（7）审查造价计算程序。注意设计概算造价的计算程序是否符合当地现行的规定。

（8）审查概算单位造价和技术经济指标。审查概算中的单位造价或概算指标的单位造价，将其与已建工程类似预算的单位造价或国家颁发的控制指标进行比较，检查是否符合。同时，审查概算技术经济指标有无错误，是否合理或超过国家控制数字。通常可与同类工程的技术经济指标进行对比，查找分析高低的原因。

（9）审查填写项目。审查有关建设单位、工程名称、建筑面积、建设规模、建筑结构、建筑标准、概算造价以及编制日期等项目是否填写完整和清楚，是否符合设计规定。

5.6.3　设计概算审查方式与步骤

根据国家有关规定，在报批初步设计的同时要报批设计概算。因此，审查设计概算必须与审查初步设计同时进行。一般情况下，应当由建设、计划主管部门或建设单位的主管部门，组织建设单位、设计单位和建设银行等有关部门，采用会审的方式联合进行审查。这样，既审查设计，又审查概算，对审查中出现的设计和概算的修改，应通过主管部门的批复文件予以认定。

会审时,可以先由会审单位分头审查,然后集中起来研究定案;也可以先由会审单位组成专门审查班子,根据参与审查人员的业务专长,划分小组,拆分概算费用,分头进行审查,然后集中起来讨论定案。

审查步骤如下:

(1)掌握数据和收集资料。根据批准的项目可行性研究报告,了解建设项目的建设规模、设计能力、工艺流程、自身建设条件及外部配合条件等。在审查前要弄清设计概算编制的依据、组成内容和编制方法,收集概算定额、概算指标、预算定额、现行费用标准和其他有关文件资料等。

(2)调查研究,了解情况。当对上述数据和资料有疑问时(包括随着建筑技术的发展而出现的新情况、新问题),必须做必要的调查研究。这既可解决资料、数据中所存在的疑问,又可了解同类建设项目的建设规模、工艺流程,设计是否经济合理,概算采用的定额、指标、费用标准是否符合现行规定,有无扩大规模、多估投资或预留缺口等情况,以便及时掌握第一手资料,有利于审查。

(3)分析技术经济指标。在调查研究、掌握数据资料的基础上,利用概算定额、概算指标或有关的其他技术经济指标,与已建同类型设计概算进行对比分析(如设计概算的占地面积、建筑面积、结构类型、建设条件、投资比例、生产规模、造价指标、费用构成等方面,与已建同类型工程的概算作分析对比),从而找出差距,提供审查线索。

(4)进行审查。根据工程项目投资规模的大小,组成会审小组进行"会审"定案,或分头"单审",再由主管部门定案。

(5)整理资料。对已通过审查的工程项目设计概算要进行认真整理,以便积累有关数据及技术经济指标资料,为今后修订概算定额、概算指标和审查同类型工程设计概算提供有效的参考数据。

5.6.4 设计概算审查方法

审查设计概算时,应根据工程项目的投资规模、工程类型性质、结构复杂程度和概算编制质量来确定审查方法。为了保证审查质量和加快审查速度,审查方法的选择要恰当。

(1)对概算单价和取费标准进行逐项审查法。在概算表中,对各分部分项工程的概算单价和取费标准逐项审查,审查其选用是否恰当。

(2)对概算单价、工程量和取费标准进行全面审查法。在概算表中,对各分部分项工程的概算单价、工程量和取费标准进行全面审查,如发现问题,及时作出记录,要求进行修正。

(3)重点审查法。对某些概算价值较大、工程量数值大而计算又复杂,或概算单价存在调整换算的分部分项工程,应进行全面的审查,其他一般的分项工程就不必审查。

(4)参考有关技术经济指标的简略审查法。参照已建类似工程的有关技术经济指标,对各分项工程进行核对比较,如发现有超过指标幅度较多时则应对其进行重点审查。

(5)利用国家规定的造价指标审查法。审查概算的单位造价是否超过国家规定的造价指标,如果单位造价不超过国家规定的造价指标,则其工程量可不必进行审查,仅只审查分项工程的概算单价、有关取费标准和计算数字是否准确;如果单位造价超过国家规定的造价指标时则可用抽查法进行审查。

6 建筑工程施工图预算(造价)

6.1 建筑工程施工图预算概述

1)施工图预算的概念及编制内容

建筑工程施工图预算,即单位工程施工图预算书,是在施工图设计完成后,根据已批准的施工图纸、地区预算定额(单位估价表)或计价定额,并结合施工组织设计或施工方案,以及地区或行业统一规定的各行业专业工程的工程量计算规则、地区费用标准、材料预算价格等进行编制的预算造价,是确定单位建筑工程预算造价的技术经济文件。施工图预算也称为设计预算。

施工图预算包括单位工程预算、单项工程综合预算和建设项目总预算3个级次。首先要编制单位工程施工图预算;然后汇总各单位工程施工图预算,成为单项工程施工图预算;最后再汇总各单项工程施工图预算,便是一个建设项目总施工图预算。

单位工程施工图预算,包括建筑工程预算和设备及安装工程预算两大部分。建筑工程预算又分为一般土建工程预算、给排水工程预算、暖通工程预算、电气照明工程预算、构筑物工程预算、工业管道工程预算等;设备及安装工程预算,又再分为机械设备及安装工程预算和电气设备及安装工程预算。本章只论述"一般土建工程"施工图预算的编制。

单位工程施工图预算的编制内容,必须反映该单位工程的各分部分项工程(项目)名称、定额(项目)编号、工程数量、综合单价、合价(分项工程费)以及工料分析;反映单位工程的分部分项工程费、措施项目费、其他项目费、规费以及税金。此外,还应有"综合单价分析"。

编制施工图预算,必须深入现场,进行充分的调查研究,使预算造价的内容既能反映实际,又能适应施工管理工作的需要。同时,必须严格遵守国家工程建设的各项方针、政策和法令,做到实事求是,不弄虚作假,并注意不断研究和改进编制方法,提高效率,准确、及时地编制出高质量的预算,以满足工程建设的需要。

2)施工图预算的编制依据

(1)施工图纸及其说明。施工图纸及其说明,是编制预算的主要工作对象和依据。施工图纸必须要经过建设、设计和施工单位共同会审确定后才能着手进行预算编制,使预算编制工作既能顺利地开展,又可避免不必要的返工计算。

(2)现行预算定额或地区计价表(定额)。现行建筑与装饰工程计价表(定额),是编制预算的基础资料。编制工程预算,从划分分部分项工程到计算分项工程量,都必须以建筑与装饰工程计价表为标准和依据。

地区计价表是根据现行预算定额、地区工人工资标准、施工机械台班使用单价和材料预算价格表、利润和管理费等进行编制的,地区计价表是预算定额在该地区的具体表现形式,也是该地区编制工程预算直接的基础资料。根据地区计价表,可以直接查出工程项目所需的人工费、材料费、机械台班使用费、利润、管理费及分部分项工程的综合单价。

(3)施工组织设计或施工方案。施工组织设计或施工方案是建筑工程施工中的重要文件,它对工程施工方法、施工机械选择、材料构件的加工和堆放地点都有明确的规定。这些资料直接影响计算工程量和选套预算单价。

(4)费用计算规则及取费标准。各省、市、自治区都有本地区的建筑工程费用计算规则和各项取费标准,它是计算工程造价的重要依据。

(5)预算工作手册和建材五金手册。各种预算工作手册和五金手册上载有各种构件工程量及钢材重量等,是工具性资料,可供计算工程量和进行工料分析参考。

(6)批准的初步设计及设计概算。设计概算是拟建工程确定投资的最高限额,一般预算价值不得超过概算价值,否则要调整初步设计。

(7)地区人工工资、材料及机械台班预算价格。计价表(定额)中的工资标准仅限计价表(定额)编制时的工资水平,在实际编制预算时应结合当时当地的相应工资单价调整。同样,在一段时期内,材料价格和机械费都可能变动很大,必须按照当地规定调整价差。

(8)造价管理部门发布的工程造价信息或市场价格信息。

(9)招标文件、施工承包合同。招标文件中有关承包范围、结算方式、包干系数的确定和价差调整等。

(10)施工场地的勘察测量、自然条件和施工条件资料。

3)施工图预算的作用

(1)施工图预算是控制设计概算的依据。在工程设计阶段用施工图预算控制工程造价,使设计概算造价不超过施工图预算造价,从而调整初步设计和设计概算。

(2)施工图预算是编制标底和报价的依据。施工图预算可作为建设单位(业主、发包人)招标时编制标底的依据,也可作为施工单位(承包商)投标时编制报价的依据。

(3)施工图预算是实行工程承包和签订施工合同的依据。通过建设单位与施工单位协商,可在施工图预算基础上,考虑设计或施工变更后,可能会发生的费用增加一定系数,来作为工程承包价和签订施工承包合同的依据。

(4)施工图预算是施工单位与建设单位进行结算的依据。通过工程竣工验收后,可以工程变更后的施工图预算为基础,进行施工单位与建设单位的工程结算。

(5)施工图预算是施工单位安排劳力计划和组织材料供应的依据。施工单位的施工和材料的职能部门,可根据施工图预算编制的劳力计划和材料供应计划进行劳力调配和材料运输,做好施工前的准备工作。

(6)施工图预算是施工单位进行经济核算和成本管理的依据。利用施工图预算以确定工程造价,有利于施工单位加强经济核算和发挥价值规律的作用。

6.2 施工图预算的编制方法和步骤

施工图预算分为单价法和实物法两种编制方法。单价法又分为工料单价法和综合单价法,而综合单价法又再分为计价表计价法和工程量清单计价法。由于施工图预算是以单位工程为单位(单元)来编制的,按各单项工程预算汇总而成建设工程总预算,所以施工图预算编制的关键,是以学会编制单位工程施工图预算为主。

6.2.1 施工图预算的编制方法

1) 单价法

单位工程施工图预算单价法,目前有定额工料单价法和综合单价计价法两种编制方法。

(1) 定额工料单价法。定额工料单价法是首先根据单位工程施工图计算出各分部分项工程的工程量;然后从预算定额中查出各分项工程相应的定额单价,并将各分项工程量与其相应的定额单价相乘,其积就是各分项工程的定额直接费;再累计各分项工程的定额直接费,即得出该单位工程的定额直接费;根据地区费用定额和各项取费标准(取费率),计算出间接费、利润、税金和其他费用等;最后汇总各项费用即得到单位工程施工图预算造价。

这种编制方法,既简化编制工作,又便于进行技术经济分析。但在市场价格波动较大的情况下,用该法计算的造价可能会偏离实际水平,造成误差,因此需要对价差进行调整。

该法由于定额水平和项目列项大部分和企业的现状脱节,但施工企业为了能接到工程,总是人为地压低工程造价,因而导致底价不能真实地反映工程的价格,使承包商的利益遭到损害。

(2) 综合单价计价法。综合单价计价法是首先根据单位工程施工图计算出各个分部分项工程的工程量;然后从计价表中查出各相应分项工程所需的人工费、材料费、机械费、利润和管理费的综合单价,再分别将各分项工程的工程量与其相应的综合单价相乘,其积就是各分项工程所需的全部费用;累计其积并加以汇总,就得出该单位工程全部的各分部分项工程费;再在各分部分项工程费的总费用基础上,计算出措施项目费、其他项目费和规费;根据地区规定取费标准,计算出税金和其他费用;最后汇总以上各项费用即得出该单位工程施工图预算造价。

这种编制方法适合于工、料因时因地发生价格变动情况下的市场经济需要。

(3) 综合单价计价法与定额工料单价法的区别。综合单价计价法与定额工料单价法的区别主要表现在招标单位编制标底和投标单位编制报价具体使用时有所不同,其区别如下:

① 计算工程量的编制单位不同。定额工料单价法是将建设工程的工程量分别由招标单位和投标单位各自按施工图计算;综合单价计价法则是工程量由招标单位按照"工程量清单计价规范"统一计算,各投标单位根据招标人提供的"工程量清单"并考虑自身的技术装备、施工经验、企业成本、企业定额和管理水平等因素后,自主填写报单价。

② 编制工程量的时间不同。定额工料单价法是在发出招标文件之后编制;综合单价计价法必须要在发生招标文件之前编制。

③ 计价形式表现不同。定额工料单价法一般是采用计价总价的形式;综合单价计价法则是采用综合单价形式,综合单价包括人工费、材料费、机械费、管理费和利润,并考虑风险因素。因而用综合单价报价具有直观、相对固定的特点,如果工程量发生变化时,综合单价一般不做调整。

④ 编制的依据不同。定额工料单价法的工程量计算依据是施工图;人工、材料、机械台班消耗需要的依据是建设行政部门颁发的预算定额;人工、材料、机械台班单价的依据是工程造价管理部门发布的价格。综合单价计价法的工程量计算依据是"工程量清单计价规范"的统一计算规则;标底的编制依据是招标文件中的工程清单和有关规定要求、施工现场情

况、合理的施工方法,以及按工程造价主管部门制定的有关工程造价计价办法编制;报价的编制则是根据企业定额和市场价格信息确定。

⑤ 造价费用的组成不同。定额工料单价法的工程造价由直接工程费、现场经费、间接费、利润、税金等组成;综合单价计价法的工程造价由分部分项工程费、措施项目费、其他项目费、规费、税金等组成,且包括完成每项工程所包含的全部工程内容的费用。

2) 实物法

实物法首先是根据单位工程施工图,计算出各分项工程的工程量;然后从预算定额或计价表中查出各相应分项工程所需的人工、材料、机械台班的定额消耗量;再分别将各分项工程的工程量与其相应的定额工、料、机消耗量相乘,其积就是各分项工程的人工、材料、机械台班的实物消耗量;再根据预算编制期的人工、材料、机械台班的市场(或信息)价格,分别计算出由人工费、材料费、机械台班费组成的定额直接费;其余取费方法与单价法相同。

6.2.2　施工图预算的编制程序(综合单价计价法)

施工图预算编制程序见图 6-1 所示。

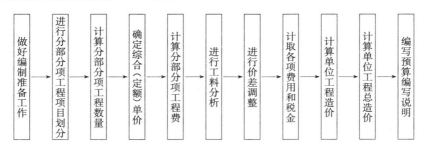

图 6-1　施工图预算编制程序

6.2.3　施工图预算的编制步骤(综合单价计价法)

施工图预算应由有编制资格的单位和人员进行编制。应用"计价法"编制施工图预算的步骤如下:

1) 熟悉施工图纸

施工图纸是编制预算的基本依据。只有熟悉图纸,才能了解设计意图,正确地选用分部分项工程项目,从而准确地计算出分项工程量。对建筑物的建筑造型、平面布置、结构类型、应用材料以及图注尺寸、文字说明及其构配件的选用等方面的熟悉程度,将直接影响到能否准、全、快地编制预算。

土建工程施工图分为建筑图和结构图。建筑图一般包括平面图、立面图、剖面图及构件大样图等,是关于建筑物的型式、大小、构造、应用材料等方面的图纸;结构图一般包括基础平面图、楼板和屋面结构布置图、梁柱和楼梯大样图等,是关于承重结构部分设计尺寸和用料等方面的图纸。

收到施工图之后,应进行图纸的清点、整理和核对,经审核无短缺即装订成册。在阅读过程中如遇有文字说明不清、构造做法不详、尺寸或标高不一致以及用料和强度等级有差错等情况时应做好记录,这些问题在编制预算之前必须予以解决。

121

此外,预算人员还要参加图纸会审及技术交底工作,以便进一步分析施工的可能性,发现问题后可向设计部门提出建议,使设计更加经济和合理。

2) 了解现场情况和施工组织设计资料

应全面了解现场施工条件、施工方法、技术组织措施、施工设备、器材供应情况,并通过踏勘施工现场补充有关资料。例如,预算人员了解施工现场的地质条件、周围环境、土壤类别情况等,就能确定建筑物的标高,土方挖、填、运的状况和施工方法,以便能正确地确定工程项目的单价,达到预算正确,真正起到控制工程造价的作用。同时,预算人员应和施工人员相配合,按照施工需要,分层分段计算工程量,为编制材料供应计划,制定月、季度施工形象进度计划和安排全年施工任务提供方便,避免重复劳动。

3) 熟悉计价表(定额)

计价表(定额)是编制工程预算的基础资料和主要依据。在每一单位建筑工程中,其分部分项工程的综合单价和人工、材料、机械台班使用消耗量都是依据计价表来确定的,必须熟悉计价表的内容、形式和使用方法,才能在编制预算过程中正确应用;只有对计价表的内容、形式和使用方法有了较明确的了解,才能结合施工图纸,迅速而准确地确定其相应一致的工程项目和计算工程量。

4) 列出工程项目

在熟悉图纸和计价表(定额)的基础上,根据计价表(定额)的工程项目划分,列出所需计算的分部分项工程项目名称。如果计价表上没有列出图纸上表示的项目,则需补充该项目。一般应首先按照计价表分部工程项目的顺序进行排列,初学者更应这样,否则容易出现漏项或重项。

5) 计算工程量

工程量是编制预算的原始数据,计算工程量是一项既繁重而又细致的工作,不仅要求认真、细致、及时和准确,而且要按照一定的计算规则和顺序进行,从而避免和防止重算与漏算等现象的产生,同时也便于校对和审核。

6) 编制预算表

建筑工程预算书是采用"建筑工程预算表"进行编制的,其表格形式见本章"预算实例"。

当分项工程量计算完成并经自检无误后,就可按照计价表(定额)分项工程的排列顺序,在表格中逐项填写分项工程项目名称、工程量、计量单位、定额编号及综合单价等。

应当注意的是,在选用计价表单价时,分项工程的名称、材料品种、规格、配合比及做法等,必须与计价表中所列的内容相符合。在确定综合单价及定额编号过程中,常会出现以下3种情况:

(1) 直接套用综合单价。如果分项工程的名称、材料品种、规格、配合比及做法等与定额(计价表)取定内容完全相符者(或虽有某些不符,但定额规定不换算者),就可将查得的分项工程综合单价及定额编号直接抄写入预算表中。

【例 6-1】 某工程用 M 5.0 水泥砂浆砌筑 MU10 标准砖的砖基础,求综合单价。

查《江苏省建筑与装饰工程计价定额》(2014 年),在第四章"砌 115"页中"砌筑工程"分部中定额"4-1"编号的子目内,即可查得其综合单价为 406.25 元/m³。

(2) 换算综合单价。如果分项工程的名称、材料品种、规格、配合比及做法等与定额(计价定额)取定不完全相符者(部分不相符内容,定额规定又允许换算者),则可将查得的分项工程综合单价换算成所需要的综合单价,并在其定额编号后加添"换"字,以示区别。然后,再将其抄写入预算表中。

【例 6-2】 某混凝土墙的外墙面用 1∶2 防水水泥砂浆刮糙(底层)厚 12 mm,1∶2 防水水泥砂浆抹面层厚 8 mm,求综合单价。

查《江苏省建筑与装饰工程计价定额》(2014 年)第 14 章"墙柱面工程"分部中"墙 572"页中的定额编号"14-10",其规定为:1∶3 水泥砂浆刮糙(打底)厚 0.135 m³/10 m² = 0.013 5 m = 13.5 mm,1∶2.5 水泥砂浆抹面厚 0.086 m³/10 m² = 0.008 6 m = 8.6 mm。现设计用 12 mm 和 8 mm 厚的 1∶2 防水水泥砂浆刮糙和抹面,其配合比及厚度变化的材料费应予换算。其换算方法见表 6-1。换算时应注意遵循原定额中砂浆的损耗率(量)不变。

表 6-1　定额综合单价换算示例

定额编号	分部分项工程内容及名称	计量单位	数量	预算价值(元) 单价	预算价值(元) 复价
14-10	1∶3 水泥砂浆底厚 13.5 mm,1∶2.5 水泥砂浆面厚 8.6 mm	10 m²	1.00	268.38	268.38
附录四:80010125	换出 1∶3 水泥砂浆刮糙厚 13.5 mm	m³	−0.135	239.65	−32.35
附录四:80010124	换出 1.25 水泥砂浆抹面厚 8.6 mm	m³	−0.086	265.07	−22.80
附录四:80070305	换入 1∶2 防水水泥砂浆粉底与面层,厚 20 mm	m³	0.200	414.89	82.98
14-10 换	合　　计	10 m²			296.21

(3) 编制补充综合单价

如果分项工程的名称、材料品种、规格、配合比及做法等与定额(计价表)取定内容不相符者(即计价表中没有的项目,定额又规定不允许换算者),则应进行估工估料,并结合地区工资标准、材料和机械台班预算价格,编制出补充综合单价。补充综合单价的定额编号可写"补"字,如果同一个分部工程有几个分项工程的补充综合单价时,可写"补 1""补 2"等等。补充综合单价应作为预算书附件。然后,再将其抄写入预算表中。

7) 计算分部分项工程费

(1) 将预算表内每一分项工程的工程量乘以相应综合单价所得出的积数,称为"合价"或"复价",即为分项工程费。其计算式为

$$合价(即分项工程费) = 分项工程量 × 相应综合单价 \qquad (6-1)$$

(2) 将预算表内某一个分部工程中各个分项工程的合价相加所得出的和数,也称为"小计",即为分部工程费。其计算式为

$$小计(即分部工程费) = \sum 分项工程量 × 相应综合单价 \qquad (6-2)$$

合价和小计计算出来之后,分别将其填写入预算表的相应栏目内。

(3) 汇总各分部小计得"合计"(即单位工程各分部分项工程费总和)。

8) 工料分析

计算出该单位工程所需要的各工种人工(工日)总数、各种材料数量和机械台班数量,并填入预算费用汇总表的相应栏内,以便进行材差的调整。

这部分内容见本节后述。工料分析是计算材差的重要准备工作。

9）进行价差调整

由于《计价表》中的工、料、机的价格，是根据《计价表》编制期所在地区中心城市的综合单价计算的，但在工程造价编制时的预算造价中，其工、料、机的价格会随着时间的推移而发生变化，所以用《计价表》计算预算造价时还必须进行价差的调整。

10）计算各项费用及单位工程预算造价

（1）措施项目费＝各分部分项工程费总和×费率。

（2）其他项目费、规费、材料差价和税金。按有关规定计算。

（3）单位工程预算造价＝各分部分项工程费总和＋措施项目费＋其他项目费＋规费＋材料差价＋税金。

（4）计算单方造价（即技术经济指标）

$$单方造价 = \frac{单位工程预算造价}{建筑面积} \quad （元/m^2） \tag{6-3}$$

将以上计算所得的各项费用，分别填写入预算表的"预算费用"项目栏内。

11）复核

复核是指预算编制出来之后，由预算编制人所在单位的其他预算专业人员进行的检查核对工作。其内容主要是查核分项工程项目有无漏项或余项；工程量有无少算、多算或错算；预算综合单价、换算综合单价或补充综合单价是否选用合适；各项费用及取费标准是否符合规定。

12）编写预算编制说明

工程量和预算表编制完成后，还应填写预算编制说明。其目的是使有关单位了解预算编制依据、施工方法、材料差价以及其他编制情况等。预算编制说明无统一内容和格式，但一般应包括以下内容：①施工图名称及编号；②预算编制所依据的预算定额或计价表名称；③预算编制所依据的费用定额及材料调差的有关文件名称文号；④预算所取定的承包方式及取费等级；⑤是否已考虑设计修改或图纸会审记录；⑥有哪些遗留项目或暂估项目；⑦存在的问题及处理的办法、意见。

13）填写封面和装订签章

将单位工程的预算书封面、预算编制说明、工程预算表、工料分析表、补充综合单价编制表、工程量计算表等按顺序编排并装订成册。

预算书封面应填写的内容包括：工程编号和工程名称，建设单位和施工单位名称，建筑面积和结构类型，预算总造价和单方造价，预算编制单位、单位负责人、编制人及编制日期，预算审核单位、单位负责人、审核人及审核日期等。

在已经装订成册的工程预算书上，预算编制人应填写封面有关内容并签字，加盖有资格证号的印章，经有关负责人审阅签字后加盖公章，至此完成了预算编制工作。

6.3 施工图预算工料分析

1) 工料分析的意义

在计算工程量和编制预算表之后,对单位工程所需用的人工工日数及各种材料需要量进行的分析计算,称为"工料分析"。工料分析是控制现场备料、计算劳动力需要量、编制作业计划、签发班组施工任务书,进行财务成本核算和开展班组经济核算的依据,也是承包商进行成本分析、制定降低成本措施的依据。同时,通过分析汇总得出的材料,也为计算材料差价提供所需。

2) 工料分析的方法

工料分析以一个单位工程为编制对象,其编制步骤如下:

(1) 按施工图预算的工程项目和定额编号,从预算定额或计价表中查出各分项工程各种工、料的定额消耗用量,并填入工料分析表中各相应分项工程的"定额"栏内。

(2) 将各分项工程量分别乘以该分项工程的定额用工、用料数量,逐项进行计算就得到相应的各分部分项各种人工和材料需要量。其计算式如下:

$$人工需要量(工日)=分项工程量×相应时间定额 \qquad (6-4)$$

$$材料需要量=分项工程量×相应材料消耗定额 \qquad (6-5)$$

(3) 将各分部分项工程人工和材料的需要量,按工种人工和各种材料项目分别汇总,最后即得出该单位工程的工种人工和各种材料的总需要量。计算时最好要根据分部工程顺序进行计算和汇总。工料分析一般采用一定格式的表格进行,表 6-2 为一种常用格式。

表 6-2　工料分析表　　　　　　　　第　页　共　页

序号	定额编号	分部分项工程名称	单位	数量	人 工 单位:工日		红 砖 单位:百块		32.5 级水泥 单位:t	
					定额	用量	定额	用量	定额	用量

3) 工料分析注意事项

(1) 对于材料、成品、半成品的场内运输和操作损耗,场外运输和保管损耗,均已在定额和材料预算价格内考虑,不得另行加算。

(2) 预算定额中的"其他材料费",工料分析时不计算其用量。

(3) 混凝土结构中绑扎钢筋所用的铁丝,不必按定额逐项计算,可按每吨钢筋需要 5~6 kg 铁丝计算。

(4) 如果定额给出的是每立方米砂浆或混凝土体积,则必须根据定额手册"附录"中的配合比表,通过"二次分析"后才可得出所需的砂、石、水泥、石灰膏的重量。

(5) 凡由加工厂制作、现场安装的构件,应按制作和安装分别计算工料。

(6) 门窗五金应单独列表进行计算,分析工料数量。

(7) 三大材料数量应按品种、规格不同分别进行计算。

6.4 建筑面积和计算(规则)

6.4.1 建筑面积的概念

建筑面积是指建筑物外墙外围所围成的各层水平平面面积之和。它由使用面积、辅助面积和结构面积三部分内容组成。

使用面积是指建筑物各层平面中直接为生产或生活使用的净面积之和。如住宅建筑中的卧室、起居室等所占的净面积之和。

辅助面积是指建筑物各层平面中为辅助生产或生活所占的净面积之和。如住宅建筑中的厨房、卫生间、门厅、走道、楼梯间等所占的净面积之和。

结构面积是指建筑物各层平面中的墙、柱等结构所占的面积之积。

6.4.2 建筑面积的作用

(1)是控制建设规模的重要指标。根据项目立项批准文件所核准的建筑面积是初步设计的重要控制指标,而施工图的建筑面积不得超过初步设计的5%,否则必须重新报批。

(2)是确定各项技术经济指标的基础。有了建筑面积,才能确定每平方米建筑面积的工程造价、工料耗量等重要技术经济指标。

(3)是计算有关分项工程量的依据。应用统筹计算方法,即根据建设物的底层建筑面积,就可以很方便地推算出室内回填土体积、地(楼)面面积、天棚面积和满堂脚手架面积等的工程量。

(4)是选择概算指标和编制概算的主要依据。概算指标通常是以建筑面积为计量单位。用概算指标编制概算时,要以建筑面积为计算基础。

(5)是工程施工招投标过程中编制招标标底和投标报价中一个重要的衡量指标依据。

(6)是房地产开发商销售房屋计算房价和房产中介商出租房屋计算租费的依据。

(7)是物业管理费和房屋公摊维修费的收取计算基础。

6.4.3 建筑面积的名词术语

(1)结构层高。楼面或地面结构层上表面至上部结构层上表面之间的垂直距离。

(2)自然层。按楼地面结构分层的楼层。

(3)建筑面积。建筑物(包括墙体、外保温层)所形成的楼地面面积。

(4)架空层。仅有结构支撑而无外围护结构的开敞空间层。

(5)结构净高。楼面或地面结构层上表面至上部结构下表面之间的垂直距离。

(6)建筑空间。以建筑界面限定的,供人们生活和活动的场所。

(7)围护设施。为保障安全而设置的栏板、栏杆等围挡。

(8)挑廊。挑出建筑物外墙的水平交通空间。

(9)檐廊。设置在建筑物挑檐下的水平交通空间。

(10)门斗。在建筑物出入口处两道门之间的空间。

(11)通道。为穿过建筑物而设置的建筑空间。

（12）勒脚。建筑物的外墙接近地面部位设置的饰面保护构造。

（13）围护结构。围合建筑空间四周的墙体、门窗等。

（14）落地橱窗。突出外墙面根基落地的橱窗。

（15）地下室。室内地平面低于室外地平面的高度超过室内净高 1/2 的房间。

（16）半地下室。室内地平面低于室外地平面的高度超过室内净高的 1/3，且不超过1/2 的房间。

（17）飘窗。凸出建筑物外墙面的窗户。

（18）变形缝。防止建筑物在某些因素作用下引起开裂甚至破坏而预留的构造缝。

（19）骑楼。建筑物底层沿街面后退且留出公共人行空间的建筑物。

（20）过街楼。跨越道路上空并与两边建筑物连接的建筑物。

（21）走廊。建筑物的水平交通空间。

（22）架空走廊。设置在建筑物的二层或二层以上，作为不同建筑物之间水平交通的空间。

（23）主体结构。承受荷载，维持建筑物结构整体性、稳定性和安全性的有机联系的构造。

（24）结构层。整体结构体系中承重的楼板层。

（25）阳台。附设于建筑物外墙，设有栏杆或栏板，可供人们活动的室外空间。

（26）雨篷。室内建筑进出入口上方为遮挡雨水而设置的部件。

（27）楼梯。由梯级、休息平台和栏杆（或栏板）等组成的作为楼层之间垂直交通使用的建筑部件。

（28）门廊。建筑物入口处有顶棚的半围合空间。

（29）露台。设置在屋面、首层地面、雨篷顶上的供人室外活动的有围护设施的平台。

（30）台阶。联系室内外地坪或同楼层不同标高而设置的阶梯形踏步。

6.4.4 建筑面积的计算规则和规定

根据建设部颁发的《建筑工程建筑面积计算规范》(GB/T 50353—2014)的规定，将建筑面积的计算划分为"全部计算建筑面积、部分计算建筑面积和不计算建筑面积"三大范围内容。

1）按计算全部建筑面积的范围和规定

（1）单层建筑物。按其外墙结构外围水平面积计算，并应符合下列规定：①单层建筑物结构层高度在 2.20 m 及以上者应计算全面积；②单层建筑物的坡屋顶内空间结构净高在 2.10 m 及以上的部位应计算面积。

（2）单层建筑物内设有局部楼层者。局部楼层的二层及以上楼层，有围护结构的应按其围护结构外围水平面积计算，无围护结构的应按其结构底板水平面积计算。且结构层高在 2.20 m 及以上者应计算全面积。

（3）多层建筑物。按各层建筑面积之和计算。其首层应按外墙勒脚以上结构外围水平面积计算；二层及以上楼层应按外墙结构外围水平面积计算。并应符合以下规定：①多层建筑物每层结构层高在 2.20 m 及以上者应计算全面积；②多层建筑坡屋顶内和场馆看台下，当结构净高在 2.10 m 及以上的部位应计算全面积。

（4）地下室、半地下室。地下室、半地下室（车间、商店、车站、车库、仓库等），应按其结构外围所围水平面积计算。结构层高在 2.20 m 及以上者应计算全面积。

（5）坡地建筑物吊脚架空层及建筑物架空层。应按其顶板水平投影面积计算建筑面积。当结构层高在 2.20 m 及以上的部位应计算全面积。

（6）门厅、大厅。建筑物的门厅、大厅按一层计算建筑面积。门厅、大厅内设置走廊时，应按其走廊结构底板水平投影面积计算建筑面积。结构层高在 2.20 m 及以上者应计算全面积。

（7）架空走廊。建筑物间有围护结构和顶盖的架空走廊，应按其围护结构外围水平面积计算全面积。

（8）立体书库、立体仓库、立体车库。有围护结构的应按围护结构水平面积计算建筑面积；无围护结构、有围护设施的，应按其结构底板水平投影面积计算建筑面积。无结构层的按一层计算；有结构层的，应按其结构层面积分别计算。结构层高在 2.20 m 及以上者应计算全面积。

（9）有顶盖的采光井。应按一层计算建筑面积，当结构净高在 2.10 m 及以上的应计算全面积。

（10）阳台。在主体结构内的阳台，应按其结构外围水平面积计算全面积。

（11）设备层、管道层、避难层。建筑物内设备层、管道层、避难层等有结构层的楼层，当结构层高在 2.20 m 及以上者，应计算全面积。

（12）舞台灯光控制室。有围护结构的舞台灯光控制室，应按其围护结构外围水平面积计算。结构层高在 2.20 m 及以上者应计算全面积。

（13）落地橱窗、门斗。建筑物外有围护结构的落地橱窗、门斗，应按其围护结构外围水平面积计算。结构层高在 2.20 m 及以上者应计算全面积。

（14）建筑物顶部的楼梯间、水箱间、电梯机房。有围护结构且结构层高在 2.20 m 及以上者应计算全面积。

（15）室内楼梯、电梯井、垃圾道等。建筑物内的室内楼梯、电梯井、观光电梯井、提物井、管道井、通风排气竖井、垃圾道、附墙烟道等应按建筑物的自然层计算建筑面积。（注：若这些井或楼梯设置在建筑物外墙以内时不需另计算建筑面积，因其面积已包含在整体建筑物的建筑面积之内）

（16）围护结构不垂直于水平面的楼层。设有围护结构不垂直于水平面的建筑物，应按其底板面的外墙外围水平面积计算。结构净高在 2.10 m 及以上者应计算全面积。

（17）高低联跨建筑物。当高低跨内部联通时，其变形缝应计算在低跨面积内。

（18）幕墙为围护结构的建筑物。若以幕墙作为围护结构的建筑物，应以幕墙外边线计算建筑面积。

（19）外墙外侧有保温隔热层的建筑物。若建筑物外墙外侧有保温隔热层的，应按保温材料的水平截面积计算建筑面积，并计入自然层建筑面积。

（20）变形缝。与室内相通的变形缝，应按其自然层合并在建筑物的建筑面积内计算。

2）按计算一半建筑面积的范围和规定

（1）单层建筑物结构层高度不足 2.20 m 者应计算 1/2 面积。

（2）单层建筑物坡屋顶内空间，结构层净高在 1.20 m 及以上至 2.10 m 以下的部位应计算 1/2 面积。

(3) 单层建筑物内设有局部楼层者,局部楼层的 2 层及以上楼层,有围护结构的应按其围护结构外围水平面积计算,无围护结构的应按其结构底板水平面积计算。结构层高不足2.20 m 者应计算 1/2 面积。

(4) 多层建筑物当结构层高不足 2.20 m 者应计算 1/2 面积。

(5) 多层建筑坡屋顶内和场馆看台下,结构净高在 1.20 m 及以上至 2.10 m 以下的部位应计算 1/2 面积。

(6) 地下室、半地下室,应按其结构外围水平面积计算。①当结构层高不足 2.20 m 者应计算 1/2 面积;②当其出入口外墙外侧坡道有顶盖的部分,应按其外墙结构外围水平面积的 1/2 计算面积。

(7) 坡地建筑物吊脚架空层及建筑物架空层,当结构层高不足 2.20 m 者应计算 1/2面积。

(8) 门厅、大厅内设有走廊时,应按其走廊结构底板水平投影面积计算建筑面积。当走廊结构层高不足 2.20 m 者应计算 1/2 面积。

(9) 建筑物间无围护结构有围护设施的架空走廊,应按其结构底板水平投影面积的 1/2计算面积。

(10) 立体书库(仓库、车库),无结构层的应按一层计算,有结构层的应按其结构层面积分别计算。当结构层高不足 2.20 m 者应计算 1/2 面积。

(11) 有围护结构的舞台灯光控制室,应按其围护结构外围水平面积计算。当结构层高不足 2.20 m 者应计算 1/2 面积。

(12) 建筑物外有围护结构的落地橱窗、门斗。应按其围护结构外围水平面积计算。当结构层高不足 2.20 m 者应计算 1/2 面积。

(13) 有顶盖无围护结构的场馆看台,应按其顶盖水平投影面积的 1/2 计算面积。

(14) 建筑物顶部有围护结构的楼梯间、水箱间、电梯机房等,当结构层高不足 2.20 m者应计算 1/2 面积。

(15) 围护结构不垂直于水平面的楼层,应按其底板面的外墙外围水平面积计算。当结构净高在 1.20 m 及以上至 2.10 m 以下的部分应计算 1/2 面积。

(16) 雨篷。有柱雨篷应按雨篷结构板水平投影面积的 1/2 计算面积;无柱雨篷当结构外边线至外墙结构外边线的宽度在 2.10 m 及以上者,按雨篷结构板的水平投影面积的 1/2计算面积。

(17) 室外楼梯。应按建筑物自然层的水平投影面积的 1/2 计算面积。

(18) 建筑物的阳台。在主体结构外的阳台,应按其结构底板水平投影面积的 1/2 计算面积。

(19) 有顶盖无围护结构的车棚、货棚、站台、加油站、收费站等,应按其顶盖水平投影面积的 1/2 计算面积。

(20) 窗台与室内楼地面高差在 0.45 m 以下且结构净高在 2.10 m 及以上的飘窗,应按其围护结构外围水平面积的 1/2 计算面积。

(21) 走廊(挑廊)、檐廊。有围护设施的室外走廊(挑廊),应按其结构底板水平投影面积的 1/2 计算面积;有围护设施(或柱)的檐廊,应按其围护设施(或柱)外围水平面积的 1/2

计算面积。

（22）有顶盖的采光井。应按一层计算建筑面积；当结构净高在 2.10 m 以下的,应计算其 1/2 面积。

（23）门廊。应按门廊顶板的水平投影面积的 1/2 计算建筑面积。

（24）建筑物内的设备层、管道层、避难层。当有结构层的楼层,结构层高在 2.20 m 以下的,应计算其 1/2 面积。

3）按不计算建筑面积的范围和规定

（1）单层建筑物坡屋顶内空间,结构净高不足 1.20 m 的部位不应计算面积。

（2）多层建筑物的坡屋顶内和场馆看台下,当结构净高不足 1.20 m 时不应计算面积。

（3）坡地建筑吊脚架空层、深基础架空层,当设计不利用时不应计算面积。

（4）建筑物通道(骑楼、过街楼的底层)。

（5）建筑物内的设备管道夹层。

（6）舞台及后台悬挂幕布、布景的天桥、挑台等。

（7）屋顶水箱、花架、凉棚、露台、露天游泳池及装饰性结构构件。

（8）建筑物内的操作平台、上料平台、安装箱和罐体的平台。

（9）勒脚、附墙柱、垛、台阶、墙面抹灰、装饰面、镶贴块料面层、装饰性幕墙、主体结构外的空调室外机搁板(箱)、构件、配件、挑出宽度在 2.10 m 以内的雨篷以及顶层高度达到或超过 2 个楼层的无柱雨篷。

（10）用于检修、消防等的室外钢楼梯、爬梯。

（11）与建筑物内不相连通的建筑材料(如不与室内连通的装饰挑台、平台)。

（12）独立烟囱、烟道、地沟、油(水)罐、气柜、水塔、贮油(水)池、贮仓、栈桥、地下人行(防)通道、地铁隧道等构筑物。

（13）窗台与室内地面高差在 0.45 m 以下且结构净高在 2.10 m 以下的飘窗；窗台与室内地面高差在 0.45 m 及以上的飘窗。

6.5 工程量的计算(规则)

6.5.1 工程量计算的依据与步骤

1）工程量的含义

工程量是指以物理计量单位或自然计量单位所表示的建筑与装饰工程各个分项工程或结构构件的实物数量。物理计量单位是指以度量表示的长度、面积、体积和重量等计量单位;自然计量单位是指建筑成品表现在自然状态下的简单点数所表示的个、条、樘、块等计量单位。

工程量是确定建筑工程分部分项工程费,编制施工组织设计,安排工程作业进度,组织材料供应计划,进行统计工作和实现经济核算的重要依据。

2）工程量计算的依据

（1）施工图纸及设计说明。

（2）施工组织设计或施工方案。

(3) 建筑与装饰工程计价定额或建设工程工程量清单计价规范。

(4) 工程量计算规则。

3) 工程量计算的顺序

计算工程量应按照一定的顺序依次进行,既可以节省看图时间,加快计算进度,又可以避免漏算或重复计算。

(1) 单位工程计算顺序

① 按施工顺序计算法。按施工顺序计算法就是按照工程施工顺序的先后次序来计算工程量。如一般民用建筑,按照土方、基础、墙体、脚手架、地面、楼面、屋面、门窗安装、外抹灰、内抹灰、刷浆、油漆、玻璃等顺序进行计算。

② 按定额顺序计算法。按定额顺序计算工程量法就是按照预算定额(或计价定额)上的分章或分部分项工程顺序来计算工程量。这种计算顺序法对初学编制预算的人员尤为合适。

(2) 单个分项工程计算顺序

① 按照顺时针方向计算法。此法就是先从平面图的左上角开始,自左至右,然后再由上而下,最后转回到左上角为止,这样按顺时针方向转圈依次进行计算工程量。例如计算外墙、地面、天棚等分项工程都可以按照此顺序进行计算。

② 按"先横后竖、先上后下、先左后右"计算法。此法就是在平面图上从左上角开始,按"先横后竖、从上而下、自左到右"的顺序计算工程量。例如房屋的条形基础土方、基础垫层、砖石基础、砖墙砌筑、门窗过梁、墙面抹灰等分项工程均可按这种顺序计算。

③ 按图纸分项编号顺序计算法。此法就是按照图纸上所注结构构件、配件的编号顺序进行工程量的计算。例如计算混凝土构件、门窗,均可照此顺序进行。

在计算工程量时,不论采用哪种顺序方法,都不能有漏项少算或重复多算。

4) 计算工程量的步骤

(1) 列出计算式。工程项目列出后,根据施工图所示的部位、尺寸和数量,按照一定的计算顺序和工程量计算规则,列出该分项工程量计算式。计算式应力求简单明了,并按一定的次序排列,便于审查核对。例如,计算面积时,应该为:宽×高;计算体积时,应该为:长×宽×高;等等。

(2) 演算计算式。分项工程量计算式全部列出后,对各计算式进行逐式计算,并将计算结果数量保留 2 位小数。然后再累计各算式的数量,其和就是该分项工程的工程量,将其填写入工程量计算表中的"计算结果"栏内。

(3) 调整计量单位。计算所得工程量,一般都是以米、平方米、立方米或千克为计量单位,但预算定额或计价定额往往是以100 m、100 m²、100 m³ 或 10 m、10 m²、10 m³ 或吨等为计量单位,这时就要将计算所得的工程量,按照预算定额或计价表的计量单位进行调整,使其一致。

5) 计算工程量的注意事项

(1) 必须口径一致。根据施工图列出的工程项目的口径(工程项目所包括的内容及范围),必须与预算定额或计价定额中相应工程项目的口径相一致,才能准确地套用预算定额或计价定额单价。例如《江苏省建筑与装饰工程计价定额》"砌筑工程"中,规定砖墙不分清、混水墙及艺术形式复杂程度的区别,工程量均按砖墙体积计算,其中砖碹、砖过梁、圈梁、腰线、垛、挑檐、附墙烟囱等均已综合考虑在定额内,不分别另立项目重复计算其工程量(其中"砌体钢筋加固"中的钢筋应另立项目计算重量除外)。因此,计算工程量除必须熟悉施工图外,还必须熟悉预算定额或计价定额中每个工程项目所包括的内容和范围。

(2)必须按工程量计算规则计算。工程量计算规则是综合和确定定额各项消耗指标的依据,也是具体工程测算和分析资料的准绳。例如,一砖半砖墙的厚度,无论施工图中所标注出的尺寸是 360 mm 还是 370 mm,都应以计算规则所规定的 365 mm 进行计算。

(3)必须按图纸计算。工程量计算时,必须严格按照图纸所注尺寸为依据进行计算,不得任意加大或缩小、任意增加或丢失,以免影响工程量计算的准确性。图纸中的项目要认真反复清查,不得漏项和余项或重复计算。

(4)必须列出计算式。在列计算式时,必须部位清楚,详细列项标出计算式,注明计算结构构件的所在部位和轴线(例如:Ⓐ轴线①→⑨的外墙等),并写上计算式,作为计算底稿。但工程量计算式应力求简单明了、醒目易懂,并要按一定的次序排列,以便于审核和校对。

(5)必须计算准确。工程量计算的精度将直接影响着预算造价的精度,因此数量计算要准确。一般规定工程量的结余数,除土石方、整体面层、刷浆、油漆等可以取整数外,其他工程取小数点后 2 位(小数点后可以四舍五入),但钢筋混凝土、木材和金属结构工程应取到小数点后 3 位(混凝土按立方米、金属结构按吨为计量单位)。

(6)必须计量单位一致。工程量的计量单位,必须与预算定额中规定的计量单位相一致,才能准确地套用计价定额中的综合单价。例如,《江苏省计价定额》中规定现浇混凝土"整体楼梯"是以其楼梯水平投影的面积 10 m² 为计量单位,而现场或工厂预制混凝土"装配式楼梯"则以混凝土的体积立方米为计量单位。两者虽然同是混凝土楼梯项目,但由于所采用的制作方法和施工要求不同,则其计算工程量的计量单位是有区别的。

(7)必须注意顺序计算。为了计算时不遗漏项目,又不产生重复计算,应按照一定的顺序进行计算。例如对于具有单独构件(柱、梁)的设计图纸,可按以下顺序计算全部工程量:①将独立的部分(如基础)先计算完毕,以减少图纸数量;②再计算门窗和混凝土构件,用表格的形式汇总其工程量,以便在计算砖墙、装饰等工程项目时运用这些计算结果;③按先水平面(如楼地面和屋面)、后垂直面(如砌体、装饰)的顺序进行计算。

(8)力求分层分段计算。要结合施工图纸,尽量做到结构按楼层、内装修按楼层分房间、外装修按施工层分立面计算,或按施工方案的要求分段计算,或按使用的材料不同分别进行计算。这样,在计算工程量时既可避免漏项,又可为编制工料分析和安排施工进度计划时提供数据。

(9)必须注意统筹计算。各个分项工程项目的施工顺序、相互位置及构造尺寸之间存在内在联系,要注意统筹安排计算程序。例如,墙基地槽挖土与基础垫层,砖墙基础与墙基防潮层,门窗与砖墙,砖墙与抹灰等之间的相互关系。通过了解这种存在的相互联系,得出计算简化过程的途径,以达减少重复劳动之目的。

(10)必须自我检查复核。工程量计算完毕,必须进行自我复核,检查项目、算式、数据及小数点等有无错误和遗漏,以避免预算审查时返工重算。

6.5.2 统筹法计算工程量的原理

实践表明,每个分项工程量计算虽有着各自的特点,但都离不开计算"线""面"之类的基数,它们在整个工程量计算中常常要反复多次使用。因此,根据这个特性和预算定额的规定,运用统筹法原理对每个分项工程的工程量进行分析,然后依据计算过程的内在联系,按先主后次,统筹安排计算程序,从而简化了繁琐的计算,形成了统筹计算工程量的计算方法。

1)利用基数,连续计算

就是以"线"或"面"为基数,利用连乘或加减,算出与它有关的分项工程量。基数就是以"线"或"面"的长度和面积。

(1)"线"是按建筑物平面图中所示的外墙和内墙的中心线和外边线。"线"分为3条:

① 外墙中心线——代号 $L_中$　　总长度 $L_中 = L_外 - 墙厚 \times 4$ 　　　　(6-6)

② 内墙净长线——代号 $L_内$　　总长度 $L_内 =$ 建筑平面图中所有内墙净长度之和 (6-7)

③ 外墙外边线——代号 $L_外$　　总长度 $L_外 =$ 建筑平面图的外围周长之和 (6-8)

根据分项工程量计算的不同需要,利用这3条线为基数。与"线"有关的计算项目有:

外墙中心线——外墙基挖地槽、基础垫层、基础砌筑、墙基防潮层、基础梁、圈梁、墙身砌筑等分项工程。

内墙净长线——内墙基挖地槽、基础垫层、基础砌筑、墙基防潮层、基础梁、圈梁、墙身砌筑、墙身抹灰等分项工程。

外墙外边线——勒脚、腰线、勾缝、外墙抹灰、散水等分项工程。

(2)"面"是指建筑物的底层建筑面积,用代号 S 表示,要结合建筑物的造型而定。"面"的面积按图纸计算,即

底层建筑面积 $S =$ 建筑物底层平面图勒脚以上结构的外围水平投影面积 　(6-9)

与"面"有关的计算项目有:平整场地、地面、楼面、屋面和天棚等分项工程。

一般工业与民用建筑工程都可在这3条"线"和1个"面"的基数上,连续计算出它的工程量。也就是:把这3条"线"和1个"面"先计算好,作为基数,然后利用这些基数再计算与它们有关的分项工程量。

例如:以外墙中心线长度为基数,可以连续计算出与它有关的地槽挖土、墙基垫层、墙基砌体、墙基防潮层等分项工程量,其计算程序如图 6-2 所示。

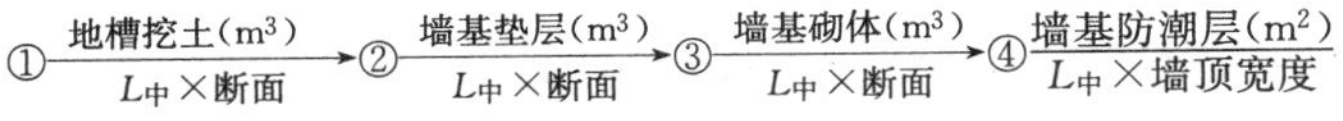

图 6-2

2)统筹程序,合理安排

工程量计算程序的安排是否合理,关系着预算工作的效率高低、进度快慢。预算工程量的计算,按以往的习惯,大多数是按施工程序或定额顺序进行的。因为预算有预算程序的规律,违背它的规律,势必造成繁琐计算,浪费时间和精力。统筹程序,合理安排,可克服用老方法计算工程量的缺陷。因为按施工顺序或定额顺序逐项进行工程量计算,不仅会造成计算上的重复,而且有时还易出现计算差错。举例如下:

室内地面工程有挖土、垫层、找平层及抹面层等4道工序。如果按施工程序或定额顺序计算工程量则如图 6-3 所示。

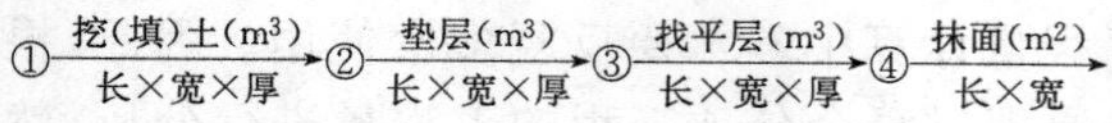

$$①\frac{挖(填)土(m^3)}{长×宽×厚} → ②\frac{垫层(m^3)}{长×宽×厚} → ③\frac{找平层(m^3)}{长×宽×厚} → ④\frac{抹面(m^2)}{长×宽}$$

图 6-3

这样，"长×宽"就要进行 4 次重复计算。如改用统筹法计算安排程序，则如图 6-4。

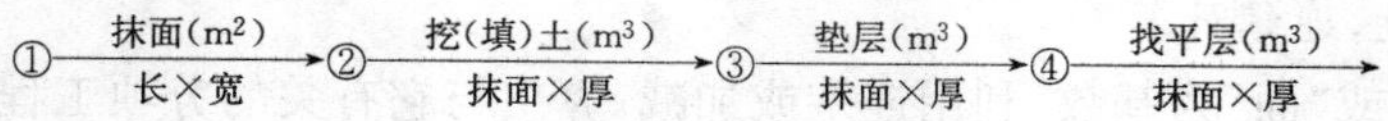

$$①\frac{抹面(m^2)}{长×宽} → ②\frac{挖(填)土(m^3)}{抹面×厚} → ③\frac{垫层(m^3)}{抹面×厚} → ④\frac{找平层(m^3)}{抹面×厚}$$

图 6-4

第一种安排没有抓住基数，4 道工序就需要重复计算 4 次"长×宽"，显然不科学。第二种安排是把计算程序进行统筹，抓住抹面这道工序，"长×宽"只算 1 次，就把另 3 道工序的工程量更方便地计算出来了。

3）一次算出，多次应用

对于那些不能用"线"和"面"基数进行连续计算的项目，如木门窗、屋架、钢筋混凝土预制标准构件、土方放坡断面系数等，事先组织力量将常用数据一次算出，汇编成建筑工程量计算手册。当需计算有关工程量时，只要查手册就能很快算出所需要的工程量来。这样可以减少以往那种按图逐项地进行繁琐而重复的计算，亦能保证准确性。

4）结合实际，灵活机动

用"线""面""册"计算工程量，只是一般常用的工程量基本计算方法，实践证明，在一般工程上完全可以利用。但在特殊工程上，由于基础断面、墙宽、砂浆等级和各楼层的面积不同，就不能完全用线或面的一个数作基数，而必须结合实际情况灵活地计算。

（1）分段法。例如基础砌体断面不同时，采用分开线段计算的方法。

假设有 3 个不同的断面：Ⅰ断面、Ⅱ断面、Ⅲ断面，则基础砌体工程量为

$$L_{中Ⅰ} × S_Ⅰ + L_{中Ⅱ} × S_Ⅱ + L_{中Ⅲ} × S_Ⅲ \tag{6-10}$$

（2）补加法。例如散水宽度不同时，进行补加计算的方法。

假设前后墙散水宽度 2 m，两山墙散水宽度 1.50 m，那么首先按 1.50 m 计算，再将前后墙 0.50 m 散水宽度进行补加。

（3）联合法。用线和面这个基数既套不上又串不起来的工程量，可用以下 2 种方法联合进行计算。

① 用"列表查册法"计算。如"门窗工程量明细计算表""钢筋混凝土预制构件工程量明细表"等，利用这 2 张表可套出与它有关的项目和数量。

② 按图纸尺寸"实际计算"。这其中一些项目虽进行了一些探索，找出了一些规律，但还必须进一步研究，充实完善。

需要特别强调，在计算基数时一定要非常认真细致，因为 70%～90% 的工程项目都是在 3 条"线"和 1 个"面"的基数上连续计算出来的，如果基数计算出了错，那么，这些在"线"或"面"上计算出来的工程量则全都错了。所以，计算出正确基数极为重要。

6.5.3　工程量计算规则

建设工程在编制分部分项"工程量清单"和进行分部分项"清单计价"时，常常要根据招标人提供的"清单工程量"和投标人计算的"计价工程量"（或称施工工程量）及相应的综合单

价,再经综合分析运算后得出的"清单项目综合单价",最后才能确定建设工程的"投标总价"。因此,确定"清单工程量"和"计价工程量"就成为首要的关键问题。

清单工程量和计价工程量是两个不同范畴的工程量。一般情况下,大多数项目的计价工程量与清单工程量,在项目包含内容和工程数量上是同等的,但也有一些项目的计价工程量与清单工程量是不同等的,或项目包含内容是计价工程量多于清单工程量。

清单工程量是由招标人根据拟建工程的招标文件、设计施工图和清单计价规范中的工程量计算规则等确定的,它反映工程实体项目的工程量。清单工程量也是投标人确定投标报价的重要依据,它对参与同一工程的所有投标人都是同等的,不存在工程项目和工程数量的差别。只有这样,才能符合投标的公平竞争原则。

计价工程量是投标人根据拟建工程的设计施工图、施工方案、施工区域状况、工程量清单和计价表(计价定额)中的工程量计算规则计算的。清单项目工程量中没有体现的,但实际施工中又会发生的工程内容,就必须考虑在计价工程量中,因此它是反映工程施工项目的工程量。计价工程量是确定"清单项目综合单价"必不可少的数据,是计算工程投标报价的重要依据。

以下介绍计价定额法下的工程量计算规则。

1) 土(石)方工程

(1) 有关规定要点

① 土(石)方各划分为 4 类,土壤划分见表 6-3 所示。其挖土、运土均按天然密实体积计算,填土按夯实后的体积计算。

表 6-3　土壤划分

土壤划分	土壤名称	工具鉴别方法	紧固系数 f
一类土	(1) 砂;(2) 略有粘性的砂土;(3) 腐殖物及种植物土;(4) 泥炭	用锹或锄挖掘	0.5～0.6
二类土	(1) 潮湿的粘土和黄土;(2) 软的碱土或盐土;(3) 含有碎石、卵石或建筑材料的堆积土	主要用锹或锄挖掘,部分用镐刨	0.61～0.8
三类土	(1) 中等密实的粘土或黄土;(2) 含有卵石、碎石或建筑材料碎屑、潮湿的粘土或黄土	主要用镐刨,少许用锹、锄挖掘	0.81～1.0
四类土	(1) 坚硬的密实粘性或黄土;(2) 硬化的重盐土;(3) 含有 10%～30% 的重量在 25 kg 以下石块的中等密实的粘性土和黄土	全部用镐刨,少许用撬棍挖掘	1.01～1.5

② 挖土深度一律以设计室外地面标高为准计算,如实际自然地面标高与设计地面标高发生高低差时,其工程量在竣工结算时调整。

③ 挖沟槽、挖基坑、挖土方三者的区分:挖沟槽是指凡图示沟槽底宽在 3 m 以内,且槽长大于 3 倍槽底宽以上者;挖基坑为坑底面积小于 20 m² 、底长≤3 倍底宽者;挖土方为槽底在 3 m<底宽≤7 m 或 20 m²<坑底面积≤150 m²,且平整场地挖填厚度在 0.30 m 以上者。

④ 平整场地:是指建筑场地挖、填方厚度在±300 mm 以内及找平。

⑤ 挖干土与湿土的区别:以常水位为准,以上为干土,以下为湿土。采用人工降低地下水位时,干、湿土的划分仍以常水位为准。

⑥ 挖湿土与挖淤泥的区别:湿土是指常水位以下的土,淤泥是指在静水或缓慢流水环境中沉积并经生化作用形成的糊状粘性土。

⑦ 挖土与山坡切土的区别:切土是指挖室外地坪以上的土,挖土是指挖室外地坪以下的土。

⑧ 挖沟槽、基坑、土方需放坡时,如施工组织设计无规定,则按表 6-4 规定计算放坡。

表 6-4　放坡高度、比例确定表

土壤类别	放坡深度规定 (m)	人工挖土	机械挖土	
			坑内作业	坑上作业
一、二类土	1.20	1∶0.5	1∶0.33	1∶0.75
三类土	1.50	1∶0.33	1∶0.25	1∶0.67
四类土	2.00	1∶0.25	1∶0.10	1∶0.33

注:(1) 沟、坑中土壤类别不同时,分别按其土壤类别、放坡比例以不同土壤厚度分别计算。

(2) 计算放坡工程量时,交接处的重复工程量不扣除,符合放坡深度规定时才能放坡,放坡高度应自垫层下面至设计室外地坪标高计算。

⑨ 基础施工所需工作面宽度按表 6-5 规定计算。

表 6-5　基础施工所需工作面宽度表

基础材料	每边各增加工作面宽度(mm)
砖基础	以最底下一层大放脚边至地槽(坑)边 200
浆砌毛石、条石基础	以基础边至地坑(槽)边 150
混凝土基础支模板(或垫层)	以基础边至地坑(槽)边 300
基础垂直面做防水层	以防水层面的外表面至地槽(坑)边 1 000

⑩ 回填土:分为松填和夯填,以立方米计算,定额内已包括 5 m 范围内取土;如在 5 m 外取土时需另增运土费。取自然土作回填土时,应另按土壤类别计算挖土费。

⑪ 运土方、淤泥:按运输方式和运距以立方米计算。运堆积土(堆期 1 年内)或松土时,除按运土定额执行外,另增加按挖一类土定额计算,每立方米虚土可折算为 0.77 m³ 实土。取自然土回填时,按土壤类别执行挖土定额。

⑫ 土石方均按自然密实体积计算,当推土机、铲运机推或铲未经压实的堆积土时,按三类土定额项目乘以系数 0.73。

⑬ 机械土方定额是按三类土计算的,如实际土壤类别不同时,定额中机械台班量乘以下系数(见表 6-6)。

表 6-6　土壤系数表

项目	三类土	一、二类土	四类土	项目	三类土	一、二类土	四类土
推土机推土方	1.00	0.84	1.18	自行式铲运机运土方	1.00	0.86	1.09
铲运机运土方	1.00	0.84	1.26	挖掘机挖土方	1.00	0.84	1.14

⑭ 机械挖土方工程量按机械完成工程量计算。机械挖不到的地方用人工修边坡、整平的土方工程量套用人工挖土方相应定额项目人工乘以系数 2。机械挖土石方单位工程量小于 2 000 m³ 或桩间挖土石方,按相应定额乘系数 1.10。

⑮ 支挡土板不分密撑、疏撑,均按定额执行,实际施工中材料不同均不调整。

⑯ 机械挖土以天然湿度土壤为准,含水率达到或超过 25% 时,定额人工、机械乘以系数 1.15;含水率超过 40% 时另行计算。

⑰ 推土机推土或铲运机铲土,推区土层平均厚度 < 300 mm 时,其推土机台班乘以系数 1.25,铲运机台班乘以系数 1.17。

⑱ 自卸汽车运土,按正铲挖土机挖土考虑。如系反铲挖土机装车,则自卸汽车运土台班量乘系数 1.10;挖铲挖土机装车,自卸汽车运土台班量乘系数 1.20。

⑲ 装载机装原状土,需推土机破土时,另增加推土机"推土"项目。

⑳ 土方按不同的土壤类别、挖土深度、干湿土分别计算工程量。在同一槽或坑内有干、湿土时应分别计算,但使用定额时则按槽或坑的全深计算。

㉑ 大开挖的桩间挖土按打桩后坑内挖土相应定额执行。

㉒ 定额中未包括地下水位以下的施工排水费用,如发生时其排水人工、机械费用应另行计算。

(2) 主要计算规则

① 平整场地:按建筑物外墙外边线每边各加 2 m,以 m² 计算。或按下式计算:

$$平整场地 = 底层建筑面积 + 外墙外边线长度 \times 2 + 16 \qquad (6\text{-}11)$$

② 挖沟槽:按沟槽长度乘以沟槽截面积以 m³ 计算。

沟槽长度:外墙按图示中心长度计算;内墙按(图示地槽底宽度+工作面宽度)之间净长度计算。沟槽宽度:按设计宽度加施工工作面宽度计算。

如有凸出墙面的垛、附墙烟囱等体积,并入沟槽内计算。

③ 挖基坑、挖土方:

不放坡时:按坑底面积乘以挖土深度以 m³ 计算。

需放坡时:按

$$\frac{H}{6}(F_1 + 4F_0 + F_2) \quad (\text{m}^3) \qquad (6\text{-}12)$$

其中:H 为挖土深度(m),按图示坑底至室外设计标高的深度计算;F_1 为坑上底面积(m²);F_2 为坑下底面积(m²);F_0 为坑中截面积(m²)。

④ 建筑场地原土碾压以 m² 计算,填土碾压按图示垫土厚度以 m³ 计算。

⑤ 沟槽基坑及室内回填土:

沟槽、基坑回填土体积 =(挖土体积)-(设计室外地坪以下墙基体积+基础垫层体积)

$$(6\text{-}13)$$

室内回填土体积 = 主墙间净面积×填土厚度(不扣柱、垛、附墙烟囱、间壁墙所占面积)

$$(6\text{-}14)$$

⑥ 余土外运或缺土内运:

$$余土外运体积 = 挖土体积 - 回填土体积 \qquad (6\text{-}15)$$

$$缺土内运体积 = 回填土体积 - 挖土体积 \qquad (6\text{-}16)$$

⑦ 沟槽、基坑需支挡土板时,挡土板面积按槽、坑边实际支挡土板面积计算。

⑧ 机械挖土、石方运距按以下规定计算:推土机运距,按挖方区重心至回填区重心的直线距离计算;铲运机运距,按挖方区重心至卸土区重心加转向距离 45 m 计算;自卸汽车运距,按挖方区重心至填土区重心的最短距离计算。

2) 地基处理及边坡支护工程

(1) 有关规定要点

① 强夯法加固地基是在天然地基或填土地基上进行作业的,不包括强夯前的试夯工作

和费用。若设计要求试夯,可按设计要求另行计算。

② 深层搅拌桩不分桩径大小,按定额子目执行。但设计水泥量不同可换算,其他不调整。深层搅拌桩和粉喷桩是按"四搅二喷"施工编制的,若设计为"二搅一喷",则定额人工、机械乘以系数 0.7;"六搅三喷"定额人工、机械乘以系数 1.4;高压旋喷桩、压密灌浆桩的浆体材料用量,可按设计含量调整。

③ 基坑钢管支撑为周转摊销材料,其场内运输、回库保养均已包含在内。支撑处需挖运土方,围檩与支撑护壁的填充混凝土未包括在内,若发生时应按实计算;场外运输按金属Ⅰ、Ⅲ类构件计算。

④ 打拔钢板桩,若单位工程打桩工程量<50 t,人工、机械乘以系数 1.25;场内运输超过 300 m 时,应按相应构件运输子目执行,并扣除打桩子目中的"场内运输费"。

(2) 主要计算规则

① 强夯加固地基。其工程量按夯锤底面积计算,并根据设计要求的夯击能量和每点夯击数执行相应项目定额。

② 深层搅拌桩、粉喷桩加固地基。其工程量按(设计长度+500 mm)×设计断面积以 m³ 计算。定额中已包括 2 m 以内的钻进空搅因素;超过 2 m 以外的空搅体积,按相应子目人工、深层搅拌机乘以系数 0.3,其他均不计算。

③ 高压旋喷桩。其喷浆工程量按(桩截面积×设计桩长)以 m³ 计算。其中,桩孔长度,按自然地面至设计桩底标高以 m 计算。

④ 灰土挤密桩。其工程量按设计图示尺寸以桩长 m 计算(包括桩尖)。

⑤ 基坑锚喷支护。其工程量为基坑锚喷护壁成孔、斜拉锚桩成孔及孔内注浆,按设计图示尺寸以长度 m 计算;护壁喷射混凝土按设计图示尺寸以面积 m² 计算。

⑥ 边坡土钉支护。其工程量:土层锚杆按设计图示尺寸的长度 m 计算;挂钢筋网按设计图示尺寸以面积 m² 计算。

⑦ 基坑钢管支撑。其工程量按坑内的钢立柱、支撑、围檩、活络接头、法兰盘、预埋铁件等的合计质量计算。

⑧ 打拔钢板桩。工程量按设计钢板桩的质量计算。

3) 桩基工程

(1) 有关规定要点

① 定额中已考虑土壤类别、打桩机类别和规格,执行中不换算。

② 打桩机及其配套施工机械的进(退)场费和组装、拆卸费,应另按实际进场机械的类别和规格计算。

③ 使用预制钢筋混凝土桩尖时,钢筋混凝土桩尖另加,定额中活瓣桩尖摊销费应扣除。

④ 打预制混凝土方桩的定额中未计制作费,应另行计算。

⑤ 打(压)预制混凝土方桩定额中取定 C 35 混凝土,如设计要求混凝土强度等级与定额规定不同时,不做调整。

⑥ 灌注桩如设计要求的混凝土强度等级或砂石级配与定额规定不同时,可以调整材料。

⑦ 混凝土基础垫层厚度以 15 cm 内为准,厚度超过 15 cm 时应按"混凝土工程"的基础垫层相应项目执行。

⑧ 各种灌注桩中材料用量暂按表 6-7 内充盈系数和操作损耗计算，结算时充盈系数按打桩记录灌入量进行调整，操作损耗不变。定额含量＝充盈系数×（1＋损耗率）。

表 6-7

项目名称	充盈系数	操作损耗	项目名称	充盈系数	操作损耗
打孔沉管灌注混凝土桩	1.20	1.5%	钻孔灌注混凝土桩（土孔）	1.20	1.5%
打孔沉管灌注砂（石）桩	1.20	2.0%	钻孔灌注混凝土桩（岩石孔）	1.10	1.5%
打孔沉管灌注砂石桩	1.20	2.0%	打孔沉管夯扩灌注混凝土桩	1.15	2.0%

⑨ 每个单位工程打（灌注）桩工程量小于表 6-8 规定数量时，其人工、机械（包括送桩）按相应定额项目乘系数 1.25。

表 6-8

项目名称	工程量	项目名称	工程量
预制钢筋混凝土方桩	150 m³	打孔灌注砂石桩、碎石桩、砂桩	100 m³
预制钢筋混凝土管桩	50 m³	钻孔灌注混凝土桩	60 m³
打孔灌注混凝土桩	60 m³		

⑩ 打方桩、管桩在定额内已包括 300 m 内的场内运输，若实际超过 300 m 时，应按"构件运输"章节相应定额执行，并扣除本定额内的"场内运输费"。

⑪ 打预制桩需送桩，其送桩长度按从桩顶面标高至自然地面另加 500 mm，乘以桩身截面积以 m³ 计算。

⑫ 打桩设计如有接桩，另按接桩定额执行；管桩、静力压桩的接桩，另按有关规定计算。

⑬ 钻孔灌注混凝土桩的桩孔深度是按 50 m 内综合编制的，若超过 50 m 的桩，则钻孔人工、机械乘以系数 1.10；人工挖孔灌注混凝土桩的挖孔深度是按 15 m 内综合编制的，若超过 15 m 的桩，则挖孔人工、机械乘以系数 1.20。

⑭ 电焊接桩钢材用量，设计与定额不同时，按设计用量乘以系数 1.05 调整，其工、料、机消耗量不变。

⑮ 各种混凝土灌注桩中，若设计有钢筋笼时，另按钢筋笼定额执行。

⑯ 打桩定额中，不包括打桩、送桩后场地隆起土的清除和桩孔的处理，若现场实际发生时应另行计算。

（2）主要计算规则

① 打预制混凝土方桩和管桩：按设计桩长（包括桩尖，不扣除桩尖虚体积）乘以桩截面积以 m³ 计算。管桩应扣除空心体积；若空心部分设计要求灌注混凝土或其他填充料时则应另行立项计算。

② 打孔混凝土和砂石灌注桩：使用活瓣桩尖时，单打、复打桩体积按设计桩长（包括桩尖，不扣除桩尖虚体积）另加 250 mm 后乘以桩管外径截面积以 m³ 计算；使用混凝土预制桩尖时，单打、复打体积均按设计桩长（不包括混凝土预制桩尖）另加 250 mm 乘以桩管外径截面积以 m³ 计算。

③ 打孔、沉管灌注桩：空沉管部分，按空沉管的实体积以 m³ 计算。

④ 泥浆护壁钻孔灌注桩：应按钻孔和灌注混凝土分别计算。

A. 钻孔：按钻土孔与钻岩石孔分别以体积计算。

$$钻土孔体积 = 自自然地面至岩石表面之深度 \times 设计桩截面面积 \qquad (6-17)$$

$$钻岩石孔体积 = 孔入岩深度 \times 设计桩截面面积 \qquad (6-18)$$

B. 混凝土灌入量：

$$体积 = [设计桩长（含桩尖长）+ 桩径] \times 桩截面面积 \qquad (6-19)$$

（注：地下室基础超灌高度按现场具体情况另行计算）

C. 泥浆外运量：

$$泥浆体积 = 钻孔体积 \qquad (6-20)$$

⑤ 截断、修凿预制桩桩头：均按根数计算。一根桩多次被截断，按截断次数计算。

⑥ 长螺旋或旋挖钻孔灌注桩：

$$体积（单桩）= （设计桩长 + 500\ mm）\times 螺旋外径（或 \times 设计截面面积）\qquad (6-21)$$

⑦ 深层搅拌桩、粉喷桩：

$$体积（单桩）= （设计长度 + 500\ mm）\times 设计截面面积 \qquad (6-22)$$

⑧ 泥浆运输量：按钻孔体积以 m^3 计算。

⑨ 夯扩灌注桩：分别按每次设计夯扩前投料长度（不包括预制桩尖）乘以桩管外径截面积以 m^3 计算。最后管内灌注混凝土按设计桩长另加 250 mm 乘以桩管外径截面面积以 m^3 计算。

⑩ 基础垫层：按图示尺寸以 m^3 计算。其中垫层长度，外墙基础垫层按外墙中心线长度计算，内墙基础垫层按内墙基础垫层净长计算。

⑪ 接桩：按每个接头计算。

⑫ 打孔灌注桩、夯扩桩使用混凝土桩尖：按桩尖个数另列项目计算。单打、复打的桩尖数按单打、复打的次数之和计算。

⑬ 凿混凝土灌注桩头：按 m^3 计算。

⑭ 人工挖孔灌注桩：挖井坑土、砌砖井壁、混凝土井壁、井壁内灌注混凝土等均按图示尺寸以 m^3 计算。

4）砌筑工程

（1）有关规定要点

① 砖墙不分清、混水墙及艺术形式复杂程度，砖碹、砖过梁、砖圈梁、腰线、砖垛、砖挑檐、附墙烟囱等因素，均已综合考虑在定额内，不另列项目计算。阳台砖隔断按相应内墙定额执行。

② 砌块墙、多孔砖墙、窗台虎头砖、腰线、门窗洞边接茬用标准砖已包括在定额内。

③ 砌砖、砌块定额中已包括了门、窗框与砌体的原浆勾缝在内，砌筑砂浆强度等级按设计应分别计算。

④ 砖砌体内钢筋加固及墙角、内外墙搭接钢筋应以"t"另行计算，套用混凝土及钢筋混凝土工程中的"砌体、板缝内加固钢筋"定额执行。

⑤ "小型砌体"：是指砖砌大小便槽、隔热板砖墩、地板墩、门墩、房上烟囱、水槽、水池脚、垃圾箱、台阶面上矮墙、花台、煤箱、容积小于 3 m^3 的水池等、阳台栏板等砌体，均按体积以 m^3 计算。

⑥ 墙体厚度按表 6-9 规定。

表 6-9　砖墙厚度计算表　　　　　单位:mm

墙厚/砖	1/4	1/2	3/4	1	$1\frac{1}{2}$	2
标准砖	53	115	178	240	365	490
八五砖	43	105	158	216	331	442

⑦ 各种砖砌体的砖、砌块按表 6-10 编制,规格不同时可以换算。

表 6-10　各种砖和砌块规格表

序号	砖 名 称	长×宽×高(mm)
1	普通粘土(标准)砖	240×115×53
2	KP₁ 粘土多孔砖	240×115×90
3	KM₁ 粘土空心砖	190×190×90
4	硅酸盐空心砌块(双孔)	390×190×190
5	硅酸盐空心砌块(单孔)	190×190×90
6	加气混凝土块	600×240×150
7	粘土三孔砖	190×190×90
8	粘土六孔砖	190×190×140
9	粘土九孔砖	190×190×190
10	粘土多孔砖	240×240×115
11	硅酸盐砌块	880×430×240　580×430×240 430×430×240　280×430×240

⑧ 墙基与墙身的划分:

A. 砖墙:

a. 同一材料时,以设计室内地坪(或地下室地坪)为界,以上为墙身,以下为基础。

b. 不同材料时,位于设计室内地坪±300 mm 以内时,以不同材料为分界线;位于设计室内地坪±300 mm 以外时,以设计室内地坪为分界线。

B. 石墙:外墙以设计室外地坪为界,内墙以设计室内地坪为界线,以上为墙身,以下为基础。

C. 砖、石围墙:以设计室外地坪为分界线,以上为墙身,以下为基础。

⑨ 砖砌地下室外墙、内墙及基础,按设计图示尺寸以 m³ 计算。其工程量合并,均按相应内墙定额执行。

⑩ 阳台砖砌隔断,按相应内墙定额执行。

⑪ 空斗墙中门窗边、门窗过梁、窗台、墙角、檩条下、楼板下、踢脚线部位和屋檐处的实砌砖已包括在定额内,不得另列项目计算。但空斗墙中如有实砌钢筋砖圈(过)梁或单面墙垛时,应另列项目按"小型砌体"定额执行。

(2) 主要计算规则

① 砖基础:按实体积以 m³ 计算。

$$外墙墙基体积 = 外墙中心线长度 × 基础断面面积 \qquad (6-23)$$

$$内墙墙基体积 = 内墙基最上一步净长度 × 基础断面面积 \qquad (6-24)$$

141

A. 不扣除体积：基础大放脚 T 形接头；嵌入基础的钢筋、铁件、管道、基础防潮层；通过基础的每个面积小于或等于 0.30 m² 的孔洞。

B. 应扣除体积：通过基础的每个面积大于 0.30 m² 的孔洞；混凝土构件体积。

C. 应增加体积：附墙垛基础宽出部分体积。

② 墙身：按实体积以 m³ 计算，分别以不同厚度按定额执行。

$$外墙体积 = 外墙中心线长度 \times 墙厚 \times 墙高 \tag{6-25}$$

$$内墙体积 = 内墙净长度 \times 墙厚 \times 墙高 \tag{6-26}$$

A. 内墙净长、外墙中心长度、厚度：按图示尺寸计算。

B. 外墙墙身高度：

斜屋面：

a. 当木屋面板无檐口无天棚者——高度算至墙中心线屋面板底面。

b. 当无屋面板无檐口无天棚者——高度算至墙中心线椽子顶面。

c. 当有屋架且室内外均有天棚者——高度算至（屋架下弦底面+200 mm）处。

d. 当有屋架且室内外均无天棚者——高度算至（屋架下弦底面+300 mm）处。

e. 当出檐宽度大于 600 mm 者——按实砌高度计算。

平屋面：有现浇混凝土平板者应算至混凝土屋面板底面；有女儿墙者应算至自外墙梁（板）顶面至图示女儿墙顶面；有混凝土压顶者应算至压顶底面。

C. 内墙墙身高度：

a. 内墙位于屋架下者——高度算至屋架底面。

b. 内墙无屋架者——高度算至（天棚底面+120 mm）。

c. 内墙有钢筋混凝土楼隔层者——高度算至钢筋混凝土板底面。

d. 内墙有框架梁者——高度算至框架梁底面。

e. 同一墙上板厚不同，或前后墙高度不同者——均按平均高度计算。

应扣除体积：门窗洞口、过人洞、空圈、嵌入墙身的混凝土柱、梁、过梁、圈梁、挑梁、壁龛。

不扣除体积：梁头、梁垫、外墙预制板头、檩头、垫木、木楞头、木砖、沿椽木、门窗走头、钢（木）筋、铁件、钢管的体积；每个面积小于 0.3 m² 的孔洞。

不增加体积：窗台虎头砖、压顶线、山墙泛水、烟囱根、门窗套、3 皮砖以下的腰线及挑檐。

应增加体积：附墙砖垛、3 皮砖以上的腰线及挑檐；附墙烟囱、通风洞、垃圾道。

③ 女儿墙：体积＝墙中心线长度×墙厚×墙高。其墙长、墙厚按图示尺寸；墙高自外墙顶面至女儿墙顶面的高度（有混凝土压顶者至压顶底面高度）。

女儿墙按不同墙厚套用"混水墙"定额计算。

④ 框架间砌体：体积 ＝ 框架间净面积×墙厚度

A. 分别按内、外墙不同砂浆强度，套用相应定额。

B. 框架外表面镶包砖部分也并入墙工程量内一并计算。

⑤ 砖柱：砖柱基、柱身不分断面均按设计体积以 m³ 计算。柱身和柱基工程量合并套用"砖柱"定额。如柱基、柱身的砌体品种不同时，应分别计算并分别套用相应定额。

⑥ 多孔砖、空心砖墙：按图示墙厚以 m³ 计算。不扣除砖空心部分体积，应扣除门窗洞口、混凝土圈梁的体积。

⑦ 砖砌围墙：按设计厚度以 m³ 计算,其附墙垛及砖压顶应并入墙身工程量内;墙身带有部分空花砖墙时,其空花部分外形体积应另行计算。墙上有混凝土压顶、混凝土花格,其混凝土压顶和花格应按"混凝土工程"规定另行计算。

⑧ 砖砌台阶：按水平投影面积(不包括梯带)以 m² 计算。

⑨ 墙基防潮层：

A. 平面防潮层：面积＝墙基顶面宽度×墙长度。有附垛时将其面积并入墙基内。

B. 立面防潮层：面积＝墙基垂直投影面积。

外墙长度按外墙中心线长度计算;内墙长度按内墙基最上一层净长度计算。

⑩ 填充墙按外形体积以 m³ 计算,其实砌部分及填充料已包括在定额内,不另行计算。

⑪ 空花墙：按空花部分的外形体积以 m³ 计算。空花墙外有实砌墙,其实砌部分应按 m³ 另列项目计算。空斗墙：按外形体积以 m³ 计算。

⑫ 加气混凝土、硅酸盐砌块、小型空心砌块墙按图示尺寸以 m³ 计算,砌块本身空心体积不扣除。砌体中设计钢筋砖过梁时,应另行计算并套"小型砌体"定额。

⑬ 墙面、柱、底座、台阶的剁斧以设计展开面积计算。窗台、腰线以长度 m 计算。

⑭ 砌砖地沟的沟底和沟壁,其工程量合并以 m³ 计算。

5) 钢筋工程

(1) 有关规定要点

① 钢筋工程以钢筋的不同规格、不分品种按现浇构件、现场预制构件、工厂预制构件、预应力构件和点焊网片的钢筋,分别编制定额项目。现浇构件钢筋中又分为普通钢筋、冷轧带肋钢筋和先张法、后张法预应力钢筋;后张法预应力筋中又分为普通预应力筋和钢丝束、钢绞线束预应力筋,使用时应分别套用定额。

② 非预应力钢筋：

A. 钢筋搭接用的电焊条、电焊机铅丝、钢筋余头损耗均已包括在定额内,搭接长度按图纸注明或规范要求计入钢筋用量中。

B. 粗钢筋接头分为电渣焊、套管、锥螺纹等,应按设计套相应定额,已计算了接头就不能再计算搭接长度。

③ 预应力钢筋：

A. 先张法预应力构件中的预应力、非预应力筋,应合并套"预应力筋"的相应项目。

B. 后张法预应力构件中的预应力、非预应力筋,应分别计算套各自的相应定额项目。

C. 预应力钢筋设计要求人工时效处理时应另行计算。

④ 非预应力钢筋未包括冷加工,如设计时要求冷加工者则应另行计算费用。

⑤ 后张法预应力筋的锚固是按钢筋 V 形垫块编制的,如采用其他方法锚固应另行计算。

⑥ 基坑护壁孔内安放钢筋按现场预制构件钢筋相应项目执行。基坑护壁上钢筋网片按点焊钢筋相应项目执行。

⑦ 钢筋制作、绑扎需拆分者,按制作占 45%,绑扎占 55% 的比例折算。

⑧ 钢筋、铁件在加工厂制作时,由加工厂至现场的运费应另列项目计算。在现场制作时,不计算钢筋的运费。

⑨ 钢筋工程内容包括除锈、平直、制作、绑扎(点焊)、安装以及浇灌混凝土时维护钢筋

用工。

⑩ 后张法预应力钢丝束、钢绞线束,不分单、多跨以及单向、双向布筋,当物件长度在 60 m 以内时均按定额执行。定额中预应力筋直径按 5 mm 碳素钢丝或 15～25.24 mm 钢绞线编制的,采用其他规格时应另行调整。定额按一端张拉考虑,当两端张拉时,则有粘结锚具基价乘以系数 1.14;无粘结锚具乘以系数 1.07。当钢绞线束用于地面预制构件时,应扣除定额中张拉平台摊销费。

⑪ 单位工程后张法预应力钢丝束、钢绞线束,设计用量在 3 t 以内时,则定额人工、机械台班量为:有粘结张拉乘以系数 1.63;无粘结张拉乘以系数 1.80。

⑫ 无粘结钢绞线束预应力筋以净重计量,若以毛重计量时则按净∶毛=1∶1.08 进行换算。

⑬ 预应力筋长度按下列规定计算:

A. 低合金钢筋两端采用螺杆锚具时,预应力筋长度按(预留孔道长度-350 mm)计算,螺杆另行计算。

B. 低合金钢筋一端采用墩头锚具插片、另一端采用螺杆锚具时,预应力筋长度按预留孔道长度计算。

C. 低合金钢筋一端采用墩头插片、另一端采用绑条锚具时,预应力筋长度按(预留孔道长度+300 mm)计算。

D. 低合金钢筋采用后张混凝土自锚时,预应力筋长度按(预留孔道长度+350 mm)计算。

(2) 主要计算规则

① 钢筋重量:在编制预算时可暂按构件体积(或水平投影面积、外围面积、延长米)乘钢筋含量计算。竣工结算时可按下列规则计算:

A. 钢筋应区分现浇构件、预制构件、工厂预制构件、预应力构件、点焊网片等及不同规格,分别按设计展开长度乘理论重量以"t"计算。

B. 计算钢筋重量时,其搭接长度按设计图纸或规范规定计算。

② 钢筋接头数:电渣压力焊、锥螺纹、套管压挤等接头以"个"计算。其中:

A. 梁、底板:按 8 m 长度 1 个接头的 50%计算。

B. 柱:按自然层每根钢筋 1 个接头计算。

③ 场外运输:工厂制作的铁件,成型钢筋的场外运输按"t"计算。

④ 预埋铁件及螺栓制安:按图纸以"t"计算。

⑤ 桩顶破碎混凝土后主筋与底板钢筋焊接,应分别按灌注桩、预制方桩以桩的根数计算,每根桩端焊接钢筋的根数不调整。

⑥ 混凝土柱中埋设的钢柱,其制作与安装应按相应的钢结构制安定额执行。

⑦ 混凝土基础中多层钢筋的型钢支架、垫铁、撑筋、马櫈应合并用量计算,套用"金属结构"的钢托架制安定额执行。现浇混凝土楼板中设置的撑筋用量应与现浇构件钢筋用量合并计算。

⑧ 预埋铁件、螺栓、预制混凝土柱钢牛腿,均按设计用量以"t"计算,执行铁件制安定额。

⑨ 后张法钢丝束、钢绞线束预应力筋的工程量:按"(构件孔道长度+操作长度)×钢筋理论重量"计算。其中操作长度按下列规定计算:

A. 采用镦头锚具时：不分一端或两端张拉，均不增加操作长度。

B. 采用锥形锚时：一端张拉时为 1.0 m；两端张拉时为 1.6 m。

C. 采用夹片锚时：一端张拉时为 0.9 m；两端张拉时为 1.5 m。

⑩ 后张法钢丝束、钢绞线束预应力筋的锚具数量按设计规定所穿钢丝或钢绞线的孔数计算，波纹管按设计图示长度以 m 计算。

6）混凝土工程

（1）有关规定要点

① 混凝土构件分为自拌混凝土构件、商品混凝土泵送构件、商品混凝土非泵送构件，各部分又包括了现浇构件、现场预制构件、加工厂预制构件、构筑物等。

② 加工厂预制构件，"其他材料费"中已综合考虑了掺早强剂的费用；现浇构件和现场预制构件，未考虑使用早强剂的费用，如设计使用或建设单位认可，其费用可按每 m³ 混凝土增加 4.00 元计算。

③ 加工厂预制构件，采用蒸汽养护时，其立窑、养护池养护，每 m³ 混凝土构件增加 64 元。

④ 混凝土石子粒径按表 6-11 规定取定。

表 6-11　各种构件混凝土的石子粒径取定表

序号	石子粒径(mm)	构　件　名　称
1	5～16	预制板类构件、预制小型构件
2	5～31.5	现浇构件：柱(构造柱除外)、单梁、连续梁、框架梁、防水混凝土墙 预制构件：柱、梁、桩
3	5～20	除序号 1 和 2 的构件外均用此粒径
4	5～40	基础垫层、各种基础、道路、挡土墙、地下室墙、大体积混凝土

⑤ 室内净高＞8 m 的现浇混凝土柱、梁、墙、板的人工工日分别乘以下系数：净高≤12 m 为 1.18；净高≤18 m 为 1.25。

⑥ 毛石混凝土中的毛石掺量是按 15% 计算的，如设计要求不同时可按比例换算毛石和混凝土数量，其余不变。

⑦ 现场预制构件如在加工厂制作，混凝土配合比按加工厂配合比计算；加工厂构件及商品混凝土改在现场制作，配合比按现场配合比计算。其人工、材料及机械台班均不调整。

⑧ 小型混凝土构件是指单体体积在 0.05 m³ 以内的未列出子目的构件。

（2）主要计算规则

① 现浇混凝土

除另有规定者外，工程量均按图示尺寸实体积以 m³ 计算。构件内钢筋、支架、螺栓、螺栓孔、铁件及墙、板中每个小于等于 0.3 m² 孔洞等所占体积均不扣除。

A. 基础：不同类型的基础分别按以下规定确定：

a. 有梁带形基础当(梁高/梁宽)小于等于 4：1 时，按有梁式带形基础计算；当(梁高/梁宽)大于 4：1 时，则基础底部按无梁式带形基础计算，上部按墙计算。

b. 满堂(板式)基础分有梁式(包括反梁)和无梁式，应分别计算；仅带有边梁者，按无梁式满堂基础套用定额。

c. 独立柱基、桩承台按图示尺寸实体积以 m³ 算至基础扩大顶面。

d. 杯形基础套用独立柱基项目。杯口外壁高度＞杯口外长边的杯形基础,套用"高颈杯形基础"项目,其工程量按图示尺寸以 m³ 计算。

B. 柱:按图示断面尺寸乘以柱高以 m³ 计算。柱高按以下规定确定:

a. 有梁板柱高应自柱基(或楼板)上表面至上一层楼板上表面之间的高度计算(如是一根柱的部分断面与板相交时,应算至板的上表面,但与板重叠部分应扣除)。

b. 无梁板柱高应自柱基(或楼板)上表面至柱帽下表面之间的高度计算。

c. 框架柱柱高应自柱基上表面至柱顶高度计算。

d. 构造柱柱高按全高计算,应扣除与现浇板、梁相交部分的体积,与砖墙嵌接部分的混凝土体积并入柱身体积内计算。

e. 依附柱上的牛腿并入相应柱身体积内计算。但依附于柱上的悬臂梁,则以柱的侧面为界,界线以外部分悬臂梁的体积执行梁的定额子目。

C. 梁:按图示断面尺寸乘以梁长以 m³ 计算。梁长按下列规定确定:

a. 梁与柱连接时,梁长算至柱侧面。

b. 主梁与次梁连接时,次梁长算至主梁侧面。伸入墙内的梁头、梁垫体积并入梁体积内计算。

c. 过梁、圈梁应分别计算。过梁长度按图示尺寸或按门窗洞口外围宽度加 500 mm 计算。平板与砖墙上混凝土圈梁相交时,圈梁高度应算至板底面。

d. 挑梁按"挑梁"计算,其压入墙身部分按圈梁计算。挑梁与单梁、框架梁连接时,其挑梁应并入相应梁内计算。

e. 花篮梁二次浇捣混凝土部分按圈梁子目。

f. 依附于梁上的混凝土线条,按延长米以 m 另行计算。

D. 板:按图示面积乘以板厚以 m³ 计算(梁板交接处不得重复计算)。不扣除单个面积 ＜0.3 m² 的柱、垛、孔洞所占的体积。其中:

a. 有梁板(包括主、次梁)按梁、板体积之和计算。有后浇板带时,后浇板带(包括主、次梁)应扣除。

b. 无梁板按板和柱帽体积之和计算。

c. 平板按板实体积计算;伸入墙内的板头并入板体积内计算。

d. 现浇挑檐、天沟与板(包括屋面板、楼板)连接时,以外墙面为分界线;与圈梁(包括其他梁)连接时,以梁外边线为分界线。外墙边线以外或梁外边线以外为挑檐、天沟。

e. 预制板板缝宽度大于 100 mm 者,现浇板缝按平板计算。

f. 后浇墙、板带(包括主、次梁)按设计图纸以 m³ 计算。

E. 墙:实体积＝墙长×墙高×墙厚。其中:

墙长:外墙按图示中心线长度;内墙按净长度。

墙高:墙与梁平行重叠,算至梁顶面;当设计梁宽超过墙宽时,梁和墙应分别按相应项目计算;墙与板相交,算至板底面。

应扣除门、窗洞口及每个大于 0.3 m² 孔洞体积;单面墙垛并入墙体积内计算,双面墙垛(包括墙)按柱计算;地下室墙有后浇墙带时,后浇墙带应扣除;梯形断面墙按上、下口的平均宽度计算。

F. 现浇混凝土楼梯:按水平投影面积计算。定额内已包含休息平台、平台梁、斜梁及楼梯的连接梁；计算时，不扣除宽度小于等于 500 mm 的楼梯井及不增加伸入墙内部分的面积；楼梯与楼板连接时，楼梯算至楼梯梁的外侧面。

G. 阳台、雨篷按伸出墙外的板底水平投影面积计算，伸出墙外的牛腿不另计算。水平、竖向悬挑板按体积以 m³ 计算。墙内梁按圈梁计算。

a. 混凝土楼梯、阳台、雨篷的混凝土含量，设计与定额不符要调整，按设计用量加 1.5% 损耗进行调整。

b. 楼梯与楼板的划分：以楼梯梁的外边缘为界，该楼梯梁已包括在楼梯水平投影面积内。

c. 雨篷分为悬挑式雨篷和柱式雨篷。悬挑式雨篷按雨篷水平投影面积计算；柱式雨篷按有梁板和柱子相应项目执行。

d. 阳台按其与外墙面的关系可分为挑阳台和凹阳台；按其在建筑物中所处的位置又可分为中间阳台和转角阳台。

H. 阳台和檐廊栏杆的轴线柱、下嵌、扶手：以扶手的长度按延长米计算。混凝土栏板、竖向挑板以 m³ 计算。其中：栏杆、扶手、栏板的斜长按水平长度乘以 1.18 系数。

I. 台阶（包括梯带）：按图示水平投影面积以 m² 计算。平台与台阶的分界线，以最上层台阶的外口减 300 mm 为准，台阶以外部分并入地面工程量计算。

J. 挑檐、天沟：现浇混凝土的挑檐、天沟，以外墙面为分界线。与圈梁（包括其他梁）连接时，以梁外边线或梁外边线以外为挑檐、天沟。其工程量按体积以 m³ 计算，执行"挑檐、天沟"定额子目。

② 现场、工厂预制混凝土

A. 混凝土工程量均按图示尺寸实体积以 m³ 计算。应扣除多孔板内圆孔体积；不扣除构件内钢筋、铁件、预应力筋预留孔及板内每个小于 0.3 m² 孔洞所占的体积。

B. 预制混凝土桩按桩全长（包括桩尖）乘设计桩断面积（不扣除桩尖虚体积）以 m³ 计算。

C. 漏空混凝土花格窗，花格芯按外形面积以 m² 计算。

D. 天窗架、端壁、桁条、支撑、楼梯、板类及厚度≤50 mm 薄型构件，均按图示尺寸的体积另加定额规定的场外运输及安装损耗量后以 m³ 计算。

E. 混凝土与钢杆件组合的构件，混凝土构件按物体实体积以 m³ 计算，钢拉杆按相应子目执行。

7）金属结构工程

（1）有关规定要点

① 除注明者外，定额均已包括现场（工厂）内的材料运输、下料、加工、组装及成品堆放等全部工序。但加工点至安装点的构件运输，应另按"构件运输定额"相应项目计算。

② 构件制作定额均按焊接编制，且已包括刷一遍防锈漆工料。

③ 金属结构制作定额中的钢材品种系按普通钢材为准，如用锰钢等低合金钢者，其制作人工乘以系数 1.10。

（2）主要计算规则

① 金属构件制作按图示尺寸以吨计算，不扣除孔眼、切边、切角的重量，焊条、铆钉、螺栓等重量已包括在定额内，不另计算。

② 计算不规则或多边形钢板重量时,均以其对角线乘最大宽度的矩形面积计算。

③ 晒衣架、铁窗栅项目中,已包括制作、安装费,但未包括场外运输费。

④ 定额中的栏杆是指平台、阳台、走廊和楼梯的单独栏杆。

⑤ 预埋件按设计的形体面积、长度乘理论重量计算。

8) 构件运输及安装工程

(1) 有关规定要点

① 构件运输包括混凝土构件、金属结构构件及门窗的运输,运输距离应由构件堆放或构件厂至施工现场的实际运输距离确定。

② 构件运输按构件类别和外形尺寸进行分类(混凝土构件分 4 类,金属构件分 3 类),套用相应定额。

③ 混凝土构件和金属结构构件安装定额,均不包括为安装工作所搭设的脚手架,若发生时应另行计算。

④ 铝合金、塑钢门窗成品单价中,已包括玻璃五金配件在内。

⑤ 门窗玻璃厚度设计与定额不同时可调整单价,数量不变。

⑥ 工厂预制的构件安装,定额中已考虑运距在 500 m 以内的场内运输费。

⑦ 金属构件安装未包括场内运输费。若单件重量在 0.5 t 以内,运距在 150 m 以内者,每吨构件另加场内运输费人工 0.08 工日、材料费 8.56 元、机械费 14.72 元;单件重量在 0.5 t 以上的金属构件按定额的相应项目执行。

⑧ 构件运距(场内)如超过以上规定时应扣去上列费用,另按 1 km 以内的构件运输。

(2) 主要计算规则

① 混凝土构件运输及安装按图示尺寸实体积以 m³ 计算;金属构件按图示尺寸重量以吨计算(安装用螺栓、电焊条已包括在定额内);木门窗按洞口面积以 m² 计算。

② 门窗安装除注明外,均以洞口面积计算。安装窗玻璃按其洞口面积计算。

③ 加气混凝土板块、硅酸盐块运输每 1 m³ 折合混凝土构件体积 0.4 m³,按Ⅱ类构件运输计算。

④ 小型构件安装包括沟盖板、通气道、垃圾道、楼梯踏步板、隔断板及每件体积小于等于 0.1 m³ 的构件安装。

⑤ 木门窗运输按门窗洞口的面积(包括框、扇在内)以 100 m² 计算,带纱扇另增加洞口面积的 40% 计算。

⑥ 预制构件安装后接头灌缝工程量均按预制构件实体积计算,柱与柱基的接头灌缝按单根柱的体积计算。

⑦ 构件运输、安装工程量=构件制作工程量。但构件在运输、安装过程中易发生损耗,故其工程量按以下规定计算:制作、场外运输工程=设计工程量×1.018;安装工程量=设计工程量×1.01。预制钢筋混凝土构件场内外运输、安装损耗率按表 6-12 计取。

表 6-12 预制钢筋混凝土构件场内、外运输、安装损耗率(%)

构件名称	场外运输	场内运输	安装
天窗、端壁、桁条、支撑、踏步板、板类、薄型构件	0.8	0.5	0.5

9) 木结构工程

(1) 有关规定要点

① 木构件中的木材断面或厚度均以毛料为准,如设计图纸注明的断面或厚度为净料时应增加断面刨光损耗:一面刨光加 3 mm,两面刨光加 5 mm,圆木按直径增加 5 mm。

② 木构件中的木材是以自然干燥条件的木材编制的,如实际需烘干时其烘干费用及损耗应另行计算(由各市确定)。

(2) 主要计算规则

① 门制作和安装的工程量按门洞口面积计算。无框库房大门、特种门按设计门扇外围面积计算。

② 木楼梯(包括休息平台和靠墙踢脚板)按水平投影面积计算,不扣除宽度小于 200 mm 的楼梯井,伸入墙内部分的面积也不另计算。

③ 木柱、木梁制作安装均按设计断面竣工木料以 m^3 计算,其后备长度及配置损耗已包括在子目内。

④ 木结构工程均以一、二类木种为准,如采用三、四类木种,则木门制作的人工、机械乘以系数 1.3,木门窗安装乘以系数 1.15,其他项目的人工、机械费乘以系数 1.35。

⑤ 檩木按 m^3 计算。简支檩木长度按设计图示尺寸中距增加 200 mm 计算;如两端出山墙,则檩条长度算至博风板。连续檩条的长度按设计长度计算,接头长度按全部连续檩条总体积的 5% 计算。檩条托木已包括在子目内,不另计算。

⑥ 屋面木基层。按屋面斜面积计算,不扣除附墙烟囱、风道、风帽底座和屋顶小气窗所占的面积。小气窗出檐与木基层重叠部分也不增加;气楼屋面的屋檐突出部分的面积并入计算。

10) 屋面及防水工程

(1) 有关规定要点

① 瓦材规格如实际使用与定额取定规格不同时,其数量换算,其他不变。换算公式为
$$[10 m^2/(瓦有效长度×有效宽度)]×1.025(操作损耗)$$

② 油毡卷材屋面包括刷冷底子油一遍,但不包括天沟、泛水、屋脊、檐口等处的附加层在内,其附加层应另行计算。其他卷材屋面均包括附加层在内。

③ 高聚物、高分子防水卷材粘贴,实际使用的粘结剂与定额不同,单价可以换算,其他不变。

④ 刚性防水屋面已包括分格缝和缝内的填缝料在内。屋面基层上仅做细石混凝土找平层而不做分格缝者,按"楼地面工程"相应项目执行。

⑤ 平、立面及其他防水是指楼地面及墙面的防水,分为涂刷、砂浆、粘贴卷材三部分。各种卷材的防水层均已包括刷冷底子油一遍和平、立面交界处的附加层工料在内。

⑥ 伸缩缝项目中,除已注明规格者可调整外,其余项目均不调整。

⑦ 冷胶"二布三涂"项目,其"三涂"是指涂膜构成的防水层数,并非指涂刷遍数,每一涂层的厚度必须符合规范要求。

⑧ 凡保温、隔热工程用于地面时,增加电动夯实机 0.04 台班/m^3。

(2) 主要计算规则

① 瓦屋面

A. 脊瓦、蝴蝶瓦的檐口花边、滴水应分别列项目按延长米计算。

B. 瓦屋面按图示尺寸水平投影面积乘以屋面坡度系数以 m² 计算,不扣除房上烟囱、风帽底座、风道、屋面小气窗、斜沟等所占面积;不增加屋面小气窗出檐部分面积。

C. 四坡瓦屋面斜脊长度按图 6-5 中的"b"乘以隔延长系数 D 以延长米计算。山墙泛水长度$=A×C$,瓦穿铁丝、钉铁钉、水泥砂浆粉挂瓦条,按每 10 m² 斜面积计算,见表 6-13 所示。

表 6-13 屋面坡度延长米系数表

坡度比例 $\frac{a}{b}$	角度 θ	延长系数 C	隔延长系数 D
1/1	45°	1.414 2	1.732 1
1/1.5	33°40′	1.201 5	1.562 0
1/2	26°34′	1.118 0	1.500 0
1/2.5	21°48′	1.077 0	1.469 7
1/3	18°26′	1.054 1	1.453 0

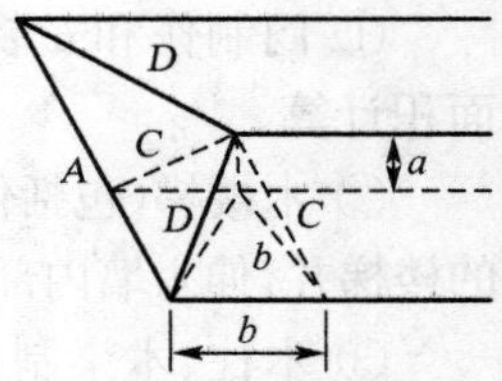

图 6-5 瓦屋面计算示意图

② 卷材屋面:按图示尺寸的水平投影面积×坡度系数以 m² 计算。应扣除通风道所占面积;不扣除房上烟囱、风帽底座面积;应增加伸缩缝、女儿墙(均按弯起高度为 250 mm 计算)、天窗(按弯起 500 mm 计算)等面积;檐沟、天沟按展开面积并入屋面工程量内。

③ 油毡屋面均不包括附加层在内,附加层按设计尺寸和层数另行计算;其他卷材屋面已包括附加层在内,不另计算;收头、接缝材料已列入定额内。

④ 伸缩缝、盖缝、止水带按长度以 m 计算。外墙伸缩缝在墙内、外双面填缝者,工程量按双面计算。

⑤ 刚性屋面:按图示尺寸水平投影面积乘以屋面坡度系数以 m² 计算。不扣除房上烟囱、风帽底座、风道所占面积。

⑥ 涂膜屋面:工程量计算同卷材屋面,油膏嵌缝以延长米计算。

⑦ 平、立面防水工程量按以下规定计算:

A. 涂刷油类防水按设计涂刷面积计算。

B. 防水砂浆防水按设计抹灰面积计算,扣除凸出地面的构筑物、管道、设备基础等所占面积。不扣附墙垛、柱、间壁墙、附墙烟囱及每个 0.3 m² 以内孔洞所占面积。

C. 粘贴卷材、布类:

a. 平面:建筑物地面、地下室防水层按主墙间净面积以 m² 计算。扣除凸出地面的构筑物、柱、设备基础等所占面积。不扣除附墙垛、间壁墙、附墙烟囱及 0.3 m² 以内孔洞所占面积。与墙之间的连接处高度小于 500 mm 者,按展开面积计算后并入平面工程量内;大于 500 mm 时,按立面防水层计算。

b. 立面:墙身防水层按图示尺寸扣除立面孔洞所占面积(小于 0.3 m² 孔洞不扣)以 m² 计算。

⑧ 屋面排水工程量按以下规定计算:

A. 铁皮排水

a. 水落管:按檐口滴水处至设计室外地坪的高度以延长米计算。檐口处伸长部分,勒脚和泄水口的弯起均不增加,但水落管遇到外墙腰线按每条腰线增加长度 25 cm 计算。

b. 檐沟、天沟：均按图示尺寸以延长米计算。

c. 水斗：按个计算。

d. 白铁斜沟、泛水长度：按水平长度×延长系数（或偶延长系数）计算。

B. 玻璃钢、PVC、铸铁排水

a. 水落管、檐沟：按图示尺寸以延长米计算。

b. 水斗、女儿墙弯头：均按只计算。

c. 铸铁落水口：按只计算。

C. 阳台PVC水落管：按只计算。每只阳台出水口至水落管中心线斜长按1m计算。

11）保温、隔热、防腐工程

有关规定要点及主要计算规则：

① 保温隔热层：按（隔热材料净厚度×实铺面积）以m³计算（不包括胶结材料厚度）。

② 地墙隔热层：按围护结构墙体内净面积计算，不扣除小于0.3 m²孔洞所占面积。

③ 屋面架空隔热板、天棚保温层：按图示尺寸实铺面积计算。

④ 墙体隔热层：按实铺体积以m³计算。其中：高度、厚度按图示尺寸计算；长度，外墙按隔热层中心线长度计算，内墙按净长度计算。应扣除冷藏门洞口和管道穿墙洞口所占的体积。

⑤ 软木、聚苯乙烯泡沫平顶：按图示尺寸的铺贴体积（长×宽×厚）以m³计算。

⑥ 整体面层和平面块料面层，适用于楼地面、平台的防腐面层。整体面层厚度、砌块料面层的规格、结合层厚度、灰缝宽度、各种胶泥、砂浆、混凝土的配合比，设计与定额不同应换算，但人工和机械数量不变。块料贴面结合层厚度和灰缝宽度取定见表6-14。

表6-14 块料贴面结合层厚度和灰缝宽度取定表　　　　　　单位：mm

序号	块料贴面结合层名称	结合层厚度	灰缝宽度
1	树脂胶泥、树脂砂浆结合层	6	3
2	水玻璃胶泥、水玻璃砂浆结合层	6	4
3	硫磺胶泥、硫磺砂浆结合层	6	5
4	花岗岩及其他条石结合层	15	8

⑦ 防腐耐酸工程中如浇灌混凝土的项目需立模板时，按混凝土垫层项目的含模量计算，并套"带形基础"定额执行。

⑧ 块料面层以平面砌为准，如立面砌时则按平面砌的相应子目人工乘以系数1.38，踢脚板人工乘以系数1.56，块料人工乘以系数1.01。其他不变。

⑨ 防腐工程项目应区分不同防腐材料种类及厚度，工程量按设计实铺面积以m²计算。其中：a. 砖垛等突出墙面部分，按展开面积计算后并入墙面防腐工程量内；b. 凸出地面的构筑物、设备基础等所占的面积应予扣除。

⑩ 踢脚板按"实铺长度×高度"以m²面积计算，并应扣除门洞所占面积和增加侧壁展开面积。

⑪ 防腐卷材接缝附加层的工料已计入定额中，不另行计算。

12) 厂区道路及排水工程

(1) 有关规定要点

① 厂区道路及排水工程适用于一般工业与民用建筑物所在的厂区或住宅小区的道路、广场及排水。停车场、球场、晒场按道路相应定额执行。其压路机台班乘以系数 1.20。

② 管道铺设不分人工或机械,均执行本定额。

(2) 主要计算规则

① 整理路床、路肩和道路垫层、面层,均按设计规定以 m² 面积计算,路牙(沿)以长度 m 计算。

② 钢筋混凝土井(池)的底、壁、顶和砖砌井(池)的壁,均不分厚度按实体积以 m³ 计算。其中:a. 池壁与排水管连接的壁上孔洞所占的体积,当排水管径≤300 mm 时不予扣除,当排水管径>300 mm 时应予扣除;b. 池壁孔洞上部砌砖碳已包括在定额内,不另行计算;c. 池底和池壁的抹灰应合并计算。

③ 路面伸缩缝、锯缝、嵌缝均按长度以 m 计算。

④ 混凝土和 PVC 排水管均按不同管径按长度以 m 计算,其长度按两井间的净长度计算。

13) 楼地面工程

(1) 有关规定要点

① 各种混凝土、砂浆强度等级、抹灰厚度,如设计要求与定额规定不符时可以换算。

② 整体、块料面层中的楼地面项目,均不包括踢脚线工料;水泥砂浆、水磨石面层楼梯包括踏步、踢脚板、踢脚线、平台、堵头。楼梯板底抹灰应另按相应定额项目计算。

③ 踢脚板高度是按 150 mm 编制的,如设计高度与定额高度不同时,材料按比例调整,其他不变。

④ 扶手、栏杆、栏板适用于楼梯、走廊及其他装饰性栏杆、栏板。扶手、栏杆定额项目中包括了弯头的制作、安装。设计栏杆、栏板的材料、规格和用量与定额不同,可以调整。

⑤ 斜坡、散水、明沟(按苏 J08-2006 图集编制),定额内均已包括挖土、填土、垫层、砌筑(或混凝土)、抹面等在内,不另列项目计算。若采用其他设计图集时,材料含量可以调整,其他不变。

⑥ 花岗岩、大理石板局部切除并分色镶贴成折线图案者称"简单图案镶贴",切除分色镶贴成弧线形图案者称"复杂图案镶贴"。这两种图案镶贴应分别套用定额。

⑦ 大理石、花岗岩板镶贴及切割费用已包括在定额内,但石材磨边未包括在内,应另列项计算。

⑧ 楼梯、台阶内未包括防滑条,如设计用防滑条者,应另列项按相应定额执行。

⑨ 对石材块料面板地面或特殊地面,要求需成品保护者,不论采用何种材料进行保护,均按相应项目执行,但必须是实际发生时才能计算。

⑩ 整体面层项目中均包括基层与装饰面层。找平层砂浆设计厚度不同,可按每增减 5 mm 找平层调整。粘结层砂浆厚度与定额不符时按设计厚度调整。地面防潮层按相应定额执行。

(2) 主要计算规则

① 地面垫层:按主墙间净空面积乘以设计厚度以 m³ 计算。其中:应扣除凸出地面的构筑物、设备基础、室内管道、地沟等所占体积;不扣除柱、垛、间壁墙、附墙烟囱及每个≤

0.3 m² 孔洞所占体积。但门洞、空圈、壁龛开口部分的体积也不增加。

② 基础垫层：按垫层图示尺寸面积乘以设计厚度以 m³ 计算。

③ 整体面层、找平层：按主墙间净空面积以 m² 计算。其中：应扣除凸出地面构筑物、设备基础、室内管道、地沟等所占面积；不扣除柱、垛、间壁墙、附墙烟囱及每个≤0.3 m² 孔洞所占面积；不增加门洞、空圈、壁龛、暖气包槽的开口部分面积。

④ 地板及块料面层：按图示尺寸实铺面积以 m² 计算。应扣除突出地面的建筑物、设备基础、柱、垛、间壁墙所占面积；增加门洞、空圈、暖气包槽、壁龛等的开口部分面积；不扣除每个≤0.3 m² 孔洞的面积。

⑤ 楼梯整体面层：按楼梯间水平投影面积以 m² 计算。其中包括踏步、平台、踢脚板、踢脚线、梯板侧面、堵头、宽度≤200 mm 的楼梯井在内（>200 mm 者应扣除所占面积）；楼梯间与走廊连接的，算至楼梯梁（或走廊墙）的外侧。

⑥ 台阶面层：整体面层按水平投影面积以 m² 计算（包括踏步及最上一层踏步口进去 300 mm）；块料面层按展开（包括两侧）实铺面积以 m² 计算；地面成品保护按实铺面积计算；楼梯、台阶成品保护按水平投影面积计算。

⑦ 水泥砂浆、水磨石踢脚线：按延长米计算。不扣除洞口、空圈的长度；不增加洞口、空圈、垛、附墙烟囱等侧壁长度。块料面层踢脚线：按图示尺寸以实铺延长米计算，扣除门洞，另加侧壁的长度。

⑧ 散水、斜坡道：按图示尺寸的水平投影面积以 m² 计算。

⑨ 石材面、地面嵌金属条和楼梯嵌防滑条：按图示尺寸以延长米计算。

⑩ 明沟连散水：明沟按宽 300 mm 计算，其余为散水，明沟和散水应分开计算。散水、明沟应扣除踏步、斜坡、花台等的长度。明沟按图示尺寸以延长米计算。

⑪ 栏杆、扶手、扶手下托板：均按扶手的延长米计算；楼梯踏步部分的栏杆与扶手应按水平投影长度×1.18 计算。

⑫ 楼梯块料面层：按展开实铺面积以 m² 计算，其中踏步板、踢脚板、休息平台、踢脚线、堵头等工程量应合并计算。

⑬ 地面整体面层：按展开后的净面积计算（如看台台阶和阶梯教室）。

⑭ 多色简单、复杂图案镶贴花岗岩、大理石，按镶贴图案的矩形面积计算。成品拼花石材铺贴按设计图案的面积计算。计算简单、复杂图案之外的面积，在扣除简单、复杂图案时，也按矩形面积扣除。

⑮ 楼地面铺设木地板、地毯：按实铺面积以 m² 计算。楼梯地毯压棍安装以套计算。

14）墙柱面工程

（1）有关规定要点

① 定额按中级抹灰考虑、设计砂浆品种、饰面材料、规格，如与设计要求不同时，可按设计规定调整，但人工数量不变。

② 外墙面窗间墙、窗下墙同时抹灰，按外墙抹灰相应子目执行；单独圈梁抹灰（包括门窗洞口顶部）按腰线子目执行；附着在混凝土梁上的混凝土线条抹灰按混凝土装饰线条抹灰子目执行。但窗门墙单独抹灰或镶贴材料面层，按相应人工×1.15。

③ 墙柱面工程内均不包括抹灰脚手架费用，脚手架费用按"脚手架工程"相应子目执行。

④ 圆弧形墙面、柱面抹灰或镶贴块料面层（包括挂贴或干挂大理石、花岗岩），按相应项

目人工乘 1.18 系数。

⑤ 墙、柱面抹灰及镶贴块料面层的砂浆品种、厚度,如设计与定额不符均应调整。

⑥ 内、外墙镶贴面砖的规格与定额取定规格不符时,其数量应按下式换算:

$$实际数量 = \frac{10 \text{ m}^2 \times (1 + 相应损耗率)}{(砖长 + 灰缝宽) \times (砖宽 + 灰缝厚)} \tag{6-27}$$

⑦ 外墙内表面的抹灰按内墙面抹灰定额执行;砌块墙面的抹灰按混凝土墙面相应抹灰定额执行。

⑧ 外墙面砖基层刮糙处理,如基层处理设计采用保温砂浆时,此部分砂浆作相应换算,其他不变。

⑨ 门窗洞口侧边、附墙垛等小面粘贴块料面层时,门窗沿口侧边、附墙垛等小面排版规格小于块料原规格并需要裁剪的块料面层项目,可套用柱、梁、零星项目。

⑩ 定额中混凝土墙、柱、梁面的抹灰,底层已包括刷 1 道素水泥浆在内。设计设 2 道,每增 1 道按定额相应子目执行。设计采用专用粘结剂时,可套用相应干粉型粘结剂贴子目,材料需换算,其他不变。

⑪ 装饰面层中均未包括墙裙压顶线、压条、踢脚线、门窗贴脸等装饰线,设计有要求时,应按相应子目执行。

⑫ 成品装饰面板,现场安装需做龙骨、基层板时,套用墙面相应子目。

⑬ 高度在 3.6 m 以内的围墙抹灰,均按内墙面相应抹灰子目执行。

⑭ 花岗岩、大理石块料面层均不包括阳角处磨边,设计要求磨边或柱、柱面贴石材装饰线条者,按相应章节(分部)项目执行。

(2) 主要计算规则

① 内墙面抹灰

A. 墙面抹灰:按主墙间图示净长乘以室内地(楼)面至天棚底面间净高的墙面垂直投影面积以 m² 计算。应扣除门窗洞口和空圈所占面积;不扣除踢脚板、挂镜线、每个小于或等于 0.3 m² 的孔洞、墙与构件接触面的面积(石灰砂浆、混合砂浆抹灰中已包括水泥砂浆抹护角线,不另列项计算)。洞口侧壁和顶面抹灰也不增加;垛的侧面抹灰按墙面抹灰计算。

B. 柱与单梁的抹灰:按结构展开面积以 m² 计算。柱与梁或梁与梁接头的面积不予扣除;砖墙中平墙面的混凝土柱、梁等的抹灰(包括侧壁)应并入墙面抹灰工程量中计算;突出墙面的混凝土柱、梁面(包括侧壁)抹灰工程量应单独计算,按相应定额执行。

C. 厕所、浴室隔断抹灰:按单面垂直投影面积×2.3 系数计算。

D. 内墙裙抹灰:按主墙间净长度乘以设计高度以 m² 计算。

② 外墙面抹灰

A. 墙面抹灰:按墙外边的垂直投影面积以 m² 计算。应扣除门窗洞口、空圈所占面积;不扣除小于或等于 0.3 m² 的孔洞面积;增加门窗洞口、空圈的侧壁、顶面及垛等抹灰面积,并按结构展开面积并入墙面抹灰中计算。外墙面不同品种砂浆抹灰,应分别计算,按相应定额执行。

B. 外墙窗间墙与窗下墙均抹灰,按展开面积以 m² 计算。

C. 挑檐、天沟、腰线、扶手、单独门窗套、窗台线、压顶等,均按结构尺寸展开面积以 m²

计算。窗台线与腰线连接时，并入腰线内计算。

D. 外窗台抹灰：按（窗台长度×窗台展开宽度）以 m² 计算。窗台抹灰长度，可按窗洞口宽度两边共加 20 cm 计算；窗台展开宽度 1 砖墙按 36 cm 计算，每增加半砖宽则累增 12 cm 计算。

单独圈梁抹灰（包括门窗洞口顶部）、附着在混凝土梁上的混凝土装饰线条抹灰，均按展开面积以 m² 计算。

E. 阳台、雨篷抹灰：按水平投影面积以 m² 计算。定额中已包括顶面、底面、侧面及牛腿的全部抹灰面积。阳台栏杆、栏板、垂直遮阳板抹灰另列项目计算。栏板按单面垂直投影面积×2.1 系数以 m² 计算。

F. 水平遮阳板顶面、侧面抹灰按其水平投影面积×1.5，板底面积并入天棚抹灰内计算。

G. 勾缝按墙面垂直投影面积计算。其中：应扣除墙裙、腰线和挑檐的抹灰面积；不扣除门、窗套、零星抹灰和门窗洞口等面积；垛的侧面、门窗洞侧壁和顶面的面积也不增加。

③ 镶贴块料面层及花岗岩板挂贴

A. 内、外墙面，柱梁面，零星项目镶贴块料面层：均按块料面层的建筑尺寸（各块料面层粘贴砂浆厚度为 25 mm）面积计算。应扣除门窗洞口面积；侧壁、附垛贴面并入墙面工程量中计算。内墙面腰线花砖按延长米计算。

B. 窗台、腰线、天沟、挑檐、盥洗槽、池脚等块料面层镶贴，均以建筑尺寸（包括砂浆及块料）以展开面积按"零星项目"计算。

C. 花岗岩、大理石板用砂浆粘贴或挂贴，均按面层的建筑尺寸（包括干挂空间、砂浆和板厚度）的展开面积以 m² 计算。

④ 内墙、柱木装饰及柱包不锈钢镜面

A. 内墙裙、内墙面、柱（梁）面的计算

a. 木装饰龙骨、衬板、面层及粘贴切片板按净面积计算，并扣除门、窗洞口及>0.3 m² 的孔洞所占的面积；附墙垛及门窗侧壁并入墙面内计算。

b. 单独门、窗套按相应章节（分部）的相应子目计算。

c. 柱、梁面按展开（宽度×净长）的面积计算。

B. 不锈钢镜面、各种装饰板面的计算

a. 方柱、圆柱、方柱包圆柱的面层，按周长×地（楼）面至天棚底面的高度计算。如地面和天棚有底脚和柱帽时，则地面至天棚底面之高度应从柱脚上表面至柱帽下表面计算。

b. 柱脚、柱帽的工程量按面层的展开面积以 m² 计算，套相应的柱脚、柱帽子目。

C. 玻璃幕墙计算

玻璃幕墙按框外围面积计算。a. 幕墙与建筑顶端、两端的封边按图示尺寸以 m² 计算。b. 自然层的水平隔离与建筑物的连接按延长米计算。c. 幕墙上下设计有窗者，计算幕墙面积时，窗面积不扣除，但每 10 m² 窗面积另增加人工 5 工日（幕墙上铝合金窗不再另外计算）。增加的框料及五金按实计算。

石材圆柱面按石材面外围"周长×柱高"（应扣除柱墩、柱帽的高度）以 m² 面积计算。石材柱墩、柱帽按结构柱直径加 100 mm 后的周长乘其高度以 m² 计算。圆柱腰线按石材面周长计算。

（3）内墙、柱面木装饰及柱面包钢板计算规定

① 设计木墙裙的龙骨与定额的间距、规格不同时,应按比例换算。其中,骨架、衬板、基层、面层均应分开计算。

② 木饰面子目的木基层均未含防火材料,设计要求刷防火漆时,要按"油漆工程"中相应子目执行。

③ 装饰面层中均未包括墙裙压顶线、压条、踢脚线、门窗贴脸等装饰线,如设计有要求时,应按相应章节(分部)的子目执行。

④ 铝合金幕墙的龙骨含量、装饰板的品种,如设计要求与定额规定不同时应调整,但人工和机械不变。

⑤ 不锈钢镜面板包柱,其钢板成型加工费未包括在内,应按市场价格另行计算。

15)天棚工程

(1)有关规定要点

① 天棚的骨架基层分为简单型和复杂型两种,简单型是指每一间面层在同一标高的平面上;复杂型是指每一间面层不在同一标高的平面上,其高差在 100 mm 或以上者,但必须满足不同标高的少数面积占该间面积的 15%以上。

② 上人天棚吊顶检修道分为固定和活动两种,应按设计分别套用定额。

③ 天棚面的抹灰是按中级抹灰考虑,所取定的砂浆品种和厚度是按本计价表附录七取定。如设计砂浆品种和厚度与定额取定不符时,均应按比例调整,但人工数量不变。

(2)主要计算规则

① 天棚:分吊筋、龙骨和面层,应分别列项目套相应定额。天棚吊筋、龙骨按主墙间的水平投影面积以 m² 计算;天棚面层按展开净面积以 m² 计算。不扣除间壁墙、检修孔、附墙烟囱、柱垛、管道所占面积;应扣除独立柱、0.3 m² 以上灯饰、与天棚相连接的窗帘盒面积。天棚面刷乳胶漆、涂料应另列项目计算。

② 天棚龙骨的面积按主墙间的水平投影面积计算。天棚龙骨的吊筋按每 10 m² 龙骨面积套相应子目计算;全丝杆的天棚,吊筋按主墙间的水平投影面积计算。

③ 天棚中假梁、折线、叠线等圆弧形、拱形、特殊艺术形式的天棚饰面,均按展开面积计算。

④ 圆弧形、拱形的天棚龙骨应按其弧形或拱形部分的水平投影面积计算,套用"复杂型"子目。龙骨用量按设计进行调整,人工和机械按"复杂型"天棚子目×1.8 计算。

⑤ 铝合金扣板雨篷、钢化夹胶玻璃雨篷均按水平投影面积计算。

⑥ 天棚抹灰

A. 平天棚抹灰:按主墙间天棚水平面积以 m² 计算。不扣除间壁墙、垛、柱、附墙烟囱、检查孔、通风洞、管道所占面积。

B. 密肋梁、井字梁带天棚抹灰:按展开面积计算,并入天棚抹灰工程量内一并计算。

C. 斜天棚抹灰:按斜面积计算。

D. 檐口天棚、水平遮阳板底面抹灰:按檐口出墙宽度乘以檐口长度以 m² 并入相应天棚抹灰内。

E. 楼梯底面抹灰:当底为斜板时,按其水平投影面积(包括休息平台)×1.18 系数;底板为锯齿形时(包括预制踏步板),按其水平投影面积×1.5 系数。其工程量并入相应天棚抹灰内计算。

F. 天棚抹小圆角抹灰:人工已包括在定额内,材料和机械台班按定额附注增加。如带装饰线时,则其线分别按 3 道线和 5 道线内,以延长米计算。

16)门窗工程

(1)有关规定要点

① 门窗工程分类。门窗工程分为购入构件成品安装、铝合金门窗制作安装、木门窗框扇制作安装、装饰木门扇及门窗五金配件安装五部分。

② 购入构件成品安装。除地弹簧、门夹、管子、拉手等特殊五金外,玻璃及一般五金已包括在相应的成品单价中,一般五金的安装人工已包括在定额内,特殊五金和安装人工应按"门、窗配件安装"的相应子目执行。

③ 铝合金门窗制作与安装:

A. 铝合金门窗制安是按在构件厂制作现场安装编制的,但构件厂至现场的运费应按当地交通部门规定运费执行。

B. 铝合金门窗制作型材分普通铝合金型材和断桥隔热铝合金型材两种,应按设计分别套用定额。设计型材的含量与定额不符时,应按设计用量加 5% 制作损耗调整。

C. 铝合金门窗的五金应按"门窗五金配件安装"另列项目计算。

D. 门窗框与墙或柱的连接是按镀锌铁脚、膨胀螺栓连接考虑,如设计与定额不同,则定额中的铁脚和螺栓应扣除,其他连接件另外增加。

④ 木门窗制作与安装:

A. 定额中的木材断面或厚度均以毛料为准,如设计断面或厚度为净料时,应增加断面刨光损耗:一面刨光加 3 mm,两边刨光加 5 mm,圆木按直径增加 5 mm。

B. 木门窗框、扇定额断面,框以边框断面为准(框裁口如为钉条者加贴条的断面),扇料以立梃断面为准。如设计断面与定额取定断面不同时,应按比例换算。其换算式为

$$\frac{设计断面积(净料加刨光损耗)}{定额断面积} \times 相应项目定额材积$$

或

$$(设计断面积 - 定额断面积) \times 相应项目框、扇每增减 10 \text{ cm}^2 \text{ 的材积} \qquad (6\text{-}28)$$

C. 门窗制作与安装的五金、铁件配件按"门窗五金配件安装"相应项目执行,安装人工已包括在相应定额内,如设计门窗玻璃品种、厚度与定额不符,应调整单价,但数量不变。

D. "门窗五金配件安装"的子目中,五金规格、品种与设计不符时应调整。

E. 设计门窗有艺术造型特殊要求时,因设计差异变化较大,其制作与安装应按实际情况另行处理。

(2)主要计算规则

① 木门窗制作与安装的工程量相同,均按门窗洞口面积以 m^2 计算。

A. 门连窗:门和窗的工程量分别计算,套相应的门、窗定额,窗宽算至门框外侧。

B. 普通窗上带有半圆窗:应按普通窗和半圆窗分别计算。其以普通窗和半圆窗之间的横框上边线为分界线。

C. 无框窗扇按扇的外围面积计算。

② 购入成品的各种铝合金门窗安装,按门窗洞口面积以 m^2 计算。购入成品的木门扇

安装,按购入门扇的净面积计算。

③ 卷帘、拉栅门按(洞口高度+600 mm)×卷帘门宽度。卷帘门上有小门时,其卷帘门工程量应扣除小门面积。卷帘门上小门安装按扇计算,卷帘门上电动提升装置以套计算。手动装置的安装人工、材料已包括在定额内,不另计算。

④ 无框玻璃门按其洞口面积计算。无框玻璃门中,部分为固定门扇、部分为开启门扇时,工程量应分开计算。无框门上带亮子时,其亮子与固定门扇合并计算。

⑤ 门窗框上包不锈钢板均按不锈钢板的展开面积以 m² 计算,木门扇上包金属面或软包面均以门扇净面积计算。无框玻璃门上亮子与门扇之间的钢骨架横撑,按横撑包不锈钢板的展开面积计算。

⑥ 现场铝合金门窗扇制作、安装按门窗洞口面积以 m² 计算。

⑦ 门窗扇包镀锌铁皮,按门窗洞口面积以 m² 计算;门窗框包镀锌铁皮、钉橡皮条、钉毛毡,按图示门窗洞口尺寸以延长米计算。

17) 油漆、涂料、裱糊工程

(1) 有关规定要点

① 油漆项目中已包括钉眼、刷防锈漆的工料,并综合了各种油漆的颜色,设计油漆颜色与定额不符时,其工料均不调整。

② 定额中已综合考虑分色及门窗内外分色的因素,如果设计需做美术图案者可按实计算。

③ 定额中规定的喷、涂刷的遍数如与设计不同时,可按每增减一遍的相应定额子目执行。

④ 抹灰面刷乳胶漆、裱糊壁纸饰面是根据现行工艺编制,定额子目中已包括再次找补腻子在内。

⑤ 涂料定额是按常规品种编制,设计用的品种与定额不符时可换算单价,其余不变。

⑥ 裱糊织锦缎定额中,已包括宣纸的裱糊工料费在内,不得另行计算。

(2) 主要计算规则

① 天棚、墙、柱、梁面的喷(刷)涂料和抹灰面乳胶漆,工程量按实喷(刷)的面积计算,但不扣除 0.3 m² 以内的孔洞面积。

② 木材面油漆。木材面油漆工程量=构件工程量×相应系数。

木材面抹灰面、构件面及金属面油漆系数见表 6-15。

③ 踢脚线按 m 计算,如踢脚线与墙裙油漆材料相同,应合并在墙裙工程量中。

④ 橱、台、柜的工程量按展开面积计算。零星木装修及梁、柱饰面,按展开面积计算。

⑤ 抹灰面的油漆、涂料、刷浆的工程量=相应抹灰的工程量。

⑥ 金属面油漆:按构件油漆部分表面积计算。

⑦ 刷防火涂料:A. 隔壁、护壁木龙骨按其面层正立面投影面积计算;B. 柱木龙骨按其面层外围面积计算;C. 天棚龙骨按其水平投影面积计算;D. 木地板中木龙骨及木龙骨带毛地板按地板面积计算;E. 隔壁、护壁、柱、天棚面层及木地板刷防火涂料,执行其他木材面刷防火涂料相应子目;

表 6-15　抹灰面、木材面、构件表面及金属面油漆系数表

序号	项 目 名 称	系数	工程量计算方法
1	单层木门	1.00	按洞口面积计算
2	带上亮木门	0.96	
3	双层(一玻一纱)木门	1.36	
4	单层全玻门	0.83	
5	单层半玻门	0.90	
6	不包括门套的单层门扇	0.81	
7	凹凸线条几何图案造型单层木门	1.05	
8	木百叶门	1.50	
9	半木百叶门	1.25	
10	厂库房木大门、钢木大门	1.30	
11	双层(单截口)木门	2.00	
12	单层玻璃窗	1.00	
13	双层(一玻一纱)窗	1.36	
14	双层(单裁口)窗	2.00	
15	三 层(二玻一纱)窗	2.60	
16	单层组合窗	0.83	
17	双层组合窗	1.13	
18	木百叶窗	1.50	
19	不包括窗套的单层木窗扇	0.81	
20	木扶手(不带托板)	1.00	按延长米计算
21	木扶手(带托板)	2.60	
22	窗帘盒(箱)	2.04	
23	窗帘棍	0.35	
24	装饰线条宽在 150 mm 内	0.35	
25	装饰线条宽在 150 mm 外	0.52	
26	封檐板、顺水板	1.74	
27	纤维板、木板、胶合板	1.00	长×宽
28	木方格吊顶天棚	1.20	
29	鱼鳞板墙	2.48	
30	暖气罩	1.28	
31	木间壁、木隔断	1.90	外围面积 长(斜长)×高
32	玻璃间壁露明墙筋	1.65	
33	木栅栏、木栏杆(带扶手)	1.82	
34	零星木装修	1.10	展开面积
35	木墙裙	1.00	净长×高
36	有凹凸、线条几何图案的木墙裙	1.05	

续表 6-15

序号	项 目 名 称	系数	工程量计算方法
37	木地板	1.00	长×宽
38	木楼梯(不包括底面)	2.30	水平投影面积
39	槽形板、混凝土折板底面	1.30	长×宽
40	有梁板底(含梁底、侧面)	1.30	
41	混凝土板式楼梯底(斜板)	1.18	水平投影面积
42	混凝土板式楼梯底(锯齿形)	1.50	
43	混凝土花格窗、栏杆	2.00	长×宽
44	遮阳板、栏板	2.10	长×宽(高)
45	单层钢门窗	1.00	洞口面积
46	双层钢门窗	1.50	
47	单层钢门窗带纱门窗扇	1.10	
48	钢百叶门窗	2.74	
49	半百叶钢门	2.22	
50	满钢门或包铁皮门	1.63	
51	钢折叠门	2.30	框(扇)外围面积
52	射线防护门	3.00	
53	厂库房平开、推拉门	1.70	
54	间壁	1.90	长×宽
55	平板屋面	0.74	斜长×宽
56	瓦垄板屋面	0.89	
57	镀锌铁皮排水、伸缩缝盖板	0.78	水平投影面积
58	吸气罩	1.63	展开面积

18)其他零星工程

(1)有关规定要点

① 石材装饰线条以成品安装为准,线条磨边、磨圆角已包括在成品单价中,不再另计。

② 成品保护是指对已做好的项目面层上覆盖保护层。其材料不同不得换算,实际施工中未覆盖的不得计算成品保护费。

③ 定额中除铁件、钢骨架已包括刷防锈漆一遍外,其余均未包括油漆、防火漆的工料,如设计涂刷油漆、防火漆按油漆相应定额子目套用。

④ 定额中的石材磨边是按在工厂无法加工而必须在现场制作加工考虑的,实际由外单位加工的应另行计算。

(2)主要计算规则

① 门窗套:按面层展开面积计算。

② 门窗贴脸:按门窗洞口尺寸外围长度以延长米计算,双面钉贴脸者乘系数2。

③ 窗帘盒(含窗帘轨):按图示尺寸以延长米计算。设计如无规定时,按窗口宽度两边共加300 mm计算。单独安装窗帘轨(杆),也按以上规定计算。

④ 窗台板:按图示尺寸面积以 m² 计算。如图纸未注明窗台长度时,可按窗洞外围另加 100 mm 计算;窗台板宽度按抹灰墙面外另加 30 mm 计算。

⑤ 防潮层按实铺面积以 m² 计算,成品保护层按相应子目的工程量计算;台阶、楼梯按水平投影面积以 m² 计算。

⑥ 大理石洗漱台板按展开面积以 m² 计算。镜面玻璃带框,按框的外围面积计算;不带框的镜面玻璃,按玻璃面积计算。

⑦ 浴帘杆、浴缸拉手及毛巾架:按每支或副计算。

⑧ 单线木压条、木花线条、木曲线条、金属装饰条及多线木装饰条、石材线等安装均按外围延长米计算。

⑨ 窗帘布、窗纱布、垂直窗帘的工程量均按展开面积计算。

⑩ 石材防护剂按实际涂刷面积计算,成品保护层按相应子目的工程量计算,台阶、楼梯按水平投影面积计算。

⑪ 半玻璃隔断是指上部为玻璃隔断,下部为其他材料墙体,其工程量按半玻璃设计边框外边线以 m² 计算。

⑫ 全玻璃隔断是指其高度自下横挡底算至上横挡顶面,宽度按两边立框外边线以 m² 计算。

⑬ 无基层成品镜面玻璃,有基层成品镜面玻璃:工程量均按玻璃外围面积计算,镜框线条另计。

⑭ 浴厕木隔断,其高度自下横挡底算至上横挡顶面,以 m² 计算。门扇面积并入隔断面积内计算。

19) 建筑物超高增加费用

(1) 有关规定要点

① 建筑物超高增加费

A. 建筑物室外设计地面至檐口高度大于 20 m 时(不计女儿墙、屋顶水箱、屋顶电梯间、楼梯间等的高度)或建设物超过 6 层时,应计算超高费。超高费包干使用,不论实际发生多少均不调整。

B. 超高费内容包括人工降效、高压水泵摊销、除垂直运输机械外的机械降效费用、上下联络通信等所需费用。

C. 超高费按下列规定计算:

a. 檐高超过 20 m 或层数超过 6 层部分的建筑物应按其超过部分的建筑面积计算。

b. 檐高 20 m 或 6 层以上楼层,如层高超过 3.60 m 时,以每增高 1 m(不足 0.1 m 按 0.1 m 计算)按相应子目的 20% 计算。

c. 建筑物檐高高度超过 20 m,但其最高一层或其中一层楼面未超过 20 m 时,则该楼层在 20 m 以上部分仅能计算每增高 1 m 的层高超高费。

d. 同一建筑物中有 2 个或 2 个以上的不同檐口高度时,应分别按不同高度竖向切面的建筑面积套用定额。

e. 单层建筑物无楼隔层者高度超过 20 m,其超过部分除要执行按"构件安装工程"定额规定外,另需再按本章(分部)的相应项目计算每增加 1 m 的超高费。

② 单独装饰工程超高人工降效

A. "高度"和"层高",只要其中一个指标达到规定即可套用该项目。

B. 当同一个楼层中的楼面和天棚不在同一计算段内,应按天棚面标高段为准计算。

（2）主要计算规则

① 建筑物超高费以超过 20 m 或 6 层部分的建筑面积（m²）计算。

② 单独装饰工程超高部分人工降效以超过 20 m 或 6 层部分的工日分段计算。

20）脚手架工程

（1）有关规定要点

脚手架分综合脚手架和单项脚手架两部分。单项脚手架适用于单独地下室、多层工业厂房、仓库、展览馆、体育馆、影剧院、礼堂、饭堂、锅炉房、檐高＜3.6 m 的单层建筑、檐高＞3.6 m 的屋顶构架、构筑物和单独装饰工程等。除此之外的其他项目,均为综合脚手架。

① 综合脚手架

A. 檐高＜3.60 m 的单层建筑不执行综合脚手架定额。

B. 综合脚手架项目仅包括脚手架本身的搭拆,不包括建筑物洞口临边、电器防护设施等费用,以上费用已在安全文明施工措施费中列支。

C. 单位工程在执行综合脚手架定额时,遇下列情况应另列项目计算,且不再计算超过20 m 单项目脚手架材料增加费。

a. 各种基础自设计室外地面起深度超过 1.5 m（砖基础至大放脚砖基底面,钢筋混凝土基础至垫层上表面）,同时混凝土带形基础底宽超过 3 m,满堂基础或独立柱基混凝土底面积超过16 m²时,应计算砌墙、混凝土浇捣的脚手架。砖基础以垂直面积按单项脚手架中"里架子",混凝土浇捣按相应"满堂脚手架"定额执行。

b. 层高＞3.6 m 的钢筋混凝土框架柱、梁、墙混凝土浇捣脚手架和高度＞3.6m 的独立柱、单梁、墙混凝土浇捣脚手架,按单项定额规定计算。

c. 高度＞3.6 m 的未计算到建筑面积的室外柱、梁等,应另按单项脚手架相应定额计算。

d. 地下室的综合脚手架按檐高＜12 m 的综合脚手架相应定额×0.5 系数执行。

e. 檐高＜20 m 的悬挑脚手架,可计取悬挑脚手架增加费用;檐高＞20 m 的悬挑脚手架增加费,已包括在"脚手架超高材料增加费"中,不再计算。

② 单项脚手架

A. 本定额适用于综合脚手架以外的檐高＜20 m 的建筑物,不包括女儿墙、屋顶水箱、突出主体建筑的楼梯间、电梯间等高度;檐高＞20 m 的建筑物,脚手架除按本定额计算外,其超过部分所需增加的脚手架加固措施等费用,均按超高脚手架材料增加费子目执行。

B. 高度＜3.6 m 的墙面、天棚、柱、梁抹灰（包括钉间壁、钉天棚）用的脚手架费用,套用3.6m 以内的抹灰脚手架。如室内净高＞3.6 m 时,天棚抹灰（包括钉天棚）应按满堂脚手架计算,但其内墙抹灰不再计算脚手架。高度＞3.6 m 的内墙面抹灰,如无满堂脚手架可利用时,可按墙面垂直投影面积计算抹灰脚手架。

C. 室内天棚净高＞3.6 m 的板下勾缝、刷浆、油漆可另行计算一次脚手架费用,按满堂脚手架相应项目×0.1 计算;墙、柱面刷浆、油漆的脚手架,按抹灰脚手架相应定额×0.1

计算。

D. 外墙镶(挂)贴脚手架定额适用于单独外装饰工程脚手架搭设。

E. 天棚、柱、梁、墙面不抹灰,但满批腻子时,脚手架执行同抹灰脚手架。

F. 综合脚手架按建筑面积计算。单位工程中,不同层高的建筑面积应分别计算。

G. 檐高>20 m 的建筑物,按全部外墙脚手架面积计算。

H. 凡砌筑高度大于 1.5 m 的砌体均需计算脚手架。砌体高度小于等于 3.60 m 者套用"里脚手"定额,砌体高度大于 3.60 m 者套用"外脚手"定额。同一建筑物高度不同时(山墙按平均高度计算),应按不同高度分别计算,套相应定额。

I. 计算脚手架时,不扣除门窗洞口、空圈、车辆通道、变形缝所占体积。

J. 天棚面层高度在 3.6 m 以内,吊筋与楼层的联结点高度大于 3.6 m,应按"满堂脚手架"相应项目基价×0.6 计算。

K. 构件吊装脚手架:按表 6-16 计算。

表 6-16 混凝土和钢构件吊装脚手架费用计算表 单位:元

混凝土构件(m³)				钢构件(t)			
柱	梁	屋架	其他	柱	梁	屋架	其他
1.58	1.65	3.20	2.30	0.70	1.00	1.50	1.00

③ 超高脚手架材料增加费

A. 定额中脚手架是按建筑物檐高在 20 m 以内编制的,檐高超过 20 m 时应计算脚手架材料增加费。材料增加费内容包括脚手架加固和周期延长摊销费。脚手架材料增加费包干使用,无论实际发生多少,均按定额执行,不调整。

B. 檐高超过 20 m 脚手架材料增加费按下列规定计算:

a. 檐高超过 20 m 部分的建筑物应按其超高部分的建筑面积计算。

b. 层高超过 3.60 m 每增高 0.1 m 按增高 1 m 的比例换算(不足 0.1 m 按 0.1 m 计算),按相应项目执行。

c. 建筑物檐高超过 20 m,但其最高一层或其中一层楼面未超过 20 m 时,则该楼层在 20 m 以上部分仅能计算每增高 1 m 的增高费。

d. 同一建筑物中有 2 个或 2 个以上的不同檐口高度时,应分别按不同高度竖向切面的建筑面积套用相应子目。

e. 单层建筑物(无楼隔层者)高度超过 20 m,其超过部分除构件安装按"构件运输与安装工程"章(分部)的规定执行外,另再按相应脚手架增加费项目计算每增高 1 m 的脚手架材料增加费。

(2) 主要计算规则

① 砌筑脚手架:按墙面(单面)垂直投影面积以 m² 计算。

A. 外墙脚手架:面积=外墙外边线长度×外墙高度。外墙高度,对平屋面为自室外设计地坪至檐口底面(或女儿墙顶面)的高度;对坡屋面为自室外设计地坪至屋面板面(或椽子顶面)墙中心高度。如墙外有挑阳台,则每个阳台计算 1 个侧面(2 户连体阳台也只算 1 个侧面)宽度,计入外墙面长度内。

B. 内墙脚手架:面积=内墙净长度×内墙净高度。内墙净高度,山墙按平均净高度;

地下室按自地下室室内地坪至墙顶面高度。

C. 山墙脚手架:自设计室外地坪至山尖二分之一处高度大于3.60 m时,外山墙按相应外脚手架计算,内山墙按单排外架子定额计算。

D. 独立砖柱脚手架:当柱高度小于等于3.60 m时,面积=柱结构外围周长×柱高度,套用"里架子"定额;当柱高度大于3.60 m时,面积=(柱结构外围周长+3.60 m)×柱高度,套用"外架子"(单排)定额。

E. 外墙两面抹灰脚手架:外墙外面抹灰脚手架已包括在砌筑脚手架内,不另计算;外墙内面抹灰脚手架,应计算"抹灰脚手架"。

F. 砖基础脚手架:自设计室外地坪至垫层(或混凝土基础)上表面的深度大于1.50 m时,按相应砌墙脚手架套用定额。

② 现浇混凝土脚手架

A. 当钢筋混凝土基础深度(自设计室外地坪至垫层上表面)大于1.50 m、带形基础底宽大于3.0 m、独立柱基或满堂基础及设备基础的底面积大于16 m² 时的混凝土浇捣脚手架应按槽、坑土方规定放坡工作面后的底面积计算,套用"满堂脚手架定额×0.3"计算脚手架费用(使用泵送混凝土者,混凝土浇捣脚手架不得使用)。

B. 当现浇混凝土单梁、独立柱、墙的高度大于3.60 m时应计算浇捣脚手架,套梁、柱、墙混凝土浇捣脚手架。

单梁:面积=梁净长度×室内地(楼)面至梁顶面高度

柱:面积=(柱结构外围周长+3.60 m)×柱高度

墙:面积=墙净长度×室内地(楼)面至板底高度。

C. 层高超过3.60 m的钢筋混凝土框架柱、墙(现浇混凝土楼板、屋面板)所增加的混凝土浇捣脚手架费用,以每10 m² 框架轴线水平投影面积按满堂脚手架相应子目×0.3;层高超过3.60 m的钢筋混凝土框架柱、梁、墙(预制混凝土楼板、屋面板)所增加的混凝土浇捣脚手架费用,以每10 m² 框架轴线水平投影面积,按满堂脚手架相应子目×0.4计算。

③ 抹灰脚手架

A. 钢筋混凝土单梁、柱、墙按以下规定计算抹灰脚手架:

a. 单梁:面积=梁净长×室内地(楼)面至梁顶高度

b. 柱:面积=(柱外周围长+3.60 m)×柱高度

c. 墙:面积=墙净长×室内地(楼)面至板底高度

B. 墙面抹灰脚手架:面积=墙净长×墙净高

C. 如有"满堂脚手架"可利用时,不再计算柱、梁、墙面抹灰脚手架。

D. 天棚抹灰脚手架:当天棚抹灰高度3.60 m以内时,应按天棚抹灰面(不扣除柱、梁所占面积)的面积以 m² 计算抹灰脚手架。

④ 满堂脚手架:当天棚高度大于3.60 m时,按天棚面积=室内净长×净宽。不扣除柱、垛、附墙烟囱所占面积。

A. 基本层:高度在8 m以内计算基本层。

B. 增加层:高度超过8 m,每增加2 m,计算1层增加层,计算式如下:

$$增加层数 = \frac{室内净高(m) - 8\,m}{2\,m} \tag{6-27}$$

余数在 0.6 m 以内，不计算增加层；超过 0.6 m，按增加 1 层计算。

C. 满堂脚手架高度：从室内地(楼)面至天棚面(或屋面板底面)为准(斜天棚或斜屋面板按平均高度计算)。室内挑台栏板外侧共享空间的装饰，如无满堂脚手架可利用时，按地(楼)面至顶层栏板顶面高度×栏板长度，以 m^2 计算，套相应抹灰脚手架定额。

D. 外架子悬挑脚手架增加费，按悬挑脚手架部分的垂直投影面积计算。

E. 满堂支撑搭拆，按脚手架钢管重量计算。使用费(包括搭设、使用和拆除时间，不计算现场堆积和转运时间)，按脚手架钢管重量和使用天数计算。

⑤ 综合脚手架檐高超过 20 m 脚手架材料增加费：建筑物檐高超过 20 m，即可计算脚手架材料增加费，按超过 20 m 部分的建筑面积计算。单项脚手架檐高超过 20 m，即可计算脚手架材料增加费。建筑物檐高超过 20 m 脚手架材料增加费，同外墙脚手架计算规则，从室外设计地面起算。

⑥ 其他脚手架

A. 斜道、烟囱、水塔、电梯井的脚手架：应区别不同高度以"座"计算。

B. 贮水(油)池脚手架：当高度＞3.60 m 时，其浇捣混凝土脚手架按外壁周长×壁高，按池壁混凝土浇捣脚手架项目执行。若抹灰者则按抹灰脚手架另计。

⑦ 外墙镶(挂)贴脚手架

A. 外墙镶(挂)贴脚手架与外墙砌筑脚手架的计算规则相同。

B. 吊篮脚手架按装修外墙面垂直投影面积以 m^2 计算(高度从室外地面至设计高度计算)。安拆费按施工组织设计或实际数量确定。

21) 模板工程

(1) 有关规定要点

① 模板工程中将模板分为现浇构件模板、现场预制构件模板、加工厂预制构件模板和构筑物工程模板四部分，使用时应分别套用。模板的工程量计算分有按设计图纸计算模板接触面积法和按使用混凝土含模量折算模板面积法，两种方法仅能使用其中一种，不得相互混用。如使用含模量者，竣工结算时模板面积不得调整。

② 模板工作内容包括清理、场内运输、安装、刷隔离剂、浇灌混凝土时模板维护、拆模、集中堆放、场外运输；木模板包括制作(预制构件包括刨光，现浇构件不包括刨光)。

③ 现浇钢筋混凝土柱、梁、墙、板的支模高度以净高在 3.60 m 以内为准；当净高超过 3.60 m 的构件，其钢支撑、零星卡具及模板人工应分别乘表 6-17 中的系数。根据施工规范要求，属于高大支模的，其费用另行计算。

④ 现浇构件模板子目，按不同构件分别编制了组合钢模板配钢支撑、复合木模板配钢支撑，使用时任选一种套用。

⑤ 预制构件模板子目，按不同构件分别以组合钢模板、复合木模板、木模板、定型钢模板、长线台钢拉模、加工厂预制构件配混凝土地模、现场预制构件配砖胎模、长线台配混凝土地胎模编制的，使用其他模板时不予换算。

表 6-17　钢支撑、零星卡具及模板人工系数表

增　加　内　容	层　高　在			
	5 m 以内	8 m 以内	12 m 以内	12 m 以上
独立柱、梁、板钢支撑及零星卡具	1.10	1.30	1.50	2.00
框架柱(墙)、梁、板钢支撑及零星卡具	1.07	1.15	1.40	1.60
模板人工(不分框架和独立柱梁板)	1.05	1.15	1.30	1.40

⑥ 钢筋混凝土柱、梁、板、墙的支模净高是指：

柱——无地下室底层是指设计室外地面至上层板底面、楼层板顶面至上层板底面。

梁——无地下室底层是指设计室外地面至上层板底面、楼层板顶面至上层板底面。

板——无地下室底层是指设计室外地面至上层板底面、楼层板顶面至上层板底面。

墙——整板基础板顶面(或反梁顶面)至上层板底面、楼层板顶面至上层板底面。

⑦ 模板项目中的支撑量已含在周转木材中，模板与支撑按 7：3 拆分。模板材料中已包含砂浆垫块与钢筋绑扎用的 22♯镀锌铁丝在内。

⑧ 有梁板中的弧形梁模板按弧形梁定额执行(含模量＝肋形板含模量)，其弧形板部分的模板按板定额执行。砖墙基上带形混凝土防潮层模板按圈梁定额执行。

⑨ 混凝土底板面积在 1 000 m² 以内时，若使用含模量计算模板面积有梁式满堂基础的反梁或地下室墙侧面的模板如用砖侧模时，其费用应另外增加，但同时应扣除相应的模板面积；底板面积超过 1 000 m² 时，按混凝土接触面积计算。

⑩ 飘窗上下挑板、空调机搁板：按板式雨篷模板定额执行。

⑪ 混凝土线条：按小型构件定额执行。

(2)主要计算规则

模板工程量按以下规定计算：

① 现浇混凝土模板应区分不同材质，按与混凝土接触面积以 m² 计算。若按含模量计算模板接触面积者，其工程量＝构件体积×相应项目含模量。

墙、板上每个小于等于 0.30 m² 的空洞不扣其面积，洞侧壁模板面积不另增加，但凸出墙、板面的模板内、外侧壁应相应增加面积。每个大于 0.30 m² 的空洞应扣其面积，但洞侧壁模板面积并入墙、板模板面积内计算。

墙上单面附墙柱，并入墙内工程量计算；双面附墙柱，按柱工程量计算。柱与梁、柱与墙、梁与梁等连接的重叠部分及伸入墙内的梁头、板头部分均不计算模板面积。

② 现浇混凝土框架分别按柱、梁、墙、板有关规定计算。后浇墙、板带的工程量不扣除。

③ 栏杆按扶手的延长米计算。竖向挑板按模板接触面以 m² 计算。扶手、栏板的斜长按水平投影长度×1.18 计算。

④ 预制混凝土板间或边补现浇板缝(缝宽大于 100 mm 者)的模板按平板定额计算。

⑤ 构造柱外露面均应按图示外露部分计算模板面积(如外露面是锯齿形，则按锯齿形最宽面计算模板宽度)，而构造柱与墙接触面不计算模板面积。

⑥ 现浇混凝土悬挑板、雨篷、阳台，均按图示挑出墙面以外板底尺寸的水平投影面积计算(挑出墙外的牛腿梁及板边模已包括在内，附在阳台梁上的混凝土线条，不计算水平投影

面积）。复式雨篷挑口内侧净高大于 250 mm 时,其超过部分按挑檐定额计算(超过部分的含模量按天沟含模量计算)。

⑦ 现浇混凝土直形楼梯,按图示露明尺寸(包括楼梯段、休息平台、平台梁、斜梁、楼梯与楼板相连接的梁)的水平投影面积计算。计算时不扣除宽度小于等于 500 mm 楼梯井所占面积;伸入墙内部分及楼梯踏步、踏步板平台梁等侧面模板亦不另增算。

⑧ 现浇混凝土雨篷、阳台的竖向挑板按 100 mm 内墙定额执行。

⑨ 现场预制混凝土构件模板,除另有规定者外均按混凝土接触面积以 m² 计算。其中:a. 预制桩不扣除桩尖虚体积;b. 漏空花格窗、花格芯按外围面积计算;c. 加工厂预制构件有此项目,而现场预制无此项目,实际在现场预制时模板按加工厂预制模板子目执行,反之亦同。

⑩ 现场预制混凝土构件模板,若使用含模量计算模板面积者,其工程量＝构件体积×相应项目的含模量(砖地模的费用已包括在定额含量中,不另行计算)。

⑪ 加工厂预制构件的模板,均按混凝土构件设计图纸尺寸以实体计算(漏空花格窗、花格芯除外),空腹构件应扣除空腹体积。

⑫ 加工厂预制的漏空花格窗、花格芯均按外围面积计算。

⑬ 现浇混凝土圆弧形楼梯:按楼梯的水平投影面积以 m² 计算(包括圆弧形梯段、休息平台、平台梁、斜梁、楼梯与楼板相连接的梁)。

⑭ 楼板混凝土后浇板带:以延长米计算(整板混凝土基础的后浇板带不包括在内)。

⑮ 砖侧模:分不同厚度,按砌筑面积以 m² 计算。

22) 施工排水、降水、基坑支护

(1) 有关规定要点

① 人工土方施工排水:是指在人工开挖湿土、淤泥、流砂等施工过程中的地下水排放发生的机械排水台班费用。

② 基坑排水:是指在地下水位以下、基坑底面积超过 150 m² 的土方开挖以后(上述两个条件同时具备),基础或地下室施工期间所发生的排水包干费用(不包括±0.00 以上有设计要求,待框架、墙体完成以后再回填基坑土方期间的排水)。

③ 井点降水:是指在地下水位较高的粉砂土、砂质粉土或淤泥质夹薄层砂性土的地层中,降低地下水位时所发生的费用,一般降水深度为 6 m 以内。井点降水材料使用摊销量中已包括井点拆除时的材料消耗量。井点间距根据地质和降水要求,由施工组织设计确定,一般轻型井点间距为 1.20 m。

④ 基坑钢管支撑为周转性摊销材料,其场内运输、回库保养均已包括在内。支撑处需挖运土方、围檩与基坑护壁的填充混凝土未包括在内,如发生时应另行计算。钢管支撑的场外运输应按"金属Ⅲ类构件"的规定计算。基坑钢筋混凝土支撑应按相应章节规定执行。

⑤ 机械土方工作面中的排水费已包括在土方中,但地下水位以下的施工排水费不包括,如发生时按施工组织设计规定,排水的人工、机械费用另行计算。

⑥ 深井管井降水安装、拆除:按座计算,一天按 24 小时计算。

(2) 主要计算规则

① 人工土方施工排水不分土壤类别、挖土深度,按挖湿土工程量以 m³ 计算。

② 人工挖淤泥、流砂施工排水,按挖淤泥、流砂的工程量以 m³ 计算。

③ 基坑、地下室排水,按土方基坑的底面积以 m² 计算。

④ 井点降水以 50 根为 1 套,累计根数不足 1 套者按 1 套计算。井点降水使用定额单位为套天,一天按 24 小时计算。井管的装拆以"根"计算。

⑤ 基坑钢管支撑以坑内的钢立柱、支撑、围檩、活络接头、法兰盘、预埋铁件等的合并重量按"吨"计算。

23)建筑工程垂直运输

(1) 有关规定要点

① 垂直运输定额工作内容包括国家工期定额内完成单位工程全部工程项目所需的垂直运输机械台班,不包括机械场外运输、一次安装装卸、路基铺垫和轨道铺拆等费用。施工塔吊与电梯基础、施工塔吊和电梯与建筑物连接费用单独计算。

② 定额项目划分是以建筑物"檐高"和"层高"两个指标界定的,只要其中一个指标达到定额规定即可套用该定额子目。

③ 檐高是指设计室外地坪至檐口的高度,突出主体建筑物顶的女儿墙、电梯间、楼梯间、水箱等不计入檐口高度以内;层数指地面以上建筑物的层数,地下室、地面以上部分净高小于 2.10 m 的半地下室不计入层数。

④ 同一工程中出现 2 个或 2 个以上檐高(或层数),当使用同一台垂直运输机械时,定额不作调整;当使用不同台垂直运输机械时,应依照国家工期定额规定并结合施工合同的工期约定分别计算。

⑤ 当垂直运输高度为 3.60 m 以内的单层建筑物、单独地下室和围墙,均不计算垂直运输机械台班。

⑥ 预制混凝土平板、空心板、小型构件的吊装机械费用已包括在定额内,不另再计算。

⑦ 定额中现浇框架是指柱、梁、板全部为现浇钢筋混凝土框架结构,如部分现浇和部分预制,则按现浇框架×0.96 计算。

⑧ 建筑物高度超过定额取定高度,每增加 20 m 则人工、机械按最上两档之差递增;不足 20 m 者按 20 m 计算。

⑨ 当建筑物垂直运输机械数量与定额规定不同时,可按比例调整定额含量。本定额规定:若按卷扬机施工,则配合 2 台卷扬机;若按塔式起重机施工,则配合 1 台塔吊和 1 台卷扬机(或施工电梯)考虑。

⑩ 单独地下室工程项目"定额工期":按不含打桩工期,即自基础挖土开始考虑。

⑪ 多幢房屋下有整体连通的地下室,上部房屋分别套用对应单项工程工期定额。整体连通的地下室,按单独地下室工程执行。

⑫ 柱、梁、板、墙构件中全部现浇的钢筋混凝土框筒结构、框剪结构,按现浇框架定额执行;筒体结构按剪力墙定额执行。

⑬ 在计算定额工期时,未承包施工的打桩、挖土等的工期不扣除。

⑭ 采用履带式、轮胎式、汽车式的起重机(塔吊除外)吊装预制大型构件的工程,除按本定额计算垂直运输费外,还需另按构件吊装有关规定计算构件吊装费用。

(2) 主要计算规则

① 建筑物垂直运输机械台班用量,区分不同结构类型、檐口高度(或层数),按国家工期定额套用单项工程工期,以日历天计算。

② 单独装饰工程垂直运输机械台班用量,区分不同施工机械、垂直运输高度、层数,按定额工日分别计算。

③ 施工塔吊、电梯基础、塔吊及电梯与建筑物的连接件,按施工塔吊及电梯的不同型号以"台"计算。

24) 场内二次搬运

(1) 有关规定要点

① 场内二次搬运:是指建设单位不能按正常合理的施工组织设计提供材料、构件的堆放场地和临时设施用地的工程而发生的二次搬运费用。对于下列施工工程会出现二次搬运情况:a. 市区沿街建筑在现场堆放材料会有困难;b. 汽车不能将材料运入巷内的工程;c. 材料不能直接运到单位工程周边,需再次周转的工程。

② 执行"场内二次搬运"定额时,应以工程所发生的第一次搬运为准。

③ 材料或构件场内二次搬运的水平运距,应以取料中心点为起点和材料堆放中心为终点。超运距增加运距不足整数者,进位取整数计算。

④ 松散材料运输不包括做方,但要求堆放整齐。如需做方者工程量按原方计算。

⑤ 机动翻斗车最大运距为 600 m,单(双)轮车最大运距为 120 m。如超运距时,应另行处理。混凝土构件和水泥制品按实体积计算,玻璃按标箱计算。

⑥ 砂子、石子、毛石、块石、炉渣、矿渣、石灰膏等,按堆积原方计算。

(2) 主要计算规则

① 黄砂、石子、毛石、块石、炉渣、矿渣、石灰膏,均按堆积原方计算。

② 混凝土构件和水泥制品按实体积计算,玻璃按标准箱计算。

6.6　单位工程施工图预算的审查

1) 审查内容

审查施工图预算是落实工程造价的一个有力的措施,是建设单位与施工单位进行工程拨款和工程结算的准备工作。因此,审查工作必须认真细致,严格执行国家的有关规定,促使不断提高施工图预算的编制质量,核实工程造价,落实计划投资。

(1) 审查工程量

① 要抓重点审查。对一些占造价大的,易出差错的分项工程要有重点地认真复核。对建筑工程施工图预算中的工程量,可根据编制单位的工程量计算表,并对照施工图纸尺寸进行审查。主要审查其工程量是否有漏算、重复和错算。审查工程量的项目时,要抓住那些占预算价值比例较大的重点项目进行。例如对砖石工程,钢筋混凝土工程,金属工程,木结构工程,屋、楼、地面工程等分部工程,应作详细核对。同时,要注意各分项工程或构配件的名称、规格、计量单位和数量是否与设计要求及施工规定相符合,小数点有没有点错位置等。审查工程量,要求审查人员必须熟悉设计图纸、预算定额和工程量计算规则。

② 要有针对性的审查。针对具体的工程内容,进行有针对性的审查。举例说明如下:

A. 墙基挖土。先根据基础埋深和土质情况,审查槽壁是否需要放坡,坡度系数是否符合规定;其次审查计算墙基槽长度是否符合规定,是否重叠多算。

B. 墙基与墙身的分界线。通常砖墙基础计算时以室内地坪为界线,而石墙墙身计算时却以室外地坪为界线,因此审查其是否有重叠多算的情况存在。

C. 内外墙砌体。应审查砌体扣除的部分是否按规定扣除,有否不应增加的砌体部分被增加了(如腰线挑砖)。

D. 钢筋混凝土框架中的梁和柱分界。钢筋混凝土框架柱与梁按柱内边线为界,在计算框架柱和框架梁体积时,应列入柱内的就不能在梁中重复计算。

E. 整个单位工程钢筋混凝土结构的钢筋和铁件。钢筋总重量是按设计图纸计算,还是按预算定额含钢量计算,两者只能采用一种方法,不得两种方法同时混合计算使用。

F. 定额内已包括者就不得再另行重算。室外工程的散水、台阶、斜坡等工程量是按水平投影面积计算,定额规定已包括挖土、运土、垫层、找平层及面层等工程内容在内,则不应再重复计算挖、运、垫、找平及面层的工程量。

工程量审查可以采用抽查法:一种是对主要分部分项工程进行审查,而一般的分项工程就可免审;另一种是参照技术经济指标对各分项工程量进行核对。发现超指标幅度较多时应进行重点审查,当出现与指标幅度相近时可免予审查。

(2) 审查预算单价

① 审查预算书中单价是否正确。应着重审查预算书上所列的工程名称、种类、规格、计量单位与预算定额或计价表上所列的内容是否一致。一致时才能套用,否则错套单价就会影响直接费的准确度。

② 审查换算单价。预算定额规定允许换算部分的分项工程单价,应根据定额中的分部分项说明、附注和有关规定进行换算;预算定额规定不允许换算部分的分项工程单价则不得强调工程特殊或其他原因而任意加以换算。

③ 审查补充单价。对于某些采用新结构、新技术、新材料的工程,在定额中确实缺少这些项目而编制补充单价的,应审查其分项工程的项目和工程量是否属实,补充的单价是否合理与准确,补充单价的工料分析是根据工程测算数据还是估算数据确定的。

(3) 审查直接费。决定直接费用的主要因素是各分部分项工程量及相应的预算单价。因此,审查直接费,也就是审查直接费部分的整个预算表,即根据已经过审查的分项工程量和预算单价,审查单价套用是否准确,有否套错和应换算的单价是否已换算,以及换算是否正确等。直接费是各项应取费用的计算基础,务必细心、认真,逐项地计算。审查时应注意:

① 预算表上所列的各分项工程名称、内容、做法、规格及计量单位与计价表中所规定的内容是否相符。

② 预算表中是否有错列已包括在定额内的项目,从而出现重复多算的情况;或因漏列项目而少算直接费的情况。如高度在 3.60 m 以内的抹灰脚手架费用已包括在抹灰项目预算单价内,不得另列项目计算。

(4) 审查间接费。依据施工单位的企业性质、工程规模和承包方式不同,间接费有按直接费计算,也有按人工费为基础进行计算。因此,主要审查以下内容:

① 使用间接费定额时,是否符合地区规定,有否集体企业套用全民企业取费标准。

② 各种费用的计算基础是否符合规定。

③ 各种费用的费率是否按规定的工程类别计算。

④ 利润是否按指导性标准计取,没有计取资格的施工单位不应计取。

⑤ 各种间接费用项目是否正确合理,不该计算的是否计算了。

⑥ 单项取费与综合取费有无重复计算情况。

⑦ 工程类别是否根据结构类型、檐高、层数、建筑面积、跨度等指标确定。

如果一个单位工程内包含有混凝土构件厂制作的混凝土构件、金属加工厂制作的钢结构构件等,这些工程的间接费应根据各地区的具体规定计取。

(5)审查工料分析

① 审查各分部分项工程的单位用工、用料是否符合定额规定。

② 审查单位工程总用工、用料是否正确,总用工量与总人工费是否一致。

③ 审查应该换算或调整的材料有否换算或调整,其方法是否正确。

(6)审查人工、材料、施工机械的价差计算。由于人工、材料和机械台班单价会随市场价格的波动而变化,对使用定额单价而编制的预算需要另行调整价差。审查时应注意:

① 人工费调整方法是否符合规定,当地规定的现行工资单价与定额相差多少。

② 材料价差调整方法是否符合规定,所采用的实际价格(或指导价)是否符合当地市场行情或规定,材料的产地、名称、品种、规格、等级是否与价格相符,材料用量是否正确等。

③ 机械台班费调整方法是否符合规定,预算中考虑的进场大型施工机械的机械名称、品牌规格、施工能力是否合理;是否正确地选用系数法综合调整或按单项机械逐一调整。

(7)审查税金。税金是以按建筑工程造价计算程序计算出的不含税工程造价作为计算基础。审查时应注意:①计算基础是否完整;②纳税人所在地的地点确定是否正确;③税金率选用是否正确(按纳税人所在地而定)。

2)审查方式

(1)会审。由建设单位或建设单位的主管部门,组织施工单位、设计单位等有关单位共同进行审查。这种会审方式由于有多方代表参加,易于发现问题,并可通过广泛讨论取得一致意见,审查进度快、质量高。

(2)单审。对于无条件组织会审的,由建设单位或委托工程造价咨询单位单独进行审查。

3)审查方法

施工图预算的审查,应根据工程规模大小、结构复杂程度和施工条件不同等因素来确定审查深度和方法。对大中型建设项目和结构比较复杂的建设项目,要采用全面审查的方法;对一般性的建设项目,要区分不同情况,采用重点审查和一般审查相结合的方法。

(1)全面审查法。按照设计图纸的要求,结合预算定额分项工程项目的具体规定,逐项全部地进行审查。其过程是从工程量计算、单价套用,直到计算各项费用,求出预算造价。

全面审查的优点是全面、细致、差错少、质量好,但工作量较大。这种方法适用于设计较简单、工程量较少的工程,或是因编制预算技术力量薄弱的施工单位承包的工程。

(2)重点审查法。相对于全面审查法而言,只审查预算书中的重点项目,其他项目不审查。所谓重点项目,是指那些工程量大、单价高、对预算造价有较大影响的项目。建筑工程属于何种结构,就重点审查以这种结构内容为主的有关分部工程各分项工程的工程量及其单价。如砖木结构建筑物,则砖石结构工程分部和木结构工程分部的工程量一定较大,占造价比例也大,应首先予以审查。又如砖混结构房屋,则应重点审查砖石结构工程分部和钢筋混凝土工程分部等等。但重点与非重点只是相对而言,审查时要根据具体情况灵活掌握。

对各种预算中应计取的费用和取费标准也应重点审查。因为工程及其现场条件的特殊性、承包方式和合同条件的特殊性,预算费用项目复杂,往往容易出现差错。

重点审查的优点是对工程造价有影响的项目能得到有效的审查,使预算中可能存在的主要问题得以纠正。但未经审查的次要项目中可能存在的错误得不到纠正。

(3)经验审查法。根据以前的实践经验,审查容易发生差错的那一部分工程项目。以民用建筑中的土方、基础、砖石结构工程等分部中的某些项目为例,说明如下:

① 漏算项目。平整场地和余土外运这两个项目,由于施工图中都不能表示出来,因此有些施工单位编制的施工图预算容易漏算而应予以核增。

② 单价偏高。基槽挖土中套用预算单价往往偏高,审查中应按挖槽后实际土壤类别调整。

③ 多算工程量。在计算基槽土方、垫层、基础和砖墙砌体时,外墙应按墙中心线长度,内墙应按墙净长度计算。但有些单位编制的施工图预算则不论是外墙或内墙,都一律按墙中心线长度计算。这样,就使内墙的土方、垫层、基础和砖墙均多算了工程量。

④ 少算工程量。砖基或砖墙的厚度,无论图示尺寸是 360 mm 还是 370 mm,均应按工程量计算规则规定的厚度 365 mm 计算。砖基础的大放脚,有些施工图预算编制时漏算,而相反也有些施工图预算较普遍的是根据图示尺寸,按每层大放脚高度 60 mm 或 120 mm,宽度每侧每层伸出 60 mm 计算,而不是按砖基础大放脚折加高度进行计算。或者把图示尺寸 60 mm 和 120 mm 的地方,分别改为按 62.5 mm 和 125 mm 计算。这样,就少算了工程量。

⑤ 既多算又少算工程量。在计算砖墙体积时,应扣除在墙中的门窗洞口、混凝土圈过梁、阳台和雨篷梁等所占的体积。但有些单位编制的施工图预算,一是不按门窗框外围面积,而是按图示洞口尺寸,扣除门窗洞口所占砖墙体积计算,因而多扣了门窗洞口的砖墙体积,少算了砖墙体积工程量;二是忘记了扣除阳台和雨篷梁所占的体积,这是因为阳台和雨篷,都是按伸出墙外部分的水平投影面积计算工程量的,因而也就忽略了其嵌入墙内的阳台和雨篷梁部分,结果就导致多算了砖墙的工程量。

(4)分解对比审查法。指一些单位建筑工程,如果其用途、结构和标准都一样,在一个地区或一个城市内,其预算造价也应该基本相同,特别是采用标准设计更是如此。虽然其建造地点和运输条件可能不同,但总可以利用对比方法,计算出它们之间的预算价值差别,以进一步对比审查整个单位工程施工图预算。即把一个单位工程直接费和间接费进行分解,然后再把直接费按工种工程和分部工程进行分析,分别与审定的标准图施工图预算进行对比的方法。如果出入不大,就可以认为本工程预算编制质量合格,不必再作审查;如果出入较大,即高于或低于已审定的标准设计图施工图预算的 10% 时,就需通过边对比边分解审查,哪里出入大就进一步审查那一部分。

分解对比审查法的优点是简单易行,速度快,适用于规模小、结构简单的一般民用建筑住宅工程等,特别适合于一个地区或民用建筑群,采用标准施工图或复用施工图的工程。缺点是对于虽然工程结构、标准和用途等都相同,但由于建设地点和施工企业性质不同,则其有关费用计算标准等都会有所不同,最终必将导致工程预算造价不同。

① 分解对比审查法的适用情况

A. 新建工程和拟建工程采用同一施工图,但基础部分和现场施工条件不同。可按其相同部分,采用对比审查法。

B. 两个工程的设计相同,但建筑面积不同,两个工程的建筑面积之比与两个工程各分部分项工程量之比基本是一致的。可按分项工程量的比例,审查新建工程各分项工程量,或用两个工程的单方造价进行对比审查。

C. 两个工程面积相同,但设计图纸不完全相同。可将相同部分的工程量(如厂房中的柱、屋架、砖墙等)进行对照审查,将不同部分的分项工程量按图纸计算。

② 分解对比的内容

A. 综合技术经济指标。主要有单方造价,单位工程各分部直接费与工程总造价的比例,单位工程人工费、材料费、机械费及其他费用占工程总造价的比例等。

B. 单位工程的工程量综合指标。

C. 单位工程的材料消耗量综合指标。

(5) 分组计算审查法。此法是将预算书中有关项目划分成若干组,利用同组中一个数据来审查有关分项工程量。其方法是:首先将若干个分部分项工程按相邻且有一定内在联系的项目进行编组;然后利用同组中分项工程间具有相同或近似计算的基数关系,审查一个分项工程量,就能判断出其他几个分项工程量的准确度。例如,在建筑物中底层建筑面积、地面、地面垫层、楼面、楼地面找平层、天棚抹灰、天棚刷浆及屋面层可编为一组。可先将底层建筑面积和底层墙体水平面积求出来。然后用底层建筑面积减去底层墙体水平面积,就可求得楼(地)面面积及其相等的楼(地)面找平层、天棚抹灰、天棚刷浆等面积。再用楼(地)面面积分别乘垫层厚度和楼板厚度,就可求出楼(地)面垫层体积和楼板体积。

6.7　单位工程施工图预算(造价)编制实例

一、课题名称

应用计价定额编制某小百货楼工程施工图预算(造价)

二、编制目的

1. 了解《计价定额》《费用定额》的组成内容和使用方法。

2. 掌握单位工程(土建)施工图预算(造价)的编制依据、编制内容及编制程序。

3. 通过单位工程(土建)施工图预算(造价)实例的编制,使读者学会综合运用所学的理论知识,能够独立分析和解决预算工作中的实际问题。

三、编制依据

1. 某小百货楼工程建筑设计图纸(建筑和结构)一套(见附图)。

2.《江苏省建筑与装饰工程计价定额》(2014 年)(江苏省建设厅编)。

3.《江苏省建设工程费用定额》(2014 年)(江苏省建设厅编)。

4. 施工组织设计或施工方案。

5. 施工现场情况及施工条件。

四、图纸说明和做法

1. 本小百货楼为混合结构、外廊式 2 层楼房,室外单跑悬挑式钢筋混凝土楼梯。楼房南北长 7.24 m,东西宽 5.24 m,一、二层层高均为 3 m,平面呈长方形,建筑面积为83.20 m²。

2. 标高:底层室内设计标高±0.00,相当于绝对标高 15.10 m,室内外高差为 0.45 m。

3. 基础:100 厚 C 10 混凝土垫层,250 高 C 20 钢筋混凝土带形基础,M 5 水泥砂浆砌1 砖厚基础墙,20 厚 1:2 水泥砂浆(掺 5％避水浆)墙基防潮层。

4. 墙身:内外墙均用 MU10 普通粘土砖,M 5 混合砂浆砌筑 1 砖厚墙。

5. 地面：素土夯实,70 厚碎石夯实垫层,50 厚 C 10 混凝土找平层,15 厚 1：2 水泥砂浆面层,120 高 1：2 水泥砂浆踢脚线。

6. 楼面：115 高 C 30 预应力钢筋混凝土空心板(型号尺寸见预应力混凝土空心楼板规格一览表),30 厚 C 20 细石混凝土找平层,15 厚 1：2 水泥砂浆面层。踢脚线做法同地面。

7. 屋面：115 高 C 30 预应力钢筋混凝土空心板,20 厚 1：3 水泥砂浆找平层,刷冷底子油一遍,二毡三油防水层,撒绿豆砂 1 层,180 高半砖垫块架空(用 M 5 水泥砂浆砌 120×120 砖垫及板底坐浆),30 厚预制 C 30 细石钢筋混凝土隔热板(用 1：3 水泥砂浆嵌缝)。

8. 外墙抹灰：20 厚 1：1：6 混合砂浆打底和面层。

9. 内墙抹灰：15 厚 1：3 石灰砂浆底,3 厚纸筋石灰浆面,刷乳胶漆二度。

10. 平顶抹灰：1：1：6 水泥石灰纸筋砂浆底,3 厚纸筋石灰浆面,刷乳胶漆二度。

11. 楼梯：C 20 钢筋混凝土预制 L 形悬挑踏步板,20 厚 1：2.5 水泥砂浆抹面层;底面用 1：1：6 水泥纸筋石灰砂浆打底,3 厚纸筋石灰浆抹面,刷石灰水二度。铁栏杆带木扶手(高 900 mm)。踢脚线做法同楼地面。

12. 雨篷、挑廊：70 厚 C 20 钢筋混凝土现浇板,20 厚 1：2.5 水泥砂浆抹板顶面及侧面,底面刷石灰水三度。

13. 女儿墙：M 5 混合砂浆砌 1 砖厚墙(全高 500),C 20 细石钢筋混凝土现浇压顶(断面 300×60,配主筋 3φ8,分布筋 φ6@150),1：3 水泥砂浆抹内侧面及压顶面,外侧面抹灰做法同外墙面。

14. 屋面排水：排水坡度为 3‰(沿短跨双向排水在横向墙顶面砌成双向坡度),玻璃钢落水管 4 根(断面 60×90),玻璃钢落水斗 4 个及玻璃钢弯头落水口 4 个。

15. 门窗：规格型号见施工图纸"木门窗一览表",做法详见苏 J73-2 图集。底层窗C-32 加铁栅(横档为 -30×4@450 扁铁,竖条 φ10@125 钢筋)。门均装普通执手锁。门窗均做门窗套及窗帘盒,具体做法详见苏 J80571/2 A 型。

16. 油漆：木门窗及窗帘盒、门窗套做一底二度奶黄色调和漆;金属面做防锈漆一度,铅油二度;其他木构件均做栗壳色一底二度调和漆。

17. 散水：60 厚 C 10 混凝土垫层,20 厚 1：2.5 水泥砂浆抹面,宽度 500 贯通。

18. 台阶：M 5 水泥砂浆砌砖,20 厚 1：2.5 水泥砂浆抹面。尺寸见图示大样。

19. 挑廊栏板：80 厚 C20 细石混凝土现浇板,顶部配主筋 2φ8 通长,双向分布钢筋 φ4@200,板高 900,内侧 1：2.5 水泥砂浆抹面,外侧干粘石抹面。

20. 其他：窗台用砖侧砌,挑出外墙面 60,1：2.5 水泥砂浆抹面。

五、施工现场情况及施工条件

计算预算(造价)的费用,除要有施工图纸、《计价定额》《费用定额》之外,还必须要有具体建设工程的建设单位和施工单位,及其编制的施工组织设计,才能进行编制确定。但本课题为"真题假做",故做以下现场情况及施工条件的假设。

1. 本工程建设地点在南京市区内,临城市道路,交通运输便利,施工中所用的主要建筑材料、混凝土构配件和木门窗等均可直接运进工地。施工中所需用的电力、给水亦可直接从已有的电路和水网中引用。

2. 施工场地地形平坦,地基土质较好。经地质钻探查明,土层结构为:表层为厚 0.7～1.30 m 的素填土层(夹少量三合土及碎砖不等),其下为厚 1.10～7.80 m 的亚粘土层和强风化残积层。设计以素土层为持力层，地基容许承载力按$[R]=0.1\,\text{N/mm}^2$设计。常年地下水位在地面1.50 m以下，施工时可考虑为三类干土。

3. 工程使用的木门窗、预应力钢筋混凝土空心板、楼梯踏步板及架空板等预制混凝土构件和楼梯铁栏杆均在场外加工生产，由汽车运入工地安装，运距为10 km。成型钢筋及其他零星预制构配件均在施工现场制作。现浇混凝土构件均采用工地自拌混凝土浇筑。

4. 本工程为某建设单位住宅区拆迁复建房的配套房。因用房急，工期短，要求在3个月内建成交付使用。为加快复建房的建设速度，缩短工期，确保质量，本配套房工程采用直接委托方式，建立承发包关系。

5. 承包本工程的施工单位为某县属小型建筑公司。根据其施工技术设备条件和工地情况，施工中土方工程采用人工开挖、机夯回填、人力车运土，卷扬机井架垂直运输。

六、预算编制说明

1. 本工程预算按包工包料承包方式，三大材由甲方供应等情况编制，只作为编制施工图预算的示例。

2. 场内土方运输因地槽挖土量较少（仅21 m³），挖出的土就地暂堆积在基槽旁（槽两侧5 m范围内），待墙基完成后再回填土方，故无须场内土方运输。

3. 本工程预算只计算土建单位工程造价，未包括水电工程、室外工程和其他工程费用。

4. 本工程模板按"含模量"计算，钢筋按设计图纸计算。

5. 木门窗的断面未按定额规定进行换算。

6. 本工程采用的"综合单价"均直接取自《计价定额》的数据，未按《清单计价规范》规则计算其"清单工程量"，再进行经"综合单价分析"后得出的"综合单价"。

7. 本工程施工图预算造价，未按市场价格进行"价差"调整。

8. 本工程的工程量系按《计价定额》的"工程量计算规则"计算得出的"施工工程量"，未按《清单计价规范》计算其"清单工程量"。

七、预算编制程序

1. 计算工程量。根据本小百货楼单位工程施工图预算中所列的分部分项工程项目，按《江苏省建筑与装饰工程计价定额》对有关分项工程进行工程量计算，见本实例**"工程量计算表"**。

2. 编制预算表。当工程量计算完成和预算综合单价确定后，就可按照计价定额中各分部分项工程的排列顺序，逐项填写各分部分项工程项目名称、定额编号、分项工程量及其相应的预算单价（综合单价），然后进行逐项计算，编制预算表，见本实例**"工程预算表"**。

3. 编制工料分析表。有关分项工程的工料分析及汇总，见本实例**"工料分析表"**。

施工图预算工料分析的目的是要把一个单位工程中所需的人工（综合工）和材料数量，通过分部分项工程量与定额量的结合计算出来，以作为备工、备料之用，并满足计算工程造价程序中对"三材"等主要材料进行单项材差调整的需要。本例为节约篇幅，仅对"钢材、木材、水泥、红砖、石灰、黄砂、石子、油毡、玻璃、沥青10种材料进行分析。

施工图预算工料分析见本实例**"工料分析表"**（本表将预算表中定额编号相同的项目合并，名称缩写）。其中，对工料分析表中的砂浆、混凝土、石灰要进行二次分析（配合比分析，为简化，同强度等级的混凝土未按粒径细分），并汇总10种材料用量，见本实例**"工料分析汇总表"**。

4. 编制预算造价计算表（费用表）。根据《江苏省建设工程费用定额》（2014年）"工程

175

量清单法下工程造价计算程序"规定的费用组成内容,计算出该单位工程的分部分项工程费、措施项目费、其他项目费、规费及税金等费用。累计以上各项费用,就得到本单位工程的预算总造价,见本实例"**预算造价计算表**"。

八、附图(某小百货楼工程)

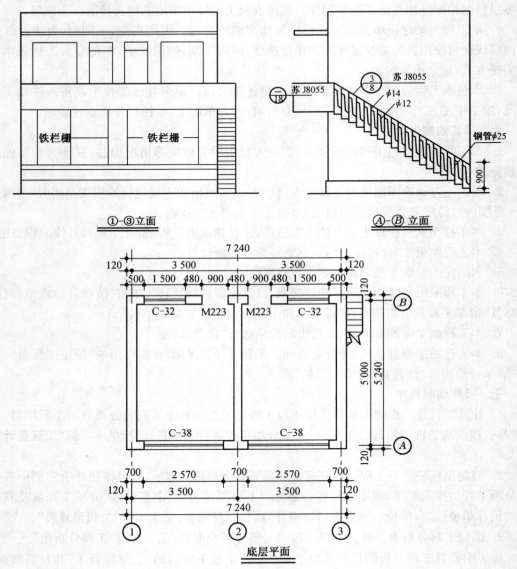

木门窗规格一览表

门窗名称	编号	宽×高	数量	备注
三扇平开有腰窗	C—27	1 500×1 700	4	腰窗高 500
三扇平开有腰窗	C—32	1 500×1 800	2	腰窗高 500
四扇平开有腰窗	C—38	2 570×1 800	2	腰窗高 500
单扇有腰镶板门	M—223	900×2 600	4	腰窗高 500

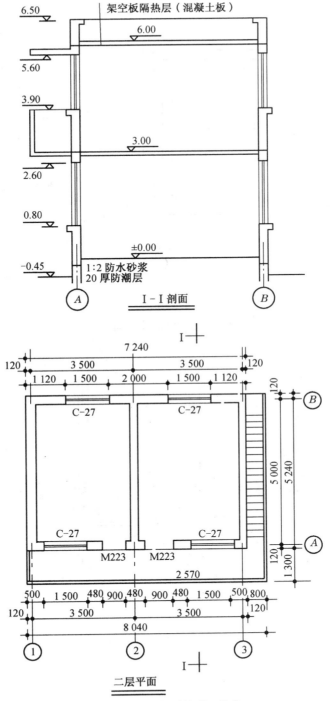

I—I剖面

二层平面

预应力混凝土空心板规格一览表

空心板 编号	规格尺寸 （长×宽×高）(mm)	混凝土用量 （m³/块）	主　筋	钢筋用量 （kg/块）
KB35－52	3 480×500×115	0.129	7φ⁵5	5.35
KB35－62	3 480×600×115	0.154	8φ⁵5	6.38

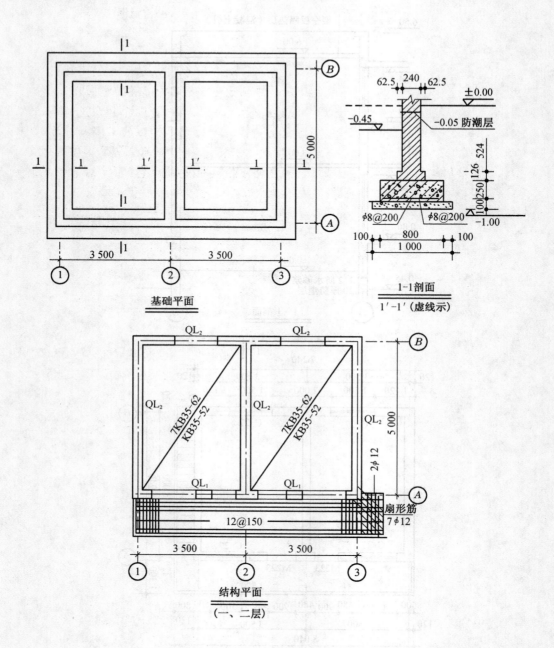

基础平面

1-1剖面

1′-1′（虚线示）

结构平面

（一、二层）

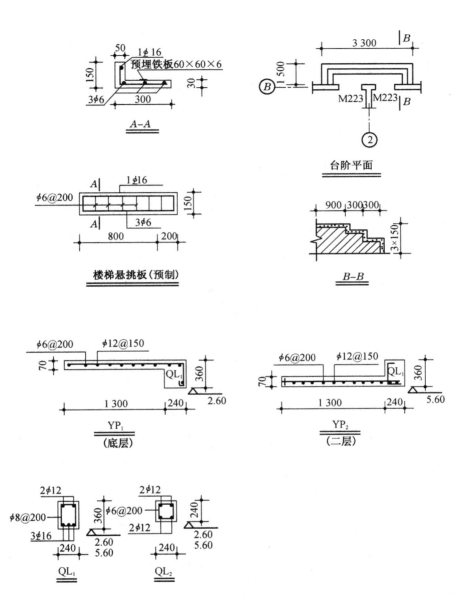

工程量计算表

序号	分部分项工程名称	部位与编号	单位	计　算　式	计算结果
1	建筑面积		m²	按外墙勒脚以上结构的外围水平面积计算	83.20
		底层		墙长　墙宽 7.24×5.24＝37.94 m²	
		二层		7.24×5.24＝37.94 m²	
		室外楼梯		$\frac{1}{2}$×（4.80 水平长度 ×0.80 宽度 ）＝1.92 m²（共16级踏步）	
		挑廊		$\frac{1}{2}$〔(7.24＋0.80) 长度 ×1.3 宽度 ＋(0.80×0.44) 梯口处面积 〕＝5.40 m²	
				合计：83.20 m² （注：室外楼梯及挑廊只计算一半建筑面积）	
	第一章　土方及基础工程				
2	人工挖地槽 （深1.5 m以内三类干土）		m³	按实挖体积以 m³ 计算。墙基宽＜3 m，为挖地槽	21.25
		剖面1—1		地槽宽度：（考虑混凝土带形基础支模板需要，每边加宽工作面30 cm）	
				图示宽　两边加宽 0.80 ＋0.30×2＝1.40 m	
				地槽深度：（从室外地坪算至槽底的垂直高度）	
				槽底标高　室内外高差 1.0 － 0.45 ＝0.55 m	
				地槽断面： 地槽宽度×地槽深度＝1.40×0.55＝0.77 m²	
		②轴上 Ⓐ→Ⓑ		内墙地槽长度按地槽净长计算	
				内墙中长　外墙槽宽 5.0 －(0.70×2)＝3.60 m	
				内墙地槽体积：地槽断面×地槽长度＝ 0.77×3.60＝2.77 m³	
				外墙地槽总长度：（按各外墙地槽中心线长度之和计算）	
		①、③轴上 Ⓐ→Ⓑ		5.0×2＝10.0 m	
		Ⓐ、Ⓑ轴上 ①→③		7.0×2＝14.0 m	
				合计：10.0＋14.0＝24.0 m	
				外墙地槽体积：0.77×24.0＝18.48 m³	
				地槽（挖土）总体积：内墙地槽体积＋外墙地槽体积＝ 2.77＋18.48＝21.25 m³	
3	平整场地		m²	按外墙外边线每边各加 2 m 后所围成的水平面积计算	103.86
				纵外墙边线长　加宽　横外墙边线长　加宽 (7.24 ＋ 4.0)×(5.24 ＋ 4.0)＝ 11.24×9.24＝103.86 m²	
4	地槽原土打底夯		m²	按地槽挖土底面积以 m² 计算	38.64
				内墙地槽底面积：内墙地槽长度×地槽底挖土宽度＝ 3.60×1.40＝5.04 m²	
				外墙地槽底面积：外墙地槽长度×地槽底挖土宽度＝ 24.0×1.40＝33.60 m²	
				地槽底面积：内墙地槽底面积＋外墙地槽底面积＝ 5.04＋33.60＝38.64 m²	
				（内、外墙地槽长度和宽度见序号2之计算）	

工 程 量 计 算 表

序号	分部分项工程名称	部 位与编号	单位	计 算 式	计 算结 果
5	C 10 混凝土基础垫层		m³	按垫层图示尺寸以 m³ 计算	2.80
		1—1 剖面		垫层断面:垫层宽度×垫层厚度 = 1.0×0.10 = 0.10 m³	
		②轴上 Ⓐ→Ⓑ		内墙基垫层净长度:内墙中长－垫层宽度 = 5.0－(0.50×2) = 4.0 m	
				内墙基垫层体积:垫层断面×垫层净长度 = 0.10×4.0 = 0.40 m³	
		①、③轴上 Ⓐ→Ⓑ		外墙基垫层总长度:	
		Ⓐ、Ⓑ轴上 ①→③		等于外墙地槽中心线总长度为 24 m	
				外墙基垫层体积:垫层断面×垫层长度 = 0.10×24.0 = 2.40 m³	
				垫层总体积:内墙基垫层体积＋外墙基垫层体积 = 0.40＋2.40 = 2.80 m³	
6	现浇 C 20 钢筋混凝土带形基础(高/宽<4)		m³	按混凝土基础图示尺寸以 m³ 计算(有梁式)	5.64
				基础断面:基础宽×基础高 = 0.80×0.25 = 0.20 m²	
		②轴上 Ⓐ→Ⓑ		内墙基净长:内墙中长－基础宽 = 5.0－(0.4×2) = 4.20 m	
				内墙基体积:基础断面×内墙基净长 = 0.20×4.20 = 0.84 m³	
		①、③轴上 Ⓐ→Ⓑ		外墙基总长:等于外墙地槽中心线总长为 24 m	
				外墙基体积:基础断面×外墙基总长 = 0.20×24.0 = 4.80 m³	
				混凝土带基总体积:内墙基＋外墙基 = 0.84＋4.80 = 5.64 m³	
7	M 5 水泥砂浆砌砖基础		m³	按砖基图示尺寸以 m³ 计算	4.95
				砖基高:基底标高－(垫层高＋混凝土基础高) = 1.0－(0.10＋0.25) = 0.65 m	
				砖基宽 = 0.24 m(顶面宽度)	
				大放脚高 = 0.126 m,大放脚宽 = 0.062 5 m	
				砖基断面: (砖基宽×砖基高)＋砖基础大放脚断面积 = (0.24×0.65)＋(0.126×0.062 5)×2 = 0.156＋0.016 = 0.172 m²	
		②轴上 Ⓐ→Ⓑ		内墙基净长:内墙中长－外墙厚 = 5.0－(0.12×2) = 4.76 m	
				内墙基体积:砖基断面×内墙基净长 = 0.172×4.76 = 0.82 m³	
		①、③轴上 Ⓐ→Ⓑ		外墙基总长:等于外墙中心线总长为 24.0 m	
		Ⓐ、Ⓑ轴上 ①→③		外墙基体积:砖基断面×外墙基总长 = 0.172×24.0 = 4.13 m³	
				砖基总体积:内墙基＋外墙基 = 0.82＋4.13 = 4.95 m³	

工 程 量 计 算 表

工程名称：某小百货楼工程　　　　　　　　　　　　　　　　　

序号	分部分项工程名称	部位与编号	单位	计　算　式	计算结果
8	墙基(地槽)回填土		m³	按实际回填土方体积以 m³ 计算	10.97
				室外地坪以上砖基体积 ＝ 墙厚×内外墙总长×室内外高差 ＝ 　　　内墙净长　外墙中长 0.24× (4.76 ＋ 24.0)×0.45 ＝ 3.11 m³ (内墙净长和外墙中心线长见序号 7)	
				墙基回填土体积 ＝ 地槽挖土体积－(墙基垫层体积 ＋混凝土基础体积＋砖基础体积 －室外地坪以上砖基体积) ＝ 21.25－(2.80＋5.64＋4.95－3.11) ＝ 10.97 m³	
9	墙基防潮层(1：2 防水砂浆)		m²	按砖基础顶面积以 m² 计算	6.90
				外墙中长　内墙净长　墙厚 (24.0 ＋ 4.76)×0.24 ＝ 6.90 m²	
10	室内(地坪)回填土		m³	按室内主墙间实填土方体积以 m³ 计算	9.78
				地坪厚：碎石垫层＋混凝土找平层＋砂浆面层 ＝ 　　　0.07＋0.05＋0.015 ＝ 0.135 m	
				主墙间净面积：底层建筑面积－防潮层面积 ＝ 　　　37.94－6.90 ＝ 31.04 m²	
				回填土厚：室内外高差－地坪厚 ＝ 　　　0.45－0.135 ＝ 0.315 m	
				回填土体积：31.04×0.315 ＝ 9.78 m³	
				(底层建筑面积及防潮层面积,见序号 1 及序号 9)	
11	室内(地坪)原土打底夯		m²	按室内主墙间净面积以 m² 计算,为 31.04 m² (主墙间净面积见序号 10)	31.04
12	人力车运余土(外运)		m³	挖土体积　　回填土体积 余土体积： 21.25 －(10.97＋9.78) ＝ 0.50 m³ (考虑余土量极小,略去不计)	0
	第四章　砌筑工程				
13	M 5 混合砂浆砌 1 砖内墙		m³	按实砌墙体积以 m³ 计算	6.07
	(混水)	②轴上 Ⓐ→Ⓑ		内墙净长：4.76 m；墙厚 0.24 m	
				层高　圈梁　板头 墙净高 ＝ (3.0 －0.24－0.12)×2 层 ＝ 5.28 m	
				内墙中长　坡度 内墙找坡高度 ＝ (½×5.0)×3% ＝ 0.075 m	
				内墙体积 ＝ (墙长×墙高＋山尖部分面积)×墙厚 ＝ (4.76×5.28＋$\frac{1}{2}$×4.76×0.075)×0.24 ＝ 6.07 m³	
14	M 5 混合砂浆砌 1 砖外墙		m³	按实砌墙体积以 m³ 计算	25.69
	(包括女儿墙)混水			墙长：24.0 m(按外墙中心线长度计算,见序号 7)	
				墙高：自±0.00 算至女儿墙压顶底面	
				压顶标高　压顶高度 墙高 ＝ 6.50 － 0.06 ＝ 6.44 m；墙厚 0.24 m	

工 程 量 计 算 表

工程名称:某小百货楼工程

共 15 页　第 4 页

序号	分部分项工程名称	部位与编号	单位	计　算　式	计算结果
				应扣除部分,包括:	
				(1)外墙圈过梁体积 = $\overset{全部}{3.74}$ - $\overset{内墙部分}{0.55}$ = 3.19 m³	
				(全部圈过梁及内墙圈梁体积见序号22)	
				(2)门窗洞口面积 = 15.60+9.26+9.36 = 34.22 m²	
				(门窗面积见序号68~70)	
				外墙体积 = (墙长×墙高一门窗洞口面积)×墙厚 一圈过梁体积 = (24×6.44-34.22)×0.24-3.19 = 25.69 m³	
15	M5 水泥砂浆砌砖台阶		m²	按实砌水平投影面积以 m² 计算	4.95
				面积 = 台阶水平投影面积以 m² 计算 = 4.95 m²	
				(砖台阶水平投影面积见序号54)	
16	M5 水泥砂浆砌架空板砌砖垫				
	(小型砌体)		m³	按实砌体积以 m³ 计算	0.43
				体积 = 每个砖垫体积×个数 = (0.12×0.12×0.18)×($\overset{纵向}{15}$ × $\overset{横向}{11}$) = 0.002 6×165 = 0.43 m³	
	第五章　钢筋工程			按不同混凝土构件、钢筋规格,不分品种,分别计算钢筋用量。钢筋工程量可按"设计用量"和"定额含钢量"两种计算方法,但只取其中的一种方法	
	(一)设计用量法			钢筋工程量 = 钢筋设计展开长度×钢筋理论重量	
17	1)现浇构件钢筋(普通钢筋)		kg	按图示尺寸以重量计算(见后面"钢筋汇总表"计算)	761
	(1)带形基础			①主筋:φ8@200	
				数量:带形基础长度÷主筋间距+1 $\overset{Ⓐ、Ⓑ轴}{(7.0÷0.2+1)×2}$+$\overset{①、②、③轴}{(5.0÷0.2+1)×3}$ = 150 根	
				每根主筋长度 = (带基宽度一保护层厚)+弯钩长度 = (0.80-0.025×2)+12.5×0.008 = 0.85 m	
				重量 = 每根长度×数量×单位长度重量 = 0.85(m)×150×0.395(kg/m) = 50.4 kg	
				②分布筋:φ8@200	
				数量:带形基础宽度÷分布筋间距+1 = 0.80÷0.20+1 = 5 根	
				每根分布筋长度(平均) = 24+5 = 29 m(内外墙中长)	
				重量 = 29×5×0.395 = 57.3 kg	
				合计重量:50.4+57.3 = 107.7 kg	
	(2)圈过梁(共2道)	QL₁		①主筋:2φ12+3Φ16	
				2φ12 主筋:(数量 2 根)	
		Ⓐ轴上①→③		每根长度:7.24 m (按外墙边长简化计算,未扣保护层,亦未加弯钩)	

工程量计算表

工程名称：某小百货楼工程

序号	分部分项工程名称	部位与编号	单位	计　算　式	计算结果
				重量：$7.24 \times 2 \times 0.888 = 12.9$ kg	
				3Φ16 主筋：(数量 3 根)	
				每根长度：7.24 m(长度计算同上)	
				重量：$7.24 \times 3 \times 1.58 = 34.3$ kg	
				②箍筋：φ8@200	
				数量：圈梁长÷箍筋间距＋1＝$(7.24 \div 0.20) + 1 = 37$ 根	
				每根长度≈圈梁断面周长(近似算法)＝$(0.24 + 0.36) \times 2 = 1.20$ m	
				重量：$1.20 \times 37 \times 0.395 = 17.5$ kg	
				QL_1 合计重量：$12.9 + 34.3 + 17.5 = 64.7$ kg	
		QL_2		①主筋：4φ12	
				每根长＝$(5.0 + 0.24) \times 3 + (7.0 + 0.24) = 22.96$ m	
				重量：$22.96 \times 4 \times 0.888 = 81.6$ kg	
				②箍筋：φ6@200	
				数量：$(5.24 \div 0.20 + 1) \times 3(道) + (7.24 \div 0.20 + 1) = 27 \times 3 + 37 = 118$ 根	
				每根长度≈圈梁断面周长＝$(0.24 + 0.24) \times 2 = 0.96$ m	
				重量：$118 \times 0.96 \times 0.222 = 25.1$ kg	
				QL_2 合计重量：$81.6 + 25.1 = 106.7$ kg	
				圈梁钢筋总重量＝$\overset{QL_1}{(64.7} + \overset{QL_2}{106.7)} \times 2(层) = 342.8$ kg	
	(3)雨篷(YP₂)			①主筋：φ12@150	
				雨篷长度：$7.0 + 0.24 = 7.24$ m	
				数量：$(7.24 \div 0.15) + 1 = 49$ 根	
				每根长：外伸长＋锚固长＋两端弯钩长－保护层厚＝$1.49 + 0.31 + 0.19 + 0.05 \times 4 = 2.19$ m	
				重量：$49 \times 2.19 \times 0.888 = 95.3$ kg	
				②分布筋：φ6@200	
				数量：$\overset{雨篷宽}{1.30} \div 0.20 + 1 = 8$ 根	
				每根长＝$7.24 - 0.05 = 7.19$ m	
				重量＝$8 \times 7.19 \times 0.222 = 12.8$ kg	
				合计总重量：$95.3 + 12.8 = 108.1$ kg	
	(4)挑廊(阳台)YP₁			①主筋：φ12@150	
				数量＝$\overset{挑廊长}{8.04} \div \overset{筋距}{0.15} + 1 = 55$ 根	
				每根长度＝$1.49 + 0.31 + 0.05 \times 2 = 1.9$ m	
				重量＝$55 \times 1.90 \times 0.888 = 92.8$ kg	
				②梯口加筋：2φ12	
				长度：取外伸 2 倍长为 $0.80 \times 2 = 1.60$ m	
				重量＝$1.6 \times 2 \times 0.888 = 2.8$ kg	

工 程 量 计 算 表

工程名称:某小百货楼工程

序号	分部分项工程名称	部位与编号	单位	计　算　式	计算结果
				③分布筋:φ6@200	
				重量 = (8.04 － 0.05)×8 根×0.222 = 14.2 kg （挑廊长　保护层）	
				④扇形筋:7φ12	
				长度取主筋与加筋的平均长(1.9＋1.6)÷2 = 1.75 m	
				重量 = 7×1.75×0.888 = 10.9 kg	
				合计总重量:92.8＋2.8＋14.2＋10.9 = 120.7 kg	
	(5)挑廊栏板			①主筋:2φ8(顶部扶手处)	
	(详见苏 J8055 图集)			栏板长度:10.97 m(见序号 25)	
				重量 = 2×10.97×0.395 = 8.7 kg	
				②双向分布筋:φ4@200	
				竖向长 1.20 m,水平长 10.97 m	
				竖向筋数量 = 10.97÷0.20＋1 = 56 根	
				水平筋数量 = 0.9÷0.20＋1 = 6 根	
				重量 = (56×1.2＋6×10.97)×0.099 = 13.2 kg	
				合计重量:8.7＋13.2 = 21.9 kg	
	(6)女儿墙压顶			①主筋:3φ8	
				主筋长 = 压顶长 = 23.76 m(见序号 26)	
				重量 = 3×23.76×0.395 = 28.2 kg	
				②架立筋:φ6@150	
				每根长 = 0.30 － 0.025×2 = 0.25 m （压顶宽　保护层厚）	
				数量 = 23.76÷0.15 = 158 根	
				重量 = 158×0.25×0.222 = 8.8 kg	
				合计重量:28.2＋8.8 = 37.0 kg	
18	2) 工厂预制构件钢筋		kg	按图示尺寸以重量计算	113
	(1)L 形楼梯踏步板			板数量:19 块(见序号 27)	
				踏步板长:1.04 m;宽 0.30 m;高 0.15 m	
	Ⓐ钢筋	A－A 剖面		①主筋:1φ16＋3φ6	
		1φ16		长度 = (板长 － 保护层厚)＋12.5d = (1.04－0.01×2)＋12.5×0.016 = 1.22 m	
				重量 = 1×1.22×1.58 = 1.93 kg	
		3φ6		长度 = 1.02＋12.5×0.006 = 1.10 m	
				重量 = 3×1.10×0.222 = 0.73 kg	
				②架立筋:φ6@200	
				长度 = (0.15－0.02)＋(0.30－0.02) = 0.41 m	
				数量 = 1.04÷0.20＋1 = 6 根	
				重量 = 6×0.41×0.222 = 0.55 kg	
				合计总重:(1.93＋0.73＋0.55)×19(块) = 61 kg	
19	Ⓑ预埋铁件			预埋件规格:－60 mm×60 mm×6 mm	4
				重量:每块面积×数量×单位面积重量(另计 φ6 铁脚) = 0.06(m)×0.06(m)×19(块)×47.10(kg/m²) = 3.2 kg	

工程量计算表

工程名称：某小百货楼工程　　　　　　　　　　　　　　　　　　　　　　

序号	分部分项工程名称	部位与编号	单位	计　算　式	计算结果
	（2）混凝土架空板钢筋			架空板数量 117 块（见序号 20），配筋为双向 4φ4	
				板长　保护层 每根筋长度 ＝ 0.49 － 0.02 ＝ 0.47 m	
				合计重量 ＝ 0.47×4×2×0.099×140（块）＝ 52.12 kg	
20	预应力钢筋		kg	按图示尺寸以重量计算	200
	预应力空心板（先张法）	普通钢筋		KB 35－52 板：1.35 kg/块×4 块 ＝ 5.40 kg	
				KB 35－62 板：1.58 kg/块×28 块 ＝ 44.24 kg	
				合计重量：5.40＋44.24 ＝ 49.64 kg	
	先张法中的预应力和非预应力筋合并计算套预应力筋定额	预应力钢筋		KB 35－52 板：4.0×4（块）＝ 16.0 kg	
				KB 35－62 板：4.80×28（块）＝ 134.40 kg	
				合计重量：16.0＋134.40 ＝ 150.40 kg	
				普通钢筋＋预应力钢筋 ＝ 49.64＋150.4 ＝ 200 kg（φ5）	

钢筋、铁件用量汇总表

	项　目	构件名称	图纸用量	搭接量	总重量
注：现浇构件钢筋搭接量应按钢筋规格、配置情况和搭接长度规定计算。这里为节省篇幅，直接给出用量	现浇混凝土构件	带形基础	107.7 kg	14.8	761 kg
		圈过梁	342.8 kg		
		雨篷板	108.1 kg		
		挑廊板	120.7 kg		
		栏板	21.9 kg		
		压顶	37.0 kg		
	工厂预制构件	踏步板	61.0 kg		113 kg
		架空板	52.12 kg		
	预应力筋	空心板	200 kg		200 kg
	铁件	踏步板	3.20 kg		4 kg

序号	分部分项工程名称	部位与编号	单位	计　算　式	计算结果
	（二）定额含钢量法		t	钢筋工程量 ＝ 构件体（面）积×含钢量	
				含钢量：查《江苏省建筑与装饰工程计价定额》（2014 年）附录一	
	1）现浇构件钢筋		kg		868
	（1）带形基础钢筋		t	5.64 m³×0.021 t/m³ ＝ 0.119 t	
	（2）过梁钢筋		t	1.74 m³×0.032 t/m³ ＝ 0.056 t	
	（3）圈梁钢筋		t	2.00 m³×0.017 t/m³ ＝ 0.034 t	
	（4）雨篷钢筋（YP2）		t	9.41 m²×0.02 t/m² ＝ 0.188 t	
	（5）挑廊钢筋（YP1）		t	10.80 m²×0.42 t/m² ＝ 0.454 t	
	（6）挑廊栏板钢筋		t	0.79 m³×0.012 t/m³ ＝ 0.009 5 t	
	（7）女儿墙压顶钢筋		t	0.43 m³×0.017 t/m³ ＝ 0.007 3 t	
	2）工厂预制构件钢筋				18
	L 形楼梯踏步板钢筋		kg	0.31 m³×0.056 t/m³ ＝ 0.017 4 t	
	3）预应力构件钢筋				236
	预应力混凝土空心板钢筋		kg	4.82 m³×0.049 t/m³ ＝ 0.236 t	
	第六章　混凝土工程				
21	现浇 C 20 钢筋混凝土过梁		m³	按断面乘长度以 m³ 计算	1.74

工 程 量 计 算 表

工程名称：某小百货楼工程

序号	分部分项工程名称	部位与编号	单位	计　算　式	计算结果
		Ⓐ轴 QL₁ ①→③		宽　　高 过梁断面 = 0.24×0.36 = 0.086 m²	
				过梁长度 = 门窗宽度＋0.50 m(加宽)	
		二层 C－27 窗		过梁长度 = (1.50＋0.50)×2(樘) = 4.00 m	
		一层 C－38 窗		过梁长度 = (2.57＋0.50)×2(樘) = 6.14 m	
		二层 M－223 门		过梁长度 = (0.90＋0.50)×2(樘) = 2.80 m	
				合计长度 = 4.0＋6.14＋2.80 = 12.94 m	
		Ⓑ轴 QL₂ ①→③		过梁断面　过梁长度 QL₁ 过梁体积 = 0.086 × 12.94 = 1.11 m³	
				宽　　高 过梁断面 = 0.24×0.24 = 0.058 m²	
		二层 C－27 窗		过梁长度 = (1.50＋0.50)×2(樘) = 4.0 m	
		一层 C－32 窗		过梁长度 = (1.50＋0.50)×2(樘) = 4.0 m	
		一层 M－223 门		过梁长度 = (0.90＋0.50)×2(樘) = 2.80 m	
				合计长度 = 4.0＋4.0＋2.80 = 10.80 m	
				QL₂ 过梁体积 = 0.058×10.80 = 0.63 m³	
				QL₁　　QL₂ 过梁总体积 = 1.11＋0.63 = 1.74 m³	
22	现浇 C20 钢筋混凝土圈梁		m³	按圈过梁总体积减去过梁体积计算	2.00
		QL₁		圈过梁断面 = 0.086 m²　（见序号 21 计算）	
		Ⓐ轴上 ①→③通长		圈过梁长：7.24 m	
				QL₁ 总体积：圈过梁断面×圈过梁长 　　　　　= 0.086×7.24 = 0.62 m³	
		QL₂		圈过梁断面 = 0.058 m²（见序号 21 计算）	
				内外墙圈梁净长：	
		①、②、③轴 Ⓐ→Ⓑ		内墙中长　墙厚 (5.0 － 0.12×2)×3 道 = 14.28 m	
		Ⓑ轴上 ①→③通长		7.24 m	
				合计长：14.28＋7.24 = 21.52 m	
				QL₂ 总体积 = 0.058×21.52 = 1.25 m³	
				QL₁　 QL₂ 圈过梁总体积：(0.62＋1.25)×2 层 = 3.74 m³	
				圈过梁体积　过梁体积 圈梁体积 = 3.74 － 1.74 = 2.0 m³ （过梁体积见序号 21）	
23	现浇 C20 钢筋混凝土雨篷（顶层）		m²	按伸出墙外水平投影面积计算	9.41
				长度　　宽度 水平投影面积 = 7.24×1.3 = 9.41 m²	
24	现浇 C20 钢筋混凝土挑廊（阳台）		m²	按伸出墙外水平投影面积计算	10.80

工 程 量 计 算 表

工程名称:某小百货楼工程 共 15 页 第 9 页

序号	分部分项工程名称	部位与编号	单位	计 算 式	计算结果
				水平投影面积＝长度×宽度＋楼梯口现浇部分面积＝(8.04×1.30)＋(0.80×0.44)＝10.80 m² 其中:楼梯口现浇部分长度＝楼梯水平投影长度－③轴外墙外边线长度＝5.24－4.80＝0.44 m	
25	现浇 C 20 钢筋混凝土挑廊栏板		m³	按图示尺寸以 m³ 计算	0.79
				栏板厚:0.08 m 栏板高:0.90 m	
				正面长 侧面长 伸入墙内 栏板外包长:(7.24＋0.80＋1.30＋1.54)＋0.25＝10.88＋0.25＝11.13 m	
				外包长 栏板厚 栏板中心线长＝11.13－0.08×2＝10.97 m	
				长 高 厚 栏板体积＝10.97×0.90×0.08＝0.79 m³	
26	现浇 C 20 钢筋混凝土压顶(女儿墙上)		m³	按图示尺寸以 m³ 计算	0.43
				宽 厚 压顶断面＝0.30×0.06＝0.018 m² 压顶中心线长＝女儿墙中心线长－4×(压顶宽－女儿墙厚)(见图示)＝24－4×(0.30－0.24)＝23.76 m (女儿墙中心线长＝外墙中心线长,见序号6) 压顶断面 压顶中心线长 压顶体积＝ 0.018 × 23.76 ＝0.43 m³	
27	预制 C 20 钢筋混凝土 L 形楼梯踏步板		m³	按图示尺寸以 m³ 计算	0.31
				踏步板宽 0.25 m;厚 0.03 m;长 1.04 m	
				竖直部分高度:0.15 m; 厚度:0.05 m	
				楼梯水平投影长度＝0.30＋0.25×18 块＝4.80 m	
				踏步板块数:楼梯水平投影长度÷踏步板宽度－1＝4.8÷0.25－1＝19 块	
				〔或(楼层高度÷踏步板高度)－1＝(3.0÷0.15)－1＝19 块〕	
				竖直部分 水平部分 每块板断面积:(0.15×0.05)＋(0.25×0.03)＝0.015 m²	
				断面 长 每块板体积:0.015×1.04＝0.016 m³	
				每块体积 块数 全部踏步板体积: 0.016 × 19＝0.31 m³	
28	预制 C 20 钢筋混凝土屋面架空板		m³	按图示尺寸以 m³ 计算	1.01
				纵女儿墙中长 女儿墙厚 屋面纵向长＝ 7.0 － 0.24＝6.76 m	
				长 板宽 纵向架空板块数＝6.76÷0.50＝13.52≈14(块)	

188

工 程 量 计 算 表

工程名称:某小百货楼工程 共 15 页　第 10 页

序号	分部分项工程名称	部位与编号	单位	计　算　式	计算结果
				屋面纵向长 = $\dfrac{\text{纵女儿墙中长}}{7.0}$ − $\dfrac{\text{女儿墙厚}}{0.24}$ = 4.76 m	
				横向架空板块数 = 4.76 ÷ $\dfrac{\text{长}}{0.5}$ = 9.52 ≈ 10(块)	
				屋面架空板总块数 = 14 × 10 = 140 块	
				每块板体积 = $\overset{\text{长}}{0.49}$ × $\overset{\text{宽}}{0.49}$ × $\overset{\text{厚}}{0.03}$ = 0.007 2 m³	
				架空板总体积 = 0.007 2 × 140 块 = 1.008 m³	
29	预制 C 30 预应力钢筋混凝土空心板		m³	按扣除空腹后的实体积计算 空心板实体积可查苏 G 8007 图集得到	4.82
		KB 35−52		每块体积　块数 0.129 × 4 = 0.52 m³	
		KB 35−62		0.154 × 28 = 4.30 m³	
				合计体积:4.82 m³	
	第七章　金属结构工程				
30	铁窗栅制安	底层 C−32 窗	kg	按窗栅图示尺寸以重量计算(见序号 79) (注:考虑亮子部分也装铁栅较为安全)	30.08
31	铁栏杆制作		kg	按图示尺寸重量(不计焊条重量)计算	40.34
		立杆 1φ25 管		重量:每根长度×根数×单位长重量 = 0.90 × 1 × 2.42 = 2.18 kg	
		立杆 18φ14		重量:0.90 × 18 × 1.21 = 19.60 kg	
		斜杆 19φ12		重量:19 × 1.10 × 0.888 = 18.56 kg	
				合计重量:2.18 + 19.60 + 18.56 = 40.34 kg	
	第八章　构件运输与安装工程				
32	空心板运输		m³	空心板制作体积(见序号 29)×(1+运输损耗率) = 4.82 × 1.018 = 4.91 m³	4.91
33	架空板、踏步板运输		m³	踏步板架空板体积(见序号 28)×(1+运输损耗率) = (0.31 + 1.01) × 1.018 = 1.34 m³	1.34
34	铁栏杆及铁窗栅运输		kg	同铁栏杆及铁窗栅制作重量(见序号 31 及 79) 40.34(铁栏杆) + 30.08(铁窗栅) = 76.4 kg	76.4
35	空心板安装		m³	空心板制作体积(见序号 29)×(1+安装损耗率) = 4.82 × 1.010 = 4.87 m³	4.844
36	楼梯踏步板安装		m³	踏步板制作体积×(1+安装损耗率) = 0.31 × 1.010 = 0.313 m³	0.312
37	铁栏杆安装		kg	见序号 31 之计算	40.34
38	空心板接头灌缝		m³	按实有空心板体积计算(见序号 29)	4.82
39	踏步板接头灌缝		m³	按踏步板的体积计算(见序号 27) (注:此项亦可不计)	0.31
	架空板接头灌缝		m³	按架空板的体积计算(见序号 28)	1.01
40	木门窗场外汽车运输		m²	按门窗面积计算	43.48
				门窗总面积 = 34.22 + 9.26 = 43.48 m² (见序号 67~69 及 70)	
41	架空板安装		m³	按架空板体积×系数 = 1.01 × 1.01 = 1.02	1.02

工 程 量 计 算 表

工程名称：某小百货楼工程　　　　　　　　　　　　　　　　　　　　共 15 页　第 11 页

序号	分部分项工程名称	部位与编号	单位	计　算　式	计算结果
	第十章　屋面及防水工程				
42	女儿墙泛水卷材附加层		m²	$(24.0 - 4 \times 0.24) \times 0.5 = 11.52$ m²	11.52
43	屋面二毡三油防水层		m²	同屋面水泥砂浆找平层面积（见序号 53）	39.09
44	屋面玻璃钢落水管（60×90）		m	按檐口至室外地坪高度以延长米计算	25.80
				每根落水管长度＝ ${\overset{\text{屋面标高}}{6.00}}$ ＋ ${\overset{\text{室内外高差}}{0.45}}$ ＝6.45 m	
				共计长度:6.45×4 根＝25.80 m	
45	屋面玻璃钢落水斗		个	4 个	4
46	女儿墙玻璃钢弯头落水口		个	4 个	4
	第十三章　楼地面工程				
47	地面碎石垫层		m³	按主墙间净面积乘厚度以 m³ 计算	2.17
				地面主墙间净面积:31.04 m²（见序号 10）	
				垫层体积＝31.04×0.07＝2.17 m³	
48	地面 C10 混凝土垫层		m³	按主墙间净面积乘厚度以 m³ 计算	1.55
				垫层体积＝31.04×0.05＝1.55 m³	
49	楼地面 1:2 水泥砂浆面层		m²	主墙间净面积×2 层＝31.04×2＝62.08 m²	62.08
50	楼面 C 20 混凝土找平层		m²	按主墙间净面积以 m² 计算	31.04
	（厚 30 mm）			找平层面积＝主墙间净面积＝31.04 m²	
51	水泥砂浆踢脚线	内墙	m	按内墙面净长度以延长米计算	71.40
	（高 120 mm）	①、②、③轴		墙面净长＝(${\overset{\text{墙中线长}}{5}}$ － ${\overset{\text{墙厚}}{0.24}}$)×4 面＝19.04 m	
		Ⓐ、Ⓑ轴		墙面净长＝(3.50－0.24)×4＝13.04 m	
				内墙合计:(19.04＋13.04)×2 层＝64.16 m	
		外廊		水平长＝7.24 m	
				合计长度＝64.16＋7.24＝71.40 m	
52	楼梯水泥砂浆抹面		m²	按楼梯水平投影面积计算	3.84
				抹面面积＝(${\overset{\text{水平长}}{4.80}}$×${\overset{\text{宽}}{0.80}}$)＝3.84 m²	
53	屋面水泥砂浆找平层		m²	按实面积以 m² 计算	39.09
				找平层面积＝屋面净面积＋女儿墙泛水弯起面积	
				屋面净面积＝底层建筑面积－女儿墙中长×墙厚＝ 37.94－24.0×0.24＝32.18 m²	
				泛水弯起部分面积＝女儿墙内侧周长×弯起高度＝ (24.0－4×0.24)×0.30＝6.91 m²	
				合计面积:32.18＋6.91＝39.09 m²	
54	砖砌台阶（水泥砂浆抹面）		m²	按台阶水平投影面积计算	4.95
				水平面积＝3.30(长)×1.50(宽)＝4.95 m²	
55	混凝土散水		m²	按散水水平投影面积计算	11.83
				散水宽度:0.50 m	
				散水中线长度（忽略楼梯所占长度）－台阶宽度＝ (外墙墙面周长＋4×散水宽度)－台阶宽度＝ (24.96＋4×0.50)－3.30＝23.66 m	

工 程 量 计 算 表

工程名称:某小百货楼工程　　　　　　　　　　　　　　　　　　共 15 页　第 12 页

序号	分部分项工程名称	部位与编号	单位	计　算　式	计算结果
				(外墙墙面周长见序号 85)	
				散水投影面积 = 散水中线长度 × 散水宽度 = 23.66 × 0.50 = 11.83 m²	
56	楼梯扶手下托木制安		m	按木扶手长度以延长米计算(见序号 72)	5.75
	第十四章　墙柱面工程				
57	石灰砂浆粉内墙面		m²	按内墙面净面积以 m² 计算	150.33
				内墙面毛面积 = 楼地面踢脚线长度 × 楼层净高 = 踢脚线长　层高　板厚 64.08 × (3.0 − 0.12) = 184.55 m² (踢脚线长度见序号 51)	
				毛面积　门窗面积 内墙面净面积 = 184.55 − 34.22 = 150.33 m² (见序号 67 ~ 69)	
58	水泥砂浆粉外墙勒脚 (高 500)		m²	按外墙勒脚净面积以 m² 计算	11.17
				外墙外周长　高 勒脚毛面积 = 24.96 × 0.50 = 12.48 m²	
				应扣除面积包括:	
				宽　勒脚高　数量 M − 223 门洞面积 = 0.90 × 0.05 × 2 = 0.09 m²	
				台阶平均长度　高度 台阶侧面积 = 2.70 × 0.45 = 1.22 m²	
				勒脚净面积 = 勒脚毛面积 − 门洞部分面积 − 台阶侧面积 = 12.48 − 0.09 − 1.22 = 11.17 m²	
59	水泥砂浆粉女儿墙内侧		m²	按抹灰面积以 m² 计算	3.23
				抹灰净高 = 女儿墙高 − 油毡泛水弯起高 − 压顶高 = 0.50 − 0.30 − 0.06 = 0.14 m	
				内侧周长 抹灰面积 = 23.04 × 0.14 = 3.23 m²	
60	混合砂浆粉外墙面		m²	按外墙面净面积以 m² 计算	126.86
				外墙面高 = 女儿墙顶标高 + 室内外高差 − 勒脚高 = 6.50 + 0.45 − 0.50 = 6.45 m	
				周长　高 外墙面毛面积 = 24.96 × 6.45 = 160.99 m²	
				应扣除门窗面积:34.22 m²(见序号 67~69) 但其中在勒脚内部分面积为 0.09 m²(见序号 58) 即应扣:34.22 − 0.09 = 34.13 m²	
				毛面积　应扣 外墙面净面积 = 160.99 − 34.13 = 126.86 m²	
61	水泥砂浆粉窗台		m²	按规则,窗台抹灰面积 = (窗宽 + 0.20) × 0.36	5.67
		C−27		抹灰面积 = (1.50 + 0.20) × 0.36 × 4 樘 = 2.448 m²	
		C−32		抹灰面积 = (1.50 + 0.20) × 0.36 × 2 = 1.224 m²	
		C−38		抹灰面积 = (2.57 + 0.20) × 0.36 × 2 = 1.994 m²	
				合计面积 = 2.448 + 1.224 + 1.994 = 5.67 m²	

工 程 量 计 算 表

工程名称:某小百货楼工程　　　　　　　　　　　　　　　　　　　　共 15 页　第 13 页

序号	分部分项工程名称	部位与编号	单位	计　算　式	计算结果
62	水泥砂浆粉女儿墙压顶		m²	按压顶展开面积以 m² 计算	9.98
				压顶展开宽度 = 0.30 + 0.06 × 2 = 0.42 m	
				中心线长 压顶抹灰面积 = 0.42 × 23.76 = 9.98 m²	
63	水泥砂浆粉雨篷及挑廊		m²	按水平投影面积以 m² 计算(上、下表面)	40.42
				雨篷　挑廊 (9.41 + 10.80) × 2 面 = 40.42 m² (水平投影面积见序号 23、24)	
64	1:2.5 水泥砂浆粉挑廊栏板内侧及扶手		m²	按(栏板内侧面积 + 扶手展开面积)计算	10.36
	栏板内侧			栏板内侧高 0.90 m;扶手顶宽 0.08 m	
				外侧长　　板厚 栏板内侧长度 = 10.88 − 4 × 0.08 = 10.56 m	
				内侧长　高 栏板内侧面积 = 10.56 × 0.9 = 9.50 m²	
	栏板扶手			栏板中心长　　顶宽 扶手展开面积 = (10.88 − 2 × 0.08) × 0.08 = 0.86 m² (栏板外侧及中心长见序号 25)	
				合计面积 = 9.50 + 0.86 = 10.36 m²	
65	挑廊栏板外侧干粘石		m²	外侧面积 = (外侧面长 + 栏板端部宽) × (栏板高度 + 挑廊板厚) = (10.88 + 0.08) × (0.90 + 0.07) = 10.63 m² (栏板外侧面长见序号 25 之计算)	10.63
	第十五章　天棚工程				
66	石灰砂浆抹平顶		m²	按图示尺寸以 m² 计算	67.84
	(包括楼梯底面)			室内平顶面积 = 楼地面面积 = 62.08 m² (见序号 49)	
				楼梯底面面积 = 楼梯水平投影面积 × 1.50 系数 = 3.84 × 1.50 = 5.76 m² (楼梯水平投影面积见序号 52)	
				合计面积:62.08 + 5.76 = 67.84 m²	
67	预制板底网格纤维布贴缝		m	按图示预制板缝长度以 m 计算	11.74
				9(条/间) × 4(间) × 3.26(每条长度) = 11.74 m	
	第十六章　门窗工程				
68	三扇平开有腰玻璃窗制安		m²	按窗洞口面积以 m² 计算	15.60
	(见苏 J73-2 图集)	C-27 窗		面积 = 窗宽 × 窗高 × 数量 = 1.50 × 1.70 × 4 = 10.20 m²	
		C-32 窗		面积 = 1.50 × 1.80 × 2 = 5.40 m²	
				合计面积:10.20 + 5.40 = 15.60 m²	
69	四扇平开有腰玻璃窗制安	C-38 窗	m²	面积:2.57 × 1.80 × 2 = 9.26 m²	9.26
70	单扇有腰镶板门制安		m²	按门洞口面积以 m² 计算	9.36
		M-223 门		面积 = 门宽 × 门高 × 数量 = 0.90 × 2.60 × 4 = 9.36 m²	
71	窗排木板(改铁栏栅)	(底层 C-38)	m²	排木板面积:9.26 m²(见序号 69)	9.26
72	门　锁		把	4 把	4
73	楼梯铁栏杆带木扶手		m	按木扶手长度以延长米计算	5.75

工 程 量 计 算 表

工程名称：某小百货楼工程 共 15 页 第 14 页

序号	分部分项工程名称	部位与编号	单位	计 算 式	计算结果
				长度 = 楼梯水平长度×1.15 系数 = 5.0×1.15 = 5.75 m	
74	普通有腰多扇木窗五金配件	C—27 窗 C—32 窗	樘	按樘数计算：4+2+2 = 8 樘	8
75	有腰单扇镶板门五金配件	M—223 门	樘	按樘数计算：4 樘	4
	第十七章　油漆、涂料、裱糊工程				
76	单层有腰木门油漆		m²	按门单面面积×系数以 m² 计算：9.36 m²×0.96 = 8.99 m²	8.99
77	单层玻璃木窗油漆		m²	按窗单面面积乘系数以 m² 计算	43.38
				C—27 C—32　C—38　排木窗 油漆面积 = 15.60+9.26 + 9.26×2.00 = 43.38 m²	
	楼梯木扶手、窗帘盒油漆		m	按图示长度乘系数以延长米计算	
78	楼样木扶手油漆	木扶手	m	木扶手长度见序号 49 为 5.75 m×2.60 = 14.95 m	14.95
79	窗帘盒油漆	窗帘盒	m	窗帘盒长度×2.04 系数 = 16.54×2.04 = 33.74 m	33.74
80	楼梯铁栏杆及铁窗栅油漆		m²	按图示尺寸的油漆面积以 m² 计算	35.26
	铁栏杆及铁窗栅油漆	铁栏杆	m²	水平长　系数　高 油漆面积 = 5.0 × 1.15 × 0.90 = 5.18 m²	
		铁窗栅	m²	油漆面积 = 30.08 m²（见序号 30）	
				合计油漆面积 = 5.18+30.08 = 35.26 m²	
81	平顶及内墙面刷乳胶漆		m²	按实刷面积以 m² 计算	218.33
				平顶　　内墙 刷涂料面积 = 68.0+150.33 = 218.33 m² （平顶及内墙面抹灰面积见序号 66 及 57）	
82	雨篷、挑廊及楼梯		m²	按实刷面积以 m² 计算	25.97
	底面刷石灰水二度			雨篷及挑廊　楼梯底 刷浆面积 = 20.21 + 5.76 = 25.97 （雨篷、挑廊及楼梯底面积见序号 63 及 66）	
	第十八章　其他零星工程				
83	窗帘盒（带木棍）		m	按每樘门、窗宽度每边加 15 cm 以延长米计算	16.54
		C—27 窗		长度 = 每樘窗帘盒长度×数量 = (1.50+0.15×2)×4 = 7.20 m	
		C—38 窗		长度 = (2.57+0.15×2)×2 = 5.74 m	
		C—32 窗		长度 = (1.50+0.15×2)×2 = 3.60 m	
				合计长度：7.20+5.74+3.60 = 16.54 m	
84	窗套		m²	按窗外围长度×窗套宽度的面积计算	16.88
		C—27 窗		周　长　宽度　数量 (1.5+1.7)×2×0.30× 4 = 7.68 m²	

工 程 量 计 算 表

工程名称:某小百货楼工程   共15页 第15页

序号	分部分项工程名称	部位与编号	单位	计　算　式	计算结果
		C—32 窗		$(1.5+1.8)\times2\times0.30\times2=3.96\ m^2$	
		C—38 窗		$(2.57+1.8)\times2\times0.30\times2=5.24\ m^2$	
				合计面积 $=7.68+3.96+5.24=16.88\ m^2$	
85	门套		m²	按门外侧边与顶面的长度之和×门套宽的面积计算	24.20
		M—223 门		$(0.90+2.60\times2)\times0.3\times4=24.20\ m^2$	
	第二十章　脚手架工程				
86	综合脚手架		m²	按建筑面积计算	83.20
	(层高<3.60 m且檐高<12 m)			建筑面积 $=83.20\ m^2$(见序号1)	
	第二十一章　模板工程				
87	现浇混凝土基础模板		m²	按混凝土与模板接触面积计算或按含模量计算,这里按第二种方法 面积 $=$ 构件混凝土体积×含模量 $=$ $5.64\ m^3\times1.89\ m^2/m^3=10.66\ m^2$	10.66
88	现浇混凝土圈梁模板		m²	面积 $=2.0\ m^3\times8.3\ m^2/m^3=16.60\ m^2$	16.60
89	现浇混凝土过梁模板		m²	面积 $=1.74\ m^3\times12.00\ m^2/m^3=20.88\ m^2$	20.88
90	现浇混凝土雨篷模板		m²	按雨篷水平投影面积计算,$9.41\ m^2$	9.41
91	现浇混凝土栏板模板		m²	面积 $=0.79\ m^3\times25\ m^2/m^3=19.75\ m^2$	19.75
92	现浇混凝土挑廊模板		m²	按挑廊水平投影面积计算,$10.80\ m^2$	10.80
93	现浇混凝土压顶模板		m²	面积 $=0.43\ m^3\times11.10\ m^2/m^3=4.77\ m^2$	4.77
94	工厂预制踏步板模板		m³	按混凝土构件体积计算,$0.31\ m^3$	0.31
95	工厂预制架空板模板		m³	按混凝土构件体积计算,$0.84\ m^3$	0.84
96	工厂预制空心板模板		m³	按混凝土构件体积计算,$4.82\ m^3$	4.82
97	墙基混凝土垫层模板		m²	面积 $=2.83\ m^3\times1.0\ m^2/m^3=2.83\ m^2$	2.83
	第二十三章　建筑工程垂直运输				
98	砖混结构卷扬机施工		天	按国家工期定额确定为60天	60
				檐高 $=0.45+5.60=6.05\ m$	

工 程 预 算 表

工程名称：某小百货楼工程

序号	定额编号	分项工程名称	计量单位	工程量	综合单价（元）	复价（元）
1		建筑面积	m²	83.20		
		第一章　土方工程				
2	1—27	人工挖地槽（深1.5 m Ⅲ类干土）	m³	21.25	47.47	1 008.74
3	1—98	平整场地	10 m²	10.39	60.13	624.75
4	1—99	地面原土打底夯	10 m²	3.10	12.04	37.32
5	1—100	基槽原土打底夯	10 m²	3.86	15.08	58.21
6	1—102	地面回填土（夯填）	m³	9.78	28.40	277.75
7	1—104	基槽回填土（夯填）	m³	10.97	31.17	341.94
8	6—1	现浇C10混凝土基础垫层	m³	2.80	385.69	1 079.93
		小　计	元			3 428.64
		第四章　砌筑工程				
9	4—1	M5水泥砂浆砌砖基础	m³	4.95	406.25	2 010.94
10	4—35	M5混合砂浆砌砖外墙	m³	25.69	442.66	11 371.94
11	4—41	M5混合砂浆砌砖内墙	m³	6.07	426.57	2 589.28
12	4—52	墙基防水砂浆防潮层	10 m²	0.69	173.94	1 200.19
13	4—55换	M5水泥砂浆砌砖台阶	10 m²	0.50	1689.10	844.55
14	4—57换	M5水泥砂浆砌架空板砖垫	m³	0.43	526.06	226.21
		小　计	元			18 243.11
		第五章　钢筋工程				
15	5—1	现浇构件钢筋（φ12内）	t	0.761	5 470.72	4 163.22
16	5—11	工厂预制构件钢筋（φ16内）	t	0.113	5 634.03	636.65
17	5—15	先张法预应力钢筋（φ5内）	t	0.200	6 876.15	1 375.23
18	5—28	预埋铁件制安	t	0.004	3 463.13	13.85
		小　计	元			6 188.95
		第六章　混凝土工程				
19	6—4	现浇带形（梁式）基础C20混凝土	m³	5.64	372.84	2 102.82
20	6—21	现浇圈梁C20混凝土	m³	2.00	498.27	996.54
21	6—22	现浇过梁C20混凝土	m³	1.74	567.88	988.11
22	6—47	现浇挑檐C20混凝土	10 m²	0.94	475.07	446.57
23	6—49	现浇挑廊C20混凝土	10 m²	1.08	808.70	873.40
24	6—52	现浇挑廊栏板C20混凝土	m³	0.79	577.77	456.44
25	6—57	现浇女儿墙压顶C20混凝土	m³	0.43	540.40	232.37
26	6—94	工厂预制圆孔板C30混凝土	m³	4.82	528.56	2 547.66
27	6—109	工厂预制楼梯踏步板C20混凝土	m³	0.31	581.93	180.40
28	6—112	工厂预制架空板C20混凝土	m³	1.01	692.34	699.26
		小　计	元			9 523.57
		第七章　金属结构工程				
29	7—42	楼梯铁栏杆制作	t	0.040	7 314.20	292.57
30	7—57	铁窗栅制安	t	0.030	8 944.78	268.34
		小　计	元			560.91
		第八章　构件运输及安装工程				
31	8—9	圆孔板运输（汽车运10 km）Ⅱ类	m³	4.910	176.90	868.58
32	8—9	踏步板、架空板运输（汽车运10 km）Ⅱ类	m³	1.340	176.90	237.05
33	8—33	铁栏杆、铁窗栅运输（汽车运10 km）Ⅱ类	m³	0.076	91.29	6.94

工 程 预 算 表

序号	定额编号	分项工程名称	计量单位	工程量	综合单价（元）	复价（元）
34	8－45	木门窗运输（汽车运 10 km）	100 m²	0.44	676.15	297.51
35	8－87	圆孔板安装	m³	4.884	120.23	587.20
36	8－93	踏步板安装	m³	0.312	156.21	48.74
37	8－93	架空板安装	m³	1.020	156.21	159.33
38	8－107	圆孔板接头灌缝	m³	4.82	173.84	837.91
39	8－111	踏步板接头灌缝	m³	0.31	125.40	38.87
40	8－111	架空板接头灌缝	m³	1.01	125.40	126.65
41	8－149	楼梯铁栏杆安装	m³	0.040	1 503.43	60.14
		小　计	元			3 268.92
		第十章　屋面及防水工程				
42	10－125	屋面二毡三油防水层	10 m²	3.91	555.70	2 172.79
43	10－126	女儿墙泛水卷材防水层	10 m²	1.15	630.31	724.86
44	10－222	玻璃钢水落管（60×90）	10 m	2.58	159.99	412.77
45	10－225	玻璃钢水落斗	10 只	0.4	196.72	78.69
46	10－226	玻璃钢女儿墙弯头落水口	10 只	0.4	387.39	154.96
		小　计	元			3 544.07
		第十三章　楼地面工程				
47	13－9	地面碎石垫层（厚 70）	m³	2.17	171.45	372.05
48	13－11	地面 C10 混凝土垫层（厚 50）	m³	1.55	395.95	613.72
49	13－15	屋面 1∶3 水泥砂浆找平层	10 m²	3.91	130.68	510.96
50	(13－18)－(13－19)×2	C20 细石混凝土楼面找平层（30）	10 m²	3.10	160.85	498.64
51	13－24	楼梯 1∶2 水泥砂浆抹面	10 m²	0.384	827.94	317.93
52	(13－22)－(13－23)	1∶2 水泥砂浆楼地面面层（15）	10 m²	6.21	134.96	838.10
53	13－25	台阶 1∶2 水泥砂浆抹面	10 m²	0.495	408.18	202.05
54	13－27	楼地面水泥砂浆踢脚线	10 m	7.14	62.94	449.39
55	13－160	楼梯栏杆木扶手制安	10 m	0.575	1 284.37	738.51
56	13－163换	C10 混凝土散水	10 m²	1.183	603.79	714.28
		小　计	元			5 255.63
		第十四章　墙柱面工程				
57	14－38	1∶3 石灰砂浆粉内墙面	10 m²	15.033	209.95	3 156.18
58	14－8	1∶2.5 水泥砂浆粉女儿墙内侧	10 m²	0.323	254.64	82.25
59	14－8	1∶2.5 水泥砂浆粉勒脚	10 m²	1.117	254.64	284.43
60	14－14	1∶2.5 水泥砂浆粉雨篷、挑廊	10 m²	4.042	1 026.61	4 149.56
61	14－15换	1∶2.5 水泥砂浆粉窗台、墙压顶	10 m²	1.565	786.44	1 230.78
62	14－17	1∶2.5 水泥砂浆粉栏板内侧	10 m²	1.036	393.03	407.18
63	14－37	1∶1∶6 混合砂浆粉外墙面	10 m²	12.686	235.95	2 993.26
64	14－71	栏板外侧面干粘石	10 m²	1.063	604.20	642.27
		小　计	元			12 945.91
		第十五章　天棚工程				
65	15－84	纸筋灰浆粉平顶及楼梯底	10 m²	6.784	205.34	1 393.03
66	15－93	预制板底网格纤维贴缝	10 m	11.74	26.93	316.16
		小　计	元			1 709.19

工 程 预 算 表

工程名称：某小百货楼工程 　　　　　　　　　　　　　　　　　　共5页　第3页

序号	定额编号	分项工程名称	计量单位	工程量	综合单价（元）	复价（元）
		第十六章　门窗工程				
67	16－26	排木板窗（改用不锈钢拉栅）	10 m²	0.926	4 576.79	4 238.11
68	16－87	有腰多扇玻璃窗框制作	10 m²	2.486	508.80	1 264.88
69	16－88	有腰多扇玻璃窗框安装	10 m²	2.486	49.57	123.23
70	16－89	有腰多扇玻璃扇制作	10 m²	2.486	515.76	1 282.18
71	16－90	有腰多扇玻璃扇安装	10 m²	2.486	504.40	1 253.94
72	16－185	有腰单扇三冒头镶板门框制作	10 m²	0.936	489.37	458.05
73	16－186	有腰单扇三冒头镶板门扇制作	10 m²	0.936	670.18	627.29
74	16－187	有腰单扇三冒头镶板门框安装	10 m²	0.936	61.11	57.20
75	16－188	有腰单扇三冒头镶板门扇安装	10 m²	0.936	192.27	179.97
76	16－330	有腰多扇普通木窗五金	樘	8	116.24	929.92
77	16－339	有腰单扇镶板门五金	樘	4	72.15	288.60
78	16－312	门锁安装（执手锁）	把	4	96.34	385.36
		小　计	元			11 088.73
		第十七章　油漆、涂料、裱糊工程				
79	17－1	单层木窗一底二度调和漆	10 m²	4.34	334.40	1 451.30
80	17－2	单层木门一底二度调和漆	10 m²	0.90	320.40	288.36
81	17－3	楼梯扶手一底二度调和漆	10 m	1.50	66.41	99.62
82	17－4	窗帘盒一底二度调和漆	10 m	3.374	206.57	696.97
83	17－132	楼梯铁栏杆、铁窗栅油漆（第一遍）	10 m²	0.353	45.21	15.96
84	17－133	楼梯铁栏杆、铁窗栅油漆（第二遍）	10 m²	0.353	41.19	14.54
85	17－135	楼梯铁栏杆、铁窗栅防锈漆（一遍）	10 m²	0.353	57.23	20.20
86	17－176	内墙面刷乳胶漆	10 m²	15.033	191.02	2 871.60
87	17－178	天棚面刷乳胶漆	10 m²	6.800	283.20	1 925.76
88	17－228	雨篷、挑廊、楼梯底面刷石灰水	10 m²	2.597	15.79	41.01
		小　计	元			7 425.32
		第十八章　其他零星工程				
89	18－66	暗窗帘盒制作（带轨）	100 m	0.165 4	4 088.34	676.21
90	18－45	窗套	10 m²	1.688	1 461.83	2 467.57
91	18－48	门套	10 m²	0.732	1 839.40	1 346.68
92	18－73	窗帘轨道安装	100 m	0.165 4	1 731.76	286.43
		小　计	元			4 776.89
		第二十章　脚手架工程				
93	20－1	综合脚手架	m²	83.20	17.99	1 496.77
		小　计	元			1 496.77
		第二十一章　模板工程				
94	21－1	墙基现浇混凝土垫层模板	10 m²	0.28	558.01	156.24
95	21－5	现浇有梁式带形基础模板	10 m²	1.07	464.14	496.63
96	21－41	现浇混凝土圈梁模板	10 m²	1.67	430.39	718.75
97	21－43	现浇混凝土过梁模板	10 m²	2.09	605.32	1 265.12
98	21－75	现浇混凝土雨篷模板	10 m²	0.94	896.76	842.95
99	21－79	现浇混凝土挑廊模板	10 m²	1.08	1 044.95	1 128.55
100	21－86	现浇混凝土挑廊栏板模板	10 m²	1.98	511.36	1 012.49
101	21－93	现浇混凝土女儿墙压顶模板	10 m²	0.48	552.95	265.42
102	21－168	预制混凝土楼梯踏步板模板	m³	0.31	493.09	152.86

工 程 预 算 表

工程名称：某小百货楼工程　　　　　　　　　　　　　　　　　共4页　第4页

序号	定额编号	分项工程名称	计量单位	工程量	综合单价（元）	复价（元）
103	21—184	预制混凝土圆孔板模板	m³	4.82	100.34	4 836.39
104	21—157	预制混凝土架空板模板	m³	0.84	157.51	132.31
		小　计	元			11 007.71
		第二十三章　建筑物垂直运输				
105	23—1	砖混结构卷扬机施工（檐高6.05 m）	天	60	394.06	23 643.60
		小　计	元			23 643.60
		共　计	元			124 107.92

工 程 预 算 表

工程名称：某小百货楼工程　　　　　　　　　　　　　　　　　共4页　第4页

序号	定额编号	分项工程名称	计量单位	工程量	单价（元）	复价（元）
		附：换算综合单价计算				
13	4—55换	综合单价＝1 697.20－（184.89－172.79）＝1 689.10 元/10 m²				
14	4—57换	综合单价＝528.12－（40.12－38.06）＝526.06 元/m³				
50	(13—18)—(13—19)×2	综合单价＝206.97－23.06×2＝160.85 元/10 m²				
52	(13—22)—(13—23)	综合单价＝165.31－30.35＝134.96 元/10 m²				
56	13—163换	综合单价＝622.39－（236.14－217.54）＝603.79 元/10 m²				
61	14—15换	综合单价＝797.01－（275.64－265.07）＝786.44 元/10 m²				

综合单价组成表

工程名称：某小百货楼工程

共5页　第1页

序号	定额编号	单位	工程量	人工费（元）单价	人工费（元）复价	材料费（元）单价	材料费（元）复价	机械费（元）单价	机械费（元）复价	管理费（元）单价	管理费（元）复价	利润（元）单价	利润（元）复价
	第一章	土方工程											
1	1—27	m³	21.25	34.65	736.31					8.66	184.03	4.16	88.40
2	1—98	10 m²	10.39	43.89	456.02					10.97	113.98	5.27	54.76
3	1—99	10 m²	3.10	7.70	23.87			1.09	3.38	2.20	6.82	1.05	3.26
4	1—100	10 m²	3.86	9.24	35.67			1.77	6.83	2.75	10.62	1.32	5.10
5	1—102	m³	9.78	20.02	195.80			0.71	6.94	5.18	50.66	2.49	24.35
6	1—104	m³	10.97	21.56	236.51			1.19	13.05	5.69	62.42	2.73	29.95
7	6—1	m³	2.80	112.34	314.55	222.07	621.80	7.09	19.85	29.85	83.58	14.33	40.12
	小计	元			1 998.74		621.80		50.05		512.11		245.94
	第四章	砌筑工程											
8	4—1	m³	4.95	98.40	487.08	263.38	1 303.73	5.89	29.16	26.07	129.05	12.51	61.93
9	4—35	m³	25.69	118.90	3 054.54	271.87	6 984.34	5.76	147.97	31.17	800.76	14.96	384.32
10	4—41	m³	6.07	108.24	657.02	270.39	1 641.27	5.76	34.96	28.50	173.00	13.68	83.04
11	45—2	10 m²	0.69	58.22	40.17	87.13	60.12	5.15	3.55	15.84	10.93	7.60	5.24
12	4—55换	10 m²	0.50	405.08	202.54	1 109.97	554.99	23.55	11.78	107.16	53.58	51.44	25.72
13	4—57换	m³	0.43	182.86	78.63	270.55	116.34	5.15	2.22	47.00	20.21	22.56	9.70
	小计	元			4 519.98		10 660.79		229.64		1 187.53		569.95
	第五章	钢筋工程											
14	5—1	t	0.761	885.60	673.94	4 149.06	3 157.44	79.11	60.20	241.18	183.54	115.77	88.10
15	5—11	t	0.113	1 003.68	113.42	4 158.47	469.91	73.37	8.29	269.26	30.43	129.25	14.61
16	5—15	t	0.200	1 450.58	290.12	4 781.50	95.63	78.36	15.67	382.24	76.45	183.47	36.69
17	5—28	t	0.004	1 931.92	7.73	258.48	1.03	407.24	1.63	584.79	2.34	280.70	1.12
	小计	元			1 085.21		3 724.01		85.79		292.76		140.52
	第六章	混凝土工程											
18	6—4	m³	5.64	61.50	346.86	245.84	1 386.54	31.20	175.97	23.18	130.74	11.12	62.72
19	6—21	m³	2.00	157.44	1 314.88	268.48	536.96	10.29	20.58	41.93	83.86	20.13	40.26
20	6—22	m³	1.74	207.46	360.98	269.56	469.03	10.29	17.91	54.44	94.73	26.13	45.47
21	6—47	10 m²	0.94	151.70	142.60	246.94	232.12	14.82	13.93	41.63	39.13	19.98	18.78
22	6—49	10 m²	1.08	255.02	275.42	423.70	457.60	26.00	28.08	70.26	75.88	33.72	36.42
23	6—52	m³	0.79	207.46	163.89	270.80	213.93	16.60	13.11	56.02	44.26	26.89	21.24

综合单价组成表

工程名称：某小百货楼工程

序号	定额编号	单位	工程量	人工费(元)		材料费(元)		机械费(元)		管理费(元)		利润(元)	
				单价	复价	单价	复价	单价	复价	单价	复价	单价	复价
24	6—57	m³	0.43	175.48	75.46	280.22	120.50	14.43	6.21	47.48	20.42	22.79	9.80
25	6—94	m³	4.82	115.62	557.29	300.82	1 449.95	50.61	243.94	41.56	200.32	19.95	96.16
26	6—109	m³	0.31	146.78	45.50	311.89	96.69	50.33	15.60	49.28	15.28	23.65	73.32
27	6—112	m³	1.01	241.90	244.32	291.98	294.90	50.33	50.83	73.06	73.79	35.07	35.42
	小计	元			2 527.23		5 258.22		586.16		778.41		439.59
第七章 金属结构工程													
28	7—42	t	0.040	1 316.92	52.68	4 605.56	184.22	660.19	26.41	494.28	19.77	237.28	9.49
29	7—57	t	0.030	2 125.44	63.76	4 968.26	149.05	777.13	23.31	725.64	21.77	348.31	10.45
	小计	元			116.44		333.27		49.72		41.54		19.94
第八章 构件运输及安装工程													
30	8—9	m³	4.91	20.02	98.30	3.58	17.58	106.49	522.87	31.63	155.30	15.18	74.53
31	8—9	m³	1.34	20.02	26.83	3.58	4.80	106.49	142.70	31.63	42.38	15.18	20.34
32	8—33	m³	0.076	9.24	0.70	8.56	0.65	51.14	3.89	15.10	1.15	7.25	0.55
33	8—45	100 m²	0.44	105.49	46.42	—	—	388.05	170.74	123.31	54.26	59.22	26.06
34	8—87	m³	4.884	31.16	152.19	30.11	147.06	34.62	169.08	16.45	80.34	7.89	38.54
35	8—93	m³	0.312	91.84	28.65	29.69	9.26	0.51	0.16	23.09	7.20	11.08	3.46
36	8—93	m³	1.02	91.84	93.68	29.69	30.28	0.51	0.52	23.09	23.55	11.08	11.30
37	8—107	m³	4.82	81.18	391.29	61.71	297.44	0.67	3.23	20.46	98.62	9.82	47.33
38	8—111	m³	0.31	86.10	26.69	6.48	2.01	0.70	0.22	21.70	6.73	10.42	3.23
39	8—111	m³	1.01	86.10	86.96	6.48	6.55	0.70	0.71	21.70	21.92	10.42	10.52
40	8—149	t	0.040	996.11	39.84	84.46	3.38	39.63	1.59	258.94	10.36	124.29	4.97
	小计	元			991.35		519.01		1 015.80		501.81		240.83
第十章 屋面及防水工程													
41	10—125	10 m²	3.91	65.60	256.50	465.83	1 821.40	—		16.40	64.12	7.87	30.77
42	10—126	10 m²	1.15	103.32	118.82	488.76	562.07	—		25.83	29.71	12.40	14.26
43	10—222	10 m	2.58	40.02	103.25	104.08	268.53	0.79	2.04	10.20	26.32	4.90	12.64
44	10—225	10只	0.4	50.02	20.01	128.19	51.28			12.51	5.00	6.00	2.40
45	10—226	10只	0.4	150.06	60.06	181.80	72.72	—		37.52	15.01	18.01	7.20
	小计	元			558.64		2 776.00		2.04		140.16		67.27

综合单价组成表

工程名称：某小百货楼工程

序号	定额编号	单位	工程量	人工费(元)		材料费(元)		机械费(元)		管理费(元)		利润(元)	
				单价	复价	单价	复价	单价	复价	单价	复价	单价	复价
第十三章　楼地面工程													
46	13—9	m³	2.17	43.46	94.31	110.46	239.70	1.06	2.31	11.13	24.15	5.34	11.59
47	13—11	m³	1.55	105.78	163.96	241.05	373.63	7.28	11.28	28.27	43.82	13.57	21.03
48	13—15	10 m²	3.91	54.94	214.82	48.69	190.38	4.91	19.20	14.96	58.49	7.18	28.07
49	(13—18)—(13—19)×2	10 m²	3.10	55.76	172.86	79.58	246.70	3.55	11.01	14.83	45.97	7.13	22.10
50	13—24	10 m²	0.384	519.06	199.32	104.22	40.02	9.20	3.53	132.07	50.72	63.39	2.43
51	(13—22)—(13—23)	10 m²	6.21	63.14	392.10	43.41	269.58	3.68	22.85	16.71	103.77	8.02	49.80
52	13—25	10 m²	0.495	218.94	108.38	97.31	48.17	7.97	3.95	56.73	28.08	27.23	13.48
53	13—27	10 m	7.14	37.72	269.32	9.92	70.83	0.98	7.00	9.68	69.12	4.64	33.13
54	13—160	10 m	0.575	282.20	162.27	867.23	498.66	22.28	12.81	76.12	43.77	36.54	21.01
55	13—163	10 m²	1.183	191.06	226.02	327.60	387.55	10.54	12.47	50.40	59.62	24.19	28.62
	小计	元			2 003.36		2 365.22		106.41		527.51		231.26
第十四章　墙柱面工程													
56	14—38	10 m²	15.033	111.52	1 676.48	49.77	748.19	5.40	81.18	29.23	439.42	14.03	210.91
57	14—8	10 m²	0.323	136.12	43.97	60.43	19.52	5.64	1.82	35.44	11.45	17.01	5.49
58	14—8	10 m²	1.117	136.12	152.05	60.43	67.50	5.64	6.30	35.44	39.59	17.01	19.00
59	14—14	10 m²	4.042	637.96	2 578.63	134.96	545.51	12.88	52.08	162.71	657.67	78.10	315.68
60	14—15	10 m²	1.565	532.18	832.86	49.28	77.12	5.89	9.22	134.52	210.52	64.57	101.05
61	14—17	10 m²	1.036	241.90	250.61	54.57	56.54	5.15	5.34	61.76	63.98	29.65	30.72
62	14—37	10 m²	12.686	127.92	1 622.79	52.97	671.98	5.64	71.55	33.39	423.36	16.03	203.36
63	14—71	10 m²	1.063	389.50	414.04	64.04	68.08	4.78	5.08	98.57	104.78	47.31	50.29
	小计	元			7 571.43		2 254.43		232.57		1 960.00		936.50
第十五章　天棚工程													
64	15—84	10 m²	6.784	112.34	762.12	45.38	307.86	4.42	29.99	29.19	198.03	14.01	95.04
65	15—93	10 m	11.74	11.48	134.78	11.20	131.49	—	—	2.87	33.69	1.38	16.20
	小计	元			896.90		439.35		29.99		231.72		111.24
第十六章　门窗工程													
66	16—26	10 m²	0.926	510.85	473.05	3 857.00	3 571.58	14.54	13.46	131.35	121.63	63.05	58.38
67	16—87	10 m²	2.486	90.10	223.99	372.92	927.08	9.08	22.57	24.80	61.65	11.90	29.58
68	16—88	10 m²	2.486	33.15	82.41	4.15	10.32	—	—	8.29	20.61	3.98	9.89

综合单价组成表

工程名称：某小百货楼工程

序号	定额编号	单位	工程量	人工费（元）单价	人工费（元）复价	材料费（元）单价	材料费（元）复价	机械费（元）单价	机械费（元）复价	管理费（元）单价	管理费（元）复价	利润（元）单价	利润（元）复价
69	16－89	10 m	2.486	109.65	272.59	347.46	863.79	13.20	32.82	30.71	76.35	14.74	36.64
70	16－90	10 m²	2.486	215.90	536.73	208.61	518.61	—	—	53.98	134.19	25.91	64.41
71	16－185	10 m²	0.936	80.75	75.58	370.03	346.35	6.36	5.95	21.78	20.39	10.45	9.78
72	16－186	10 m²	0.936	138.55	129.68	454.99	425.87	18.52	17.35	39.27	36.76	18.85	17.64
73	16－187	10 m²	0.936	34.85	32.62	13.37	12.51	—	—	8.71	8.15	4.18	3.88
74	16－188	10 m²	0.936	111.35	104.22	39.72	37.18	—	—	27.84	26.06	13.36	12.51
75	16－330	樘	8	—	—	116.24	929.92						
76	16－339	樘	4	—	—	72.15	288.60						
77	16－312	把	4	14.45	57.80	76.55	306.20			3.61	14.44	1.73	6.92
	小计	元			1 988.67		8 238.01		92.15		520.23		249.63
	第十七章　油漆工程												
78	17－1	10 m²	4.34	182.75	793.14	84.03	364.69	—	—	45.69	198.30	21.93	95.18
79	17－2	10 m²	0.90	182.75	164.48	70.03	63.03	—	—	45.69	41.12	21.93	19.74
80	17－3	10 m	1.50	42.50	63.75	8.18	12.27	—	—	10.63	15.95	5.10	7.65
81	17－4	10 m	3.374	119.85	404.37	42.38	142.99	—	—	29.96	101.09	14.38	48.52
82	17－132	10 m²	0.353	20.40	7.20	17.26	6.09	—	—	5.10	1.80	2.45	0.87
83	17－133	10 m²	0.353	19.55	6.90	14.40	5.08	—	—	4.89	1.73	2.35	0.83
84	17－135	10 m²	0.353	20.40	7.20	29.28	10.34	—	—	5.10	1.80	2.45	0.87
85	17－176	10 m²	15.033	87.55	1 316.14	71.07	1 068.40	—	—	21.89	329.07	10.51	158.00
86	17－178	10 m²	6.800	154.70	1 051.96	71.26	484.57	—	—	38.68	263.02	18.56	126.21
87	17－228	10 m²	2.597	11.05	28.69	0.65	1.69	—	—	2.76	7.17	1.33	3.45
	小计	元			3 843.83		2 159.15				961.05		461.32
	第十八章　其他零星工程												
88	18－66	100 m	0.165 4	956.25	158.16	2 772.32	456.05	4.35	0.72	240.15	39.72	115.27	19.07
89	18－45	100 m²	1.688	524.45	885.27	739.12	1 247.64	3.08	5.20	131.88	222.61	63.30	106.85
90	18－48	10 m²	0.732	650.25	475.98	933.12	603.04	11.13	8.15	165.35	121.04	79.37	58.10
91	18－73	100 m	0.165 4	551.65	91.24	976.00	161.43	—	—	137.91	22.81	66.20	10.95
	小计	元			1 610.65		2 468.16		140.70		406.18		194.97

综合单价组成表

工程名称：某小百货楼工程　　　　　　　　　　　　　　　　　　　　　　　

序号	定额编号	单位	工程量	人工费(元)		材料费(元)		机械费(元)		管理费(元)		利润(元)	
				单价	复价	单价	复价	单价	复价	单价	复价	单价	复价
第二十章　脚手架工程													
92	20－1	m²	83.20	6.56	544.13	7.14	594.05	1.36	113.15	1.98	164.74	0.95	79.04
	小计	元			544.13		594.05		113.15		164.74		79.04
第二十一章　模板工程													
93	21－1	10 m²	0.28	308.32	86.33	119.83	33.55	11.52	3.23	79.96	22.39	38.38	10.75
94	21－5	10 m²	1.07	195.98	209.70	166.51	178.17	21.27	22.76	54.31	58.11	26.07	27.90
95	21－41	10 m²	1.67	226.32	377.95	98.52	164.53	15.92	26.59	60.56	101.14	29.07	48.55
96	21－43	10 m²	2.09	321.44	671.81	138.69	289.86	19.17	40.07	85.15	177.96	40.87	85.42
97	21－75	10 m²	0.94	475.60	447.06	196.47	184.68	35.56	33.43	127.79	120.12	61.34	57.66
98	21－79	10 m²	1.08	533.00	575.64	252.38	272.57	45.52	49.16	144.63	156.20	69.42	74.97
99	21－86	10 m²	1.98	259.12	513.06	121.23	240.04	25.65	50.79	71.19	140.96	34.17	67.66
100	21－93	10 m²	0.48	266.50	127.92	149.83	71.92	27.75	13.32	73.56	35.31	35.31	16.95
101	21－168	m³	0.31	293.20	90.89	89.31	27.69	1.53	0.47	73.68	22.84	35.37	10.97
102	21－184	m³	4.82	45.41	218.88	26.96	129.95	8.15	39.28	13.39	64.54	6.43	30.99
103	21－157	m³	0.84	79.33	66.64	47.84	40.19	0.72	0.61	20.01	16.81	9.61	8.07
	小计	元			3 385.88		1 633.15		279.71		916.38		439.89
第二十三章　建筑物垂直运输													
104	23－1	天	60	—	—	—	—	287.63	17257.80	71.91	4 314.60	34.52	2 071.20
	小计	元			—		—		1 725.80		4 314.60		2 071.20
	共计	元			33 643.44		44 044.62		4 739.68		13 456.73		6 499.09

工料分析表

工程名称：某小百货楼工程

序号	定额编号	分项工程名称	计量单位	工程量	人工 单位:工日		现浇混凝土 单位:m³		标准砖 单位:百块		水泥砂浆 M5 单位:m³		混合砂浆 M5 单位:m³		1:2防水砂浆 单位:m³	
					定额	用量	定额	用量	定额	用量	定额	用量	定额	用量	定额	用量
		建筑面积	m²	83.20												
		第一章　土方工程														
1	1-27	人工挖地槽(深1.5mⅢ类干土)	m³	21.25	0.45	9.56 (三类工)										
2	1-98	平整场地	10 m²	10.39	0.57	5.92 (三类工)										
3	1-99	基槽原土打底夯	10 m²	3.10	0.10	0.31 (三类工)										
4	1-100	基槽原土打底夯	10 m²	3.86	0.12	0.46 (三类工)										
5	1-102	地面回填土(夯填)	m³	9.78	0.26	2.54 (三类工)										
6	1-104	基槽回填土(夯填)	m³	10.97	0.28	3.07 (三类工)										
7	6-1	现浇C10混凝土基础垫层	m³	2.80	1.37	3.84 (二类工)	1.01	2.83 (C10)								
		小　计	元													
		第四章　砌筑工程														
8	4-1	M5水泥砂浆砌砖基础	m³	4.95	1.20	5.94 (二类工)			5.22	25.84	0.242	1.20 (M5)				
9	4-35	M5混合砂浆砌砖外墙	m³	25.69	1.45	37.25 (二类工)			5.36	137.70			0.234	6.01 (M5)		
10	4-41	M5混合砂浆砌砖内墙	m³	6.07	1.32	8.01 (二类工)			5.32	32.29			0.235	1.43 (M5)		
11	4-52	墙基防水砂浆防潮层	10 m²	0.69	0.71	0.49 (二类工)									0.21	0.15
12	4-55	M5水泥砂浆砌砖台阶	10 m²	0.50	4.94	2.47 (二类工)			22.00	11.00	0.958	0.48 (M5)				
13	4-57	M5水泥砂浆砌架空板砖垫	m³	0.43	2.23	0.96 (二类工)			5.46	2.35	0.211	0.09 (M5)				
		小　计	元													

序号	定额编号	分项工程名称	计量单位	工程量	人工 单位:工日		普通钢筋 单位:t		预应力钢筋 单位:t		铁件 单位:					
		第五章　钢筋工程			定额	用量	定额	用量	定额	用量	定额	用量				
14	5-1	现浇构件钢筋(φ12内)	t	0.761	10.80	8.22 (二类工)	1.02	0.78								
15	5-11	工厂预制构件钢筋(φ16内)	t	0.113	12.24	1.38 (二类工)	1.02	0.12								
16	5-15	先张法预应力钢筋(φ5内)	t	0.200	17.69	3.54 (二类工)			1.09	0.22 (冷拔钢丝)						
17	5-28	预埋铁件制安	t	0.004	23.28	0.09 (二类工)					1.01 (铁件)	0.004				
		小　计	元													
		第六章　混凝土工程														
18	6-4	现浇带形(梁式)基础C20混凝土	m³	5.64	0.75	4.23 (二类工)	1.015	5.73 (C20)								
19	6-21	现浇圈梁C20混凝土	m³	2.00	1.92	3.84 (二类工)	1.015	2.03 (C20)								

工料分析表

工程名称：某小百货楼工程　　　　　　　　　　　　　　　　　　　　　　

序号	定额编号	分项工程名称	计量单位	工程量	人工 单位:工日		现浇混凝土 单位:m³		型钢 单位:t		水泥砂浆 单位:m³		周转木材 单位:m³		8#铁丝 单位:kg	
					定额	用量	定额	用量	定额	用量	定额	用量	定额	用量	定额	用量
20	6-22	现浇过梁C20混凝土	m³	1.74	2.53(二类工)	4.40	1.015	1.77(C20)								
21	6-47	现浇挑檐C20混凝土	10m²	0.94	1.85(二类工)	1.74	0.914	0.86(C20)								
22	6-49	现浇挑廊C20混凝土	10m²	1.08	3.11(二类工)	3.36	1.60	1.73(C20)								
23	6-52	现浇挑廊栏板C20混凝土	m³	0.79	2.53(二类工)	2.00	1.015	0.86(C20)								
24	6-57	现浇女儿墙压顶C20混凝土	m³	0.43	2.14(二类工)	0.92	1.015	0.43(C20)								
25	6-94	工厂预制圆孔板C30混凝土	m³	4.82	1.41(二类工)	6.80	1.03	4.97(C30)								
26	6-109	工厂预制楼梯踏步板C20混凝土	m³	0.31	1.79(二类工)	0.56	1.02	0.32(C20)								
27	6-112	工厂预制架空板C20混凝土	m³	1.01	2.95(二类工)	2.98	1.02	1.03(C20)								
		小　计	元													
		第七章　金属结构工程														
28	7-42	楼梯铁栏杆制作	t	0.040	16.06(二类工)	0.64			1.05	0.04						
29	7-57	铁窗栅制安	t	0.030	25.92(二类工)	0.78			1.05	0.03						
		小　计	元													
		第八章　构件运输及安装工程														
30	8-9	圆孔板运输(汽车运10 km)	m³	4.91	0.26	1.28							0.001	0.005	0.31	
31	8-9	踏步板架空板运输(汽车运10 km)	m³	1.34	0.26	0.35							0.001	0.0013	0.31	
32	8-33	铁栏杆、铁窗栅运输(汽车运10 km)	m³	0.076	0.12	0.09							0.004	0.0003	0.21	
33	8-45	木门窗运输(汽车运10 km)	100m²	0.44	1.37(三类工)	0.60										
34	8-87	圆孔板安装	m³	4.884	0.38(二类工)	1.86										
35	8-93	踏步板安装	m³	0.312	1.12(二类工)	0.35							0.001	0.0003		
36	8-93	架空板安装	m³	1.02	1.12(二类工)	1.14							0.001	0.001		
37	8-107	圆孔板接头灌缝	m³	4.82	0.99(二类工)	4.77					0.02	0.10(M10)	0.001	0.005	0.06	
38	8-111	踏步板接头灌缝	m³	0.31	1.05(二类工)	0.33					0.02	0.01(M10)	0.001	0.0003	0.06	
39	8-111	架空板接头灌缝	m³	1.01	1.05(二类工)	1.06					0.02	0.02(M10)	0.001	0.001	0.06	
40	8-149	楼梯铁栏杆安装	t	0.040	11.89(二类工)	0.48										
		小　计	元													
		第十章　屋面及防水工程														

工 料 分 析 表

工程名称:某小百货楼工程

序号	定额编号	分项工程名称	计量单位	工程量	人工 (单位:工日)		沥青油毡 (单位:m²)		碎石(沥青) (单位:t)		现浇混凝土 (单位:m³)		水泥砂浆 (单位:m³)		硬木 (单位:m)	
					定额	用量	定额	用量	定额	用量	定额	用量	定额	用量	定额	用量
41	10-125	屋面二毡三油防水层	10 m²	3.91	0.80	3.13 (二类工)	23.98	93.76 (350#)	0.057 (沥青30#)	0.223						
42	10-126	女儿墙泛水卷材防层	10 m²	1.15	1.26	1.45 (二类工)	23.98	27.58 (350#)	0.061 (30#沥青)	0.070						
43	10-222	玻璃钢水落管(60×90)	10 m	2.58	0.46	1.19 (二类工)	10.6 (水管)	27.35								
44	10-225	玻璃钢水落斗	10 只	0.4	0.61	0.24 (二类工)	10.1 (水斗)	4.04								
45	10-226	玻璃女儿墙弯头落水口	10 只	0.4	1.83	0.73 (二类工)	10.1 (弯头)	4.04								
		小　计	元													
		第十三章　楼地面工程														
46	13-9	地面碎石垫层(厚70)	m³	2.17	0.58	1.26 (二类工)			1.77 (碎石5~40 mm)	3.84						
47	13-11	地面C10混凝土垫层面(厚50)	m³	1.55	1.29	2.00 (二类工)					1.01	1.57 (C10)				
48	13-15	屋面1:3水泥砂浆找平层	10 m²	3.91	0.67	2.62 (二类工)							0.202	0.79 (1:3)		
49	(13-18)-(13-19)×2	C20细混凝土楼面找平层(30)	10 m²	3.10	0.68	2.11 (二类工)					0.302	0.94 (C20)				
50	13-24	楼梯1:2水泥砂浆抹面	10 m²	0.384	6.33	2.43 (二类工)							0.373	0.14 (1:2)		
51	(13-22)-(13-23)	1:2水泥砂浆楼面面层(15)	10 m²	6.21	0.77	4.78 (二类工)							0.151	0.94 (1:2)		
52	13-25	台阶1:2水泥砂浆抹面	10 m²	0.495	2.67	1.32 (二类工)							0.324	0.16 (1:2)		
53	13-27换	楼地面水泥砂浆踢脚线(1:2浆)	10 m	7.14	0.46	3.28 (二类工)							0.038	0.27 (1:2)		
54	13-160	楼梯栏杆木扶手制安	10 m	0.575	3.32	1.91 (一类工)					3.03 (φ31.8×1.2钢管)	1.74			10.60	6.10 (成品)
55	13-163换	C10混凝土散水	10 m²	1.183	2.33	2.65 (二类工)			1.82 (碎石5~40)	2.15	0.66	0.78 (C10)	0.202	0.24 (1:2.5)		
		小　计	元													
		第十四章　墙柱面工程														
56	14-38	1:3石灰砂浆粉内墙面	10 m²	15.033	1.36	20.45 (二类工)							0.165	2.48 (1:3灰)		
57	14-8	1:2.5水泥砂浆粉女儿墙内侧	10 m²	0.323	1.66	0.54 (二类工)							0.228	0.07 (1:2.5)	0.002 (成材 m³)	0.000 7
58	14-8	1:2.5水泥砂浆粉勒脚	10 m²	1.117	1.66	1.85 (二类工)							0.228	0.26 (1:3)	0.002 (成材 m³)	0.002
59	14-14	1:2.5水泥砂浆粉雨篷、挑廊	10 m²	4.042	7.78	31.45 (二类工)	0.107 (1:0.3:3灰)	0.43					0.410	1.66 (1:3)		
60	14-15换	1:2.5水泥砂浆粉窗台、墙压顶	10 m²	1.565	6.49	10.16 (二类工)							0.234	0.37 (1:3)		
61	14-17	1:2.5水泥砂浆粉栏板内侧	10 m²	1.036	2.95	3.06 (二类工)	0.205	0.21 (1:3)								
62	14-37	1:1:6混合砂浆粉外墙面	10 m²	12.686	1.56	19.79 (二类工)	0.003	0.04 (1:2.5)	0.225	2.85 (1:1:6)	0.002	0.03				
63	14-71	栏板外侧面干粘石	10 m²	1.063	4.75	5.05 (二类工)	0.185	0.20 (1:3)								
		小计	元													

工 料 分 析 表

工程名称:某小百货楼工程

序号	定额编号	分项工程名称	计量单位	工程量	人工 单位:工日		水泥砂浆 单位:m³		混合砂浆 单位:m³		普通成材 单位:m³		玻璃(3 mm) 单位:m²		单位:	
					定额	用量	定额	用量	定额	用量	定额	用量	定额	用量	定额	用量
		第十五章　天棚工程														
64	15-84	纸筋灰浆粉平顶及楼梯底	10 m²	6.784	1.37	9.29(二类工)			0.144	0.98(1:1:6)						
65	15-93	预制板底网格纤维布贴缝	10 m	11.74	0.14	1.64(二类工)					10.20(纤维网格布)	119.75				
		小　计	元													
		第十六章　门窗工程														
66	16-26	排木板窗(改用不锈钢拉栅)	10 m²	0.926	6.01	5.57(一类工)										
67	16-87	有腰多扇玻璃窗框制作	10 m²	2.486	1.06	2.64(一类工)					0.209	0.52				
68	16-88	有腰多扇玻璃窗框安装	10 m²	2.486	0.39	0.97(一类工)										
69	16-89	有腰多扇玻璃扇制作	10 m²	2.486	1.29	3.21(一类工)					0.214	0.53				
70	16-90	有腰多扇玻璃扇安装	10 m²	2.486	2.54	6.31(一类工)							6.92	17.20		
71	16-185	有腰单扇三冒头镶板门框制作	10 m²	0.936	0.95	0.89(一类工)					0.179	0.17				
72	16-186	有腰单扇三冒头镶板门扇制作	10 m²	0.936	1.63	1.53(一类工)					0.279	0.26				
73	16-187	有腰单扇三冒头镶板门框安装	10 m²	0.936	0.41	0.38(一类工)										
74	16-188	有腰单扇三冒头镶板门扇安装	10 m²	0.936	1.31	1.23(一类工)										
75	16-330	有腰多扇普通木窗五金	樘	8	—	—										
76	16-339	有腰单扇镶板门五金	樘	4	1.00	4.00										
77	16-312	门锁安装(执手锁)	把	4	0.17	0.68										
		小　计														
		第十七章　油漆、涂料、裱糊工程														
78	17-1	单层木窗一底二度调和漆	10 m²	4.34	2.15	9.33(一类工)	(调和漆 kg)2.20	9.55	0.18	(清漆 kg)0.78	(砂纸张)4.20	18.23	0.03	0.13	(底漆 kg)2.50	10.85
79	17-2	单层木门一底二度调和漆	10 m²	0.90	2.15	1.94(一类工)	1.83	1.65	0.15	0.14	3.50	3.15	0.03	0.03	2.08	1.87
80	17-3	楼梯扶手一底二度调和漆	10 m	1.50	0.50	0.75(一类工)	0.21	0.32	0.02	0.03	0.46	0.69	0.05	0.24	1.50	
81	17-4	窗帘盒一底二度调和漆	10 m²	3.374	1.34	4.52(一类工)	1.11	0.37	0.09	0.03	2.10	7.09	0.07	0.25	0.84	
82	17-133	楼梯栏杆、铁窗栅油漆(2遍)	10 m²	0.353	0.23	0.08	0.02	0.007								
83	17-178	天棚面刷乳胶漆	10 m²	6.80	1.82	12.38	(乳胶漆 kg)4.63	31.48			(白水泥 kg)2.60	17.68				
84	17-132	楼梯铁栏杆、铁窗栅油漆(第一遍)	10 m²	0.353	0.24	0.08(一类工)	1.04(调和漆 kg)	0.37								
85	17-135	楼梯铁栏杆、铁窗栅刷防锈漆	10 m²	0.353	0.24	0.08(一类工)							1.46	0.35		
86	17-176	内墙面刷乳胶漆	10 m²	15.033	1.03	15.03(一类工)										
87	17-228	雨篷、挑廊、楼梯底刷石灰浆	10 m²	2.597	0.13	0.34(一类工)					0.002(生石灰 t)	0.005				
		小　计	元													
		第十八章　其他零星工程														
88	18-66	暗窗帘盒制作(带轨)	100 m	0.165 4	11.25	18.61(一类工)	0.084	0.014	47.25(木工板)	7.82	47.25(石膏板)	7.82				
89	18-45	窗套	10 m²	1.688	6.17	10.42(一类工)	0.018	0.03	10.50(木工板)	17.64						

工 料 分 析 表

工程名称：某小百货楼工程

序号	定额编号	分项工程名称	计量单位	工程量	人工 单位:工日 定额	用量	普通成材 单位:m³ 定额	用量	组合钢模板 单位:kg 定额	用量	2#铁丝 单位:kg 定额	用量	周转木材 单位:m³ 定额	用量	红丹漆 单位:kg 定额	用量
90	18—48	门套	10 m²	0.732	7.65	5.60(一类工)	0.045	0.033	10.50(木工板)	7.69						
91	18—73	窗帘轨道安装	100 m	0.165 4	6.49	1.07(一类工)	(窗帘轨 m)112.0	18.53								
		小　计	元													
		第二十章　脚手架工程														
92	19—1	综合脚手架	m²	83.20	0.08	6.66(二类工)	0.46(脚手钢管 kg)	38.27			0.69(8#铁丝)	57.41				
		小　计	元													
		第二十一章　模板工程														
93	21—1	墙基现浇混凝土垫层模板	10 m²	0.28	3.76	1.05(二类工)			5.41	1.52			0.041	0.012		
94	21—5	现浇有梁式带形基础模板	10 m²	1.07	2.39	2.56(二类工)			5.40	5.78	0.06	0.06	0.037	0.040		
95	21—41	现浇混凝土圈梁模板	10 m²	1.67	2.76	4.61(二类工)			5.37	8.97	0.04	0.06	—	—		
96	21—43	现浇混凝土过梁模板	10 m²	2.09	3.92	8.19(二类工)			5.78	12.08	0.03	0.06				
97	21—75	现浇混凝土雨篷模板	10 m²	0.94	5.80	5.45(二类工)			6.45	6.06	0.06	0.06				
98	21—79	现浇混凝土挑廊模板	10 m²	1.08	6.50	7.02(二类工)			8.22	8.88	0.04	0.04	0.076	0.08		
99	21—86	现浇混凝土挑廊栏板模板	10 m²	1.98	3.16	6.26(二类工)			5.38	10.65	0.03	0.06	0.028	0.06		
100	21—93	现浇混凝土女儿墙压顶模板	10 m²	0.48	3.25	1.56(二类工)			5.38	2.58	0.03	0.02	0.044	0.02		
101	21—168	预制混凝土楼梯踏步板模板	m³	0.31	3.21	1.00(二类工)			—	—			0.02	0.31		
102	21—184	预制混凝土圆孔板模板	m³	4.82	0.42	2.02(二类工)			—	—						
103	21—157	预制混凝土架空板模板	m³	0.84	0.72	0.61(二类工)							0.05	0.04		
		小　计	元													
		第二十三章　建筑物垂直运输														
104	23—1	砖混结构卷扬机施工	天	60	—	—										
		小　计														

工 料 分 析 汇 总 表

（一）混凝土、砂浆用量汇总材料二次分析表

序号	分项工程名称	计量单位	工程量	水泥32.5级 单位:kg 定额	用量	水泥42.5级 单位:kg 定额	用量	碎石 单位:t 定额	用量	中砂 单位:t 定额	用量	石灰膏 单位:m³ 定额	用量	单位: 定额	用量
1	现浇C10混凝土	m³	5.18	253.00	1 310.54			1.26	6.53	0.867	3.56				
2	现浇C20混凝土	m³	14.35	337.00	4 835.95			1.347	19.33	0.682	9.79				
3	工厂预制C20混凝土	m³	1.35	309.00	417.15			1.373	1.85	0.695	0.94				

续表

序号	分项工程名称	计量单位	工程量	水泥32.5级 单位：kg		水泥42.5级 单位：kg		碎石 单位：t		中砂 单位：t		石灰膏 单位：m³		单位：		单位：	
				定额	用量	定额	用量	定额	用量	定额	用量	定额	用量	定额	用量	定额	用量
4	工厂预制C30混凝土	m³	4.97	—	—	359.00	1 784.23	1.285	6.39	0.712	3.54						
5	M5水泥砂浆	m³	1.77	217.00	384.09					1.61	2.85						
6	M5混合砂浆	m³	7.44	202.00	1 502.88					1.61	11.98	0.08	0.60				
7	1：2防水砂浆	m³	0.15	557.00	83.55												
8	1：2水泥砂浆	m³	1.71	557.00	952.47					1.464	2.50						
9	1：2.5水泥砂浆	m³	1.96	490.00	960.40					1.611	3.16						
10	1：3水泥砂浆	m³	3.49	408.00	489.60					1.611	1.93						
11	1：3石灰砂浆	m³	2.48	—	—					1.61	3.99	0.36	0.89				
12	1：1：6混合砂浆	m³	3.87	204.00	789.48					1.63	6.31	0.16	0.62				
13	1：0.3：3混合砂浆	m³	0.43	391.00	168.13	—	—			1.56	0.67	0.10	0.04				
	合 计				11 903.15		1 784.23		34.10		51.12		2.15				

（二）人工及主要材料汇总表

序号	工 料 名 称	计量单位	数 量	备 注
1	一类工	工日	108.00	
2	二类工	工日	266.00	
3	三类工	工日	24.00	
4	标准砖	百块	209.18	
5	石灰膏	m³	2.15	
6	中 砂	t	51.12	
7	碎 石	t	40.00	
8	普通钢筋	t	0.90	
9	预应力钢筋	t	0.22	
10	铁 件	t	0.004	
11	型 钢	t	0.07	
12	普通成材	m³	1.58	
13	硬木（成品扶手）	m	6.10	
14	组合钢模板	kg	56.52	
15	脚手钢管	kg	38.27	
16	沥青油毡（350♯）	m²	121.34	
17	玻璃（3 mm 厚）	m²	17.20	
18	32.5级水泥	t	11.91	
19	42.5级水泥	t	1.80	
20	生石灰	t	0.005	
21	30♯沥青	t	0.293	
22	周转木材	m³	0.58	
23	2♯铁丝	kg	0.60	
24	8♯铁丝	kg	67.51	
25	石膏板	m²	7.82	
26	木工板	m²	33.15	
27	纤维网格布	m	120.00	
28	60×90玻璃钢落水管	m	27.35	

续表

序号	工料名称	计量单位	数量	备注
29	砂纸	张	30.00	
30	调和漆	kg	12.27	
31	清漆	kg	1.24	
32	红丹(底)漆	kg	15.40	
33	乳胶漆	kg	31.48	
34	白水泥	kg	18.00	

单位工程预算造价计算(费用汇总)表

工程名称:某小百货楼工程

序号	费用名称	单位	计算参数(公式)	费率(%)	金额(元)
1	分部分项工程费合计	元			124 107.92
2	措施项目费合计	元			9 345.33
3	其他项目费合计	元			0
4	规费合计	元			4 343.78
5	税金	元	(1+2+3+4)	3.48	4 795.34
6	工程造价(土建)	元	(1+2+3+4+5)		142 592.37

措施项目费计价表

工程名称:某小百货楼工程

序号	费用名称	单位	计算参数	数量(元)	费率(%)	金额(元)
1	已完工程及设备保护费	元		124 107.92	0.03	37.23
2	临时设施费	元		124 107.92	2	2 482.16
3	赶工措施费	元		124 107.92	1	1 241.08
4	按质论价费	元		124 107.92	1.5	1 861.62
5	安全文明施工措施费	元		124 107.92	3	3 723.24
6	合计	元				9 345.33

规费计价表

工程名称:某小百货楼工程

序号	费用名称	单位	计算参数	数量(元)	费率(%)	金额(元)
1	社会保险费	元		124 107.92	3	3 723.24
2	住房公积金	元		124 107.92	0.5	620.54
3	工程排污费	元		0	—	—
4	合计	元				4 343.78

6.8 建筑工程施工图预算作业

请按第7.4节工程说明及图纸,计算定额工程量,编制施工图预算文件,要求写出详细计算过程,并将答案与第7章清单计价数据进行对比分析。

7　工程量清单计价

7.1　工程量清单计价概述

　　为适应我国加入世界贸易组织后与国际惯例接轨以及社会主义市场经济发展的需要，建设部于 2003 年 7 月 1 日实施《建设工程工程量清单计价规范》(GB 50500—2003)(以下简称 2003 版《计价规范》)，以期改变过去行政干预工程价格，以定额为主导的静态管理模式，逐步过渡到以市场定价的动态管理模式。在总结 2003 版《计价规范》十年来实施经验的基础上，住房与城乡建设部组织专家对其进行了修订，于 2013 年 7 月发布了 2013 版《建设工程工程量清单计价规范》(GB 50500—2013)(以下简称 2013 版《计价规范》)。其中 2013 版《计价规范》一共分为以下系列:《房屋建筑与装饰工程工程量计算规范》(GB 50854—2013)，《仿古建设工程工程量计算规范》(GB 50855—2013)，《通用安装工程工程量计算规范》(GB 50856—2013)，《市政工程工程量计算规范》(GB 50857—2013)，《园林绿化工程工程量计算规范》(GB 50858—2013)，《矿山工程工程量计算规范》(GB 50859—2013)，《构筑物工程工程量计算规范》(GB 50860—2013)，《城市轨道交通工程工程量计算规范》(GB 50861—2013)，《爆破工程工程量计算规范》(GB 50862—2013)。

　　《计价规范》适用于建设工程工程量清单计价活动。工程量清单计价是建设工程招标投标中，由招标人按照《计价规范》中工程量计算规则提供工程数量，由投标人自主报价的工程造价计价模式，国外一些工业发达国家政府机构及世界银行等国际金融机构贷款项目的招标中，大多采用工程量清单计价办法。在我国建立和推行工程量清单计价办法，既为建设市场创造与国际市场竞争环境，也有利于提高工程建设的管理水平，促进工程建设的发展，全面提高我国工程造价管理水平。工程量清单计价有利于推行"政府宏观调控、企业自主报价、市场形成价格、加强市场监管"的工程造价管理模式;有利于我国工程造价管理中政府职能的转变，即由过去政府定价变为市场定价，行政直接干预转变为对工程造价依法监管。工程量清单计价为市场形成工程造价的机制奠定了基础，有利于发挥企业自主报价的能力，有利于规范招投标双方在招投标中的行为，从而实现真正意义上的竞争，真正体现公开、公平、公正的原则，反映市场经济规律。

7.1.1　工程量清单计价法的适用范围

　　1) 项目类型

　　(1) 全部使用国有资金(含国家融资资金)投资或国有资金投资为主的工程建设项目，不分工程建设规模，均必须采用工程量清单计价。

　　① 使用国有资金投资项目的范围包括:使用各级财政预算资金的项目;使用纳入财政

管理的各种政府性专项建设基金的项目；使用国有企事业单位自有资金，并且国有资产投资者实际拥有控制权的项目。

② 国家融资项目的范围包括：使用国家发行债券所筹资金的项目；使用国家对外借款或者担保所筹资金的项目；使用国家政策性贷款的项目；国家授权投资主体融资的项目；国家特许的融资项目。

③ 国有资金（含国家融资资金）为主的工程建设项目是指国有资金占投资总额 50% 以上，或虽不足 50% 但国有投资者实质上拥有控股权的工程建设项目。

(2) 非国有资金投资的工程建设项目，可采用工程量清单计价。对于非国有资金投资的工程建设项目，是否采用工程量清单方式计价由项目业主自主确定。当确定采用工程量清单计价时，则应执行工程量清单计价规范的规定。

2）项目阶段

使用工程量清单计价的阶段主要是招标文件编制、投标报价的编制、合同价款的确定、工程价款调整、工程竣工结算等，当前工程量清单计价法主要用于工程的招投标活动中。

(1) 工程招标阶段。招标人可自行或委托代理人编制工程量清单，同时，为有利于客观、合理的评审投标报价和避免哄抬标价，造成国有资产或企业资产流失，招标人应编制招标控制价，作为招标人能够接受的最高交易价格。

(2) 工程投标报价与合同价款确定阶段。投标单位接到招标文件后，根据工程量清单和相关要求、现场实际情况以及拟定的施工组织设计，根据企业定额和市场价格信息，并参照行政主管部门发布的社会平均消耗定额编制报价。合同价款由发、承包双方依据招标文件和中标人的投标文件在书面合同中约定。

(3) 施工阶段。签订施工合同后，承包方按进度计划完成一定的工程任务，与发包方在进行工程进度款结算或竣工结算时，应严格按照招标文件中约定的计价方法执行。

7.1.2 工程量清单计价的作用

与在招投标过程中采用定额计价法相比，采用工程量清单计价方法具有以下作用：

(1) 提供了一个平等的竞争条件。如果采用传统的定额计价方法来投标报价，由于设计图纸的缺陷，不同投标企业的造价人员对图纸理解不一，计算出的工程量就不同，使得报价相去甚远，容易产生纠纷。而工程量清单报价就由招标方为投标方提供一个平等竞争的条件，统一的工程量清单，由企业根据自身的实力来填报不同的综合单价，可在一定程度上规范建筑市场环境。

(2) 满足市场经济条件下竞争的需要。

(3) 有利于提高工程计价效率，能真正实现快速报价。工程量清单计价方式是各投标人以招标人提供的工程量清单为统一平台，结合自身的管理水平和施工方案进行报价，促进了各投标人企业定额的完善及工程造价信息的积累和整理，体现了现代工程建设中快速报价的要求。

(4) 有利于工程款的拨付和工程造价的最终确定。中标后，业主要与中标施工企业签订施工合同，工程量清单报价基础上的中标价就成了合同价的基础，投标清单上的单价也就成了拨付工程款的依据。业主根据施工企业完成的工程量，可以很容易地确定进度款的拨付额。工程竣工后，再根据设计变更、工程量的增减乘以相应单价，业主也很容易确定工程的最终造价。

(5) 有利于业主对投资的控制。采用定额计价法,业主对因设计变更、工程量的增减所引起的工程造价变化不敏感,直到竣工结算时才知道这些变化对项目投资的影响有多大,但为时已晚。而采用工程量清单计价的方式则一目了然,在要进行设计变更时,结合综合单价能立即知道该变更对工程造价的影响,这样业主就能根据投资情况来进行变更方案的比较,最终确定最恰当的设计变更方案。

(6) 有利于实现风险的合理分担。采用工程量清单报价方式后,由于工程量的变更或计算错误等引起的造价变化,投标方不负责任,应由招标方(业主)承担,投标单位只对自己所报的成本、综合单价等负责,这种格局符合风险合理分担与责权利关系对等的一般原则。

"计价规范"第4.1.9条规定,根据我国工程建设特点,投标人应完全承担的风险是技术风险和管理风险,如管理费和利润;应有限度承担的是市场风险,如承包人可承担5%以内的材料价格风险,10%以内的施工机械使用费风险;应完全不承担的是法律、法规、规章和政策变化导致工程税金、规费、人工发生变化的风险。

7.1.3 工程量清单计价方法与定额计价方法的区别

(1) 编制的依据不同。传统的定额计价法依据图纸和国家、省、有关专业部门制定的各种定额等进行计算,其性质为指导性。工程量清单计价模式下的主要计价依据是"清单计价规范",其性质是含有强制性条文的国家标准,招标控制价根据招标文件、施工现场情况、合理的施工方法以及有关计价办法编制;企业的投标报价则根据企业定额和市场价格信息或参照建设行政主管部门发布的社会平均消耗量定额编制。

(2) 编制工程量的主体不同。传统定额计价办法的工程量由招标单位和投标单位分别按图计算。工程量清单计价时的工程量由招标单位统一计算或委托有工程造价咨询资质的单位统一计算。工程量清单是招标文件的重要组成部分,各投标单位根据招标人提供的工程量清单和自身的技术装备、施工经验、企业定额、管理水平自主填写单价与合价。

(3) 编制工程造价时间不同。传统的定额计价法是在发出招标文件后招投标双方才编制投标报价和标底;工程量清单报价法必须在发出招标文件前编制工程量清单和招标控制价,因为这两者是招标文件的重要组成。

(4) 表现形式不同。传统的定额计价法一般是总价形式;工程量清单计价法一般是采用综合单价形式,工程量清单报价具有单价相对固定的特点,工程量发生变化时单价一般不做调整。

(5) 费用组成不同。传统定额计价法的工程造价由直接费、间接费、利润和税金组成;工程量清单计价法的工程造价包括分部分项工程费、措施项目费、其他项目费、规费和税金。

(6) 项目编码不同。定额计价模式下,全国各省市定额子目不同;工程量清单计价模式下,全国实行统一项目编码,由12位阿拉伯数字表示。

(7) 评标方法不同。传统定额计价法一般采用接近标底中标法;工程量清单计价法一般采用合理低价中标法,既要对总价进行评分,还要对综合单价进行评分。

(8) 合同价调整方式不同。定额计价法合同价调整方式有变更签证、定额解释、政策性调整;而工程量清单计价法在一般情况下单价是相对固定的,减少了在合同施工过程中的调整活口,通常如无设计变更、错算、漏算等情况引起清单项目数量的增减,就能够基本保证合同价格的稳定性,避免索赔的发生。

(9)投标价计算口径不同。工程量清单计价模式下,由于是统一根据招标方提供的工程量清单来报价,所以计算口径统一;定额计价模式下,各投标单位各自根据图纸计算工程量,计算出来的工程量不一致,所以在报价时就无法口径统一。

7.1.4 工程量清单计价的基本原理

工程量清单计价的基本过程可以分为两个阶段:工程量清单的编制和利用工程量清单来编制投标报价(或招标控制价)。该基本原理过程如图 7-1 所示。

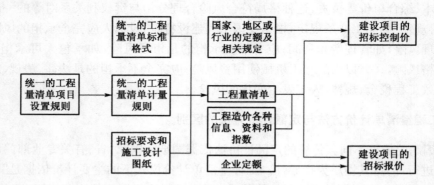

图 7-1 工程造价工程量清单计价过程示意图

7.2 工程量清单编制

7.2.1 工程量清单概述

1)工程量清单的概念

工程量清单是建设工程的分部分项工程项目、措施项目、其他项目的名称和相应数量以及规费和税金项目等内容的明细清单。工程量清单是招标文件不可分割的一部分,应由具有编制能力的招标人或受其委托具有相应资质的中介机构,依据 2013 版《建设工程工程量清单计价规范》,国家或省级、行业建设主管部门颁发的计价依据和办法,招标文件的有关要求,设计文件,与建设工程项目有关的标准、规范、技术资料和施工现场实际情况等进行编制。

2)工程量清单的组成

工程量清单由分部分项工程量清单、措施项目清单、其他项目清单、规费项目清单、税金项目清单组成。分部分项工程量清单为不可调整的闭口清单,投标人对招标文件提供的分部分项工程量清单必须逐一计价,对清单所列内容不允许作任何更改变动。措施项目清单为可调清单,投标人对招标文件中所列项目可根据企业自身特点作适当的变更增减。

3)工程量清单的作用

工程量清单是招投标活动中的一个信息载体,为潜在的投标者提供拟建工程的必要信

息。除此之外,还具有以下作用:

(1) 为投标者提供了一个公开、公平、公正的竞争环境。工程量清单由招标人统一提供,使投标者在报价时站在同一起跑线上,创造了一个公平的竞争环境。

(2) 是计价和询标、评标的基础。工程量清单由招标人提供,无论是招标控制价的编制还是企业投标报价,都必须在清单的基础上进行,同样也为今后的询标、评标奠定了基础,招标人利用工程量清单编制的招标控制价可供评标时参考。

(3) 为支付工程进度款、竣工结算及工程索赔提供了重要依据。在施工过程中,甲乙双方根据相关合同条款以及工程完成情况,工程量清单为支付工程进度款、竣工结算及工程索赔提供了重要依据。

4) 工程量清单的编制依据

(1) 2013 版《建设工程工程量清单计价规范》。

(2) 招标文件及其补充通知、答疑纪要。

(3) 建设工程设计文件。

(4) 与拟建工程有关的工程施工规范与工程验收规范。

(5) 施工现场情况、工程特点及常规施工方案。

(6) 国家或省级、行业建设主管部门颁发的计价依据和办法。

(7) 其他相关资料。

7.2.2 工程量清单的编制方法

1) 分部分项工程量清单的编制

根据《房屋建筑与装饰工程工程量计算规则》第 4.2.1 条规定,分部分项工程量清单应由项目编码、项目名称、项目特征、计量单位和工程量 5 个部分构成。编制分部分项工程量清单时应根据工程图纸及招标文件中的相关资料,然后参照《房屋建筑与装饰工程工程量计算规则》对应附录中规定的项目编码、项目名称、项目特征、计量单位和工程量计算规则进行编制。

(1) 项目编码的设置。根据 2013 版《房屋建筑与装饰工程工程量计算规则》第 4.2.2 条规定,分部分项工程量清单的项目编码应采用 12 位阿拉伯数字表示。1~9 位应按附录的规定设置,10~12 位应根据拟建工程的工程量清单项目名称和项目特征设置。同一招标工程的项目编码不得有重码。

分部分项工程量清单项目编码以五级编码设置,一、二、三、四级编码为全国统一,第五级编码应根据拟建工程的工程量清单项目名称由其编制人设置,并应自 001 起顺序编制。第一级表示专业工程代码(分 2 位):01—建筑与装饰工程,02—仿古建筑工程,03—通用安装工程,04—市政工程,05—园林绿化工程,06—矿山工程,07—构筑物工程,08—城市轨道交通工程,09—爆破工程,以后进入国标的专业工程代码以此类推;第二级表示附录分类顺序码(分 2 位):01—土石方工程,02—地基处理与边坡支护工程,03—桩基工程,04—砌筑工程,05—混凝土及钢筋混凝土工程等;第三级表示分部工程顺序码(分 2 位):01—打桩,02—灌注桩等;第四级—分项工程项目名称顺序码(分 3 位):001—泥浆护壁成孔灌注桩,002—沉管灌注桩,003—干作业成孔灌注桩等;第五级表示清单项目名称顺序码(分 3 位):001—混凝土强度等级为 C25 的矩形柱,002—混凝土强度等级为 C30 的矩形柱。各级编码代表的含义如图 7-2 所示。

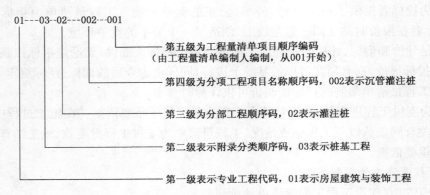

图 7-2　工程量清单项目编码设置示意图

（2）项目名称的确定。分部分项工程量清单项目名称应按 2013 版《房屋建筑与装饰工程工程量计算规则》附录的项目名称结合拟建工程的实际情况确定。如挖一般土方、挖沟槽土方、挖基坑土方、沉管灌注桩、砖基础等。

（3）项目特征的确定。项目特征是指构成分部分项工程量清单项目、措施项目自身价值的本质特征。分部分项工程和单价措施项目清单的项目特征应按《房屋建筑与装饰工程工程量计算规则》附录中的项目特征，结合技术规范、标准图集、施工图纸，按照工程结构、使用材质及规格或安装位置等予以详细而准确的表述和说明，以能满足确定综合单价的需要为前提。

（4）计量单位的确定。分部分项工程量清单的计量单位应按附录中规定的计量单位确定，当计量单位有 2 个或 2 个以上时，应根据所编工程量清单项目的特征要求，选择最适宜表现该项目特征并方便计量的单位。例如，沉管灌注桩计量单位为"m"或"m³"或"根"3 个计量单位，当项目特征描述中说明单桩长度，那么计量单位选择"根"更适宜。在同一个建设项目（或标段、合同段）中，有多个单位工程的相同项目计量单位必须保持一致。

（5）工程量的计算。工程数量主要是按照设计图纸和《房屋建筑与装饰工程工程量计算规则》附录中的工程量计算规则确定的。工程量计算规则是指对清单项目工程量的计算规则，除另有说明外，所有清单项目的工程量应以实体工程为准，并以完成后的净值计算；投标人编制投标报价时，应在单价中考虑施工中的各种损耗和需要增加的工程量。

分部分项工程量清单项目工程量的有效位数应遵守下列规定：以"t"为计量单位的应保留小数点 3 位；以"m³""m²""m""kg"为计量单位的应保留小数点 2 位；以"项""套""个""组"等为计量单位的应取整数。

（6）补充项目的编制。编制工程量清单出现附录中未包括的项目，编制人应作补充，并报省级或行业工程造价管理机构备案，省级或行业工程造价管理机构应汇总报住房和城乡建设部标准定额研究所。

补充项目的编码由专业工程代码（01、02、03、04、05、06、07、08、09）与 B 和 3 位阿拉伯数字组成，并应从×B001 起顺序编制，同一招标工程的项目不得重码。工程量清单中需附有补充项目的名称、项目特征、计量单位、工程量计算规则、工程内容。

2）措施项目清单的编制

措施项目指为完成工程施工,发生于该工程施工准备和施工过程中的技术、安全、环境保护等方面的非工程实体项目的总称。《房屋建筑与装饰工程工程量计算规则》单价措施项目中列出了项目编码、项目名称、项目特征、计量单位、工程量计算规则的项目,编制工程量清单时,应按照规范的规定执行;总价措施项目仅列出项目编码、项目名称及工作内容和包含范围,未列出项目特征、计量单位和工程量计算规则的项目,编制工程量清单时,应按照规范附录S措施项目规定的项目编码、项目名称确定;若出现规范未列的项目,可根据工程实际情况补充。总价措施项目可按表7-1或附录中规定的项目选择列项,单价措施项目可按表7-2或附录中规定的项目选择列项。若出现规范未列的项目,可根据工程实际情况补充。

表 7-1 总价措施项目一览表

序 号	项 目 名 称
1	安全文明施工(含环境保护、文明施工、安全施工、临时设施)
2	夜间施工
3	非夜间施工照明
4	二次搬运
5	冬雨季施工
6	地上、地下设施,建筑物的临时保护设施
7	已完工程及设备保护

表 7-2 单价措施项目一览表

序 号	项 目 名 称
1	脚手架工程
2	混凝土模板及支架(撑)
3	垂直运输
4	超高施工增加
5	大型机械设备进出场及安拆
6	施工排水、降水

3）其他项目清单的编制

其他项目清单是指分部分项工程量清单、措施项目清单所包含的内容以外,因招标人的特殊要求而发生的与拟建工程有关的其他费用项目和相应数量的清单。《建设工程工程量清单计价规范》第4.4.1条、第4.4.6条规定其他项目清单应根据拟建工程具体情况,宜按照"暂列金额;暂估价;计日工;总承包服务费"等内容列项。若有不足部分,编制人可根据工程的具体情况进行补充。

（1）暂列金额的确定。暂列金额是由招标人的清单编制人预测后填写的,应详列项目名称、计量单位、暂定金额等。如不能详列,也可只列暂定金额总额,投标人应将上述暂定金额计入投标总价中。暂列金额包括在合同价内,但并不直接属承包人所有,而是由发包人暂定并掌握使用的一笔款项。

（2）暂估价的确定。暂估价包括材料暂估单价、工程设备暂估单价、专业工程暂估价。材料（工程设备）暂估单价表由招标人填写，并在备注栏说明暂估价的材料拟用在哪些清单项目上，投标人应将上述材料暂估单价计入相应的工程量清单项目综合单价报价中。以"项"为计量单位给出的专业工程暂估价一般应是综合暂估价，应当包括除规费、税金以外的管理费、利润等。

（3）计日工的确定。计日工的项目名称、数量按完成发包人发出的计日工指令的数量确定；编制招标控制价时，单价由招标人按有关计价规定确定；编制投标报价时，单价由投标人自主报价。所以，计日工是以完成零星工作所消耗的人工、材料、机械台班数量进行计量，并按照计日工表中填报的适用项目的单价进行计价支付。

（4）总承包服务费的确定。总承包服务费分为"发包人发包专业工程"和"发包人供应材料"两部分，如需总承包方履行合同中约定的相关总包管理责任，这时总包单位要协调与分包单位的工作连接，可按约定计取总承包服务费。

4）规费、税金项目清单的编制

规费项目清单应按照下列内容列项：工程排污费；社会保险费，包括养老保险费、失业保险费、医疗保险费、生育保险费、工伤保险；住房公积金。出现未包含在上述规范中的项目，应根据省级政府或省级有关权力部门的规定列项。

税金项目清单应包括以下内容：营业税、城市建设维护税、教育费附加及地方教育附加，承包人负责缴纳。如国家税法发生变化或地方政府及税务部门依据职权对税种进行了调整，应对税金项目清单进行相应调整。

7.2.3 工程量清单计价格式

1）工程量清单项目费用确定

工程量清单计价的过程就是工程量清单项目费用的确定，在本书 2.2.3 节中详细地介绍了工程量清单计价模式下建筑安装工程费用构成，采用工程量清单计价，建设工程造价由分部分项工程费、措施项目费、其他项目费、规费和税金组成。工程量清单计价采用综合单价计价。

（1）分部分项工程费的确定

$$分部分项工程费 = \sum 分部分项工程量 \times 相应分部分项清单综合单价 \qquad (7\text{-}1)$$

其中

$$清单综合单价 = 清单项目人、材、机费 + 管理费 + 利润 + 风险费 \qquad (7\text{-}2)$$

或

$$清单综合单价 = \sum (定额计价工程量 \times 定额综合单价) \div 清单工程量 \qquad (7\text{-}3)$$

（2）措施项目费的确定

$$措施项目费 = \sum 各措施项目费 \qquad (7\text{-}4)$$

（3）其他项目费的确定

$$其他项目费 = 暂列金额 + 暂估价 + 计日工 + 总承包服务费 \qquad (7\text{-}5)$$

其中，招标人可根据工程的复杂程度、设计深度、工程环境条件等进行暂列金额的估算，一般可按分部分项工程费的 10%～15% 计取暂列金额。暂估价由招标方在招标文件中给出,投标方照实计入。计日工费中的数量由招标方提供,单价由投标人自主报价。总承包服务费可按约定计取,通常是按:①招标人仅要求对分包的专业工程进行总承包管理和协调,按分包的专业工程估算造价的1.5%计算;②招标人要求对分包的专业工程进行总承包管理和协调,并同时要求提供配合服务时,根据招标文件列出的配合服务内容和提出的要求,按分包的专业工程估算造价的3%~5%计算;③招标人自行供应材料的,按招标人供应材料价值的1%计算。

(4)规费的确定

$$规费 = (分部分项工程费 + 措施项目费 + 其他项目费) \times 规费费率 \qquad (7-6)$$

式中,规费费率包括劳保统筹率为3.55%;失业保险费率为0.21%;医疗保险费率为0.48%;意外伤害保险费率为0.18%;工程定额测定费率为0.14%等。

(5)税金的确定

$$税金 = 营业税 + 城乡建设维护税 + 教育费附加 \qquad (7-7)$$

(6)单位工程报价=分部分项工程费+措施项目费+其他项目费+规费+税金 (7-8)

(7)单项工程报价 $= \sum$ 单位工程报价 \qquad (7-9)

(8)建设项目总报价 $= \sum$ 单项工程报价 \qquad (7-10)

公式中综合单价指完成一个规定计量单位的分部分项工程量清单项目或措施清单项目所需的人工费、材料费、施工机械使用费和企业管理费与利润,以及一定范围内的风险费用。

2)工程量清单计价格式内容组成

工程量清单计价模式下,主要有以下计价表格:

(1)封面。封面应按规定的内容填写、签字、盖章,除承包人自行编制的投标报价和竣工结算外,受委托编制的招标控制价、投标报价、竣工结算若为造价员编制的,应有负责审核的造价工程师签字、盖章以及工程造价咨询人盖章。封面主要包括:工程量清单封面(表7-3)、招标控制价封面(表7-4)、投标总价封面(表7-5)、竣工结算总价封面。

表7-3 工程量清单封面

_____工程
工程量清单

表7-4 招标控制价封面

<table>
<tr><td colspan="2" style="text-align:center">_____工程
招标控制价</td></tr>
<tr><td colspan="2">招标控制价(小写):_____</td></tr>
<tr><td colspan="2">　　　　(大写):_____</td></tr>
<tr><td>招标人:_____</td><td>工程造价咨询人:_____</td></tr>
<tr><td>(单位盖章)</td><td>(单位资质专用章)</td></tr>
</table>

表7-5 投标总价封面

<table>
<tr><td style="text-align:center">投标总价</td></tr>
<tr><td>招　标　人:_____</td></tr>
<tr><td>工程名称:_____</td></tr>
<tr><td>投标总价(小写):_____</td></tr>
<tr><td>　　　　(大写):_____</td></tr>
<tr><td>投标人:_____</td></tr>
<tr><td style="text-align:center">(单位盖章)</td></tr>
</table>

(2) 总说明。总说明按下列内容填写。

① 工程概况:工程的结构、建设规模、工程特征、计划工期、合同工期、施工现场实际情况、自然地理条件、环境保护要求等。

② 工程招标和分包范围。

③ 编制依据。

④ 工程质量、材料、施工等的特殊要求。

⑤ 其他需要说明的问题,如材料暂估价、专业工程暂估价的说明。

(3) 汇总表

① 工程项目招标控制价(投标报价)汇总表(见表7-6)。

表7-6 工程项目招标控制价(投标报价)汇总表

工程名称:　　　　　　　　　　　　　　　　　　　　　　第　页　共　页

序号	单项工程名称	金额(元)	其中		
			暂估价(元)	安全文明施工费(元)	规费(元)
	合计				

注:本表适用于工程项目招标控制价或投标报价的汇总。

② 单项工程招标控制价(投标报价)汇总表(见表 7-7)。

表 7-7 单项工程招标控制价(投标报价)汇总表

工程名称： 第 页 共 页

序号	单位工程名称	金额(元)	其中		
			暂估价(元)	安全文明施工费(元)	规费(元)
合 计					

注:本表适用于单项工程招标控制价或投标报价的汇总。暂估价包括分部分项工程中的暂估价和专业工程暂估价。

③ 单位工程招标控制价(投标报价)汇总表(见表 7-8)。

表 7-8 单位工程招标控制价/投标报价汇总表

工程名称： 第 页 共 页

序号	汇总内容	金额(元)	其中:暂估价(元)
1	分部分项工程费		
2	措施项目费		
2.1	安全文明施工费		
3	其他项目费		
3.1	暂列金额		
3.2	专业工程暂估价		
3.3	计日工		
3.4	总承包服务费		
4	规费		
5	税金		
招标控制价合计＝1+2+3+4+5			

注:本表适用于单位工程招标控制价或投标报价的汇总,如无单位工程划分,单项工程也使用本表汇总。

④ 工程项目竣工结算汇总表。

⑤ 单位工程竣工结算汇总表。

(4) 分部分项工程量清单表

① 分部分项工程量清单与计价表(见表 7-9)。

② 工程量清单综合单价分析表(见表 7-10)。

(5) 措施项目清单表

① 措施项目清单与计价表(一)(见表 7-11)。

② 措施项目清单与计价表(二)(见表 7-12)。

表 7-9 分部分项工程量清单与计价表

工程名称： 标段： 第 页 共 页

序号	项目编码	项目名称	项目特征描述	计量单位	工程量	金 额(元)		
						综合单价	合价	其中:暂估价
			本页小计					
			合 计					

注：根据建设部、财政部发布的《建筑安装工程费用组成》(建标〔2003〕206 号)的规定,为计取规费等的使用,可在表中增设其中:"直接费""人工费"或"人工费＋机械费"。

表 7-10 工程量清单综合单价分析表

工程名称： 标段： 第 页 共 页

项目编码			项目名称			计量单位					

清单综合单价组成明细

定额编号	定额名称	定额单位	数量	单 价(元)				合 价(元)			
				人工费	材料费	机械费	管理费和利润	人工费	材料费	机械费	管理费和利润
人工单价				小 计							
元/工日				未计价材料费							
清单项目综合单价											

材料费明细	主要材料名称、规格、型号		单位	数量	单价(元)	合价(元)	暂估单价(元)	暂估合价(元)
	其他材料费				—		—	
	材料费小计				—		—	

注：(1) 如不使用省级或行业建设主管部门发布的计价依据,可不填定额项目、编号等。
　　(2) 招标文件提供了暂估单价的材料,按暂估的单价填入表内"暂估单价"栏及"暂估合价"栏。

表 7-11 措施项目清单与计价表(一)

工程名称： 标段： 第 页 共 页

序号	项目名称	计算基础	费 率(%)	金 额(元)
1	安全文明施工费			
2	夜间施工费			
3	二次搬运费			
4	冬雨季施工			
5	大型机械设备进出场及安拆费			
6	施工排水			
7	施工降水			
8	地上、地下设施、建筑物的临时保护设施			

续表 7-11

序号	项目名称	计算基础	费 率(%)	金 额(元)
9	已完工程及设备保护			
10	各专业工程的措施项目			
	合 计			

注:(1) 本表适用于以"项"计价的措施项目。
　　(2) 根据建设部、财政部发布的《建筑安装工程费用组成》(建标〔2003〕206号)的规定,"计算基础"可为"直接费"
　　　　"人工费"或"人工费+机械费"。

表 7-12　措施项目清单与计价表(二)

工程名称:　　　　　　　标段:　　　　　　　　　　　第　　页　共　　页

序号	项目编码	项目名称	项目特征描述	计量单位	工程量	金 额(元)	
						综合单价	合 价
			本页小计				
			合 计				

注:本表适用于以综合单价形式计价的措施项目。

(6) 其他项目清单表

① 其他项目清单与计价汇总表(见表 7-13)。

表 7-13　其他项目清单与计价汇总表

工程名称:　　　　　　　标段:　　　　　　　　　　　第　　页　共　　页

序号	项目名称	计量单位	金额(元)	备 注
1	暂列金额			
2	暂估价			
2.1	材料暂估价		—	
2.2	专业工程暂估价			
3	计日工			
4	总承包服务费			
5	索赔与现场签证		—	
	合 计			—

注:材料暂估单价进入清单项目综合单价,此处不汇总。

② 暂列金额明细表。

③ 材料暂估单价表。

④ 专业工程暂估单价表。

⑤ 计日工表。

⑥ 总承包服务费计价表。

⑦ 索赔与现场签证计价汇总表。

⑧ 费用索赔申请(核准)表。

⑨ 现场签证表。

（7）规费、税金项目清单与计价表（见表 7-14）。

（8）工程款支付申请（核准）表。

表 7-14　规费、税金项目清单与计价表

工程名称：　　　　　　　标段：　　　　　　　　　　　第　页共　页

序号	项目名称	计算基础	费率（%）	金额（元）
1	规费			
1.1	工程排污费			
1.2	社会保障费			
(1)	养老保险费			
(2)	失业保险费			
(3)	医疗保险费			
1.3	住房公积金			
1.4	危险作业意外伤害保险			
1.5	工程定额测定费			
2	税金	分部分项工程费＋措施项目费＋其他项目费＋规费		
合　计				

注：根据建设部、财政部发布的《建筑安装工程费用组成》（建标〔2003〕206 号）的规定，"计算基础"可为"直接费""人工费"或"人工费＋机械费"。

7.3　建筑与装饰工程部分清单项目

7.3.1　土（石）方工程

本部分共分 3 节 13 个项目，包括土方工程、石方工程和回填。适用于建筑物和构筑物的土石方开挖及回填工程。

工程量清单的工程量，按《房屋建筑与装饰工程工程量计算规范》规定"是拟建工程分项工程的实体数量"。

1）土方工程 010101

010101001，平整场地。项目特征：（1）土壤类别；（2）弃土运距；（3）取土运距。计量单位为"m²"。工程量计算规则：按设计图示尺寸以建筑物首层建筑面积计算。工作内容包括：（1）土方挖填；（2）场地找平；（3）运输。

010101002，挖一般土方。项目特征：（1）土壤类别；（2）挖土深度；（3）取土运距。计量单位为"m³"。工程量计算规则：按设计图示尺寸以体积计算。工作内容包括：（1）排地表水；（2）土方开挖；（3）围护（挡土板）及拆除；（4）基底钎探；（5）运输。

010101003，挖沟槽土方；010101004，挖基坑土方。项目特征：（1）土壤类别；（2）挖土深度；（3）取土运距。计量单位为"m³"。工程量计算规则：按设计图示尺寸以基础垫层底面积乘以挖土深度计算。工作内容：（1）排地表水；（2）土方开挖；（3）围护（挡土板）及拆除；（4）基底钎探;(5)运输。

010101005,冻土开挖。项目特征:(1)冻土厚度;(2)弃土运距。计量单位为"m³"。工程量计算规则:按设计图示尺寸开挖面积乘厚度以体积计算。工程内容:(1)爆破;(2)开挖;(3)清理;(4)运输。

010101006,挖淤泥、流砂。项目特征:(1)挖掘深度;(2)弃淤泥、流砂距离。计量单位为"m³"。工程量计算规则:按设计图示位置、界限以体积计算。工作内容:(1)开挖;(2)运输。

010101007,管沟土方。项目特征:(1)土壤类别;(2)管外径;(3)挖沟深度;(4)回填要求。计量单位为"m"或"m³"。工程量计算规则:(1)以"m"计量,按设计图示以管道中心线长度计算。(2)以"m³"计量,按设计图示管底垫层面积乘以挖土深度计算,无管底垫层按管外径的水平投影面积乘以挖土深度计算,不扣除各类井的长度,井的土方并入。工作内容:(1)排地表水;(2)土方开挖;(3)围护(挡土板)、支撑;(4)运输;(5)回填。

2)石方工程 010102

010102001,挖一般石方。项目特征:(1)岩土类别;(2)开凿深度;(3)弃碴运距。计量单位为"m³"。工程量计算规则:按设计图示尺寸以体积计算。工作内容:(1)排地表水;(2)凿石;(3)运输。

010102002,挖沟槽石方。项目特征:(1)岩土类别;(2)开凿深度;(3)弃碴运距。计量单位为"m³"。工程量计算规则:按设计图示尺寸沟槽底面积乘以挖石深度以体积计算。工作内容:(1)排地表水;(2)凿石;(3)运输。

010102003,挖基坑石方。项目特征:(1)岩土类别;(2)开凿深度;(3)弃碴运距。计量单位为"m³"。工程量计算规则:按设计图示尺寸基坑底面积乘以挖石深度以体积计算。工作内容:(1)排地表水;(2)凿石;(3)运输。

010102004,挖管沟石方。项目特征:(1)岩石类别;(2)管外径;(3)挖沟深度。计量单位为"m"或"m³"。工程量计算规则:(1)以"m"计量,按设计图示以管道中心线长度计算;(2)以"m³"计量,按设计图示截面积乘以长度计算。工作内容:(1)排地表水;(2)凿石;(3)回填;(4)运输。

3)回填 010103

010103001,回填方。项目特征:(1)密实度要求;(2)填方材料品种;(3)填方粒径要求;(4)填方来源、运距。计量单位为"m³"。工程量计算规则:按设计图示尺寸以体积计算。(1)场地回填:回填面积乘平均回填厚度;(2)室内回填:主墙间面积乘回填厚度,不扣除间隔墙;(3)基础回填:按挖方体积减去自然地坪以下埋设的基础体积(包括基础垫层及其他构筑物)。工作内容:(1)运输;(2)回填;(3)压实。

010103002,余方弃置。项目特征:(1)废弃料品种;(2)运距。计量单位为"m³"。工程量计算规则:按挖方清单项目工程量减利用回填方体积(正数)计算。工作内容:余方点装料运输至弃置点。

4)应用案例

【例7-1】 某三类建筑工程人工开挖基坑土方项目,基础垫层尺寸(每边比基础宽100 mm)2 m×4 m,挖土深度2 m,三类干土,双轮车弃土距离100 m,弃土量为挖土量的60%,共20个基坑。计算该分部分项工程量清单。

【解】 (1)确定项目编码和计量单位

套《房屋建筑与装饰工程工程量计算规范》项目编码为 010101004001 和 010103002001,取计量单位为 m³。

(2) 按《房屋建筑与装饰工程工程量计算规范》规定计算工程量

$$挖基坑土方 V = 2\,m \times 4\,m \times 2\,m \times 20\,个 = 320\,m^3$$

$$余方弃置 V = 弃土量为挖土量的 60\% = 320 \times 60\% = 192\,m^3$$

清单格式见表 7-15。

表 7-15 清单格式

序号	项目编码	项目名称	项目特征	计量单位	工程数量
1	010101004001	挖基坑土方	1. 土壤类别:三类干土 2. 挖土深度:2 m 3. 弃土距离:100 m	m³	320
2	010103002001	余方弃置	1. 废弃料品种:三类干土 2. 运距:100 m	m³	192

(3) 按江苏省计价定额计算工程量

1-60 挖三类干土,深度 3 m 以内

基坑挖深 2 m,三类干土,因此需要放坡,放坡系数 1:0.33。

由于无具体图纸,施工工作面暂时按混凝土基础、工作面 300 mm 计算,从基础边开始留设。

因此:基坑下口面积 $F_1 = (2+0.2 \times 2) \times (4+0.2 \times 2) = 2.4 \times 4.4 = 10.56\,m^2$

基坑上口面积 $F_2 = (2.4+2 \times 0.33 \times 2) \times (4.4+2 \times 0.33 \times 2)$
$= 3.72 \times 5.72 = 21.28\,m^2$

基坑中部面积 $F_0 = (2.4+0.33 \times 2) \times (4.4+0.33 \times 2)$
$= 3.06 \times 5.06 = 15.48\,m^2$

$$V = \frac{H}{6} \times (F_1 + 4F_0 + F_2) = 31.25\,m^3$$

$$总挖土量 = 31.25 \times 20\,个 = 625.00\,m^3$$

1-92+1-95 单(双)轮车运输 100 m

$$运土量 V = 625.00 \times 60\% = 375.00\,m^3$$

(4) 套价、组价

1-60 挖三类干土,深度 3 m 以内 综合单价:62.24 元/m³

010101004001 $清单综合单价 = \dfrac{\sum 定额工程量 \times 定额单价}{清单工程量}$

$$= \frac{625.00 \times 62.24}{320} = 121.56\,元/m^3$$

1-92+1-95 单(双)轮车运输 100 m 综合单价:24.27 元/m³

010103002001 $清单综合单价 = \dfrac{375.00 \times 24.27}{192} = 47.40\,元/m^3$

7.3.2 地基处理与边坡支护工程

本部分共 2 节 28 个项目,包括地基处理、基坑与边坡支护。

1) 地基处理 010201

010201001,换填垫层。项目特征:(1)材料种类及配比;(2)压实系数;(3)掺加剂品种。计量单位为"m³"。工程量计算规则:按设计图示尺寸以体积计算。工作内容:(1)分层铺填;(2)碾压、振密或夯实;(3)材料运输。

010201002,铺设土工合成材料。项目特征:(1)部位;(2)品种;(3)规格。计量单位为"m²"。工程量计算规则:按设计图示尺寸以面积计算。工作内容:(1)挖填锚固沟;(2)铺设;(3)固定;(4)运输。

010201003,预压地基。项目特征:(1)排水竖井种类、断面尺寸、排列方式、间距、深度;(2)预压方法;(3)预压荷载、时间;(4)砂垫层厚度。计量单位为"m²"。工程量计算规则:按设计图示处理范围以面积计算。工作内容:(1)设置排水竖井、盲沟、滤水管;(2)铺设砂垫层、密封膜;(3)堆载、卸载或抽气设备安拆、抽真空;(4)材料运输。

010201004,强夯地基。项目特征:(1)夯击能量;(2)夯击遍数;(3)夯击点布置形式、间距;(4)地耐力要求;(5)夯填材料种类。计量单位为"m²"。工程量计算规则:按设计图示处理范围以面积计算。工作内容:(1)铺设夯填材料;(2)强夯;(3)夯填材料运输。

010201005,振冲密实(不填料)。项目特征:(1)地层情况;(2)振密深度;(3)孔距。计量单位为"m²"。工程量计算规则:按设计图示处理范围以面积计算。工作内容:(1)振冲加密;(2)泥浆运输。

010201006,振冲桩(填料)。项目特征:(1)地层情况;(2)空桩长度、桩长;(3)桩径;(4)填充材料种类。计量单位为"m"或"m³"。工程量计算规则:(1)以"m"计量,按设计图示尺寸以桩长计算;(2)以"m³"计量,按设计桩截面乘以桩长以体积计算。工作内容:(1)振冲成孔、填料、振实;(2)材料运输;(3)泥浆运输。

010201007,砂石桩。项目特征:(1)地层情况;(2)空桩长度、桩长;(3)桩径;(4)成孔方法;(5)材料种类、级配。计量单位为"m"或"m³"。工程量计算规则:(1)以"m"计量,按设计图示尺寸以桩长(包括桩尖)计算;(2)以"m³"计量,按设计桩截面积乘以桩长(包括桩尖)以体积计算。工作内容:(1)成孔;(2)填充、振实;(3)材料运输。

010201008,水泥粉煤灰碎石桩。项目特征:(1)地层情况;(2)空桩长度、桩长;(3)桩径;(4)成孔方法;(5)混合料强度等级。计量单位为"m"。工程量计算规则:按设计图示尺寸以桩长(包括桩尖)计算。工作内容:(1)成孔;(2)混合料制作、灌注、养护;(3)材料运输。

010201009,深层搅拌桩。项目特征:(1)地层情况;(2)空桩长度、桩长;(3)桩截面尺寸;(4)水泥强度等级、掺量。计量单位为"m"。工程量计算规则:按设计图示尺寸以桩长计算。工作内容:(1)预搅下钻、水泥浆制作、喷浆搅拌提升成桩;(2)材料运输。

010201010,粉喷桩。项目特征:(1)地层情况;(2)空桩长度、桩长;(3)桩径;(4)粉体种类、掺量;(5)水泥强度等级、石灰粉要求。计量单位为"m"。工程量计算规则:按设计图示尺寸以桩长计算。工作内容:(1)预搅下钻、喷粉搅拌提升成桩;(2)材料运输。

010201011,夯实水泥土桩。项目特征:(1)地层情况;(2)空桩长度、桩长;(3)桩径;(4)成孔方法;(5)水泥强度等级;(6)混合料配比。计量单位为"m"。工程量计算规则:按设计图示尺寸以桩长(包括桩尖)计算。工作内容:(1)成孔、夯底;(2)水泥土拌和、填料、夯实;(3)材料运输。

010201012,高压喷射注浆桩。项目特征:(1)地层情况;(2)空桩长度、桩长;(3)桩截面;(4)注浆类型、方法;(5)水泥强度等级。计量单位为"m"。工程量计算规则:按设计图示尺寸以桩长计算。工作内容:(1)成孔;(2)水泥浆制作、高压喷射注浆;(3)材料运输。

010201013,石灰桩。项目特征:(1)地层情况;(2)空桩长度、桩长;(3)桩径;(4)成孔方法;(5)掺合料种类、配合比。计量单位为"m"。工程量计算规则:按设计图示尺寸以桩长(包括桩尖)计算。工作内容:(1)成孔;(2)混合料制作、运输、夯填。

010201014,灰土(土)挤密桩。项目特征:(1)地层情况;(2)空桩长度、桩长;(3)桩径;(4)成孔方法;(5)灰土级配。计量单位为"m"。工程量计算规则:按设计图示尺寸以桩长(包括桩尖)计算。工作内容:(1)成孔;(2)灰土拌和、运输、填充、夯实。

010201015,柱锤冲扩桩。项目特征:(1)地层情况;(2)空桩长度、桩长;(3)桩径;(4)成孔方法;(5)桩体材料种类、配合比。计量单位为"m"。工程量计算规则:按设计图示尺寸以桩长计算。工作内容:(1)安拔套管;(2)冲孔、填料、夯实;(3)桩体材料制作、运输。

010201016,注浆地基。项目特征:(1)地层情况;(2)空钻深度、注浆深度;(3)注浆间距;(4)浆液种类及配比;(5)注浆方法;(6)水泥强度等级。计量单位为"m"或"m³"。工程量计算规则:(1)以"m"计量,按设计图示尺寸以钻孔深度计算;(2)以"m³"计量,按设计图示尺寸以加固体积计算。工作内容:(1)成孔;(2)注浆导管制作、安装;(3)浆液制作、压浆;(4)材料运输。

010201017,褥垫层。项目特征:(1)厚度;(2)材料品种及比例。计量单位为"m²"或"m³"。工程量计算规则:(1)以"m²"计量,按设计图示尺寸以铺设面积计算;(2)以"m³"计量,按设计图示尺寸以体积计算。工作内容:材料拌和、运输、铺设、压实。

2) 基坑与边坡支护 010202

010202001,地下连续墙。项目特征:(1)地层情况;(2)导墙类型、截面;(3)墙体厚度;(4)成槽深度;(5)混凝土种类、强度等级;(6)接头形式。计量单位为"m³"。工程量计算规则:按设计图示墙中心线长乘以厚度乘以槽深以体积计算。工作内容:(1)导墙挖填、制作、安装、拆除;(2)挖土成槽、固壁、清底置换;(3)混凝土制作、运输、灌注、养护;(4)接头处理;(5)土方、废泥浆外运;(6)打桩场地硬化及泥浆池、泥浆沟。

010202002,咬合灌注桩。项目特征:(1)地层情况;(2)桩长;(3)桩径;(4)混凝土种类、强度等级;(5)部位。计量单位为"m"或"根"。工程量计算规则:(1)以"m"计量,按设计图示尺寸以桩长计算;(2)以"根"计量,按设计图示数量计算。工作内容:(1)成孔、固壁;(2)混凝土制作、运输、灌注、养护;(3)套管压拔;(4)土方、废泥浆外运;(5)打桩场地硬化及泥浆池、泥浆沟。

010202003,圆木桩。项目特征:(1)地层情况;(2)桩长;(3)材质;(4)尾径;(5)桩倾斜度。计量单位为"m"或"根"。工程量计算规则:(1)以"m"计量,按设计图示尺寸以桩长(包括桩尖)计算;(2)以"根"计量,按设计图示数量计算。工作内容:(1)工作平台搭拆;(2)桩机移位;(3)桩靴安装;(4)沉桩。

010202004,预制钢筋混凝土板桩。项目特征:(1)地层情况;(2)送桩深度、桩长;(3)桩截面;(4)沉桩方法;(5)连接方式;(6)混凝土强度等级。计量单位为"m"或"根"。工程量计算规则:(1)以"m"计量,按设计图示尺寸以桩长(包括桩尖)计算;(2)以"根"计量,按设计图示数量计算。工作内容：(1)工作平台搭拆；(2)桩机移位；(3)桩靴安装；(4)沉桩。

010202005，型钢桩。项目特征：(1)地层情况或部位；(2)送桩深度、桩长；(3)规格型号；(4)桩倾斜度；(5)防护材料种类；(6)是否拔出。计量单位为"t"或"根"。工程量计算规则：(1)以"t"计量，按设计图示尺寸以质量计算；(2)以"根"计量，按设计图示数量计算。工作内容：(1)工作平台搭拆；(2)桩机竖拆、移位；(3)打(拔)桩；(4)接桩；(5)刷防护材料。

010202006，钢板桩。项目特征：(1)地层情况；(2)桩长；(3)板桩厚度。计量单位为"t"或"m²"。工程量计算规则：(1)以"t"计量，按设计图示尺寸以质量计算；(2)以"m²"计量，按设计图示墙中心线长乘以桩长以面积计算。工作内容：(1)工作平台搭拆；(2)桩机移位；(3)打拔钢板桩。

010202007，锚杆(锚索)。项目特征：(1)地层情况；(2)锚杆(索)类型、部位；(3)钻孔深度；(4)钻孔直径；(5)杆体材料品种、规格、数量；(6)预应力；(7)浆液种类、强度等级。计量单位为"m"或"根"。工程量计算规则：(1)以"m"计量，按设计图示尺寸以钻孔深度计算；(2)以"根"计量，按设计图示数量计算。工作内容：(1)钻孔、浆液制作、运输、压浆；(2)锚杆(锚索)制作、安装；(3)张拉锚固；(4)锚杆(锚索)施工平台搭设、拆除。

010202008，土钉。项目特征：(1)地层情况；(2)钻孔深度；(3)钻孔直径；(4)置入方法；(5)杆体材料品种、规格、数量；(6)浆液种类、强度等级。计量单位为"m"或"根"。工程量计算规则：(1)以"m"计量，按设计图示尺寸以钻孔深度计算；(2)以"根"计量，按设计图示数量计算。工作内容：(1)钻孔、浆液制作、运输、压浆；(2)土钉制作、安装；(3)土钉施工平台搭设、拆除。

010202009，喷射混凝土、水泥砂浆。项目特征：(1)部位；(2)厚度；(3)材料种类；(4)混凝土(砂浆)类别、强度等级。计量单位为"m²"。工程量计算规则：按设计图示尺寸以面积计算。工作内容：(1)修整边坡；(2)混凝土(砂浆)制作、运输、喷射、养护；(3)钻排水孔、安装排水管；(4)喷射施工平台搭设、拆除。

010202010，钢筋混凝土支撑。项目特征：(1)部位；(2)混凝土种类；(3)混凝土强度等级。计量单位为"m³"。工程量计算规则：按设计图示尺寸以体积计算。工作内容：(1)模板(支架或支撑)制作、安装、拆除、堆放、运输及清理模内杂物、刷隔离剂等；(2)混凝土制作、运输、浇筑、振捣、养护。

010202011，钢支撑。项目特征：(1)部位；(2)钢材品种、规格；(3)探伤要求。计量单位为"t"。工程量计算规则：按设计图示尺寸以质量计算。不扣除孔眼质量，焊条、铆钉、螺栓等不另增加质量。工作内容：(1)支撑、铁件制作(摊销、租赁)；(2)支撑、铁件安装；(3)探伤；(4)刷漆；(5)拆除；(6)运输。

7.3.3 桩基工程

本部分共 2 节 11 个项目，包括打桩与灌注桩。

1) 打桩 010301

010301001，预制钢筋混凝土方桩。项目特征：(1)地层情况；(2)送桩深度、桩长；(3)桩截面；(4)桩倾斜度；(5)沉桩方法；(6)接桩方式；(7)混凝土强度等级。计量单位为"m"或"m³"或"根"。工程量计算规则：(1)以"m"计量，按设计图示尺寸以桩长(包括桩尖)计算；(2)以"m³"计量，按设计图示截面积乘以桩长(包括桩尖)以实体积计算；(3)以"根"计量，按设计图示数量计算。工作内容:(1)工作平台搭拆;(2)桩机竖拆、移位;(3)沉桩;(4)接桩;(5)送桩。

010301002,预制钢筋混凝土管桩。项目特征:(1)地层情况;(2)送桩深度、桩长;(3)桩外径、壁厚;(4)桩倾斜度;(5)沉桩方法;(6)桩尖类型;(7)混凝土强度等级;(8)填充材料种类;(9)防护材料种类。计量单位为"m"或"根"。工程量计算规则:(1)以"m"计量,按设计图示尺寸以桩长(包括桩尖)计算;(2)以"m³"计量,按设计图示截面积乘以桩长(包括桩尖)以实体积计算;(3)以"根"计量,按设计图示数量计算。工作内容:(1)工作平台搭拆;(2)桩机竖拆、移位;(3)沉桩;(4)接桩;(5)送桩;(6)桩尖制作安装;(7)填充材料、刷防护材料。

010301003,钢管桩。项目特征:(1)地层情况;(2)送桩深度、桩长;(3)材质;(4)管径、壁厚;(5)桩倾斜度;(6)沉桩方法;(7)填充材料种类;(8)防护材料种类。计量单位为"t"或"根"。工程量计算规则:(1)以"t"计量,按设计图示尺寸以质量计算;(2)以"根"计量,按设计图示数量计算。工作内容:(1)工作平台搭拆;(2)桩机竖拆、移位;(3)沉桩;(4)接桩;(5)送桩;(6)切割钢管、精割盖帽;(7)管内取土;(8)填充材料、刷防护材料。

010301004,截(凿)桩头。项目特征:(1)桩类型;(2)桩头截面、高度;(3)混凝土强度等级;(4)有无钢筋。计量单位为"m³"或"根"。工程量计算规则:(1)以"m³"计量,按设计桩截面乘以桩头长度以体积计算;(2)以"根"计量,按设计图示数量计算。工作内容:(1)截(切割)桩头;(2)凿平;(3)废料外运。

2) 灌注桩 010302

010302001,泥浆护壁成孔灌注桩。项目特征:(1)地层情况;(2)空桩长度、桩长;(3)桩径;(4)成孔方法;(5)护筒类型、长度;(6)混凝土种类、强度等级。计量单位为"m"或"m³"或"根"。工程量计算规则:(1)以"m"计量,按设计图示尺寸以桩长(包括桩尖)计算;(2)以"m³"计量,按不同截面在桩上范围内以体积计算;(3)以"根"计量,按设计图示数量计算。工作内容:(1)护筒埋设;(2)成孔、固壁;(3)混凝土制作、运输、灌注、养护;(4)土方、废泥浆外运;(5)打桩场地硬化及泥浆池、泥浆沟。

010302002,沉管灌注桩。项目特征:(1)地层情况;(2)空桩长度、桩长;(3)复打长度;(4)桩径;(5)沉管方法;(6)桩尖类型;(7)混凝土类别、强度等级。计量单位为"m"或"m³"或"根"。工程量计算规则:(1)以"m"计量,按设计图示尺寸以桩长(包括桩尖)计算;(2)以"m³"计量,按不同截面在桩上范围内以体积计算;(3)以"根"计量,按设计图示数量计算。工作内容:(1)打(沉)拔钢管;(2)桩尖制作、安装;(3)混凝土制作、运输、灌注、养护。

010302003,干作业成孔灌注桩。项目特征:(1)地层情况;(2)空桩长度、桩长;(3)桩径;(4)扩孔直径、高度;(5)成孔方法;(6)混凝土种类、强度等级。计量单位为"m"或"m³"或"根"。工程量计算规则:(1)以"m"计量,按设计图示尺寸以桩长(包括桩尖)计算;(2)以"m³"计量,按不同截面在桩上范围内以体积计算;(3)以"根"计量,按设计图示数量计算。工作内容:(1)成孔、扩孔;(2)混凝土制作、运输、灌注、振捣、养护。

010302004,挖孔桩土(石)方。项目特征:(1)地层情况;(2)挖孔深度;(3)弃土(石)运距。计量单位为"m³"。工程量计算规则:按设计图示尺寸(含护壁)截面积乘以挖孔深度以"m³"计算。工作内容:(1)排地表水;(2)挖土、凿石;(3)基底钎探;(4)运输。

010302005,人工挖孔灌注桩。项目特征:(1)桩芯长度;(2)桩芯直径、扩底直径、扩底高度;(3)护壁厚度、高度;(4)护壁混凝土种类、强度等级;(5)桩芯混凝土种类、强度等级。计量单位为"m³"或"根"。工程量计算规则：(1)以"m³"计量,按桩芯混凝土体积计算；(2)以"根"计量,按设计图示数量计算。工作内容：(1)护壁制作；(2)混凝土制作、运输、灌注、振捣、养护。

010302006,钻孔压浆桩。项目特征：(1)地层情况；(2)空钻长度、桩长；(3)钻孔直径；(4)水泥强度等级。计量单位为"m"或"根"。工程量计算规则：(1)以"m"计量,按设计图示尺寸以桩长计算；(2)以"根"计量,按设计图示数量计算。工作内容：钻孔、下注浆管、投放骨料、浆液制作、运输、压浆。

010302007,灌注桩后压浆。项目特征：(1)注浆导管材料、规格；(2)注浆导管长度；(3)单孔注浆量；(4)水泥强度等级。计量单位为"孔"。工程量计算规则：按设计图示以注浆孔数计算。工作内容：(1)注浆导管制作、安装；(2)浆液制作、运输、压浆。

3)应用案例

【例 7-2】 某工程现场搅拌钢筋混凝土钻孔灌注桩,土壤类别三类土,单桩设计长度 10 m,桩直径 450 mm,设计桩顶距自然地面高度 2 m,混凝土强度等级 C30,泥浆外运在 5 km 以内,共计 100 根桩。试计算该项目清单工程量,并按江苏省 2014 建筑与装饰工程计价定额计算该分部分项工程综合单价(人工、材料、机械、管理费、利润按计价表不作调整)。

【解】 (1)清单工程量(见表 7-16)

表 7-16　清单工程量

序号	项目编码	项目名称	项目特征	计量单位	工程数量
1	010302001001	泥浆护壁成孔灌注桩	1. 地层情况:三类土 2. 单桩设计长度 10 m,100 根 3. 桩直径 450 mm 4. 成孔方法:钻孔 5. 混凝土强度等级:C30	m	1 000

(2)按计价定额计算各工程内容含量

钻土孔　　　　$0.225 \times 0.225 \times 3.14 \times (10+2) \div 10 = 0.191$ m³/m

桩身混凝土　　$0.225 \times 0.225 \times 3.14 \times (10+0.45) \div 10 = 0.166$ m³/m

泥浆外运　　　0.191 m³/m

(3)套用计价定额计算各工程内容(含量)单价及清单综合单价

3-28　　钻土孔　　　　　$0.191 \times 300.96 = 57.48$ 元/m

3-39　　桩身混凝土　　　$0.166 \times 458.83 = 76.17$ 元/m

3-41　　泥浆外运　　　　$0.191 \times 112.21 = 21.43$ 元/m

　　　　砖砌泥浆池　　　$0.166 \times 2.0 = 0.332$ 元/m

钻孔灌注桩综合单价：$57.48 + 76.17 + 21.43 + 0.332 = 155.412$ 元/m

(4)清单计价格式(见表 7-17)

表 7-17　清单计价格式

序号	项目编码	项目名称	计量单位	工程数量	金额(元)	
					综合单价	合价
1	010302001001	泥浆护壁成孔灌注桩	m	1 000	155.412	155 412

7.3.4 砌筑工程

本部分共分为 4 节 27 个项目,包括砖砌体、砌块砌体、石砌体和垫层,适用于建筑物、构筑物的砌筑工程。

1) 砖砌体 010401

010401001,砖基础。项目特征:(1)砖品种、规格、强度等级;(2)基础类型;(3)砂浆强度等级;(4)防潮层材料种类。计量单位为"m³"。工程量计算规则:按设计图示尺寸以体积计算。包括附墙垛基础宽出部分体积,扣除地梁(圈梁)、构造柱所占体积,不扣除基础大放脚 T 形接头处的重叠部分及嵌入基础内的钢筋、铁件、管道、基础砂浆防潮层和单个面积≤0.3 m² 的孔洞所占体积,靠墙暖气沟的挑檐不增加。基础长度:外墙按外墙中心线,内墙按内墙净长线计算。工作内容:(1)砂浆制作、运输;(2)砌砖;(3)防潮层铺设;(4)材料运输。

010401002,砖砌挖孔桩护壁。项目特征:(1)砖品种、规格、强度等级;(2)砂浆强度等级。计量单位为"m³"。工程量计算规则:按设计图示尺寸以"m³"计算。工作内容:(1)砂浆制作、运输;(2)砌砖;(3)材料运输。

010401003,实心砖墙。项目特征:(1)砖品种、规格、强度等级;(2)墙体类型;(3)砂浆强度等级、配合比。计量单位为"m³"。工程量计算规则:按设计图示尺寸以体积计算。扣除门窗洞口、过人洞、空圈、嵌入墙内的钢筋混凝土柱、梁、圈梁、挑梁、过梁及凹进墙内的壁龛、管槽、暖气槽、消火栓箱所占体积,不扣除梁头、板头、檩头、垫木、木楞头、沿缘木、木砖、门窗走头、砖墙内加固钢筋、木筋、铁件、钢管及单个面积≤0.3 m² 的孔洞所占的体积。凸出墙面的腰线、挑檐、压顶、窗台线、虎头砖、门窗套的体积亦不增加。凸出墙面的砖垛并入墙体体积内计算。

墙长度:外墙按中心线、内墙按净长计算。

墙高度:(1)外墙:斜(坡)屋面无檐口天棚者算至屋面板底;有屋架且室内外均有天棚者算至屋架下弦底另加 200 mm;无天棚者算至屋架下弦底另加 300 mm,出檐宽度超过 600 mm 时按实砌高度计算;与钢筋混凝土楼板隔层者算至板顶。平屋顶算至钢筋混凝土板底。(2)内墙:位于屋架下弦者,算至屋架下弦底;无屋架者算至天棚底另加100 mm;有钢筋混凝土楼板隔层者算至楼板顶;有框架梁时算至梁底。(3)女儿墙:从屋面板上表面算至女儿墙顶面(如有混凝土压顶时算至压顶下表面)。(4)内、外山墙:按其平均高度计算。

框架间墙:不分内外墙按墙体净尺寸以体积计算。

围墙:高度算至压顶上表面(如有混凝土压顶时算至压顶下表面),围墙柱并入围墙体积内。

工作内容:(1)砂浆制作、运输;(2)砌砖;(3)刮缝;(4)砖压顶砌筑;(5)材料运输。

010401004,多孔砖墙;010401005,空心砖墙。项目特征、计量单位、计算规则和工作内容同实心砖墙。

010401006,空斗墙。项目特征:(1)砖品种、规格、强度等级;(2)墙体类型;(3)砂浆强度等级、配合比。计量单位为"m³"。工程量计算规则:按设计图示尺寸以空斗墙外形体积计算。墙角、内外墙交接处、门窗洞口立边、窗台砖、屋檐处的实砌部分体积并入空斗墙体积内。工作内容:(1)砂浆制作、运输;(2)砌砖;(3)装填充料;(4)刮缝;(5)材料运输。

010401007,空花墙。按设计图示尺寸以空花部分外形体积计算,不扣除空洞部分体积。其他同空斗墙。

010401008,填充墙。按设计图示尺寸以填充墙外形体积计算。其他同空斗墙。

010401009,实心砖柱。项目特征:(1)砖品种、规格、强度等级;(2)柱类型;(3)砂浆强度等级、配合比。计量单位为"m³"。工程量计算规则:按设计图示尺寸以体积计算。扣除混凝土及钢筋混凝土梁垫、梁头所占体积。工作内容:(1)砂浆制作、运输;(2)砌砖;(3)刮缝;(4)材料运输。

010401010,多孔砖柱。项目特征、计量单位、计算规则和工作内容同实心砖柱。

010401011,砖检查井。项目特征:(1)井截面、深度;(2)砖品种、规格、强度等级;(3)垫层材料种类、厚度;(4)底板厚度;(5)井盖安装;(6)混凝土强度等级;(7)砂浆强度等级;(8)防潮层材料种类。计量单位为"座"。工程量计算规则:按设计图示数量计算。工作内容:(1)砂浆制作、运输;(2)铺设垫层;(3)底板混凝土制作、运输、浇筑、振捣、养护;(4)砌砖;(5)刮缝;(6)井池底、壁抹灰;(7)抹防潮层;(8)材料运输。

010401012,零星砌砖。项目特征:(1)零星砌砖名称、部位;(2)砖品种、规格、强度等级;(3)砂浆强度等级、配合比。计量单位为"m³"或"m²"或"m"或"个"。工程量计算规则:(1)以"m³"计量,按设计图示尺寸截面积乘以长度计算;(2)以"m²"计量,按设计图示尺寸水平投影面积计算;(3)以"m"计量,按设计图示尺寸长度计算;(4)以"个"计量,按设计图示数量计算。工作内容:(1)砂浆制作、运输;(2)砌砖;(3)刮缝;(4)材料运输。

010401013,砖散水、地坪。项目特征:(1)砖品种、规格、强度等级;(2)垫层材料种类、厚度;(3)散水、地坪厚度;(4)面层种类、厚度;(5)砂浆强度等级。计量单位为"m²"。工程量计算规则:按设计图示尺寸以面积计算。工作内容:(1)土方挖、运、填;(2)地基找平、夯实;(3)铺设垫层;(4)砌砖散水、地坪;(5)抹砂浆面层。

010401014,砖地沟、明沟。项目特征:(1)砖品种、规格、强度等级;(2)沟截面尺寸;(3)垫层材料种类、厚度;(4)混凝土强度等级;(5)砂浆强度等级。计量单位为"m"。工程量计算规则:以"m"计量,按设计图示以中心线长度计算。工作内容:(1)土方挖、运、填;(2)铺设垫层;(3)底板混凝土制作、运输、浇筑、振捣、养护;(4)砌砖;(5)刮缝、抹灰;(6)材料运输。

2) 砌块砌体 010402

010402001,砌块墙。项目特征:(1)砌块品种、规格、强度等级;(2)墙体类型;(3)砂浆强度等级。计量单位为"m³"。工程量计算规则:按设计图示尺寸以体积计算,其他计算要求同实心砖墙。工作内容:(1)砂浆制作、运输;(2)砌砖、砌块;(3)勾缝;(4)材料运输。

010402002,砌块柱。项目特征:(1)砌块品种、规格、强度等级;(2)墙体类型;(3)砂浆强度等级。计量单位为"m³"。工程量计算规则:按设计图示尺寸以体积计算。扣除混凝土及钢筋混凝土梁垫、梁头、板头所占体积。工作内容同砌块墙。

3) 石砌体 010403

010403001,石基础。项目特征:(1)石料种类、规格;(2)基础类型;(3)砂浆强度等级。计量单位为"m³"。工程量计算规则:按设计图示尺寸以体积计算。包括附墙垛基础宽出部分体积,不扣除基础砂浆防潮层及单个面积≤0.3 m²的孔洞所占体积,靠墙暖气沟的挑檐不增加体积。基础长度:外墙按中心线、内墙按净长计算。工作内容:(1)砂浆制作、运输;(2)吊装;(3)砌石;(4)防潮层铺设;(5)材料运输。

010403002,石勒脚。项目特征:(1)石料种类、规格;(2)石表面加工要求;(3)勾缝要求;(4)砂浆强度等级、配合比。计量单位为"m³"。工程量计算规则:按设计图示尺寸以体积计算,扣除单个面积>0.3 m² 的孔洞所占的体积。工作内容:(1)砂浆制作、运输;(2)吊装;(3)砌石;(4)石表面加工;(5)勾缝;(6)材料运输。

010403003,石墙。项目特征:(1)石料种类、规格;(2)石表面加工要求;(3)勾缝要求;(4)砂浆强度等级、配合比。计量单位为"m³"。工程量计算规则:按设计图示尺寸以体积计算,其他计算要求同实心砖墙。工作内容同石勒脚。

010403004,石挡土墙。项目特征同石勒脚。计量单位为"m³"。工程量计算规则:按设计图示尺寸以体积计算。工作内容:(1)砂浆制作、运输;(2)吊装;(3)砌石;(4)变形缝、泄水孔、压顶抹灰;(5)滤水层;(6)勾缝;(7)材料运输。

4) 垫层 010404

010404001,垫层。项目特征:垫层材料种类、配合比、厚度。计量单位为"m³"。工程量计算规则:按设计图示尺寸以"m³"计算。工作内容:(1)垫层材料的拌制;(2)垫层铺设;(3)材料运输。

5) 应用案例

【例 7-3】 如图 7-3 所示某工程 M7.5 水泥砂浆砌筑 MU15 水泥实心砖墙基(砖规格 240 mm×115 mm×53 mm)。编制该砖基础砌筑项目清单工程量,并按照江苏省 2014 建筑与装饰工程计价定额计算清单综合单价(提示:砖砌体内无混凝土构件)。

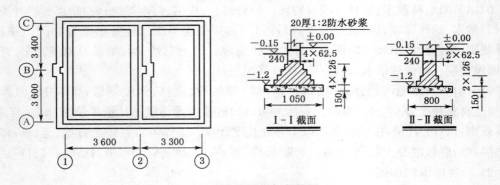

图 7-3 平面图与断面图

说明:①~③轴为Ⅰ-Ⅰ断面,A、C 轴为Ⅱ-Ⅱ断面;基础垫层为 C10 混凝土,附墙砖垛凸出半砖,宽一砖半。

【解】 该工程砖基础有 2 种截面规格,为避免工程局部变更引起整个砖基础报价调整的纠纷,应分别列项。

(1) 清单工程量计算

Ⅰ-Ⅰ截面:砖基础高度:$H = 1.2$ m

砖基础长度:$L = 7 \times 3 - 0.24 + 2 \times (0.365 - 0.24) \times 0.365 \div 0.24 = 21.14$ m

其中:$(0.365 - 0.24) \times 0.365 \div 0.24$ 为砖垛折加长度

大放脚截面：$S = n(n+1)ab = 4 \times (4+1) \times 0.126 \times 0.0625 = 0.1575 \text{ m}^2$

砖基础工程量：$V = L(Hd + s) = 21.14 \times (1.2 \times 0.24 + 0.1575) = 9.42 \text{ m}^3$

Ⅱ-Ⅱ截面：砖基础高度：$H = 1.2 \text{ m}$，$L = (3.6 + 3.3) \times 2 = 13.8 \text{ m}$

大放脚截面：$S = 2 \times (2+1) \times 0.126 \times 0.0625 = 0.0473 \text{ m}^2$

砖基础工程量：$V = 13.8 \times (1.2 \times 0.24 + 0.0473) = 4.63 \text{ m}^3$

外墙基垫层、防潮层工程量可以在项目特征中予以描述，这里不再列出。

工程量清单见表 7-18。

表 7-18 分部分项工程量清单

序号	项目编码	项目名称	计量单位	工程数量
1	010401001001	Ⅰ-Ⅰ砖墙基础：M7.5 水泥砂浆砌筑(240 mm×115 mm×53 mm)MU15 水泥实心砖—砖条形基础，四层等高式大放脚；—1.2 m 基底下 C10 混凝土垫层，长 20.58 m，宽 1.05 m，厚 150 mm；—0.06 m 标高处 1∶2 防水砂浆 20 mm 厚防潮层	m³	9.42
2	010401001002	Ⅱ-Ⅱ砖墙基础：M7.5 水泥砂浆砌筑(240 mm×115 mm×53 mm)MU15 水泥实心砖—砖条形基础，二层等高式大放脚；—1.2 m 基底下 C10 混凝土垫层，长 13.8 m，宽 0.8 m，厚 150 mm；—0.06 m 标高处 1∶2 防水砂浆 20 mm 厚防潮层	m³	4.63

(2)定额工程量计算和套价、组价

根据表 7-18,砖基础的工程内容包括砂浆制作、运输、砌砖、防潮层铺设和材料运输。江苏省建筑与装饰工程计价表砌筑砖基础的章节中,工程内容已经包含有砂浆制作、运输、砌砖和材料运输,因此,完成砖基础的工作所需要计算的定额工程量只有砖基础工程量和防潮层工程量。

Ⅰ-Ⅰ砖墙基础：

砖基础定额工程量：9.42 m³

防潮层工程量：$S = L \times B = 21.14 \times 0.24 = 5.074 \text{ m}^2$

套价： 4-1   直形砖基础   综合单价：406.25 元/m³

     4-52   墙基防潮层   综合单价：173.94 元/10 m²

因此，Ⅰ-Ⅰ砖墙基础的清单综合单价 $= \dfrac{9.42 \times 406.25 + 5.074 \div 10 \times 173.94}{9.42}$

$$= 415.62 \text{ 元/m}^3$$

合价：$9.42 \times 415.62 = 3915.14$ 元

Ⅱ-Ⅱ砖墙基础：

砖基础定额工程量：4.63 m³

防潮层工程量：$S = L \times B = 13.8 \times 0.24 = 3.312 \text{ m}^2$

套价： 4-1   直形砖基础   综合单价：406.25 元/m³

     4-52   墙基防潮层   综合单价：173.94 元/10 m²

因此，Ⅱ-Ⅱ砖墙基础的清单综合单价 $= \dfrac{4.63 \times 406.25 + 3.312 \div 10 \times 173.94}{4.63}$

$$= 418.69 \text{ 元/m}^3$$

合价：4.63×418.69＝1 938.53元

7.3.5　混凝土及钢筋混凝土工程

本部分内容分为16节共76个项目,适用于建筑物、构筑物的现浇和预制混凝土工程和钢筋工程,包括:现浇混凝土基础;现浇混凝土柱;现浇混凝土梁;现浇混凝土墙;现浇混凝土板;现浇混凝土楼梯;现浇混凝土其他构件;后浇带;预制混凝土柱;预制混凝土梁;预制混凝土屋架;预制混凝土板;预制混凝土楼梯;其他预制构件;钢筋工程;螺栓、铁件。

1) 现浇混凝土基础 010501

010501001,垫层;010501002,带形基础;010501003,独立基础;010501004,满堂基础;010501005,桩承台基础。项目特征:(1)混凝土种类;(2)混凝土强度等级。计量单位为"m³"。工程量计算规则:按设计图示尺寸以体积计算。不扣除构件内钢筋、预埋铁件和伸入承台基础的桩头所占体积。工作内容:(1)模板及支撑制作、安装、拆除、堆放、运输及清理模内杂物、刷隔离剂等;(2)混凝土制作、运输、浇筑、振捣、养护。

010501006,设备基础。项目特征:(1)混凝土种类;(2)混凝土强度等级;(3)灌浆材料、灌浆材料强度等级。计量单位、工程量计算规则及工作内容同垫层。

2) 现浇混凝土柱 010502

010502001,矩形柱;010502002,构造柱。项目特征:(1)混凝土种类;(2)混凝土强度等级。计量单位为"m³"。工程量计算规则为:按设计图示尺寸以体积计算。柱高:(1)有梁板的柱高,应自柱基上表面(或楼板上表面)至上一层楼板上表面之间的高度计算;(2)无梁板的柱高,应自柱基上表面(或楼板上表面)至柱帽下表面之间的高度计算;(3)框架柱的柱高:应自柱基上表面至柱顶高度计算;(4)构造柱按全高计算,嵌接墙体部分(马牙槎)并入柱身体积;(5)依附柱上的牛腿和升板的柱帽,并入柱身体积计算。工作内容:(1)模板及支架(撑)制作、安装、拆除、堆放、运输及清理模内杂物、刷隔离剂等;(2)混凝土制作、运输、浇筑、振捣、养护。

010502003,异形柱。项目特征:(1)柱形状;(2)混凝土种类;(3)混凝土强度等级。计量单位、工程量计算规则及工作内容同矩形柱。

3) 现浇混凝土梁 010503

010503001,基础梁;010503002,矩形梁;010503003,异形梁;010503004,圈梁;010503005,过梁。项目特征:(1)混凝土种类;(2)混凝土强度等级。计量单位为"m³"。工程量计算规则:按设计图示尺寸以体积计算,伸入墙内的梁头、梁垫并入梁体积内。梁长:(1)梁与柱连接时,梁长算至柱侧面;(2)主梁与次梁连接时,次梁长算至主梁侧面。工作内容:(1)模板及支架(撑)制作、安装、拆除、堆放、运输及清理模内杂物、刷隔离剂等;(2)混凝土制作、运输、浇筑、振捣、养护。

010503006,弧形、拱形梁。项目特征:(1)混凝土种类;(2)混凝土强度等级。计量单位为"m³"。工程量计算规则:按设计图示尺寸以体积计算,伸入墙内的梁头、梁垫并入梁体积内。梁长:(1)梁与柱连接时,梁长算至柱侧面;(2)主梁与次梁连接时,次梁长算至主梁侧面。工作内容同基础梁。

4) 现浇混凝土墙 010504

010504001,直形墙;010504002,弧形墙;010504003,短肢剪力墙;010504004,挡土墙。

项目特征:(1)混凝土种类;(2)混凝土强度等级。计量单位为"m³"。工程量计算规则:按设计图示尺寸以体积计算。扣除门窗洞口及单个面积>0.3 m²的孔洞所占体积,墙垛及突出墙面部分并入墙体体积内计算。工作内容:(1)模板及支架(撑)制作、安装、拆除、堆放、运输及清理模内杂物、刷隔离剂等;(2)混凝土制作、运输、浇筑、振捣、养护。

5)现浇混凝土板 010505

010505001,有梁板;010505002,无梁板;010505003,平板;010505004,拱板;010505005,薄壳板;010505006,栏板。项目特征:(1)混凝土种类;(2)混凝土强度等级。计量单位为"m³"。工程量计算规则:按设计图示尺寸以体积计算,不扣除单个面积≤0.3 m²的柱、垛以及孔洞所占体积。压形钢板混凝土楼板扣除构件内压形钢板所占体积。有梁板(包括主、次梁与板)按梁、板体积之和计算,无梁板按板和柱帽体积之和计算,各类板伸入墙内的板头并入板体积内,薄壳板的肋、基梁并入薄壳体积内计算。工作内容:(1)模板及支架(撑)制作、安装、拆除、堆放、运输及清理模内杂物、刷隔离剂等;(2)混凝土制作、运输、浇筑、振捣、养护。

010505007,天沟(檐沟)、挑檐板。项目特征:(1)混凝土种类;(2)混凝土强度等级。计量单位为"m³"。工程量计算规则:按设计图示尺寸以体积计算。工作内容同有梁板。

010505008,雨篷、悬挑板、阳台板。项目特征:(1)混凝土种类;(2)混凝土强度等级。计量单位为"m³"。工程量计算规则:按设计图示尺寸以墙外部分体积计算。包括伸出墙外的牛腿和雨篷反挑檐的体积。工作内容同有梁板。

010505009,空心板。项目特征:(1)混凝土种类;(2)混凝土强度等级。计量单位为"m³"。工程量计算规则:按设计图示尺寸以体积计算。空心板(GBF高强薄壁蜂巢芯板等)应扣除空心部分体积。

010505010,其他板。项目特征:(1)混凝土种类;(2)混凝土强度等级。计量单位为"m³"。工程量计算规则:按设计图示尺寸以体积计算。工作内容同有梁板。

6)现浇混凝土楼梯 010506

010506001,直形楼梯。项目特征:(1)混凝土种类;(2)混凝土强度等级。计量单位为"m²"或"m³"。工程量计算规则:(1)以"m²"计量,按设计图示尺寸以水平投影面积计算,不扣除宽度≤500 mm的楼梯井,伸入墙内部分不计算;(2)以"m³"计量,按设计图示尺寸以体积计算。工作内容:(1)模板及支架(撑)制作、安装、拆除、堆放、运输及清理模内杂物、刷隔离剂等;(2)混凝土制作、运输、浇筑、振捣、养护。

010506002,弧形楼梯。项目特征、计量单位、工程量计算规则及工作内容同直形楼梯。

7)现浇混凝土其他构件 010507

010507001,散水、坡道。项目特征:(1)垫层材料种类、厚度;(2)面层厚度;(3)混凝土类别;(4)混凝土强度等级;(5)变形缝填塞材料种类。计量单位为"m²"。工程量计算规则:以"m²"计量,按设计图示尺寸以面积计算。不扣除单个≤0.3 m²的孔洞所占面积。工作内容:(1)地基夯实;(2)铺设垫层;(3)模板及支撑制作、安装、拆除、堆放、运输及清理模内杂物、刷隔离剂等;(4)混凝土制作、运输、浇筑、振捣、养护;(5)变形缝填塞。

010507002,室外地坪。项目特征:(1)地坪厚度;(2)混凝土强度等级。计量单位、工程量计算规划、工作内容同散水、坡道。

010507003,电缆沟、地沟。项目特征:(1)土壤类别;(2)沟截面净空尺寸;(3)垫层材料种类、厚度;(4)混凝土种类;(5)混凝土强度等级;(6)防护材料种类。计量单位为"m"。工程量计算规则:按设计图示以中心线长度计算。工作内容:(1)挖填、运土石方;(2)铺设垫层;(3)模板及支撑制作、安装、拆除、堆放、运输及清理模内杂物、刷隔离剂等;(4)混凝土制作、运输、浇筑、振捣、养护;(5)刷防护材料。

010507004,台阶。项目特征:(1)踏步高、宽;(2)混凝土种类;(3)混凝土强度等级。计量单位为"m²"或"m³"。工程量计算规则:(1)以"m²"计量,按设计图示尺寸水平投影面积计算;(2)以"m³"计量,按设计图示尺寸以体积计算。工作内容:(1)模板及支撑制作、安装、拆除、堆放、运输及清理模内杂物、刷隔离剂等;(2)混凝土制作、运输、浇筑、振捣、养护。

010507005,扶手、压顶。项目特征:(1)断面尺寸;(2)混凝土种类;(3)混凝土强度等级。计量单位为"m"或"m³"。工程量计算规则:(1)以"m"计量,按设计图示的中心线延长米计算;(2)以"m³"计量,按设计图示尺寸以体积计算。工作内容:(1)模板及支架(撑)制作、安装、拆除、堆放、运输及清理模内杂物、刷隔离剂等;(2)混凝土制作、运输、浇筑、振捣、养护。

010507006,化粪池、检查井。项目特征:(1)部位;(2)混凝土强度等级;(3)防水、抗渗要求。计量单位为"m³"或"座"。工程量计算规则:(1)按设计图示尺寸以体积计算;(2)以"座"计量,按设计图示数量计算。工作内容:(1)模板及支架(撑)制作、安装、拆除、堆放、运输及清理模内杂物、刷隔离剂等;(2)混凝土制作、运输、浇筑、振捣、养护。

010507007,其他构件。项目特征:(1)构件的类型;(2)构件规格;(3)部位;(4)混凝土种类;(5)混凝土强度等级。计量单位为"m³"。工程量计算规则及工作内容同化粪池。

8)后浇带 010508

010508001,后浇带。项目特征:(1)混凝土种类;(2)混凝土强度等级。计量单位为"m³"。工程量计算规则:按设计图示尺寸以体积计算。工作内容:(1)模板及支架(撑)制作、安装、拆除、堆放、运输及清理模内杂物、刷隔离剂等;(2)混凝土制作、运输、浇筑、振捣、养护及混凝土交接面、钢筋等的清理。

9)预制混凝土柱 010509

010509001,矩形柱;010509002,异形柱。项目特征:(1)图代号;(2)单件体积;(3)安装高度;(4)混凝土强度等级;(5)砂浆(细石混凝土)强度等级、配合比。计量单位为"m³"或"根"。工程量计算规则:(1)以"m³"计量,按设计图示尺寸以体积计算;(2)以"根"计量,按设计图示尺寸以数量计算。工作内容:(1)模板制作、安装、拆除、堆放、运输及清理模内杂物、刷隔离剂等;(2)混凝土制作、运输、浇筑、振捣、养护;(3)构件运输、安装;(4)砂浆制作、运输;(5)接头灌缝、养护。

10)预制混凝土梁 010510

010510001,矩形梁;010510002,异形梁;010510003,过梁;010510004,拱形梁;010510005,鱼腹式吊车梁;010510006,其他梁。项目特征:(1)图代号;(2)单件体积;(3)安装高度;(4)混凝土强度等级;(5)砂浆(细石混凝土)强度等级、配合比。计量单位为"m³"或"根"。工程量计算规则:(1)以"m³"计量,按设计图示尺寸以体积计算;(2)以"根"计量,按设计图示尺寸以数量计算。工作内容同矩形柱。

11) 预制混凝土屋架 010511

010511001,折线型;010511002,组合;010511003,薄腹;010511004,门式刚架;010511005,天窗架。项目特征:(1)图代号;(2)单件体积;(3)安装高度;(4)混凝土强度等级;(5)砂浆(细石混凝土)强度等级、配合比。计量单位为"m³"或"榀"。工程量计算规则:(1)以"m³"计量,按设计图示尺寸以体积计算;(2)以"榀"计量,按设计图示尺寸以数量计算。工作内容同矩形梁。

12) 预制混凝土板 010512

010512001,平板;010512002,空心板;010512003,槽形板;010512004,网架板;010512005,折线板;010512006,带肋板;010512007,大型板。项目特征:(1)图代号;(2)单件体积;(3)安装高度;(4)混凝土强度等级;(5)砂浆(细石混凝土)强度等级、配合比。计量单位为"m³"或"块"。工程量计算规则:(1)以"m³"计量,按设计图示尺寸以体积计算。不扣除单个面积≤300 mm×300 mm 的孔洞所占体积,扣除空心板空洞体积。(2)以"块"计量,按设计图示尺寸以数量计算。工作内容同矩形梁。

010512008,沟盖板、井盖板、井圈。项目特征:(1)单件体积;(2)安装高度;(3)混凝土强度等级;(4)砂浆强度等级、配合比。计量单位为"m³"或"块(套)"。工程量计算规则:(1)以"m³"计量,按设计图示尺寸以体积计算;(2)以"块"计量,按设计图示尺寸以数量计算。工作内容同平板。

13) 预制混凝土楼梯 010513

010513001,楼梯。项目特征:(1)楼梯类型;(2)单件体积;(3)混凝土强度等级;(4)砂浆(细石混凝土)强度等级。计量单位为"m³"或"段"。工程量计算规则:(1)以"m³"计量,按设计图示尺寸以体积计算,扣除空心踏步板空洞体积;(2)以"段"计量,按设计图示数量计算。工作内容同矩形柱。

14) 其他预制构件 010514

010514001,垃圾道、通风道、烟道。项目特征:(1)单件体积;(2)混凝土强度等级;(3)砂浆强度等级。计量单位为"m³"或"m²"或"根(块、套)"。工程量计算规则:(1)以"m³"计量,按设计图示尺寸以体积计算,单个面积≤300 mm×300 mm 的孔洞所占体积,扣除烟道、垃圾道、通风道的孔洞所占体积;(2)以"m²"计量,按设计图示尺寸以面积计算,不扣除单个面积≤300 mm×300 mm 的孔洞所占面积;(3)以"根"计量,按设计图示尺寸以数量计算。工作内容同矩形柱。

010514002,其他构件。项目特征:(1)单件体积;(2)构件的类型;(3)混凝土强度等级;(4)砂浆强度等级。计量单位、工程量计算规则及工作内容同垃圾道、通风道、烟道。

15) 钢筋工程 010515

010515001,现浇构件钢筋;010515002,预制构件钢筋。项目特征:钢筋种类、规格。计量单位为"t"。工程量计算规则:按设计图示钢筋(网)长度(面积)乘单位理论质量计算。工作内容:(1)钢筋制作、运输;(2)钢筋安装;(3)焊接(绑扎)。

010515003,钢筋网片。项目特征:钢筋种类、规格。计量单位为"t"。工程量计算规则:按设计图示钢筋(网)长度(面积)乘单位理论质量计算。工作内容:(1)钢筋网制作、运输;

(2)钢筋网安装;(3)焊接(绑扎)。

010515004,钢筋笼。项目特征:钢筋种类、规格。计量单位为"t"。工程量计算规则:按设计图示钢筋(网)长度(面积)乘单位理论质量计算。工作内容:(1)钢筋笼制作、运输;(2)钢筋笼安装;(3)焊接(绑扎)。

16)应用案例

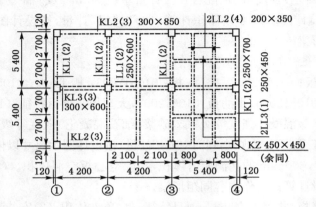

图 7-4 二层楼面结构图

【例 7-4】 某工程二层楼面现浇混凝土结构,结构如图 7-4,已知楼层标高为 4.5 m,混凝土强度等级 C30,①～③轴楼板厚 120 mm,③～④轴楼板厚 90 mm。计算该楼面梁、板清单工程量,编列清单及计算清单综合单价(按照江苏省 2014 计价定额计算定额工程量和套价,现场采用自拌混凝土)。

【解】 该楼面③～④轴间井字格面积为 4.86 m² ≤ 5 m²,梁、板合并计算,②～③间 > 5 m²,为一般板,梁、板分别列项计算。

(1)工程量计算见表 7-19

表 7-19 工程量计算表

构件号		计算式	单位	数量	备注
梁	KL1	$(11.04-0.45\times3)\times0.7\times0.25\times4$	m³	6.78	梁 0.6 m 上
	KL2	$(14.04-0.45\times4)\times0.85\times0.3\times2$	m³	6.24	梁 0.6 m 上
	KL3	$(14.04-0.45\times4)\times0.6\times0.3$	m³	2.20	梁 0.6 m 内
	LL1	$(11.04-0.3\times3)\times0.6\times0.25$	m³	1.52	梁 0.6 m 内
	LL2	$(11.04-0.3\times3-0.25\times2)\times0.35\times0.2\times2$	m³	1.35	井字板
	LL3	$(5.4-0.125-0.13)\times0.45\times0.25\times2$	m³	1.16	井字板
板	①～③	$(8.4-0.13-0.25\times2-0.125)\times(11.04-0.3\times3)\times0.12$	m³	9.30	平板
	③～④	$(5.4-0.125-0.2\times2-0.13)\times(11.04-0.3\times3-0.25\times2)\times0.09$	m³	4.12	井字板

按照构件特征不同,该楼面梁、板按以下 4 个项目列项:

矩形梁(梁高 0.6 m 以上)$V=6.78+6.24=13.02$ m³

矩形梁(梁高 0.6 m 以内)$V=2.2+1.52=3.74$ m³

井字有梁板 $V=1.35+1.16+4.12=6.63$ m³

平板(板厚 120 mm) $V = 9.3$ m³

（2）工程量清单编列见表 7-20

表 7-20　分部分项工程量清单

序号	项目编码	项目名称	计量单位	工程数量
1	010503002001	矩形梁：C30 钢筋混凝土，梁高 0.6 m 上，层高 4.5 m	m³	13.02
2	010503002002	矩形梁：C30 钢筋混凝土，梁高 0.6 m 内，层高 4.5 m	m³	3.74
3	010505001001	井字有梁板：C30 钢筋混凝土，层高 4.5 m	m³	6.63
4	010505003001	平板：C30 钢筋混凝土，板厚 120 mm，层高 4.5 m	m³	9.3

（3）定额工程量

6-19　单梁/框架梁/连续梁 1

$$工程量 = 13.02 \text{ m}^3$$

6-19　单梁/框架梁/连续梁 2

$$工程量 = 3.74 \text{ m}^3$$

6-32　有梁板

$$工程量 = 6.63 + 0.45 \times 0.45 \div 2 \times 6 = 7.24 \text{ m}^3$$

6-34　平板

$$工程量 = 9.3 \text{ m}^3$$

（4）套价、组价

6-19　单梁/框架梁/连续梁 1、2　　综合单价：448.53 元/m³

6-32　有梁板　　　　　　　　　综合单价：430.43 元/m³

6-34　平板　　　　　　　　　　综合单价：446.90 元/m³

因此

010503002001 矩形梁综合单价 $= \dfrac{13.02 \times 448.53}{13.02} = 448.53$ 元/m³，合价 $= 5\,839.86$ 元

010503002002 矩形梁综合单价 $= \dfrac{3.74 \times 448.53}{3.74} = 448.53$ 元/m³，合价 $= 1\,677.50$ 元

010505001001 有梁板综合单价 $= \dfrac{7.24 \times 430.43}{7.24} = 430.43$ 元/m³，合价 $= 3\,116.31$ 元

010505003001 平板综合单价 $= \dfrac{9.3 \times 446.90}{9.3} = 446.90$ 元/m³，合价 $= 4\,156.17$ 元

【例 7-5】　计算如图 7-5 所示现浇单跨矩形梁(共 10 根)的钢筋清单工程量，并编列项目清单及计算清单综合单价(按照江苏省 2014 计价定额计算定额工程量和套价)。

【解】　该梁钢筋为现浇混凝土结构钢筋。

设计图中未明确的：保护层厚度按 25 mm 计算，钢筋定尺长度大于 8 m，按 $35d$ 计算搭接长度，箍筋及弯起筋按梁断面尺寸计算；锚固长度按图示尺寸计算。

（1）清单工程量

① 2Φ25

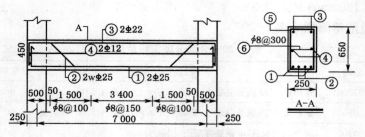

图 7-5 矩形梁配筋图(混凝土强度 C25)

$L = 7 + 0.25 \times 2 - 0.025 \times 2 + 0.45 \times 2 + 0.025 \times 35 = 9.225 \text{ m}$

$W_1 = 9.225 \times 2 \text{ 根} \times 3.85 \times 10 = 710 \text{ kg}$

② 2wΦ25

$L = 7 + 0.25 \times 2 - 0.025 \times 2 + 0.65 \times 0.4 \times 2 + 0.45 \times 2 + 0.025 \times 35$
$= 9.745 \text{ m}$

$W_2 = 9.745 \times 2 \text{ 根} \times 3.85 \times 10 = 750 \text{ kg}$

③ 2Φ22

$L = 7 + 0.25 \times 2 - 0.025 \times 2 + 0.45 \times 2 + 0.022 \times 35 = 9.12 \text{ m}$

$W_3 = 9.12 \times 2 \times 2.986 \times 10 = 545 \text{ kg}$

④ 2Φ12

$L = 7 + 0.25 \times 2 - 0.025 \times 2 + 0.012 \times 12.5 = 7.6 \text{ m}$

$W_4 = 7.6 \times 2 \times 0.888 \times 10 = 135 \text{ kg}$

⑤ ϕ8@150/100

$N = 3.4 \div 0.15 - 1 + (1.5 \div 0.1 + 1) \times 2 = 21.67 + 16 \times 2 = 53.67 \text{ 只,取 } 54 \text{ 只}$

$L = (0.25 + 0.65) \times 2 = 1.8 \text{ m/只}$

$W_5 = 1.8 \times 0.395 \times 54 \times 10 = 384 \text{ kg}$

⑥ ϕ8@300

$N = (7 - 0.25 \times 2) \div 0.3 + 1 = 23$

$L = 0.25 - 0.025 \times 2 + 12.5 \times 0.008 = 0.3 \text{ m}$

$W_6 = 0.3 \times 0.395 \times 23 \times 10 = 27 \text{ kg}$

工程量汇总：Ⅰ级圆钢　　$\sum W = 135 + 384 + 27 = 546 \text{ kg}$

　　　　　　　Ⅱ级螺纹钢：$\sum W = 710 + 750 + 545 = 2\,005 \text{ kg}$

项目工程量清单编列见表 7-21。

表 7-21　分部分项工程量清单

序号	项目编码	项目名称	计量单位	工程数量
1	010515001001	现浇混凝土钢筋：Ⅰ级圆钢,规格综合	t	0.546
2	010515001002	现浇混凝土钢筋：Ⅱ级螺纹钢,ϕ10 以上	t	2.005

(2)定额工程量

5-1 φ12 以内　　工程量＝0.546 t

5-2 φ25 以内　　工程量＝2.005 t

(3)套价、组价

5-1 φ12 以内　　综合单价:5 470.72 元/t

5-2 φ25 以内　　综合单价:4 998.87 元/t

因此:

010515001001 现浇混凝土钢筋综合单价＝5 470.72 元/t,合价为 2 987.01 元

010515001002 现浇混凝土钢筋综合单价＝4 998.87 元/t,合价为 10 022.73 元

7.3.6　门窗工程

门窗工程清单项目有 10 节 55 个项目,包括木门,金属门,金属卷帘(闸)门,厂库房大门、特种门,其他门,木窗,金属窗,门窗套,窗台板,窗帘、窗帘盒、轨。适用于门窗工程。

1) 木门 010801

010801001,木质门;010801002,木质门带套;010801003,木质连窗门;010801004,木质防火门。项目特征:(1)门代号及洞口尺寸;(2)镶嵌玻璃品种、厚度。计量单位为"樘"或"m²"。工程量计算规则:(1)以"樘"计量,按设计图示数量计算;(2)以"m²"计量,按设计图示洞口尺寸以面积计算。工作内容:(1)门安装;(2)玻璃安装;(3)五金安装。

010801005,木门框。项目特征:(1)门代号及洞口尺寸;(2)框截面尺寸;(3)防护材料种类。计量单位为"樘"或"m²"。工程量计算规则:(1)以"樘"计量,按设计图示数量计算;(2)以"m"计量,按设计图示框的中心线以延长米计算。工作内容:(1)木门框制作、安装;(2)运输;(3)刷防护材料。

010801006,门锁安装。项目特征:(1)锁品种;(2)锁规格。计量单位为"个"或"套"。工程量计算规则:按设计图示数量计算。工作内容:安装。

2) 金属门 010802

010802001,金属(塑钢)门。项目特征:(1)门代号及洞口尺寸;(2)门框或扇外围尺寸;(3)门框、扇材质;(4)玻璃品种、厚度。计量单位为"樘"或"m²"。工程量计算规则:(1)以"樘"计量,按设计图示数量计算;(2)以"m²"计量,按设计图示洞口尺寸以面积计算。工作内容:(1)门安装;(2)五金安装;(3)玻璃安装。

010802002,彩板门。项目特征:(1)门代号及洞口尺寸;(2)门框或扇外围尺寸。计量单位为"樘"或"m²"。工程量计算规则和工作内容同金属(塑钢)门。

010802003,钢质防火门。项目特征:(1)门代号及洞口尺寸;(2)门框或扇外围尺寸;(3)门框、扇材质。计量单位为"樘"或"m²"。工程量计算规则和工作内容同金属(塑钢)门。

010802004,防盗门。项目特征同钢质防火门。计量单位为"樘"或"m²"。工程量计算规则同金属(塑钢)门。工作内容:(1)门安装;(2)五金安装。

3) 金属卷帘(闸)门 010803

010803001,金属卷帘(闸)门;010803002,防火卷帘(闸)门。项目特征:(1)门代号及洞口尺寸;(2)门材质;(3)启动装置品种、规格。计量单位为"樘"或"m²"。工程量计算规则:

(1)以"樘"计量,按设计图示数量计算;(2)以"m²"计量,按设计图示洞口尺寸以面积计算。工作内容:(1)门运输、安装;(2)启动装置、活动小门、五金安装。

4) 厂库房大门、特种门 010804

010804001,木板大门;010804002,钢木大门;010804003,全钢板大门。项目特征:(1)门代号及洞口尺寸;(2)门框或扇外围尺寸;(3)门框、扇材质;(4)五金种类、规格;(5)防护材料种类。计量单位为"樘"或"m²"。工程量计算规则:(1)以"樘"计量,按设计图示数量计算;(2)以"m²"计量,按设计图示洞口尺寸以面积计算。工作内容:(1)门(骨架)制作、运输;(2)门、五金配件安装;(3)刷防护材料。

010804004,防护铁丝门。项目特征和工作内容同木板大门,计量单位为"樘"或"m²"。工程量计算规则:(1)以"樘"计量,按设计图示数量计算;(2)以"m²"计量,按设计图示门框或扇以面积计算。

010804005,金属格栅门。项目特征:(1)门代号及洞口尺寸;(2)门框或扇外围尺寸;(3)门框、扇材质;(4)启动装置的品种、规格。计量单位为"樘"或"m²"。工程量计算规则:(1)以"樘"计量,按设计图示数量计算;(2)以"m²"计量,按设计图示洞口尺寸以面积计算。工作内容:(1)门安装;(2)启动装置、五金配件安装。

010804006,钢质花饰大门。项目特征:(1)门代号及洞口尺寸;(2)门框或扇外围尺寸;(3)门框、扇材质。计量单位为"樘"或"m²"。工程量计算规则:(1)以"樘"计量,按设计图示数量计算;(2)以"m²"计量,按设计图示门框或扇以面积计算。工作内容:(1)门安装;(2)五金配件安装。

010804007,特种门。项目特征同钢质花饰大门。计量单位为"樘"或"m²"。工程量计算规则:(1)以"樘"计量,按设计图示数量计算;(2)以"m²"计量,按设计图示洞口尺寸以面积计算。工作内容同钢质花饰大门。

5) 其他门 010805

010805001,平开电子感应门;010805002,旋转门。项目特征:(1)门代号及洞口尺寸;(2)门框或扇外围尺寸;(3)门框、扇材质;(4)玻璃品种、厚度;(5)启动装置的品种、规格;(6)电子配件品种、规格。计量单位为"樘"或"m²"。工程量计算规则:(1)以"樘"计量,按设计图示数量计算;(2)以"m²"计量,按设计图示洞口尺寸以面积计算。工作内容:(1)门安装;(2)启动装置、五金、电子配件安装。

010805003,电子对讲门;010805004,电动伸缩门。项目特征:(1)门代号及洞口尺寸;(2)门框或扇外围尺寸;(3)门材质;(4)玻璃品种、厚度;(5)启动装置的品种、规格;(6)电子配件品种、规格。计量单位为"樘"或"m²"。工程量计算规则和工作内容同电子感应门。

010805005,全玻自由门。项目特征:(1)门代号及洞口尺寸;(2)门框或扇外围尺寸;(3)框材质;(4)玻璃品种、厚度。计量单位为"樘"或"m²"。工程量计算规则同电子感应门。工作内容:(1)门安装;(2)五金安装。

010805006,镜面不锈钢饰面门;010805007,复合材料门。项目特征:(1)门代号及洞口尺寸;(2)门框或扇外围尺寸;(3)框、扇材质;(4)玻璃品种、厚度。计量单位为"樘"或"m²"。工程量计算规则同电子感应门。工作内容:(1)门安装;(2)五金安装。

6) 木窗 010806

010806001,木质窗。项目特征:(1)窗代号及洞口尺寸;(2)玻璃品种、厚度。计量单位为"樘"或"m²"。工程量计算规则:(1)以"樘"计量,按设计图示数量计算;(2)以"m"计量,按设计图示洞口尺寸以面积计算。工作内容:(1)窗安装;(2)五金、玻璃安装。

010806002,木飘(凸)窗。项目特征、计量单位、工作内容同木质窗。工程量计算规则:(1)以"樘"计量,按设计图示数量计算;(2)以"m²"计量,按设计图示尺寸以框外围展开面积计算。

010806003,木橱窗。项目特征:(1)窗代号;(2)框截面及外围展开面积;(3)玻璃品种、厚度;(4)防护材料种类。计量单位为"樘"或"m²"。工程量计算规则:(1)以"樘"计量,按设计图示数量计算;(2)以"m²"计量,按设计图示尺寸以框外围展开面积计算。工作内容:(1)窗制作、运输、安装;(2)五金、玻璃安装;(3)刷防护材料。

010806004,木纱窗。项目特征:(1)窗代号及框的外围尺寸;(2)窗纱材料品种、规格。计算单位为"樘"或"m²"。工程量计算规则:(1)以"樘"计量,按设计图示数量计算;(2)以"m²"计量,按框的外围尺寸以面积计算。工作内容:(1)窗安装;(2)五金安装。

说明:木窗五金应包括折页、插销、风钩、木螺钉、滑楞滑轨(推拉窗)等。

7) 金属窗 010807

010807001,金属(塑钢、断桥)窗;010807002,金属防火窗。项目特征:(1)窗代号及洞口尺寸;(2)框、扇材质;(3)玻璃品种、厚度。计量单位为"樘"或"m²"。工程量计算规则:(1)以"樘"计量,按设计图示数量计算;(2)以"m²"计量,按设计图示洞口尺寸以面积计算。工作内容:(1)窗安装;(2)五金、玻璃安装。

010807003,金属百叶窗。项目特征和工程量计算规则同金属(塑钢、断桥)窗。计量单位为"樘"或"m²"。工作内容:(1)窗安装;(2)五金安装。

010807004,金属纱窗。项目特征:(1)窗代号及洞口尺寸;(2)框材质;(3)窗纱材料品种、规格。计量单位为"樘"或"m²"。工程量计算规则:(1)以"樘"计量,按设计图示数量计算;(2)以"m²"计量,按框的外围尺寸以面积计算。工作内容同金属百叶窗。

010807005,金属格栅窗。项目特征:(1)窗代号及洞口尺寸;(2)框外围尺寸;(3)框、扇材质。计量单位为"樘"或"m²"。工程量计算规则和工作内容同金属百叶窗。

010807006,金属(塑钢、断桥)橱窗。项目特征:(1)窗代号;(2)框外围展开面积;(3)框、扇材质;(4)玻璃品种、厚度;(5)防护材料种类。计量单位为"樘"或"m²"。工程量计算规则:(1)以"樘"计量,按设计图示数量计算;(2)以"m²"计量,按设计图示尺寸以框外围展开面积计算。工作内容:(1)窗制作、运输、安装;(2)五金、玻璃安装;(3)刷防护材料。

010807007,金属(塑钢、断桥)飘(凸)窗。项目特征:(1)窗代号;(2)框外围展开面积;(3)框、扇材质;(4)玻璃品种、厚度。计量单位为"樘"或"m²"。工程量计算规则同金属(塑钢、断桥)橱窗。工作内容:(1)窗安装;(2)五金、玻璃安装。

010807008,彩板窗;010807009,复合材料窗。项目特征:(1)窗代号及洞口尺寸;(2)框外围尺寸;(3)框、扇材质;(4)玻璃品种、厚度。计量单位为"樘"或"m²"。工程量计算规则:(1)以"樘"计量,按设计图示数量计算;(2)以"m²"计量,按设计图示洞口尺寸或框外围以面积计算。工作内容同金属(塑钢、断桥)飘(凸)窗。

7.3.7　屋面及防水工程

本部分分为4节共21个清单项目,包括:瓦、型材及其他屋面,屋面防水及其他,墙面防水、防潮和楼(地)面防水、防潮。

1) 瓦、型材及其他屋面 010901

010901001,瓦屋面;010901002,型材屋面。计量单位为"m²"。工程量计算规则:按设计图示尺寸以斜面积计算。不扣除房上烟囱、风帽底座、风道、小气窗、斜沟等所占面积。小气窗的出檐部分不增加面积。

010901003,阳光板屋面;010901004,玻璃钢屋面。计量单位为"m²"。工程量计算规则:按设计图示尺寸以斜面积计算。不扣除屋面面积≤0.3 m²孔洞所占面积。

010901005,膜结构屋面。计量单位为"m²"。工程量计算规则:按设计图示尺寸以需要覆盖的水平投影面积计算。

2) 屋面防水及其他 010902

010902001,屋面卷材防水;010902002,屋面涂膜防水。计量单位为"m²"。工程量计算规则:按设计图示尺寸以面积计算。(1)斜屋顶(不包括平屋顶找坡)按斜面积计算,平屋顶按水平投影面积计算;(2)不扣除房上烟囱、风帽底座、风道、屋面小气窗和斜沟所占面积;(3)屋面的女儿墙、伸缩缝和天窗等处的弯起部分并入屋面工程量内。

010902003,屋面刚性层。计量单位为"m²"。工程量计算规则:按设计图示尺寸以面积计算。不扣除房上烟囱、风帽底座、风道等所占面积。

010902004,屋面排水管。计量单位为"m"。工程量计算规则:按设计图示尺寸以长度计算。如设计未标注尺寸,以檐口至设计室外散水上表面垂直距离计算。

010902005,屋面排(透)气管。计量单位为"m"。工程量计算规则:按设计图示尺寸以长度计算。

010902006,屋面(廊、阳台)(泄吐)水管。计量单位为"根(个)"。工程量计算规则:按设计图示数量计算。

010902007,屋面天沟、檐沟。计量单位为"m²"。工程量计算规则:按设计图示尺寸以展开面积计算。

010902008,屋面变形缝。计量单位为"m"。工程量计算规则:按设计图示尺寸以长度计算。

3) 墙面防水、防潮 010903

010903001,墙面卷材防水;010903002,墙面涂膜防水;010903003,墙面砂浆防水(防潮)。计量单位为"m²"。工程量计算规则:按设计图示尺寸以面积计算。

010903004,墙面变形缝。计量单位为"m"。工程量计算规则:按设计图示尺寸以长度计算。

4) 楼(地)面防水、防潮 010904

010904001,楼(地)面卷材防水;010904002,楼(地)面涂膜防水;010904003楼(地)面砂浆防水(防潮)。计量单位为"m²"。工程量计算规则:按设计图示尺寸以面积计算。(1)楼(地)面防水:按主墙间净空面积计算,扣除凸出地面的构筑物、设备基础等所占面积,不扣除间壁墙及单个面积≤0.3 m²柱、垛、烟囱和孔洞所占面积;(2)楼(地)面防水反边高度≤300 mm算作地面防水,反边高度>300 mm算作墙面防水。

010904004,楼(地)面变形缝。计量单位为"m"。工程量计算规则:按设计图示尺寸以长度计算。

7.3.8 保温、隔热、防腐工程

本部分分为 3 节共 16 个清单项目,包括:保温、隔热,防腐面层,其他防腐工程。

1) 保温、隔热 011001

011001001,保温隔热屋面。计量单位为"m²"。工程量计算规则:按设计图示尺寸以面积计算。扣除面积>0.3 m²的孔洞及占位面积。

011001002,保温隔热天棚。计量单位为"m²"。工程量计算规则:按设计图示尺寸以面积计算。扣除面积>0.3 m²上柱、垛、孔洞所占面积,与天棚相连的梁按展开面积计算,并入天棚工程内。

011001003,保温隔热墙面。计量单位为"m²"。工程量计算规则:按设计图示尺寸以面积计算。扣除门窗洞口以及面积>0.3 m²的梁、孔洞所占面积;门窗洞口侧壁以及与墙相连的柱,并入保温墙体工程量内。

011001004,保温柱、梁。计量单位为"m²"。工程量计算规则:按设计图示尺寸以面积计算。(1)柱按设计图示柱断面保温层中心线展开长度乘保温层高度以面积计算,扣除面积>0.3 m²梁所占面积;(2)梁按设计图示梁断面保温层中心线展开长度乘保温层长度以面积计算。

011001005,保温隔热楼地面。计量单位为"m²"。工程量计算规则:按设计图示尺寸以面积计算。扣除面积>0.3 m²的柱、垛、孔洞所占面积,门洞、空圈、暖气包槽、壁龛的开口部分不增加面积。

011001006,其他保温隔热。计量单位为"m²"。工程量计算规则:按设计图示尺寸以展开面积计算。扣除面积>0.3 m²的孔洞及占位面积。

2) 防腐面层 011002

011002001,防腐混凝土面层。计量单位为"m²"。工程量计算规则:按设计图示尺寸以面积计算。(1)平面防腐:扣除凸出地面的构筑物、设备基础等以及面积>0.3 m²的孔洞、柱、垛所占面积,门洞、空圈、暖气包槽、壁龛的开口部分不增加面积;(2)立面防腐:扣除门、窗、洞口以及面积>0.3 m²的孔洞、梁所占面积,门、窗、洞口侧壁、垛突出部分按展开面积并入墙面积内。

011002002,防腐砂浆面层;011002003,防腐胶泥面层;011002004,玻璃钢防腐面层;011002005,聚氯乙烯板面层;011002006,块料防腐面层。计量单位为"m²"。工程量计算规则:按设计图示尺寸以面积计算。(1)平面防腐:扣除凸出地面的构筑物、设备基础等以及面积>0.3 m²的孔洞、柱、垛所占面积,门洞、空圈、暖气包槽、壁龛的开口部分不增加面积;(2)立面防腐:扣除门、窗、洞口以及面积>0.3 m²的孔洞、梁所占面积,门、窗、洞口侧壁、垛突出部分按展开面积并入墙面积内。

011002007,池、槽块料防腐面层。计量单位为"m²"。工程量计算规则:按设计图示尺寸以展开面积计算。

3) 其他防腐 011003

011003001,隔离层。计量单位为"m²"。工程量计算规则:按设计图示尺寸以面积计算。(1)平面防腐:扣除凸出地面的构筑物、设备基础等以及面积>0.3 m²的孔洞、柱、垛所占面积,门洞、空圈、暖气包槽、壁龛的开口部分不增加面积;(2)立面防腐:扣除门、窗、洞口以及面积>

0.3 m² 的孔洞、梁所占面积,门、窗、洞口侧壁、垛突出部分按展开面积并入墙面积内。

011003002,砌筑沥青浸渍砖。计量单位为"m³"。工程量计算规则:按设计图示尺寸以体积计算。

011003003,防腐涂料。计量单位为"m²"。工程量计算规则:按设计图示尺寸以面积计算。(1)平面防腐:扣除凸出地面的构筑物、设备基础等以及面积>0.3 m² 的孔洞、柱、垛所占面积,门洞、空圈、暖气包槽、壁龛的开口部分不增加面积;(2)立面防腐:扣除门、窗、洞口以及面积>0.3 m² 的孔洞、梁所占面积,门、窗、洞口侧壁、垛突出部分按展开面积并入墙面积内。

7.3.9 楼地面工程

楼地面工程量清单项目共 8 节 40 个项目,包括整体面层,块料面层,橡塑面层,其他材料面层,踢脚线,楼梯装饰,扶手、栏杆、栏板装饰,台阶装饰,零星装饰等。适用于楼地面、楼梯、台阶等装饰工程。

1)楼地面抹灰工程

整体面层项目包括水泥砂浆楼地面、现浇水磨石楼地面、细石混凝土楼地面、菱苦土楼地面 4 个清单项目,工程量清单项目特征、工程量计算规则及工作内容见表 7-22。

表 7-22 楼地面抹灰工程(011101)

项目编码	项目名称	项目特征	计量单位	工程量计算规则	工作内容
011101001	水泥砂浆楼地面	1. 找平层厚度、砂浆配合比 2. 素水泥浆遍数 3. 面层厚度、砂浆配合比 4. 面层做法要求	m²	按设计图示尺寸以面积计算。扣除凸出地面构筑物、设备基础、室内铁道、地沟等所占面积;不扣除间壁墙≤0.3m²以内的柱、垛、附墙烟囱及孔洞所占面积。门洞、空圈、暖气包槽、壁龛的开口部分不增加面积	1. 基层清理 2. 抹找平层 3. 抹面层 4. 材料运输
011101002	现浇水磨石楼地面	1. 找平层厚度、砂浆配合比 2. 面层厚度、水泥石子浆配合比 3. 嵌条材料种类、规格 4. 石子种类、规格、颜色 5. 颜料种类、颜色 6. 图案要求 7. 磨光、酸洗、打蜡要求			1. 基层清理 2. 抹找平层 3. 面层铺设 4. 嵌缝条安装 5. 磨光、酸洗、打蜡 6. 材料运输
011101003	细石混凝土楼地面	1. 找平层厚度、砂浆配合比 2. 面层厚度、混凝土强度等级			1. 基层清理 2. 抹找平层 3. 面层铺设 4. 材料运输

2)块料面层

块料面层包括石材楼地面、块料楼地面 2 个清单项目,工程量清单项目特征、工程量计算规则及工程内容见表 7-23。

表 7-23 块料面层(011102)

项目编码	项目名称	项目特征	计量单位	工程量计算规则	工作内容
011102001	石材楼地面	1. 找平层厚度、砂浆配合比 2. 结合层厚度、砂浆配合比 3. 面层材料品种、规格、颜色 4. 嵌缝材料种类 5. 防护层材料种类 6. 酸洗、打蜡要求	m²	按设计图示尺寸以面积计算。门洞、空圈、暖气包槽、壁龛的开口部分并入相应的工程量内	1. 基层清理 2. 抹找平层 3. 面层铺设、磨边 4. 嵌缝 5. 刷防护材料 6. 酸洗、打蜡 7. 材料运输
011102002	碎石材楼地面				
020102003	块料楼地面				

3）踢脚线

踢脚线包括水泥砂浆踢脚线、石材踢脚线、块料踢脚线、现浇水磨石踢脚线、塑料板踢脚线、木质踢脚线、金属踢脚线、防静电踢脚线 8 个项目,部分工程量清单项目特征、工程量计算规则及工程内容见表 7-24。

表 7-24　踢脚线（011105）

项目编码	项目名称	项目特征	计量单位	工程量计算规则	工作内容
011105001	水泥砂浆踢脚线	1. 踢脚线高度 2. 底层厚度、砂浆配合比 3. 面层厚度、砂浆配合比	m² 或 m	1. 以"m²"计量,按设计图示长度乘以高度以面积计算; 2. 以"m"计量,按延长米计算	1. 基层清理 2. 底层和面层抹灰 3. 材料运输
011105002	石材踢脚线	1. 踢脚线高度 2. 粘贴层厚度、材料种类 3. 面层材料品种、规格、品牌、颜色 4. 防护材料种类			1. 清理基层 2. 底层抹灰 3. 面层铺贴、磨边 4. 擦缝 5. 磨光、酸洗、打蜡 6. 刷防护材料 7. 材料运输
011105003	块料踢脚线				
011105004	现浇水磨石踢脚线	1. 踢脚线高度 2. 底层厚度、砂浆配合比 3. 面层厚度、水泥石子浆配合比 4. 石子种类、规格、颜色 5. 颜料种类、颜色 6. 磨光、酸洗、打蜡要求			

4）楼梯面层

楼梯装饰包括石材楼梯面层（011106001）、块料楼梯面层（011106002）、拼碎块料面层（011106002）、水泥砂浆楼梯面层（011106004）、现浇水磨石楼梯面层（011106005）等项目。工程量计算规则:按设计图示尺寸以楼梯（包括踏步、休息平台及 500 mm 以内的楼梯井）水平投影面积计算,计量单位为 m²。楼梯与楼地面相连时,算至梯口梁内侧边沿;无梯口梁者,算至最上一层踏步边沿加 300 mm。

5）楼地面工程清单计价注意要点

（1）楼地面抹灰、橡塑面层报价中通常包括垫层（含地面）、找平层、面层等内容;块料面层报价中通常包括垫层（含地面）、找平层、面层、面层防护处理等内容;其他材料面层报价中通常包括垫层（含地面）、找平层、地楞、面层等内容。

（2）包括垫层的地面和不包括垫层的楼面应分别计算工程量。在编制清单时,用第五级项目编码将地面和楼面分别列项,在清单计价时,按计价表的规定套相应计价定额计价。有填充层和隔离层的楼地面往往有 2 层找平层,报价时应注意。

（3）台阶面层与平台面层是同一种材料时,台阶计算最上一层踏步（加 300 mm）,平台面层中必须扣除该面积。如平台计算面层后,台阶不再计算最上一层踏步面积,但应将最后一步台阶的踢脚板面层考虑在报价内。

7.3.10　墙、柱面工程

墙、柱面装饰装修工程量清单项目包括墙面抹灰,柱面抹灰,零星抹灰,墙面镶贴块料,梁、柱面镶贴块料,零星镶贴块料,墙饰面,柱（梁）饰面,隔断,幕墙等,适用于一般抹灰、装饰抹灰、块料镶贴和饰面工程。

1) 墙面抹灰

墙面抹灰工程包括墙面一般抹灰、墙面装饰抹灰、墙面勾缝3个清单项目,工程量清单项目特征、工程量计算规则及工作内容见表7-25。

说明:(1)墙面抹灰不扣除与构件交接处的面积,是指墙与梁的交接处所占面积,不包括墙与楼板的交接。(2)墙面抹灰分内外墙面、墙裙等部位,分别列项。(3)0.5 m²以内小面积抹灰,应按零星抹灰中的相应分项工程工程量清单项目编码列项。(4)石灰砂浆、水泥砂浆、水泥混合砂浆、聚合物水泥砂浆、麻刀石灰浆、纸筋石灰浆、石膏灰等的抹灰,应按墙面抹灰中的一般抹灰工程量清单项目编码列项。水刷石、斩假石、干粘石、墙面砖等,应按墙面抹灰中的装饰抹灰工程量清单项目编码列项。

表 7-25　墙面抹灰(编码:011201)

项目编码	项目名称	项目特征	计量单位	工程量计算规则	工作内容
011201001	墙面一般抹灰	1. 墙体类型 2. 底层厚度、砂浆配合比 3. 面层厚度、砂浆配合比 4. 装饰面材料种类 5. 分格缝宽度、材料种类	m²	按设计图示尺寸以面积计算。扣除墙裙、门窗洞口及单个>0.3 m²的孔洞面积,不扣除踢脚线、挂镜线和墙与构件交接处的面积,门窗洞口和孔洞的侧壁及顶面不增加面积。附墙柱、梁、垛、烟囱侧壁并入相应的墙面面积内。 1. 外墙抹灰面积按外墙垂直投影面积计算 2. 外墙裙抹灰面积按其长度乘以高度计算 3. 内墙抹灰面积按主墙间的净长乘以高度计算 (1)无墙裙的,高度按室内楼地面至天棚底面计算 (2)有墙裙的,高度按墙裙顶至天棚底面计算 (3)有吊顶天棚抹灰,高度算至天棚底 4. 内墙裙抹灰面按内墙净长乘以高度计算	1. 基层清理 2. 砂浆制作、运输 3. 底层抹灰 4. 抹面层 5. 抹装饰面 6. 勾分格缝
011201002	墙面装饰抹灰				
011201003	墙面勾缝	1. 勾缝类型 2. 勾缝材料种类			1. 基层清理 2. 砂浆制作、运输 3. 勾缝

2) 柱(梁)面抹灰

柱面抹灰工程包括柱(梁)面一般抹灰、柱(梁)面装饰抹灰、柱(梁)面砂浆找平和柱面勾缝4个清单项目,工程量清单项目特征、工程量计算规则及工作内容见表7-26。

表 7-26　柱(梁)面抹灰(编码:011202)

项目编码	项目名称	项目特征	计量单位	工程量计算规则	工作内容
011202001	柱(梁)面一般抹灰	1. 柱(梁)体类型 2. 底层厚度、砂浆配合比 3. 面层厚度、砂浆配合比 4. 装饰面材料种类 5. 分格缝宽度、材料种类	m²	1. 柱面抹灰,按设计图示柱断面周长乘以高度以面积计算; 2. 梁面抹灰,按设计图示梁断面周长乘以长度以面积计算	1. 基层清理 2. 砂浆制作、运输 3. 底层抹灰 4. 抹面层 5. 抹装饰面 6. 勾分格缝
011202002	柱(梁)面装饰抹灰				
011202003	柱(梁)面砂浆找平	1. 柱(梁)体类型 2. 找平的砂浆厚度、配合比			1. 基层清理 2. 砂浆制作、运输 3. 抹灰找平
011202004	柱面勾缝	1. 勾缝类型 2. 勾缝材料种类		按设计图示柱断面周长乘以高度以面积计算	1. 基层清理 2. 砂浆制作、运输 3. 勾缝

说明:柱断面周长是指结构断面周长,高度为实际抹灰高度。

3）零星抹灰

零星抹灰工程包括零星项目一般抹灰、零星项目装饰抹灰、零星项目砂浆找平3个清单项目,工程量清单项目特征、工程量计算规则及工作内容见表7-27。

表 7-27　零星抹灰(编码:011203)

项目编码	项目名称	项目特征	计量单位	工程量计算规则	工作内容
011203001	零星项目一般抹灰	1. 基层类型、部位 2. 底层厚度、砂浆配合比 3. 面层厚度、砂浆配合比 4. 装饰面材料种类 5. 分格缝宽度、材料种类	m²	按设计图示尺寸以面积计算	1. 基层清理 2. 砂浆制作、运输 3. 底层抹灰 4. 抹面层 5. 抹装饰面 6. 勾分格缝
011203002	零星项目装饰抹灰				
011203003	零星项目砂浆找平	1. 基层类型部位 2. 找平的砂浆厚度、配合比			1. 基层清理 2. 砂浆制作、运输 3. 抹灰找平

说明:零星抹灰适用于各种壁柜、碗柜、过人洞、暖气壁龛、池槽、花台和挑檐、天沟、腰线、窗台线、窗台板、门窗套、压顶、栏板扶手、遮阳板、雨篷周边等面积小于0.5m²以内少量分散的抹灰。

4）墙面块料面层

墙面块料面层包括石材墙面、碎拼石材墙面、块料墙面、干挂石材钢骨架4个清单项目,工程量清单项目特征、工程量计算规则及工作内容见表7-28。

表 7-28　墙面块料面层(编码:011204)

项目编码	项目名称	项目特征	计量单位	工程量计算规则	工作内容
011204001	石材墙面	1. 墙体类型 2. 安装方式 3. 面层材料品种、规格、颜色 4. 缝宽、嵌缝材料种类 5. 防护材料种类 6. 磨光、酸洗、打蜡要求	m²	按镶贴表面积计算	1. 基层清理 2. 砂浆制作、运输 3. 黏结层铺贴 4. 面层安装 5. 嵌缝 6. 刷防护材料 7. 磨光、酸洗、打蜡
011204002	碎拼石材墙面				
011204003	块料墙面				
011204004	干挂石材钢骨架	1. 骨架种类、规格 2. 防锈漆品种遍数	t	按设计图示尺寸以质量计算	1. 骨架制作、运输、安装 2. 刷漆

说明:(1)镶贴面积按墙的外围饰面尺寸计算,饰面尺寸是指饰面的表面尺寸。
(2)0.5m²以内小面积镶贴块料面层,应按零星镶贴块料中的相应分项工程工程量清单项目编码列项。

5）柱(梁)面镶贴块料

梁(柱)面镶贴块料包括石材柱面(011205001)、块料柱面(011205002)、拼碎块柱面(011205003)、石材梁面(011205004)、块料梁面(011205005)5个清单项目。工程量计算规则按设计图示尺寸以镶贴面积计算,计量单位为"m²"。

7.3.11　天棚工程

天棚工程包括天棚抹灰、天棚吊顶、采光天棚工程、天棚其他装饰等。

1）天棚抹灰

天棚抹灰工程包括天棚抹灰(011301001)1个清单项目。工程量计算规则:按设计图示尺寸以水平投影面积计算,计量单位为"m²"。不扣除间壁墙、垛、柱、附墙烟囱、检查口和管道所占的面积;带梁天棚、梁两侧抹灰面积并入天棚面积内;板式楼梯底面抹灰按斜面积计算,锯齿形楼梯底板抹灰按展开面积计算。工作内容:(1)基层清理;(2)底层抹灰;(3)抹面层。

说明:雨篷、阳台及挑檐底面抹灰应按天棚抹灰编码列项。

2) 天棚吊顶

天棚吊顶工程包括吊顶天棚（011302001）、格栅吊顶（011302002）、吊筒吊顶（011302003）、藤条造型悬挂吊顶（011302004）、织物软雕吊顶（011302005）、装饰网架吊顶（011302006）6 个清单项目。

吊顶天棚的工程量计算规则:按设计图示尺寸以水平投影面积计算,计量单位为"m²"。天棚面中的灯槽及跌级、锯齿形、吊挂式、藻井式天棚面积不展开计算。不扣除间壁墙、检查口、附墙烟囱、柱垛和管道所占面积;扣除单个>0.3m²以外的孔洞、独立柱及与天棚相连的窗帘盒所占的面积。工作内容:(1)基层清理、吊杆安装;(2)龙骨安装;(3)基层板铺贴;(4)面层铺贴;(5)嵌缝;(6)刷防护材料。

格栅吊顶、吊筒吊顶、藤条造型悬挂吊顶、织物软雕吊顶、装饰网架吊顶的工程量计算规则:按设计图示尺寸以水平投影面积计算,计量单位为"m²"。

说明:(1)天棚面层油漆防护,应按油漆、涂料、裱糊工程中相应分项工程工程量清单项目编码列项。(2)天棚压线、装饰线,应按其他工程中相应分项工程工程量清单项目编码列项。(3)当天棚设置保温隔热吸声层时,应按"计价规范"防腐、隔热、保温工程中相应分项工程工程量清单项目编码列项。(4)天棚吊顶的平面、跌级、锯齿形、阶梯形、吊挂式、藻井式以及矩形、弧形、拱形等应在清单项目中进行描述。(5)天棚抹灰与天棚吊顶工程量计算规则有所不同:天棚抹灰不扣除柱、垛所占面积;天棚吊顶不扣除柱垛所占面积,但扣除独立柱所占面积。柱垛是指与墙体相连的柱而突出墙体部分。

7.3.12 措施项目

措施项目工程量清单项目有 7 节 52 个项目,包括脚手架工程、混凝土模板及支架(撑)、垂直运输、超高施工增加,大型机械设备进退场及安拆,施工排水、降水,安全文明施工及其他措施项目。

1) 脚手架工程

脚手架工程项目包括综合脚手架、外脚手架、里脚手架、悬空脚手架、挑脚手架、满堂脚手架、整体提升架和外装饰吊篮 8 个清单项目,见表 7-29。

2) 混凝土模板及支架(撑)

混凝土模板及支架(撑)项目包括 32 个清单项目,部分清单项目见表 7-30。

3) 垂直运输

垂直运输包括垂直运输（011703001）1 个清单项目。项目特征:(1)建筑物类型及结构形式;(2)地下室建筑面积;(3)建筑物檐口高度、层数。计量单位为"m²"或"天"。工程量计算规则:(1)按建筑面积计算;(2)按施工工期日历天数计算。工作内容:(1)垂直运输机械的固定装置、基础制作、安装;(2)行走式垂直运输机械轨道的铺设、拆除、摊销。

4) 超高施工增加

超高施工增加项目包括施工增加（011704001）1 个清单项目。项目特征:(1)机械设备

表 7-29　脚手架工程(编码:011701)

项目编码	项目名称	项目特征	计量单位	工程量计算规则	工作内容
011701001	综合脚手架	1. 建筑结构形式 2. 檐口高度	m²	按建筑面积	1. 场内、场外材料搬运 2. 搭、拆脚手架、斜道、上料平台 3. 安全网的铺设 4. 选择附墙点与主体连接 5. 测试电动装置、安全锁等 6. 拆除脚手架后材料的堆放
011701002	外脚手架	1. 搭设方式 2. 搭设高度 3. 脚手架材质		按所服务对象的垂直投影面积计算	1. 场内、场外材料搬运 2. 搭、拆脚手架、斜道、上料平台 3. 安全网的铺设 4. 拆除脚手架后材料的堆放
011701003	里脚手架				
011701004	悬空脚手架	1. 搭设方式 2. 搭设高度 3. 脚手架材质		按搭设的水平投影面积计算	
011701005	挑脚手架		m	按搭设长度乘以搭设层数以延长米计算	
011701006	满堂脚手架		m²	按搭设的水平投影面积计算	
011701007	整体提升架	1. 搭设方式及启动装置 2. 搭设高度	m²	按所服务对象的垂直投影面积计算	1. 场内、场外材料搬运 2. 选择附墙点与主体连接 3. 搭、拆脚手架、斜道、上料平台 4. 安全网的铺设 5. 测试电动装置、安全锁等 6. 拆除脚手架后材料的堆放
011701008	外装饰吊篮	1. 升降方式及启动装置 2. 搭设高度及吊篮型号	m²	按所服务对象的垂直投影面积计算	1. 场内、场外材料搬运 2. 吊篮的安装 3. 测试电动装置、安全锁平衡控制器等 6. 吊篮的拆卸

名称;(2)计算设备规格型号。计量单位为"台次"。工程量计算规则:按使用机械设备的数量计算。

5)施工排水、降水

施工排水、降水包括成井和排水、降水 2 个清单项目。

011706001,成井。项目特征:(1)成井方式;(2)地层情况;(3)成井直径;(4)井(滤)管类型、直径。计量单位为"m"。工程量计算规则:按设计图示尺寸以钻孔深度计算。工作内容:(1)准备钻孔机械、埋设护筒、钻机就位,泥浆制作、固壁、成孔、出渣、清孔等;(2)对接上、下井管(滤管),焊接,安放,下滤料,洗井,连接试抽等。

011706002,排水、降水。项目特征:(1)机械规格型号;(2)降、排水管规格。计量单位为"昼夜"。工程量计算规则:按排、降水日历天数计算。工作内容:(1)管道安装、拆除,场内搬运等;(2)抽水、值班、降水设备维修等。

6)安全文明施工及其他措施项目

安全文明施工及其他措施项目包括安全文明施工(含环境保护、文明施工、安全施工、临时设施)(011707001),夜间施工(011707002),非夜间施工照明(011707003),二次搬运

（011707004），冬雨季施工（011707005），地上地下设施、建筑物的临时保护设施（011707006），已完工程及设备保护（011707007）7个清单项目。

表 7-30　混凝土模板及支架（撑）（部分）（编码：011702）

项目编码	项目名称	项目特征	计量单位	工程量计算规则	工作内容
011702001	基础	基础类型	m²	按模板与现浇混凝土构件的接触面积计算 1. 现浇钢筋混凝土墙、板单孔面积≤0.3 m²的孔洞不予扣除，洞侧壁模板亦不增加；单孔面积>0.3 m²时应予扣除，洞侧壁模板面积并入墙、板工程量内计算； 2. 现浇框架分别按梁、板、柱有关规定计算，附墙柱、暗梁、暗柱并入墙内工程量内计算； 3. 柱、梁、墙、板相互连接的重叠部分均不计算模板面积； 4. 构造柱按图示外露部分计算模板面积	1. 模板制作 2. 模板安装、拆除、整理堆放及场内外运输 3. 清理模板黏结物及模内杂物、刷隔离剂等
011702002	矩形柱		m²		
011702003	构造柱	柱截面形状			
011702004	异形柱				
011702005	基础梁	梁截面形状			
011702006	矩形梁	支撑高度			
011702007	异形梁	1. 梁截面形状 2. 支撑高度			
011702008	圈梁	无	m²		
011702009	过梁	无			
011702011	直形墙	无			
011702014	有梁板	支撑高度			
011702015	无梁板	支撑高度			
011702016	平板	支撑高度			
011702023	雨篷、悬挑板、阳台板	1. 构件类型 2. 板厚度	m²	按图示外挑部分尺寸的水平投影面积计算，挑出外墙的悬臂梁及板边不另外计算	
011702024	楼梯	类型	m²	按楼梯（包括休息平台、平台梁、斜梁和楼层板的连接梁）的水平投影面积计算，不扣除宽度≤500 mm的楼梯井所占面积，楼梯踏步、踏步板、平台梁等侧面模板不另外计算，伸入墙内部分亦不增加	
011702027	台阶	台阶踏步宽	m²	按图示台阶水平投影面积计算，台阶端头两侧不另计算模板面积	
011702029	散水	无	m²	按模板与散水的接触面积计算	

7.4　××小商店工程量清单计价编制实例

案例说明：依据《建设工程工程量清单计价规范》（GB 50500—2013）、《房屋建筑与装饰工程工程量计算规范》（GB 50854—2013）计算清单工程量；依据现行造价方面的政策文件、10.3.1 计算的工程量、招标文件（略）要求编制投标报价。

7.4.1　编制说明

（1）编制依据：①××设计院设计的××小商店施工图及设计说明；②现场情况及施工条件；③《江苏省建筑与装饰工程计价定额》（2014 版）。

（2）本工程施工图预算价差不做调整。

7.4.2 图纸说明

（1）本工程为砖混结构两层楼房的小商店，室外楼梯。层高为 3 m。

（2）设计标高：底层室内地坪高±0.00 m，室外自然地面标高为－0.45 m。

（3）基础：开挖基槽底高程为－1.00 m。100 厚 C10 混凝土垫层，250 厚 C20 钢筋混凝土带形基础。M5 水泥砂浆砌一砖厚条形基础。20 厚 1∶2 水泥砂浆掺 5%防水剂基础墙身防潮层。

（4）墙身：内外墙均 MU10 普通黏土砖，M5 混合砂浆砖墙，M7.5 混合砂浆砖柱。

（5）地面：素土夯实，70 厚碎石夯实垫层，50 厚 C10 混凝土垫层，15 厚水泥砂浆面层，120 高 1∶2 水泥砂浆踢脚线。

（6）楼面：采用 C30 预应力混凝土空心板，厚 120 mm，30 厚细石混凝土找平层，15 厚 1∶2 水泥砂浆面层，砖踢脚线做法同地面。

（7）屋面：采用同楼面的空心板，炉渣找 3%坡，架空隔热板为 590 mm×590 mm×30 mm，配筋为双向 4φ4，下支砖墩为 240 mm×120 mm×240 mm（长×宽×高），M5 水泥砂浆砌筑。采用 APP 改性沥青卷材防水，防水层沿女儿墙上翻 500 mm。具体做法见施工图。

（8）外墙面、砖柱、雨篷翻边 20 厚 1∶1∶6 混合砂浆打底和面层。

（9）内墙面采用 15 厚 1∶3 混合砂浆打底，3 厚混合砂浆面，刷乳胶漆两遍。

（10）顶棚混合砂浆抹灰，乳胶漆做法同墙面。

（11）楼梯：C20 钢筋混凝土预制踏步，20 厚 1∶2.5 水泥砂浆面层，底面做法同顶棚。

（12）挑廊：采用预制混凝土底板，面层做法同楼面；挑廊栏板做法见苏 J8055，用 80 厚 C20 细石混凝土现浇板，顶部配主筋 2φ8 通长，双向分布钢筋 φ4@200，板高 900；内侧 1∶2.5 水泥砂浆抹面，外侧做法同外墙面。

（13）雨篷：现浇 70 厚 C20 钢筋混凝土板，底面抹灰同顶棚板底。

（14）女儿墙：M5 混合砂浆砌一砖墙高 500 mm，C15 细石钢筋混凝土压顶，断面 300 mm×60 mm。女儿墙外面及压顶面层做法同外墙。

（15）屋面排水：短跨双向排水，3%坡度，用 φ110PVC 水落管 2 根，配相应落水口及弯头。

（16）门窗：M-1 采用铝合金卷闸门（2 970 mm×2 480 mm），M-2 带亮镶板门（900 mm×2 400 mm），C-1 采用塑钢推拉窗。M-2 安执手锁及定门器。

（17）油漆：木门做一底二度奶黄调和漆，金属面做防锈漆一度，铅油二度。木扶手栗壳色一底二度调和漆。

（18）台阶：M2.5 混合砂浆砌砖，面层做法同地面。台阶踏步有 2 阶，每阶踏步长 7.44 m，宽 0.3 m。

（19）侧砖砌窗台，凸出墙面 60，1∶2.5 水泥砂浆抹面。

7.4.3 现场情况及施工条件

本工程位于市区，交通便利，所用一切建材均可直接运入现场。余土外运运距按 2 km，汽车运输计算。门窗及预制构件等均在场外生产，汽车运输 9 km。

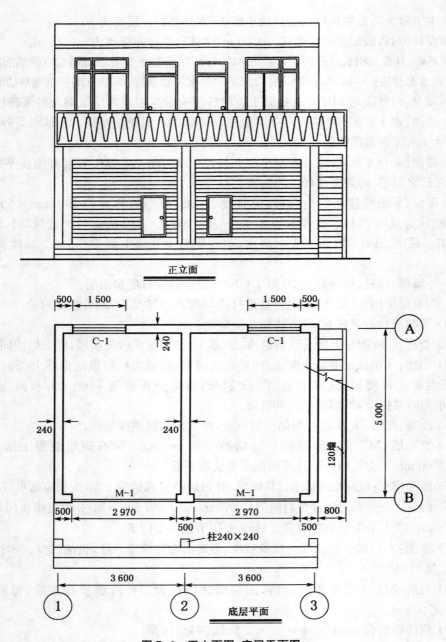

正立面

C—1   C—1

M—1   M—1

柱240×240

底层平面

图 7-6　正立面图、底层平面图

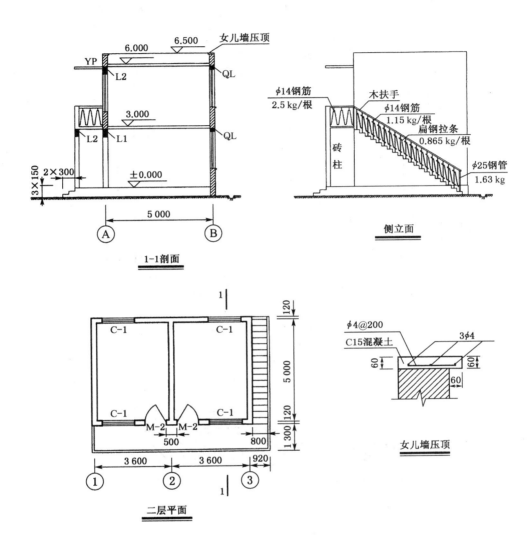

图 7-7 建筑物侧立面、二层平面图

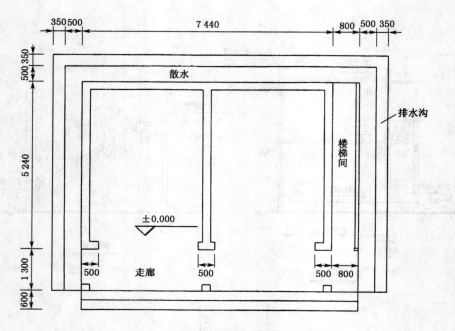

散水、排水沟平面图

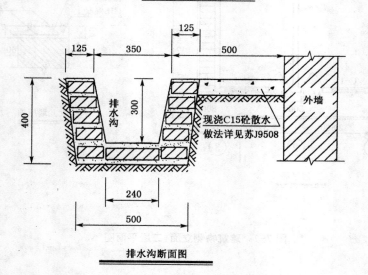

排水沟断面图

图 7-8　散水、排水沟平面图，排水沟断面图

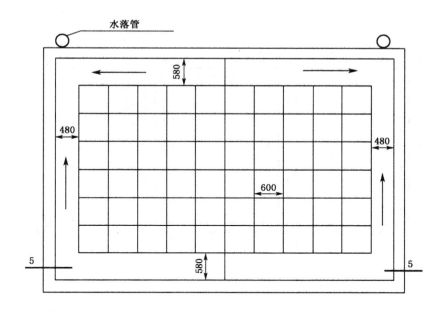

屋面布置图

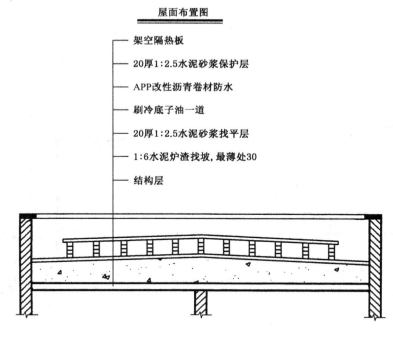

- 架空隔热板
- 20厚1:2.5水泥砂浆保护层
- APP改性沥青卷材防水
- 刷冷底子油一道
- 20厚1:2.5水泥砂浆找平层
- 1:6水泥炉渣找坡,最薄处30
- 结构层

5-5剖面

图7-9 屋面布置图

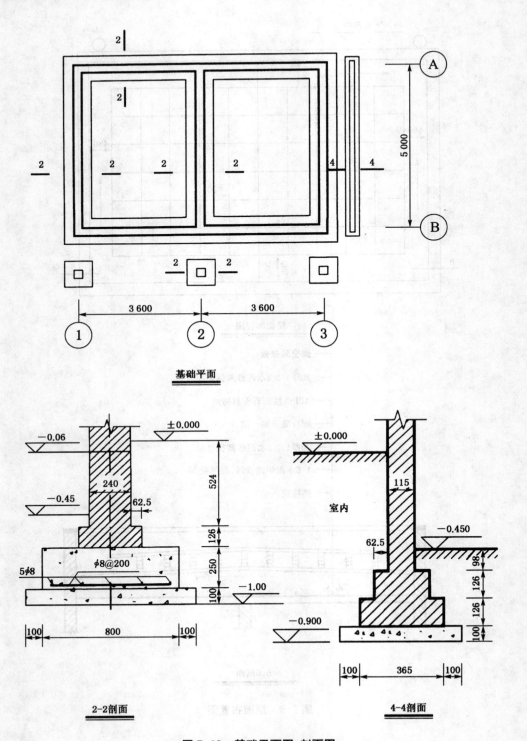

基础平面

2-2剖面   4-4剖面

图 7-10   基础平面图、剖面图

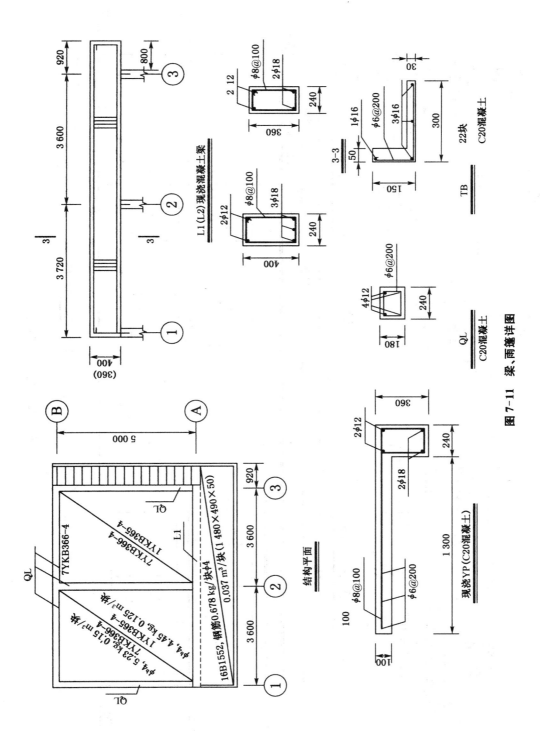

图 7-11　梁、雨篷详图

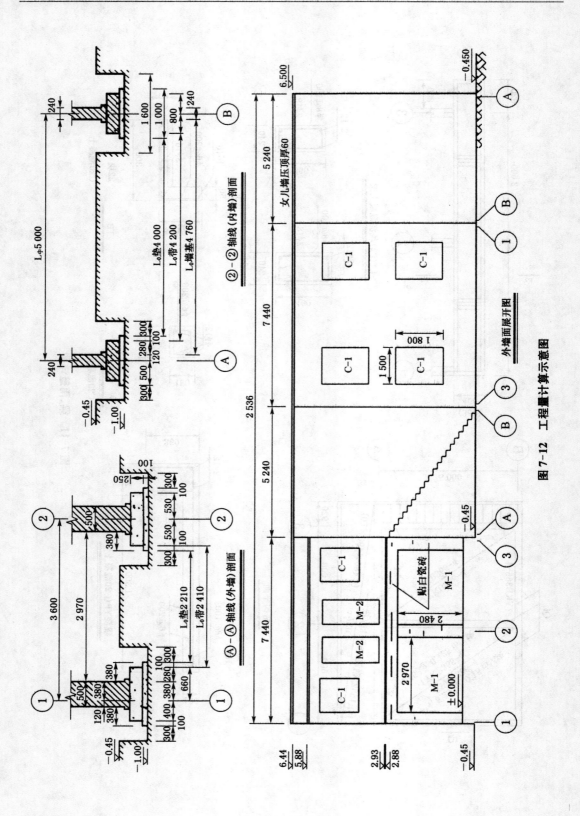

图 7-12　工程量计算示意图

7.4.4 计算清单工程量

表 7-31 工程量计算表

工程名称:××小商店土建

序号	项目编码	项目名称	项目特征	单位	计算式	计算结果
A. 土(石)方工程						
1	010101001001	平整场地	土壤类别:三类土	m²	按设计图示尺寸以建筑物首层面积计算	38.99
					7.44×5.24=38.99 m²	
2	010101003001	挖沟槽土方	1. 土壤类别:三类土 2. 基础类型:条形 3. 垫层底宽、底面积:宽 1 m,底面积 28.4 m² 4. 挖土深度:1.5 m 以内	m³	按设计图示尺寸以基础垫层底面积乘以挖土深度计算	16.95
					2-2 剖面:垫层长度=外墙+内墙=24.4+(5-1)=28.4 m	
					垫层底面积=28.4×1=28.4 m²	
					挖土深度=1-0.45=0.55 m	
					挖基础土方=28.4×0.55=15.62 m³	
					4-4 剖面:(0.365+0.2)×5.24×(0.9-0.45)=1.33 m³	
					小计=15.62+1.33=16.95 m³	
3	010101004001	挖基坑土方	1. 土壤类别:三类土 2. 基础类型:独立 3. 垫层底宽、底面积:底宽 1 m,底面积 1 m² 4. 挖土深度:1.5 m 以内	m³	按设计图示尺寸以基础垫层底面积乘以挖土深度计算	1.65
					挖基础土方=1×1×0.55×3=1.65 m³	
4	010103001001	回填方		m³	按设计图示尺寸以体积计算	16.64
					地槽、地坑回填土:挖方体积减去设计室外地坪以下埋设的基础体积(包括基础垫层及其他构筑物)	
					室外地坪以上砖基础体积=0.24×0.45×(24.4+5-0.24)+0.115×0.45×5.24=3.42 m³	
					室外地坪以上砖柱体积=0.24×0.24×(3-0.12-0.36+0.45)×3=0.51 m³	
					土(石)方回填=挖方体积-(C10 混凝土基础垫层+钢筋混凝土基础+M5 水泥砂浆基础-室外地坪以上砖基础体积+砖柱体积-室外地坪以上砖柱体积)=16.95+1.65-(3.44+6.20+5.75-3.42+0.58-0.51)=6.56 m³	
				m³	房心回填土:按室内主墙间实填土方体积以 m³ 计算	

续表 7-31

序号	项目编码	项目名称	项目特征	单位	计算式	计算结果
					地坪厚＝0.07＋0.05＋0.015 ＝0.135 m	
					主墙间净面积＝7.44×5.24−7.00 ＝32.00 m²	
					回填土厚＝0.45−0.135＝0.315 m	
					房心回填土体积＝0.315×32.00＝ 10.08 m³	
					回填土合计＝6.56＋10.08 ＝16.64 m³	
5	010103002001	余方弃置		m³	按挖方清单项目工程量减利用回填 方体积（正数）计算 16.95＋1.65− 16.64＝1.96 m³	1.96
				D. 砌筑工程		
6	010401001001	砖基础		m³	按设计图示尺寸以体积计算	5.75
			1. 砖品种、规格、强度等级：黏土砖 2. 基础类型：条形 3. 基础深度：650 mm 4. 砂浆强度等级：水泥M5.0		基础高＝1−0.1−0.25＝0.65 m	
					基础断面面积＝0.24×(0.65＋ 0.066)＝0.172 m²	
					基础体积＝外墙＋内墙＝0.172× 24.4＋0.172×(5−0.24)＝4.20＋ 0.82＝5.02 m³	
					楼梯外侧墙基体积＝0.115×(0.8＋ 0.411)×5.24＝0.73 m³	
					砖基础体积合计＝5.02＋0.73 ＝5.75 m³	
7	010401003001	实心砖墙		m³	按设计图示尺寸以体积计算	6.17
			1. 砖品种、规格、强度等级：黏土砖 2. 墙体类型：内墙 3. 墙体厚度：240 mm 4. 砂浆强度等级、配合比：混合M5.0		内墙净长＝4.76 m,墙厚0.24 m	
					墙净高＝(3.0−0.18−0.12)×2＝ 5.4 m	
					内墙体积＝0.24×5.4×4.76 ＝6.17 m³	
8	010401003002	实心砖墙		m³	外墙长＝(7.2＋5)×2＝24.4,墙厚 0.24 m	26.28
			1. 砖品种、规格、强度等级：黏土砖 2. 墙体类型：外墙 3. 墙体厚度：240 mm 4. 墙体高度：6.44 m		外墙高＝6.5−0.06＝6.44 m	
					应扣除部分:外墙圈梁＋L1＋L2× 0.5＝(1.88−0.41)＋0.79＋1.42× 0.5＝2.97 m³	
					门窗洞口面积＝1.5×1.8×6＋2.97 ×2.48×2＋0.9×2.4×2＝35.25 m²	
					外墙体积＝0.24×(6.44×24.4− 35.25)−2.97＝26.28 m³	

续表 7-31

序号	项目编码	项目名称	项目特征	单位	计算式	计算结果
9	010401003003	实心砖墙	1. 砖品种、规格、强度等级:黏土砖 2. 墙体类型:外墙 3. 墙体厚度:115 mm 4. 墙体高度:2.75 m 5. 砂浆强度等级、配合比:混合M5.0	m³	按实砌墙体积以 m³ 计算 5×(3+0.45)×0.5×0.115=0.99 m³	0.99
10	010401009001	实心砖柱	1. 砖品种、规格、强度等级:黏土砖 2. 柱类型:矩形 3. 柱截面:240 mm×240 mm 4. 柱高:3.0 m 5. 砂浆强度等级、配合比:混合M7.5	m³	按设计图示尺寸以体积计算 砖柱高(不含基础大放脚部分)=3+1-0.12-0.36-0.1-0.25-0.126=3.04 m 不含基础大放脚部分砖柱体积=0.24×0.24×3.04×3=0.53 m³ 基础大放脚部分体积=(0.24+0.0625×2)×(0.24+0.0625×2)×0.126×3=0.05 m³ 砖柱体积合计=0.53+0.05=0.58 m³	0.58
11	010401012001	零星砌砖	1. 零星砌砖名称、部位:台阶 2. 砂浆强度等级、配合比:混合M2.5	m²	按水平投影面积以 m² 计算 7.44×(0.6+1.3)=14.14 m²	14.14
12	010401012002	零星砌砖	1. 零星砌砖名称、部位:砖墩 2. 砂浆强度等级、配合比:水泥M5.0	m³	按设计图示尺寸截面面积乘以长度计算 0.24×0.12×0.24×7×11=0.53 m³	0.53
E. 混凝土及钢筋混凝土工程						
13	010501001001	垫层	混凝土强度等级:C10	m³	按设计图示尺寸以体积计算 计算过程见表9-25序号5	3.44
14	010501002001	带形基础	混凝土强度等级:C20	m³	按设计图示尺寸以体积计算 基础断面=0.8×0.25=0.2 m² 基础体积=外墙+内墙+砖柱下=0.2×24.4+0.2×(5-0.8)+0.8×0.8×0.25×3=6.20 m³	6.20
15	010503002001	现浇混凝土梁(C20)		m³	按断面面积乘长度以 m³ 计算	0.79

续表 7-31

序号	项目编码	项目名称	项目特征	单位	计算式	计算结果
		矩形梁	1. 梁底标高:2.48 m 2. 梁截面:240 mm×400 mm 3. 混凝土强度等级:C20		断面=0.24×0.40=0.096 m² 长度=3.72+3.6+0.92=8.24 m L1 体积=0.096×8.24=0.79 m³	
16	010503002002	矩形梁	1. 梁底标高:5.52 m,2.52 m 2. 梁截面:240 mm×360 mm 3. 混凝土强度等级:C20	m³	按断面面积乘长度以 m³ 计算 断面=0.24×0.36=0.086 4 m² 长度=3.72+3.6+0.92=8.24 m L2 体积=0.086 4×8.24×2=1.42 m³	1.42
17	010503004001	圈梁	1. 梁底标高:5.7 m,2.7 m 2. 梁截面:240 mm×180 mm 3. 混凝土强度等级:C20	m³	按断面面积乘长度以 m³ 计算 断面=0.24×0.18=0.043 2 m² 长度=(5-0.24)×3+7.44=21.72 m QL 体积=0.043 2×21.72×2=1.88 m³ 其中内墙上圈梁体积=0.043 2×(5-0.24)×2=0.41 m³	1.88
18	010505008001	雨篷、悬挑板、阳台板	混凝土强度等级:C20	m³	按设计图示尺寸以墙外部分体积计算 体积=7.44×1.3×0.1=0.967 m³	0.967
19	010507001001	散水、坡道	混凝土强度等级:C20	m²	按散水水平投影面积以 m² 计算 散水中心线长=(7.44+5.24)×2+4×0.5-7.44=19.92 m 散水面积=0.5×19.92=9.96 m²	9.96
20	010507005001	扶手、压顶	1. 断面尺寸:0.3 m×0.06 m 2. 混凝土种类:压顶 3. 混凝土强度等级:C15	m	按设计图示的延长米计算 压顶中心线长=24.4-4×(0.3-0.24)=24.16 m	24.16
21	010512002001	空心板	1. 安装高度:3 m,6 m 2. 混凝土强度等级:C30	m³	按设计图示尺寸以体积计算 0.15×28+0.125×4+0.037×16=5.29 m³	5.29

续表 7-31

序号	项目编码	项目名称	项目特征	单位	计算式	计算结果
22	010513001001	楼梯	1. 楼梯类型:墙承式 2. 单件体积:2 m³ 内 3. 混凝土强度等级:C30	m³	按图示尺寸以 m³ 计算	0.34
					断面面积＝0.25×0.03＋0.15×0.05＝0.015 m²	
					全部 TB 体积＝0.015×1.04×22＝0.34 m³	
23	010514002001	其他构件	1. 构件的类型:架空板 2. 单件体积:0.01 m³ 3. 安装高度:3.24 m	m³	按图示尺寸以 m³ 计算	0.624
					每块体积＝0.59×0.59×0.03＝0.010 4 m³	
					总体积＝0.010 4×6×10＝0.624 m³	
24	010515001001	现浇构件钢筋	钢筋种类、规格:12 内	t	0.598 t(计算过程请参照第 9 章案例相应部分,下同)	0.598
25	010515001002	现浇构件钢筋	钢筋种类、规格:25 内	t	0.118 t	0.118
26	010515005001	先张法预应力钢筋	钢筋种类、规格:16 内	t	0.140 t	0.140
27	010515005002	先张法预应力钢筋	钢筋种类、规格:5 内	t	0.175 t	0.175
			F. 金属结构工程			
28	010606009001	钢护栏	铁栏杆制作	t	按图示尺寸以重量计算	0.106
			楼梯 ϕ25	kg	1.63 kg	
			ϕ14	kg	1.15×19＝21.85 kg	
			扁钢拉条	kg	0.865×20＝17.3 kg	
			挑廊 ϕ14	kg	2.5×26＝65 kg	
					合计＝1.63＋21.85＋17.3＋65＝105.78 kg	
			H. 门窗工程			
29	010801001001	木质门	1. M2 镶板造型门,单扇面积:900 mm×2 400 mm 2. 骨架材料种类:二等圆木	樘	2	2
30	010803001001	金属卷闸门	M1,门材质、框外围尺寸:2 970 mm×2 480 mm	樘	2	2
31	010807001001	金属(塑钢、断桥)窗	1. 窗类型:推拉窗 2. 框材质、外围尺寸:1 500 mm×1 800 mm	樘	6	6

续表 7-31

序号	项目编码	项目名称	项目特征	单位	计算式	计算结果
I. 屋面及防水工程						
32	010902001001	屋面卷材防水	1. 卷材品种、规格：APP 改性沥青防水卷材	m²	按设计图示尺寸以面积计算	44.85
				m²	女儿墙泛水防水附加层＝(24.4－4×0.24)×0.5＝11.72 m²	
			2. 防水层做法：一遍	m²	防水面积＝7.44×5.24－24.4×0.24＋11.72＝44.85 m²	
33	010902004001	屋面排水管	排水管品种、规格、品牌、颜色：塑料(PVC)	m	按设计图示尺寸以长度计算	12.9
					(6＋0.45)×2＝12.9 m	
K. 楼地面装饰工程						
34	011101001001	水泥砂浆楼地面	1. 垫层材料种类、厚度：碎石，70 mm	m²	按设计图示尺寸以面积计算	32.00
			2. 面层厚度、砂浆配合比：15 mm，水泥砂浆 1:2		地面面积＝7.44×5.24－7.00＝32 m²	
35	011101001002	水泥砂浆楼地面	1. 找平层厚度、砂浆配合比：30 mm	m²	按设计图示尺寸以面积计算	32.00
			2. 面层厚度、砂浆配合比：15 mm，水泥砂浆 1:2		楼面面积＝7.44×5.24－7.00＝32 m²	
36	011101001003	水泥砂浆楼地面	面层厚度、砂浆配合比：20 mm，水泥砂浆 1:3	m²	按设计图示尺寸以面积计算	33.13
					面积＝7.44×5.24－24.4×0.24＝33.13 m²	
37	011105001001	水泥砂浆踢脚线	踢脚线高度：120 mm	m²	按设计图示长度乘以高度以面积计算	7.80
			①②③轴		(5－0.24)×4＝19.04 m	
			Ⓐ Ⓑ轴		(3.6－0.24)×4＝13.44 m	
					面积＝0.12×(19.04＋13.44)×2(层)＝7.80 m²	
38	011106004001	水泥砂浆楼梯面层		m²	按楼梯水平投影面积以 m² 计算	4
					5×0.8＝4 m²	
39	011107004001	水泥砂浆台阶面		m²	按设计图示尺寸以台阶水平投影面积计算	14.14
					7.44×(0.6＋1.3)＝14.14 m²	
L. 墙、柱面装饰与隔断、幕墙工程						

续表 7-31

序号	项目编码	项目名称	项目特征	单位	计算式	计算结果
40	011201001001	墙面一般抹灰		m²	按设计图示尺寸以面积计算	151.83
			墙体类型：内墙		毛面积＝踢脚线长度×净高＝[(5－0.24)×4＋(3.6－0.24)×4]×(3－0.12)×2＝187.08 m²	
					净面积＝187.08－35.25＝151.83 m²	
41	011201001002	墙面一般抹灰	墙体类型：外墙，水泥砂浆勒脚(500 mm高)	m²	按抹灰面积以 m² 计算	9.71
					(7.44＋5.24－2.97)×2×0.5＝9.71 m²	
42	011201001003	墙面一般抹灰	墙体类型：混合砂浆粉外墙面	m²	按外墙面净面积以 m² 计算	132.19
					外墙高＝6.5＋0.45－0.5＝6.45 m	
					外墙毛面积＝(7.74＋5.24)×2×6.45＝167.44 m²	
					外墙净面积＝167.44－35.25＝132.19 m²	
43	011201001004	墙面一般抹灰	墙体类型：水泥砂浆粉窗台	m²	(窗宽＋0.2)×0.36	3.67
					(1.5＋0.2)×0.36×6＝3.67 m²	
44	011201001005	墙面一般抹灰	墙体类型：水泥砂浆粉女儿墙压顶	m²	按压顶展开面积以 m² 计算	10.15
					压顶展开宽度＝0.3＋0.06×2＝0.42 m	
					压顶抹灰面积＝0.42×24.16＝10.15 m²	
45	011201001006	墙面一般抹灰	墙体类型：水泥砂浆粉雨篷、挑廊	m²	9.67＋(3.6×2＋0.92＋0.24)×1.3＝20.54 m²	20.54
M. 天棚工程						
46	011301001001	天棚抹灰	1. 基层类型：预制混凝土板　2. 抹灰厚度、材料种类：混合砂浆抹平顶(含楼梯底面)	m²	按设计图示尺寸以水平投影面积计算	70.00
					32.00×2＋0.8×5×1.5＝70.00 m²	
N. 油漆、涂料、裱糊工程						
47	011403001001	木扶手油漆	楼梯扶手油漆	m	按设计图示尺寸以长度计算	5.90
48	011405001001	金属面油漆	楼梯及挑廊铁栏杆	t	按设计图示尺寸以质量计算	0.106
49	011406001001	抹灰面油漆	基层类型：一般抹灰面，平顶、内墙面、雨篷、挑廊乳胶漆	m²	按设计图示尺寸以面积计算	242.37
					70＋151.83＋20.54＝242.37 m²	
O. 其他装饰工程						
50	011503002001	硬木扶手、栏杆、栏板	楼梯栏杆木扶手	m	按设计图示尺寸以扶手中心线长度(包括弯头长度)计算	5.90
					5×1.18＝5.90 m	

7.4.5 投标报价书

表 7-32 工程项目投标报价汇总表

工程名称：××小商店土建

序号	单项工程名称	金额（元）	其中：（元）		
			暂估价	安全文明施工费	规费
1	土建	93 486.66		2 539.91	3 139.32
	合计	93 486.66		2 539.91	3 139.32

表 7-33 单项工程投标报价汇总表

工程名称：××小商店土建

序号	单项工程名称	金额（元）	其中：（元）		
			暂估价	安全文明施工费	规费
1	土建	93 486.66		2 539.91	3 139.32
	合计	93 486.66		2 539.91	3 139.32

表 7-34 单位工程投标报价汇总表

工程名称：××小商店土建

序号	汇总内容	金额（元）	其中：暂估价（元）
1	分部分项工程	79 595.03	
1.1	人工费	25 964.36	
1.2	材料费	40 881.79	
1.3	施工机具使用费	2 291.54	
1.4	企业管理费	7 065.61	
1.5	利润	3 390.27	
2	措施项目	7 608.38	
2.1	单价措施项目费	5 068.47	
2.2	总价措施项目费	2 539.91	
2.2.1	其中:安全文明施工措施费	2 539.91	
3	其他项目		—
3.1	其中:暂列金额		—
3.2	其中:专业工程暂估价		—
3.3	其中:计日工		—
3.4	其中:总承包服务费		
4	规费	3 139.32	
5	税金	3 143.93	—
	投标报价合计＝1＋2＋3＋4＋5	93 486.66	0

表 7-35 分部分项工程量清单与计价表

工程名称:××小商店土建

序号	项目编码	项目名称	项目特征描述	计量单位	工程量	综合单价	合价	其中:暂估价
		整个项目					79 595.03	
1	010101001001	平整场地	土壤类别:三类土	m²	38.99	16.31	635.93	
2	010101003001	挖沟槽土方	1. 土壤类别:三类土 2. 基础类型:条形 3. 垫层底宽、底面积:宽 1 m,底面积 28.4 m² 4. 挖土深度:1.5 m 以内	m³	16.95	66.78	1 131.92	
3	010101004001	挖基坑土方	1. 土壤类别:三类土 2. 基础类型:独立 3. 垫层底宽、底面积:底宽 1 m,底面积 1 m² 4. 挖土深度:1.5 m 以内	m³	1.65	105.31	173.76	
4	010103001001	回填方		m³	16.64	52.22	868.94	
5	010103002001	余方弃置		m³	1.96	20.05	39.3	
6	010401001001	砖基础	1. 砖品种、规格、强度等级:黏土砖 2. 基础类型:条形 3. 基础深度:650 4. 砂浆强度等级:水泥 M5.0	m³	5.75	427.44	2 457.78	
7	010401003002	实心砖墙	1. 砖品种、规格、强度等级:粘土砖 2. 墙体类型:内墙 3. 墙体厚度:240 4. 砂浆强度等级、配合比:混合 M5.0	m³	6.17	426.57	2 631.94	
8	010401003001	实心砖墙	1. 砖品种、规格、强度等级:粘土砖 2. 墙体类型:外墙 3. 墙体厚度:240 4. 墙体高度:6.44 m	m³	26.28	442.66	11 633.1	
9	010401003003	实心砖墙	1. 砖品种、规格、强度等级:粘土砖 2. 墙体类型:外墙 3. 墙体厚度:115 4. 墙体高度:2.75 m 5. 砂浆强度等级、配合比:混合 M5.0	m³	0.99	469.46	464.77	
10	010401009001	实心砖柱	1. 砖品种、规格、强度等级:粘土砖 2. 柱类型:矩形 3. 柱截面:240×240 4. 柱高:3.0 m 5. 砂浆强度等级、配合比:混合 M7.5	m³	0.58	498.96	289.4	
			本页小计				20 326.84	

工程名称：××小商店土建　　　　　　　　　　　　　　　　　　　　　　　　第 2 页　共 4 页

序号	项目编码	名称	项目特征描述	计量单位	工程量	金额（元）		
						综合单价	合价	其中暂估价
11	010401012001	零星砌砖	1. 零星砌砖名称、部位:台阶 2. 砂浆强度等级、配合比:混合 M2.5	m³	14.14	169.31	2 394.04	
12	010401012002	零星砌砖	1. 零星砌砖名称、部位:砖墩 2. 砂浆强度等级、配合比:水泥 M5.0	m³	0.53	525.48	278.5	
13	010501001001	垫层	混凝土强度等级:C10	m³	3.44	385.69	1 326.77	
14	010501002001	带形基础	混凝土强度等级:C20	m³	6.2	373.32	2 314.58	
15	010503002001	矩形梁	1. 梁底标高:2.48 m 2. 梁截面:240×400 3. 混凝土强度等级:C20	m³	0.79	431.5	340.89	
16	010503002002	矩形梁	1. 梁底标高:5.52 m,2.52 m 2. 梁截面:240×360 3. 混凝土强度等级:C20	m³	1.42	431.5	612.73	
17	010503004001	圈梁	1. 梁底标高:5.7 m,2.7 m 2. 梁截面:240×180 3. 混凝土强度等级:C20	m³	1.88	498.27	936.75	
18	010505008001	雨篷、悬挑板、阳台板	混凝土强度等级:C20	m³	0.97	473.6	459.39	
19	010507001001	散水、坡道	混凝土强度等级:C20	m²	9.96	62.24	619.91	
20	010507005001	扶手、压顶	1. 断面尺寸:0.3×0.06 2. 构件的类型:压顶 3. 混凝土强度等级:C15	m	24.16	9.28	224.2	
21	010512002001	空心板	1. 安装高度:3 m,6 m 2. 混凝土强度等级:C30	m³	5.29	1 070.52	5 663.05	
22	010513001001	楼梯	1. 楼梯类型:墙承式 2. 单件体积:2 m³ 内 3. 混凝土强度等级:C30	m³	0.34	1 238.58	421.12	
23	010514002001	其他板	1. 构件的类型:架空板 2. 单件体积:0.01 m³ 3. 安装高度:3.24 m	m³	0.62	1 123.92	696.83	
24	010515001001	现浇构件钢筋	钢筋种类、规格:12 内	t	0.598	5 470.72	3 271.49	
25	010515001002	现浇构件钢筋	钢筋种类、规格:25 内	t	0.118	4 998.86	589.87	
26	010515005001	预制构件钢筋	钢筋种类、规格:16 内	t	0.14	5 634.09	788.77	
27	010515005002	先张法预应力钢筋	钢筋种类、规格:5 内	t	0.175	6 876.1	1 203.32	
28	010606009001	钢护栏		t	0.106	8 581.75	909.67	
本页小计							23 051.88	

续表 7-35 分部分项工程量清单与计价表

工程名称:××小商店土建

序号	项目编码	名称	项目特征描述	计量单位	工程量	综合单价	合价	其中暂估价
29	010801001001	木质门	1. 框截面尺寸、单扇面积:900×2 400 2. 骨架材料种类:二等圆木	樘	2	952.63	1 905.26	
30	010803001001	金属卷帘(闸)门	框外围尺寸:2 970×2 480	樘	2	1 645.7	3 291.4	
31	010807001001	金属(塑钢、断桥)窗	1. 窗类型:推拉窗 2. 框材质、外围尺寸:1 500×1 800	樘	6	892.65	5 355.9	
32	010902001001	屋面卷材防水	1. 卷材品种、规格:APP 改性沥青防水卷材 2. 防水层做法:一遍	m²	44.85	43.16	1 935.73	
33	010902004001	屋面排水管	排水管品种、规格、品牌、颜色:塑料(PVC)	m	12.9	43.01	554.83	
34	011101001001	水泥砂浆楼地面	1. 垫层材料种类、厚度:碎石,70 2. 面层厚度、砂浆配合比:15,水泥砂浆1:2	m²	32	45.18	1 445.76	
35	011101001002	水泥砂浆楼地面	1. 找平层厚度、砂浆配合比:30 2. 面层厚度、砂浆配合比:15,水泥砂浆1:2	m²	32	29.57	946.24	
36	011101001003	水泥砂浆楼地面	面层厚度、砂浆配合比:20,水泥砂浆1:3	m²	33.13	34.24	1 134.37	
37	011105001001	水泥砂浆踢脚线	踢脚线高度:120	m²	7.8	52.42	408.88	
38	011106004001	水泥砂浆楼梯面层	找平层厚度、砂浆配合比:20,水泥砂浆1:2	m²	4	82.8	331.2	
39	011107004001	水泥砂浆台阶面		m²	14.14	40.81	577.05	
40	011201001001	墙面一般抹灰	墙体类型:内墙	m²	151.83	20.99	3 186.91	
41	011201001002	墙面一般抹灰	墙体类型:外墙,勒脚(500 高)	m²	9.71	25.45	247.12	
42	011201001003	墙面一般抹灰	墙体类型:外墙	m²	132.19	23.59	3 118.36	
43	011201001004	墙面一般抹灰	墙体类型:窗台	m²	3.67	79.7	292.5	
44	011201001005	墙面一般抹灰	墙体类型:女儿墙压顶	m²	10.15	79.71	809.06	
45	011201001006	墙面一般抹灰	墙体类型:雨篷	m²	20.54	102.67	2 108.84	
46	011301001001	天棚抹灰	1. 基层类型:预制混凝土板 2. 抹灰厚度、材料种类:混合砂浆抹平顶(含楼梯底面)	m²	70	20.79	1 455.3	
47	011403001001	木扶手油漆	楼梯扶手油漆	m	5.9	17.27	101.89	
			本页小计				29 206.6	

续表 7-35　分部分项工程量清单与计价表

工程名称:××小商店土建

序号	项目编码	名称	项目特征描述	计量单位	工程量	综合单价	合价	其中暂估价
48	011405001001	金属面油漆	楼梯及挑廊铁栏杆	t	0.106	1 024.21	108.57	
49	011406001001	抹灰面油漆	基层类型:一般抹灰面,平顶、内墙面、雨棚、挑廊乳胶漆	m²	242.37	23.65	5 732.05	
50	011503002001	硬木扶手、栏杆、栏板	楼梯栏杆木扶手	m	5.9	198.15	1 169.09	
		分部分项合计					79 595.03	
51	011702001001	基础 模板		m²	3.44	55.8	191.95	
52	011702001002	基础 模板		m²	11.72	43.07	504.78	
53	011702008001	圈梁 模板		m²	15.66	43.04	674.01	
54	011702006001	矩形梁模板		m²	19.18	60.69	1164.03	
55	011702023001	雨篷、悬挑板、阳台板 模板		m²	9.67	89.68	867.21	
56	011702025001	其他现浇构件 模板		m²	4.77	55.3	263.78	
57	011701001001	综合脚手架		m²	1	1 402.71	1 402.71	
		单价措施合计					5 068.47	
			本页小计				12 078.18	
			合　计				84 663.5	

274

工程名称：××小商店土建

表7-36 分部分项工程量清单综合单价分析表一（节选）

标段：

第1页 共49页

项目编码	010101001001	项目名称	平整场地	计量单位	m²	工程量	38.99

清单综合单价组成明细

定额编号	定额项目名称	定额单位	数量	单 价					合 价				
				人工费	材料费	机械费	管理费	利润	人工费	材料费	机械费	管理费	利润
1-98	平整场地	10 m²	0.2711	43.89	0	0	10.97	5.27	11.9	0	0	2.97	1.43
综合人工工日													
三类工 77元/工日		小计							11.9	0	0	2.97	1.43
		未计价材料费											
		清单项目综合单价							16.31				

材料费明细	主要材料名称、规格、型号	单位	数量	单价(元)	合价(元)	暂估单价(元)	暂估合价(元)

续表 7-36　分部分项工程量清单综合单价分析表一（节选）

工程名称：×××小商店土建　　　标段：　　　　　　　

项目编码	010401001001	项目名称	砖基础	计量单位	m³	工程量	5.75

清单综合单价组成明细

定额编号	定额项目名称	定额单位	数量	单价					合价				
				人工费	材料费	机械费	管理费	利润	人工费	材料费	机械费	管理费	利润
4-1	直形砖基础（M5 水泥砂浆）	m³	1	98.4	263.38	5.89	26.07	12.51	98.4	263.38	5.89	26.07	5.75
4-52	防水砂浆墙基防潮层	10 m² 投影面积	0.121 7	58.22	87.13	5.15	15.84	7.6	7.09	10.61	0.63	1.93	0.93
综合人工工日									105.49	273.99	6.52	28	13.44
二类工 82 元/工日				小计									
				未计价材料费					0				
				清单项目综合单价					427.44				

材料费明细

主要材料名称、规格、型号	单位	数量	单价（元）	合价（元）	暂估单价（元）	暂估合价（元）
标准砖 240×115×53	百块	5.22	42	219.24		
水泥 32.5 级	kg	66.773 2	0.31	20.7		
中砂	t	0.427 098 4	69.37	29.63		
水	m³	0.184 28	4.7	0.87		
其他材料费			—	3.56	—	0
材料费小计			—	274	—	0

续表 7-36 分部分项工程量清单综合单价分析表一（节选）

工程名称：×××小商店土建　　标段：　　

| 项目编码 | 010501002001 | 项目名称 | 带形基础 | 计量单位 | m³ | 工程量 | 6.2 |

清单综合单价组成明细

定额编号	定额项目名称	定额单位	数量	单　价					合　价				
				人工费	材料费	机械费	管理费	利润	人工费	材料费	机械费	管理费	利润
6-3	（C20混凝土）无梁式条形基础	m³	1	61.5	246.32	31.2	23.18	11.12	61.5	246.32	31.2	23.18	11.12
综合人工工日			小计						61.5	246.32	31.2	23.18	11.12
二类工 82元/工日			未计价材料费								0		
			清单项目综合单价								373.32		

材料费明细	主要材料名称、规格、型号	单位	数量	单价（元）	合价（元）	暂估单价（元）	暂估合价（元）
	水泥32.5级	kg	342.055	0.31	106.04		
	中砂	t	0.692 23	69.37	48.02		
	水	m³	1.302 7	4.7	6.12		
	碎石 5～40mm	t	1.367 205	62	84.77		
	其他材料费			—	1.38	—	0
	材料费小计			—	246.33	—	0

表 7-36　分部分项工程量清单综合单价分析表一（节选）

工程名称：××小商店土建　　标段：

项目编码	0117020001002	项目名称	基础 模板	计量单位	m²	工程量	43.07

清单综合单价组成明细

定额编号	定额项目名称	定额单位	数量	单价					合价				
				人工费	材料费	机械费	管理费	利润	人工费	材料费	机械费	管理费	利润
21-3	现浇无梁式带形基础组合钢模板	10 m²	0.1	214.84	120.6	11.52	56.59	27.16	21.48	12.06	1.15	5.66	2.72
人工单价			小计						21.48	12.06	1.15	5.66	2.72
二类工 82 元/工日			未计价材料费						0				
		清单项目综合单价							43.07				

材料费明细	主要材料名称、规格、型号	单位	数量	单价（元）	合价（元）	暂估单价（元）	暂估合价（元）
	周转木材	m³	0.004 1	1850	7.59	—	0
	其他材料费			—	3.97	—	0
	材料费小计			—	12.06	—	

表 7-37 分部分项工程量清单综合单价分析表

工程名称:××小商店土建　　　　　　　　　　　　　　　　　　　　　　　　第1页　共6页

序号	编码	子目名称	单位	工程量	综合单价组成(元)					综合单价
					人工费	材料费	机械费	管理费	利润	
1	010101001001	平整场地	m²	38.99	11.9			2.98	1.43	16.31
	1-98	平整场地	10 m²	10.571	11.9			2.97	1.43	
2	010101003001	挖沟槽土方	m³	16.95	48.74			12.19	5.85	66.78
	1-27	人工挖沟槽,地沟三类干土深＜1.5 m	m³	23.84	48.74			12.18	5.85	
3	010101004001	挖基坑土方	m³	1.65	76.87			19.22	9.22	105.31
	1-59	人工挖地坑三类干土深＜1.5 m	m³	3.23	76.87			19.22	9.22	
4	010103001001	回填方	m³	16.64	35.87		2.25	9.53	4.57	52.22
	1-99	原土打底夯 地面	10 m²	3.2	1.48		0.21	0.42	0.2	
	1-100	原土打底夯基(槽)坑	10 m²	5.014	2.78		0.53	0.83	0.4	
	1-102	回填土夯填地面	m³	10.08	12.13		0.43	3.14	1.51	
	1-104	回填土夯填基(槽)坑	m³	15.03	19.47		1.08	5.14	2.47	
5	010103002001	余方弃置	m³	1.96	14.63			3.66	1.76	20.05
	1-92	单(双)轮车运土运距＜50 m	m³	1.96	14.63			3.66	1.76	
6	010401001001	砖基础	m³	5.75	105.49	273.99	6.52	28	13.44	427.44
	4-1	直形砖基础(M5水泥砂浆)	m³	5.75	98.4	263.38	5.89	26.07	12.51	
	4-52	防水砂浆墙基防潮层	10 m² 投影面积	0.7	7.09	10.61	0.63	1.93	0.93	
7	010401003002	实心砖墙	m³	6.17	108.24	270.39	5.76	28.5	13.68	426.57
	4-41	(M5混合砂浆)1标准砖内墙	m³	6.17	108.24	270.39	5.76	28.5	13.68	
8	010401003001	实心砖墙	m³	26.28	118.9	271.87	5.76	31.17	14.96	442.66
	4-35	(M5混合砂浆)1标准砖外墙	m³	26.28	118.9	271.87	5.76	31.17	14.96	
9	010401003003	实心砖墙	m³	0.99	136.94	275.13	4.91	35.46	17.02	469.46
	4-33	(M7.5混合砂浆)1/2标准砖外墙 换为(混合砂浆 砂浆强度等级 M5)	m³	0.99	136.94	275.13	4.91	35.46	17.02	
10	010401009001	实心砖柱	m³	0.58	158.26	274.41	5.64	40.98	19.67	498.96
	4-3	方形砖柱(M10混合砂浆) 换为(混合砂浆 砂浆强度等级 M5)	m³	0.58	158.26	274.42	5.64	40.98	19.67	

续表 7-37　分部分项工程量清单综合单价分析表

工程名称：××小商店土建　　　　　　　　　　　　　　　　　　　第2页　共6页

序号	编码	子目名称	单位	工程量	人工费	材料费	机械费	管理费	利润	综合单价
11	010401012001	零星砌砖	m²	14.14	40.51	110.58	2.36	10.72	5.14	169.31
	4-55	（M5 混合砂浆）标准砖砌台阶 换为（混合砂浆 砂浆强度等级 M2.5）	10 m²	1.414	40.51	110.58	2.36	10.72	5.14	
12	010401012002	零星砌砖	m³	0.53	182.87	267.89	5.15	47.01	22.56	525.48
	4-57	（M5 混合砂浆）标准砖零星砌砖 换为（水泥砂浆 砂浆强度等级 M5）	m³	0.53	182.87	267.88	5.15	47	22.57	
13	010501001001	垫层	m³	3.44	112.34	222.07	7.09	29.86	14.33	385.69
	6-1	（C10 混凝土）混凝土垫层现浇无筋	m³	3.44	112.34	222.07	7.09	29.86	14.33	
14	010501002001	带形基础	m³	6.2	61.5	246.32	31.2	23.18	11.12	373.32
	6-3	（C20 混凝土）无梁式条形基础	m³	6.2	61.5	246.32	31.2	23.18	11.12	
15	010503002001	矩形梁	m³	0.79	114.8	260.13	10.29	31.27	15.01	431.5
	6-19	（C30 混凝土）单梁框架梁连续梁 换为（C20 混凝土 31.5 mm 32.5 坍落度 35～50 mm）	m³	0.79	114.8	260.13	10.29	31.27	15.01	
16	010503002002	矩形梁	m³	1.42	114.8	260.13	10.29	31.27	15.01	431.5
	6-19	（C30 混凝土）单梁框架梁连续梁 换为（C20 混凝土 31.5 mm 32.5 坍落度 35～50 mm）	m³	1.42	114.8	260.13	10.29	31.27	15.01	
17	010503004001	圈梁	m³	1.88	157.44	268.48	10.29	41.93	20.13	498.27
	6-21	（C20 混凝土）圈梁	m³	1.88	157.44	268.48	10.29	41.93	20.13	
18	010505008001	雨篷、悬挑板、阳台板	m³	0.97	151.23	246.18	14.77	41.5	19.92	473.6
	6-47	（C20 混凝土）水平挑檐板式雨篷	10 m²	0.967	151.23	246.18	14.77	41.51	19.92	
19	010507001001	散水、坡道	m²	9.96	19.11	34.62	1.05	5.04	2.42	62.24
	13-163	混凝土散水	10 m²	0.996	19.11	34.62	1.05	5.04	2.42	
20	010507005001	扶手、压顶	m	24.16	3.12	4.64	0.26	0.85	0.41	9.28
	6-57	（C20 混凝土）压顶 换为（C15 混凝土20 mm 32.5 坍落度 35～50 mm）	m³	0.43	3.12	4.64	0.26	0.85	0.41	
21	010512002001	空心板	m³	5.29	310.78	403.32	176.23	121.75	58.44	1 070.52

续表 7-37　分部分项工程量清单综合单价分析表

工程名称：××小商店土建　　　　　　　　　　　　　　　　　　　　第 3 页　共 6 页

序号	编码	子目名称	单位	工程量	综合单价组成（元）					综合单价
					人工费	材料费	机械费	管理费	利润	
	6-37	（C30 混凝土）空心楼板	m³	5.29	161.54	291.75	32.11	48.41	23.24	
	8-9	Ⅱ类预制混凝土构件 运输运距＜10 km	m³	5.39	20.4	3.65	108.5	32.23	15.47	
	8-107	（C30 混凝土）圆孔板接头灌缝	m³	5.29	81.18	61.71	0.67	20.46	9.82	
	8-87	混凝土圆孔板、槽(肋)形板履带式起重机安装	m³	5.34	31.45	30.39	34.95	16.6	7.96	
	15-93	板底网格纤维布贴缝	10 m	7.47	16.21	15.82		4.05	1.95	
22	010513001001	楼梯	m³	0.34	337.97	344.53	314.62	163.15	78.31	1 238.58
	6-109	（C30 混凝土）加工厂预制楼梯 踏步板	m³	0.34	146.79	311.89	50.32	49.29	23.65	
	8-9	Ⅱ类预制混凝土构件 运输运距＜10 km	m³	0.35	20.62	3.69	109.62	32.56	15.62	
	8-91	混凝土楼梯(楼梯段、斜梁、楼梯平台板)履带式起重机安装	m³	0.34	133.65	21.31	154.68	72.09	34.59	
	8-110	（C30 混凝土）楼梯段楼梯斜梁休息平台接头灌缝	m³	0.34	36.91	7.64		9.24	4.44	
23	010514002001	其他板	m³	0.62	380.32	334.21	196.11	144.11	69.17	1 123.92
	6-112	（C30 混凝土）加工厂预制小型构件	m³	0.62	241.9	291.98	50.32	73.06	35.06	
	8-9	Ⅱ类预制混凝土构件 运输运距＜10 km	m³	0.64	20.66	3.7	109.92	32.65	15.68	
	8-89	混凝土平板 履带式起重机安装	m³	0.63	31.66	32.05	35.18	16.71	8.02	
	8-111	小型构件接头灌缝	m³	0.62	86.1	6.48	0.69	21.69	10.42	
24	010515001001	现浇构件钢筋	t	0.598	885.6	4 149.06	79.11	241.18	115.77	5 470.72
	5-1	现浇混凝土构件钢筋 直径φ12 mm以内	t	0.598	885.6	4 149.06	79.11	241.19	115.77	
25	010515001002	现浇构件钢筋	t	0.118	523.98	4 167.46	82.88	151.72	72.82	4 998.86
	5-2	现浇混凝土构件钢筋 直径φ25 mm以内	t	0.118	523.98	4 167.49	82.88	151.69	72.8	

续表 7-37 分部分项工程量清单综合单价分析表

工程名称：××小商店土建   第 4 页 共 6 页

序号	编码	子目名称	单位	工程量	综合单价组成（元）					综合单价
					人工费	材料费	机械费	管理费	利润	
26	010515005001	预制构件钢筋	t	0.14	1 003.71	4 158.5	73.36	269.27	129.25	5 634.09
	5-11	加工厂预制混凝土构件钢筋 直径 φ16 mm 以内	t	0.14	1 003.71	4 158.47	73.36	269.29	129.29	
27	010515005002	先张法预应力钢筋	t	0.175	1 450.57	4 781.49	78.34	382.23	183.47	6 876.1
	5-15	先张法混凝土构件 预应力钢筋直径 φ5 mm 以内	t	0.175	1 450.57	4 781.5	78.34	382.23	183.49	
28	010606009001	钢护栏	t	0.106	2 111.6	4 698.58	722.83	708.61	340.13	8 581.75
	7-43	圆（方）钢为主钢栏杆制作	t	0.106	1 106.23	4 605.56	632.08	434.53	208.58	
	8-33	Ⅱ类金属构件运输运距＜10 km	t	0.106	9.25	8.56	51.13	15.09	7.26	
	8-149	钢扶手、栏杆安装	t	0.106	996.13	84.46	39.62	258.96	124.25	
29	010801001001	木质门	樘	2	54.72	876.78	0.65	13.84	6.64	952.63
	16-32	镶板造型门安装	10 m²	0.432	54.72	876.78	0.65	13.84	6.65	
30	010803001001	金属卷帘（闸）门	樘	2	338.68	1 167.03	10.71	87.35	41.93	1 645.7
	16-20	铝合金卷帘门安装	10 m²	1.473	338.68	1 167.03	10.71	87.35	41.93	
31	010807001001	金属（塑钢、断桥）窗	樘	6	100.52	749.02	4.32	26.21	12.58	892.65
	16-12	塑钢窗安装	10 m²	1.62	100.52	749.02	4.32	26.21	12.58	
32	010902001001	屋面卷材防水	m²	44.85	4.92	36.42		1.23	0.59	43.16
	10-40	单层 APP 改性沥青防水卷材（热熔满铺法）	10 m²	4.485	4.92	36.42		1.23	0.59	
33	010902004001	屋面排水管	m	12.9	4.26	37.17		1.07	0.51	43.01
	10-202	PVC 水落管屋面排水 φ110	10 m	1.29	3.77	31.29		0.94	0.45	
	10-206	PVC 水斗屋面排水 φ110	10 只	0.2	0.48	5.88		0.12	0.06	
34	011101001001	水泥砂浆楼地面	m²	32	14.65	23.99	0.81	3.87	1.86	45.18
	13-9	垫层 碎石 干铺	m³	2.24	3.04	7.73	0.07	0.78	0.37	
	13-11-1	垫层（C10 混凝土）不分格	m³	1.6	5.29	11.92	0.36	1.41	0.68	
	13-22	水泥砂浆 楼地面 厚 20,实际厚度 15	10 m²	3.2	7.38	5.75	0.49	1.97	0.95	
	13-23	水泥砂浆 楼地面 厚度每增（减）5	10 m²	−3.2	−1.07	−1.41	−0.12	−0.3	−0.14	

续表 7-37　分部分项工程量清单综合单价分析表

工程名称：××小商店土建　　　　　　　　　　　　　　　　　　　第 5 页　共 6 页

序号	编码	子目名称	单位	工程量	综合单价组成（元）					综合单价
					人工费	材料费	机械费	管理费	利润	
35	011101001002	水泥砂浆楼地面	m²	32	11.89	12.3	0.72	3.15	1.51	29.57
	13-18	找平层 细石混凝土 厚40,实际厚度30	10 m²	3.2	6.89	10.62	0.47	1.84	0.88	
	13-19	找平层 细石混凝土 厚度每增（减）5	10 m²	−3.2	−1.31	−2.66	−0.11	−0.36	−0.17	
	13-22	水泥砂浆 楼地面 厚20,实际厚度15	10 m²	3.2	7.38	5.75	0.49	1.97	0.95	
	13-23	水泥砂浆 楼地面 厚度每增（减）5	10 m²	−3.2	−1.07	−1.41	−0.12	−0.3	−0.14	
36	011101001003	水泥砂浆楼地面	m²	33.13	14.82	12.34	1.16	4	1.92	34.24
	13-15	找平层 水泥砂浆（厚20）混凝土或硬基层上	10 m²	4.485	7.44	6.59	0.66	2.03	0.97	
	13-22	水泥砂浆 楼地面 厚20	10 m²	3.313	7.38	5.75	0.49	1.97	0.95	
37	011105001001	水泥砂浆踢脚线	m²	7.8	31.41	8.26	0.82	8.06	3.87	52.42
	13-27	水泥砂浆 踢脚线	10 m	6.496	31.41	8.26	0.82	8.06	3.86	
38	011106004001	水泥砂浆 楼梯面层	m²	4	51.91	10.42	0.92	13.21	6.34	82.8
	13-24	水泥砂浆 楼梯	10 m²	0.4	51.91	10.42	0.92	13.21	6.34	
39	011107004001	水泥砂浆台阶面	m²	14.14	21.89	9.73	0.8	5.67	2.72	40.81
	13-25	水泥砂浆 台阶	10 m²	1.414	21.89	9.73	0.8	5.67	2.72	
40	011201001001	墙面一般抹灰	m²	151.83	11.15	4.98	0.54	2.92	1.4	20.99
	14-38	砖墙内墙抹混合砂浆	10 m²	15.183	11.15	4.98	0.54	2.92	1.4	
41	011201001002	墙面一般抹灰	m²	9.71	13.61	6.04	0.56	3.54	1.7	25.45
	14-8	砖墙外墙抹水泥砂浆	10 m²	0.971	13.61	6.04	0.56	3.54	1.7	
42	011201001003	墙面一般抹灰	m²	132.19	12.79	5.3	0.56	3.34	1.6	23.59
	14-37	砖墙外墙抹混合砂浆	10 m²	13.219	12.79	5.3	0.56	3.34	1.6	
43	011201001004	墙面一般抹灰	m²	3.67	53.22	5.98	0.59	13.45	6.46	79.7
	14-15	门窗套、窗台、压顶抹水泥砂浆	10 m²	0.367	53.22	5.99	0.59	13.45	6.46	
44	011201001005	墙面一般抹灰	m²	10.15	53.22	5.99	0.59	13.45	6.46	79.71
	14-15	门窗套、窗台、压顶抹水泥砂浆	10 m²	1.015	53.22	5.99	0.59	13.45	6.46	

续表 7-37　分部分项工程量清单综合单价分析表

工程名称：××小商店土建　　　　　　　　　　　　　　　　　第6页　共6页

序号	编码	子目名称	单位	工程量	综合单价组成（元）					综合单价
					人工费	材料费	机械费	管理费	利润	
45	011201001006	墙面一般抹灰	m²	20.54	63.8	13.5	1.29	16.27	7.81	102.67
	14-14	阳台、雨篷抹水泥砂浆	10m²	2.054	63.8	13.5	1.29	16.27	7.81	
46	011301001001	天棚抹灰	m²	70	12.38	3.39	0.32	3.18	1.52	20.79
	15-88	混凝土天棚 混合砂浆面 预制	10 m²	7	12.38	3.39	0.32	3.18	1.52	
47	011403001001	木扶手油漆	m	5.9	11.05	2.13		2.76	1.33	17.27
	17-3	底油一遍、刮腻子、调和漆两遍 扶手	10 m	1.534	11.05	2.13		2.76	1.33	
48	011405001001	金属面油漆	t	0.106	419.06	450.09		104.77	50.29	1 024.21
	17-135	红丹防锈漆 第一遍 金属面	10 m²	0.556	106.98	153.58		26.79	12.83	
	17-136	红丹防锈漆 第二遍 金属面	10 m²	0.556	102.55	130.4		25.66	12.36	
	17-132	调和漆 第一遍 金属面	10 m²	0.556	106.98	90.53		26.79	12.83	
	17-133	调和漆 第二遍 金属面	10 m²	0.556	102.55	75.53		25.66	12.36	
49	011406001001	抹灰面油漆	m²	242.37	12.07	7.11		3.02	1.45	23.65
	17-176	内墙面 在抹灰面上 901胶混合腻子批、刷乳胶漆各三遍	10 m²	24.237	12.07	7.11		3.02	1.45	
50	011503002001	硬木扶手、栏杆、栏板	m	5.9	77.95	91.36		19.49	9.35	198.15
	13-155	木栏杆 木扶手制作安装	10m	0.59	77.95	91.36		19.49	9.35	

表 7-38　总价措施项目清单与计价表

工程名称：××小商店土建

序号	项目名称	计算基础	费率（%）	金额（元）
1	安全文明施工费			2 539.91
1.1	基本费	分部分项合计＋技术措施项目合计－分部分项设备费－技术措施项目设备费	3	2 539.91
1.2	增加费	分部分项合计＋技术措施项目合计－分部分项设备费－技术措施项目设备费	0	
2	夜间施工	分部分项合计＋技术措施项目合计－分部分项设备费－技术措施项目设备费	0	
3	非夜间施工照明	分部分项合计＋技术措施项目合计－分部分项设备费－技术措施项目设备费	0	

续表 7-38

序号	项目名称	计算基础	费率(%)	金额(元)
4	二次搬运	分部分项合计＋技术措施项目合计－分部分项设备费－技术措施项目设备费	0	
5	冬雨季施工	分部分项合计＋技术措施项目合计－分部分项设备费－技术措施项目设备费	0	
6	地上、地下设施，建筑物的临时保护设施	分部分项合计＋技术措施项目合计－分部分项设备费－技术措施项目设备费	0	
7	已完工程及设备保护	分部分项合计＋技术措施项目合计－分部分项设备费－技术措施项目设备费	0	
8	临时设施	分部分项合计＋技术措施项目合计－分部分项设备费－技术措施项目设备费	0	
9	赶工措施	分部分项合计＋技术措施项目合计－分部分项设备费－技术措施项目设备费	0	
10	按质论价	分部分项合计＋技术措施项目合计－分部分项设备费－技术措施项目设备费	0	
11	住宅分户验收	分部分项合计＋技术措施项目合计－分部分项设备费－技术措施项目设备费	0	
合　计				2 539.91

表 7-39　其他项目清单与计价汇总表

工程名称：××小商店土建

序号	项目名称	金额(元)	结算金额(元)	备　注
1	暂列金额			
2	暂估价			
2.1	材料(工程设备)暂估价			
2.2	专业工程暂估价			
3	计日工			
4	总承包服务费			
5	索赔与现场签证			
合　计				—

表 7-40　暂列金额明细表

工程名称：××小商店土建

序号	项目名称	计量单位	暂定金额(元)	备注
合　计				—

表 7-41　材料(工程设备)暂估单价及调整表

工程名称:××小商店土建

序号	材料编码	材料(工程设备)名称、规格、型号	计量单位	数量		暂估(元)		确认(元)		差额±(元)		备注
				投标	确认	单价	合价	单价	合价	单价	合价	
		合计										

表 7-42　专业工程暂估价及结算价表

工程名称:××小商店土建

序号	工程名称	工程内容	暂估金额(元)	结算金额(元)	差额±(元)	备注
	合　计					—

表 7-43　计 日 工 表

工程名称:××小商店土建

编号	项目名称	单位	暂定数量	实际数量	综合单价(元)	合　价	
						暂定	实际
1	人工						
1.1							
	人工小计						
2	材料						
2.1							
	材料小计						
3	机械						
3.1							
	机械小计						
4	企业管理费和利润						
4.1							
	企业管理费和利润小计						
	总　　计						

表 7-44　总承包服务费计价表

工程名称:××小商店土建

序号	项目名称	项目价值(元)	服务内容	计算基础	费率(%)	金额(元)
	合　　计					

表 7-45　规费、税金项目计价表

工程名称：××小商店土建

序号	项目名称	计算基础	计算基数（元）	计算费率（%）	金额（元）
1	规费	工程排污费＋社会保险费＋住房公积金	3 139.32		3 139.32
1.1	社会保险费	分部分项工程＋措施项目＋其他项目－分部分项设备费－技术措施项目设备费	87 203.41	3	2 616.1
1.2	住房公积金	分部分项工程＋措施项目＋其他项目－分部分项设备费－技术措施项目设备费	87 203.41	0.5	436.02
1.3	工程排污费	分部分项工程＋措施项目＋其他项目－分部分项设备费－技术措施项目设备费	87 203.41	0.1	87.2
2	税金	分部分项工程＋措施项目＋其他项目＋规费－甲供设备费	90 342.73	3.48	3 143.93
	合计		6 283.25		

表 7-46　发包人提供材料和工程设备一览表

工程名称：××小商店土建

序号	材料编码	材料（工程设备）名称、规格、型号	单位	数量	单价（元）	合价（元）	交货方式	送达地点	备注

表 7-47　乙供材料、设备表

工程名称：××小商店土建

序号	材料编码	材料名称	规格、型号等特殊要求	单位	数量	单价（元）	合价（元）
1	01010100	钢筋	综合	t	0.873 12	4 020	3 509.94
2	01030200	冷拔钢丝		t	0.190 75	4 205	802.1
3	01050101	钢丝绳		kg	0.193 52	6.7	1.3
4	01270100	型钢		t	0.111 87	4 080	456.43
5	02090101	塑料薄膜		m²	66.801 7	0.8	53.44
6	02270105	白布		m²	0.048 7	4	0.19
7	02290301	麻绳		kg	0.063 1	6.7	0.42
8	02290401	麻袋		条	0.010 68	5	0.05
9	02330104	草袋		m²	5.062 12	1.5	7.59
10	03032113	塑料胀管螺钉		套	252.72	0.1	25.27
11	03070132	膨胀螺栓	M12×110	套	78.069	1	78.07
12	03070216	镀锌铁丝	8#	kg	13.270 46	4.9	65.03
13	03270202	砂纸		张	1.747 84	1.1	1.92
14	03410205	电焊条	J422	kg	6.490 09	5.8	37.64
15	03510201	钢钉		kg	0.134 55	7	0.94

续表 7-47

序号	材料编码	材料名称	规格、型号等 特殊要求	单位	数量	单价(元)	合价(元)
16	03510701	铁钉		kg	2.858 27	4.2	12
17	03510705	铁钉	70 mm	kg	0.365 8	4.2	1.54
18	03570237	镀锌铁丝	22#	kg	5.699 78	5.5	31.35
19	03590100	垫铁		kg	0.639 2	5	3.2

......

8 建筑工程招标控制价与投标报价

8.1 招标承包制概述

8.1.1 招投标的概念及意义

1）招投标的概念

建设工程招标是指招标人在发包建设项目之前,以公告或邀请书的形式提出招标项目的有关要求,并公布招标条件,投标人或投标人根据招标人的意图和要求提出报价,择日当场开标,以便从中择优选定中标人的一种交易行为。

建设工程投标是指具有合法资格和能力的投标人,根据招标条件,经过初步研究和估算,在指定期限内填写标书,根据实际情况提出自己的报价,企图通过竞争被招标人选中的一种交易行为。

招投标是国际上普遍应用的、有组织的一种市场交易行为,是贸易中的一种工程、货物或服务的买卖方式,实际上是招标人对要求参与工程项目实施的申请人(即投标人)进行审查、评比和选定的过程。招投标是通过竞争的方式,使市场机制发挥作用。

2）建设工程招投标应遵循的原则

《招标投标法》规定,招标投标活动应当遵循公开、公平、公正和诚实信用的原则。

3）建设工程招投标的意义

建设工程招投标是市场经济的产物,是期货交易的一种方式,是市场经济条件下最普遍、最常见的择优方式。推行工程招投标的目的,是要在建筑市场中建立竞争机制。招标人通过招标活动来选择条件优越者,使其以最佳的工期、质量和成本匹配获得合格的产品,达到预期的投资效益;投标人也通过这种方式选择项目和招标人,以使自己通过承包项目取得合理利润,保证自身的生存和发展。推行建设工程招标投标制度的意义:①创造一个择优的竞争环境;②保护招标投标当事人的合法权益;③提高招投标双方的经济效益;④实现资源的合理配置;⑤保护国家利益和社会公共利益;⑥降低工程造价。

8.1.2 建设工程招投标的法律体系

招标投标法律体系包含了以《招标投标法》(以下简称《招标投标法》)为核心的一系列法律、法规、规章。

1）《招标投标法》

《招标投标法》由中华人民共和国第九届全国人民代表大会常务委员会第十一次会议于1999年8月30日通过,自2000年1月1日起施行。共分为五章,六十八条,分别对招标、投标、开标、评标和中标做出了规定。

2)《工程建设项目施工招标投标办法》

为了规范工程建设项目施工招标投标活动,根据《招标投标法》和国务院有关部门的职责分工,国家计委、建设部、铁道部、交通部、信息产业部、水利部、中国民用航空总局审议通过了《工程建设项目施工招标投标办法》,自 2003 年 5 月 1 日起施行。

3)《工程建设项目货物招标投标办法》

为了规范工程建设项目的货物招标投标活动,保护国家利益、社会公共利益和招标投标活动当事人的合法权益,保证工程质量,提高投资效益,根据《招标投标法》和国务院有关部门的职责分工,国家发展改革委、建设部、铁道部、交通部、信息产业部、水利部、中国民用航空总局审议通过了《工程建设项目货物招标投标办法》,自 2005 年 3 月 1 日起施行。

4)《工程建设项目招标范围和规模标准规定》

《工程建设项目招标范围和规模标准规定》于 2000 年 4 月 4 日由国务院批准,2000 年 5 月 1 日由国家发展计划委员会发布实施。该《规定》确定了必须进行招标的工程建设项目的具体范围和规模标准。

5)《中华人民共和国招标投标法实施条例》

该条例于 2012 年 2 月 1 日起施行。该案例认真总结招标投标法实施以来的实践经验,制定出台配套行政法规,将法律规定进一步具体化,增强可操作性;并针对新情况、新问题充实完善有关规定,进一步筑牢工程建设和其他公共采购领域预防和惩治腐败的制度屏障,维护招标投标活动的正常秩序。

6)其他的部门规章等

这些部门规章都有自己的适用范围,一般在本行业范围内适用。

8.1.3 建设工程招投标的范围

1)必须招标的工程建设项目范围

《招标投标法》第三条规定,在中华人民共和国境内进行下列工程建设项目,包括项目的勘察、设计、施工、监理以及与工程建设有关的重要设备、材料等的采购,必须进行招标:

(1)大型基础设施、公用事业等关系社会公共利益、公众安全的项目。

(2)全部或者部分使用国有资金投资或者国家融资的项目。

(3)使用国际组织或者外国政府贷款、援助资金的项目。

《工程建设项目招标范围和规模标准规定》将强制招标的范围进一步界定如下:

(1)关系社会公共利益、公众安全的基础设施项目,包括能源、交通运输、邮电通讯、水利、城市设施、生态环境保护等项目。

(2)关系社会公共利益、公众安全的公用事业项目,包括市政工程、科技、教育、文化、卫生、社会福利、商品住宅等项目。

(3)使用国有资金投资项目,包括使用各级财政预算资金、纳入财政管理的各种政府性专项建设基金、国有企事业单位自有资金等项目。

(4)国家融资项目,包括国家使用发行债券所筹资金、国家对外借款或者担保所筹资金、国家政策性贷款、国家授权投资主体融资、国家特许的融资等项目。

(5)使用国际组织或者外国政府资金的项目,包括使用世界银行、亚洲开发银行等国际组织贷款,外国政府及其机构贷款,国际组织或外国政府援助资金等项目。

2)强制招标的工程建设项目标准

以上强制性招标范围内的各类工程建设项目达到下列标准之一的,必须进行招标:①施工单项合同估算价在 200 万元人民币以上的;②重要设施、材料等货物采购,单项合同估算价在 100 万元人民币以上的;③勘察、设计、监理等服务采购,单项合同估算价在 50 万元人民币以上的;④单项合同估算价低于以上标准,但项目总投资额在 3 000 万元人民币以上的。

同时,《房屋建筑和市政基础设施工程施工招标投标管理办法》第三条规定,房屋建筑和市政基础设施工程(以下简称工程)的施工单项合同估算价在 200 万元人民币以上,或者项目总投资在 3 000 万元人民币以上的,必须进行招标。省、自治区、直辖市人民政府建设主管部门报经同级人民政府批准,可以根据实际情况,规定本地区必须进行工程施工招标的具体范围和规模标准,但不得缩小本方法确定的必须进行施工招标的范围。

3)可以不进行招标的项目

《招标投标法》第六十六条规定:"涉及国家安全、国家秘密、抢险救灾或者属于利用扶贫资金实行以工代赈、需要使用农民工等特殊情况,不适宜进行招标的项目,按照国家有关规定可以不进行招标。"

第六十七条规定:"使用国际组织或者外国政府贷款、援助资金的项目进行招标,贷款方、资金提供方对招标投标的具体条件和程序有不同规定的,可以适用其规定,但违背中华人民共和国的社会公共利益的除外。"

《中华人民共和国招标投标法实施条例》第九条:

除《招标投标法》第六十六条规定的可以不进行招标的特殊情况外,有下列情形之一的,可以不进行招标:①需要采用不可替代的专利或者专有技术;②采购人依法能够自行建设、生产或者提供;③已通过招标方式选定的特许经营项目投资人依法能够自行建设、生产或者提供;④需要向原中标人采购工程、货物或者服务,否则将影响施工或者功能配套要求;⑤国家规定的其他特殊情形。

招标人为适用前款规定弄虚作假的,属于《招标投标法》第四条规定的规避招标。

8.1.4 建设工程招投标的方式

1)按竞争程度进行分类

《招标投标法》第十条规定,招标分为公开招标和邀请招标。

(1)公开招标。是招标人在指定的报刊、信息网络或其他媒体上发布招标公告,邀请具备资格的投标申请人参加投标,并按有关招标投标法律、法规、规章的规定,择优选定中标人的招标方式。发布招标公告是公开招标最显著的特征之一,也是公开招标的第一个环节。招标公告在何种媒介上发布,直接决定了招标信息的传播范围,进而影响到招标的竞争程度和招标效果。

(2)邀请招标。也称选择性招标,指由招标人根据供应商或承包商的资信和业绩,选择特定的、具备资格的法人或其他组织(不能少于 3 家),向其发出投标邀请书,邀请其参加投标,并按有关招标投标法律、法规、规章的规定,择优选定中标人的招标方式。

采用邀请招标这种招标方式,由于被邀请参加竞标的投标者数目有限,不仅可以节省招标费用,而且还能提高每个投标者的中标概率,所以对招标、投标双方都有利。

有下列情形之一的,经批准可以进行邀请招标:①项目技术复杂或有特殊要求,只有少量几家潜在投标人可供选择的;②受自然地域环境限制的;③涉及国家安全、国家秘密或者抢险救灾,适宜招标但不宜公开招标的;④拟公开招标的费用与项目的价值相比,不值得的;⑤法律、法规规定不宜公开招标的。

(3)公开招标与邀请招标的区别

① 发布信息的方式不同。公开招标采用公告的形式发布;邀请招标采用投标邀请书的形式发布。

② 选择的范围不同。公开招标因使用招标公告的形式,针对的是一切潜在的对招标项目感兴趣的法人或其他组织,招标人事先不知道投标申请人的数量;邀请招标是针对已经了解的法人或其他组织,而且事先已经知道投标申请人的数量。

③ 竞争的范围不同。由于公开招标使所有符合条件的法人或其他组织都有机会参加投标,竞争的范围较广,竞争性体现得也比较充分,招标人拥有绝对的选择余地,容易获得最佳招标效果;邀请招标中投标申请人的数目有限,竞争的范围有限,招标人拥有的选择余地相对较小,有可能提高中标的合同价,也有可能将某些在技术上或报价上更有竞争力的供应商或承包商遗漏。

④ 公开的程度不同。公开招标中,所有的活动都必须严格按照预先指定并为大家所知的程序和标准公开进行,大大减少了作弊的可能性;相对而言,邀请招标的公开程度逊色一些,产生不法行为的机会也就多一些。

⑤ 时间和费用不同。由于邀请招标不发公告,招标文件只送几家,使整个招标投标的时间大大缩短,招标费用也相应减少;公开招标的程序比较复杂,从发布公告到资格审查有许多时间上的要求,要准备较多的招标文件,因而耗时较长,费用也比较高。

由此可见,两种招标方式各有千秋,从不同角度比较会得出不同的结论。在实际中,各国或国际组织的做法也不尽一致。有的未给出倾向性的意见,而是把自由裁量权交给了招标人,由招标人根据项目的特点,自主决定采用公开或者邀请方式,只要不违反法律规定,最大限度地体现了"公开、公平、公正"的招标原则即可。

2)按招标范围进行分类

可以分为国际招标和国内招标。

(1)国际招标。是指符合招标文件规定的国内、国外法人或其他组织,单独或联合其他法人或其他组织参加投标,按照招标文件规定的币种结算的招标活动。

(2)国内招标。是指符合招标文件规定的国内法人或其他组织,单独或联合其他国内法人或其他组织参加投标,并用人民币结算的招标活动。

3)从招标组织形式进行分类

(1)自行招标。《招标投标法》第十二条规定:"招标人具有编制招标文件和组织评标能力的,可以自行办理招标事宜。任何单位和个人不得强制其委托招标代理机构办理招标事宜。依法必须进行招标的项目,招标人自行办理招标事宜的,应当向有关行政监督部门备案。"

《工程建设项目自行招标试行办法》规定,招标人自行办理招标事宜,应当具有编制招标文件和组织评标的能力,具体包括:①具有项目法人资格(或者法人资格);②具有与招标项目规模和复杂程度相适应的工程技术、概预算、财务和工程管理等方面专业技术力量;③有从事同类工程建设项目招标的经验;④设有专门的招标机构或者拥有 3 名以上专职招标业务人员;⑤熟悉和掌握招标投标法及有关法规规章。

（2）委托招标。委托招标,是指招标人不具备自行招标条件,委托招标代理机构办理招标事宜的行为。招标代理机构,是依法设立、从事招标代理业务并提供相关服务的社会中介组织。招标代理机构应当具备下列条件:①有从事招标代理业务的营业场所和相应资金;②有能够编制招标文件和组织评标的相应专业力量;③有符合法律规定条件,可以作为评标委员会成员人选的技术、经济等方面的专家库。

8.1.5　建设工程招投标的种类

（1）建设工程项目总承包招标。建设工程项目总承包招标又称为建设项目全过程招标,在国外称之为"交钥匙"承包方式。它是指从项目建议书开始,包括可行性研究报告、勘察设计、设备材料询价与采购、工程施工、生产准备、投料试车,直到竣工投产、交付使用全面实行招标。工程总承包企业根据建设单位提出的工程使用要求,对项目建议书、可行性研究、勘察设计、设备询价与选购、材料订货、工程施工、职工培训、试生产、竣工投产等实行全面投标报价。

（2）建设工程勘察招标。是指招标人就拟建工程的勘察任务发布通告,以法定方式吸引勘察单位参加竞争,经招标人审查获得投标资格的勘察单位按照招标文件的要求,在规定的时间内向招标人填报标书,招标人从中选择条件优越者完成勘察任务。

（3）建设工程设计招标。是指招标人就拟建工程的设计任务发布通告,以吸引设计单位参加竞争,经招标人审查获得投标资格的设计单位按照招标文件的要求,在规定的时间内向招标人填报标书,招标人从中择优确定中标单位来完成工程设计任务。设计招标主要是设计方案招标,工业项目可进行可行性研究方案招标。

（4）建设工程施工招标。是指招标人就拟建的工程发布公告或者邀请,以法定方式吸引建筑施工企业参加竞争,招标人从中选择条件优越者完成工程建设任务的法律行为。

（5）建设工程监理招标。是指招标人为了委托监理任务的完成,以法定方式吸引监理单位参加竞争,招标人从中选择条件优越者的法律行为。

（6）建设工程材料设备招标。是指招标人就拟购买的材料设备发布公告或者邀请,以法定方式吸引建设工程材料设备供应商参加竞争,招标人从中选择条件优越者购买其材料设备的法律行为。

8.1.6　建设工程施工招标应具备的条件

建设工程施工招标应具备的条件:①投资概算已经批准;②建设项目已经正式列入国家、部门或地方的年度固定资产投资计划;③建设用地的征用工作已经完成;④有能够满足招标内容需要的资料;⑤建设资金已经落实。

8.1.7　建设工程招投标的程序

建设工程招投标的程序:①办理审批手续;②发布招标公告或投标邀请书;③资格审查;④编制招标文件;⑤编制标底;⑥踏勘现场;⑦答疑。

8.2 工程量清单计价模式下的招标

8.2.1 工程量清单招标和施工图预算招标

施工图预算招标是一种以预算定额为中心的招标方式。定额不能体现企业个别成本，不能充分发挥市场竞争机制的作用，约束了企业自主报价，达不到合理低价中标，不能形成投标人与招标人双赢的结果，也不符合国际惯例。定额项目和水平往往与市场相脱节，有些动态因素如材料价格变化、新材料新工艺的出现、人工费用增加、风险和利息变化等，由于定额的相对稳定性无法及时予以考虑。因此，以预算定额为基础的工程造价不能真实地反映出建筑产品的市场价，在定额计价模式下的投标竞争往往成为投标单位工程预算人员水平的较量，不能充分体现企业的综合实力和管理水平。

实行工程量清单招标有以下优点：

（1）淡化了预算定额的作用。招标方确定工程量，承担工程量误差的风险，投标方确定单价，承担价格风险，真正实现了量价分离，风险分担。

（2）统一了计算口径。所有投标单位均在统一量的基础上，根据工程具体情况和企业实力，充分考虑各种市场风险因素，自主进行报价，是企业综合实力和管理水平的真正较量。有利于公平竞争、优胜劣汰，完善了市场竞争机制，为企业参与国际竞争奠定了坚实的基础。

（3）提高了工作效率。由招标人向各投标人提供建设项目的实物工程量和技术性措施项目的数量清单，各投标人不必再花费大量的人力、物力和财力重复测算，节约了时间，降低了社会成本。

（4）有利于评价定标。评价时，价格的评定是最重要的环节，由于工程量是一致的，只要综合比较其单价就可以确定最佳投标报价了。

8.2.2 招标文件中关于工程量清单计价的说明

工程量清单是合同文件的组成部分，在招标文件中应予说明。

（1）《建设工程工程量清单计价规范》（GB 50500—2013）颁布实施后，工程造价采用工程量清单计价模式的，其施工合同总价即"工程量清单合同总价"。

（2）对于招标工程而言，工程量清单是合同的组成部分，作为工程造价的计算方式和履行合同的标准之一，其合同内容也必须涵盖工程量清单。

（3）工程量清单中所载工程量是计算投标价格、确定合同价款的基础，承发包双方必须依据工程量清单所约定的规则最终计量和确认工程量。

（4）工程施工过程中，因设计变更或追加工程影响工程造价时，合同双方应依据工程量清单和合同其他约定调整合同价款。

（5）发包人应按照合同约定和施工进度支付工程款，工程进度款应依据已完成项目工程量和相应单价计算。工程竣工验收后，承发包人应按照合同约定办理竣工结算，依据竣工图纸对实际工程进行计量，调整工程量清单中的工程量，并依次计算工程结算价款。

（6）当承包人按照设计图纸和技术规范进行施工，若工作内容是工程量清单所不包含的，则承包人可以向发包人提出索赔；当承包人履行的工作不符合合同要求时，发包人可以向承包人提出索赔要求。

8.3　招标控制价的编制

根据《招标投标法》和《建设工程工程量清单计价规范》(GB50500—2013)的规定,国有资金投资的工程进行招标,为了有利于客观、合理地评审投标报价和避免哄抬标价,造成国有资产流失,招标人应编制招标控制价。

8.3.1　招标控制价概述

1)招标控制价的概念

招标控制价是招标人根据国家或省级、行业建设主管部门颁发的有关计价依据和办法,按设计施工图纸计算的,对招标工程限定的最高工程造价,也称为拦标价、预算控制价、最高投标限价。

招标控制价是工程造价的表现形式之一,应由招标人根据招标项目的具体情况自行编制;当招标人不具有编制招标控制价的能力时,可委托具有工程造价资质的工程造价咨询企业编制。对于国有资金投资的工程,招标人编制并公布的招标控制价相当于招标人的采购预算,同时要求其不能超过批准的预算,因此,招标控制价是招标人在工程招标时能接受的投标人报价的最高限价。当招标控制价超过批准的概算时,招标人应将其报原概算审批部门审核。投标人的投标报价高于招标控制价时,其投标应予以拒绝。

2)招标控制价与标底

设立招标控制价与以往设标底招标或无标底招标相比,具有明显的优势:

(1)可有效控制投资,防止恶性哄抬报价带来的投资风险。

(2)提高了透明度,避免了暗箱操作等导致腐败、不公平竞争现象的违法活动的产生。

(3)可使投标人不受标底左右,自主报价,公平竞争。

(4)既设置了控制上限,又尽量减少了招标人对评标基准价的影响。

(5)招标控制价的公布,可使招标人将投资控制在一定范围内,提高其交易成功的可能性;同时还可降低投标人与招标人之间信息的不对称性,降低投标人的投标成本。

3)招标控制价的编制依据

(1)建设工程工程量清单计价规范。

(2)国家或省级、行业建设主管部门颁发的计价定额和计价办法。

(3)建设工程设计文件及相关资料。

(4)招标文件中的工程量清单及有关要求。

(5)与建设项目相关的标准、规范、技术资料。

(6)工程造价管理机构发布的工程造价信息,工程造价信息没有发布的参照市场价。

(7)其他的相关资料。

4)招标控制价编制的一般原则

(1)编制招标控制价应考虑现行预算定额和市场价格及相关政策规定。根据国家公布的统一工程项目划分、统一计量单位、统一计算规则以及施工图纸、招标文件,并参照国家、行业或地方批准发布的定额和技术标准规范,以及生产要素市场价格、有关部门对工程造价

295

计价中费用或费用标准的规定,确定工程量和编制招标控制价。

(2) 招标控制价的计价内容、计价依据应与招标文件的规定完全一致,特别要注意招标文件所列明的招标范围、材料供应方式、材差计算、材料和施工的特殊要求、技术措施规定等。

(3) 招标控制价作为招标工程限定的最高工程造价,应力求准确。分部分项工程费应根据招标文件中的分部分项工程量清单项目的特征描述及有关要求,按有关规定确定综合单价计算;综合单价中应包括招标文件中要求投标人承担的风险费用,要根据施工工期,预测市场材料价格行情,计算风险费用,将可能在以后发生的材料价格浮动因素包含在招标控制价中;招标文件提供了暂估单价的材料,按暂估的单价计入综合单价。

(4) 招标控制价应由分部分项工程费、措施项目费、其他项目费和规费、税金五部分组成,原则上不能超过批准的投资概算。

(5) 招标控制价应考虑人工、材料、设备、机械台班等价格变化因素,应包括不可预见费(特殊情况)、预算包干费、措施费(赶工措施费、施工技术措施费)、现场因素费用、保险以及固定价格的工程风险金等,工程质量要求优良的还应增加相应费用。

(6) 招标控制价应在招标文件中公布,招标人不得只公布招标控制价总价,应公布招标控制价的各组成部分和各分部工程的费用小计等内容,并不应上调或下浮。招标控制价及有关资料应报送工程所在地工程造价管理机构备查。

(7) 一个工程只能设立一个招标控制价,且招标控制价不宜设置得过高或过低。

5) 招标控制价的编制内容

招标控制价应由分部分项工程费、措施项目费、其他项目费和规费、税金组成。

(1) 分部分项工程费。分部分项工程费应根据招标文件中的分部分项工程量清单项目的特征描述及有关要求,按工程量计价规范,国家或省级、行业建设主管部门颁发的计价定额和计价办法,招标文件中的工程量清单及有关要求,与建设项目有关的标准、规范、技术资料,工程造价管理机构发布的工程造价信息、市场信息以及其他的相关资料,并考虑要求投标人承担的风险费用,确定综合单价,进行招标控制价的计算。提供了暂估单价的材料,按暂估的单价计入综合单价。

(2) 措施项目费。措施项目费应根据招标文件中的措施项目清单和拟建工程的施工组织设计计价。可以计算工程量的措施项目,应按分部分项工程量清单的方式采用综合单价计价;其余的措施项目可以"项"为单位的方式计价,应包括除规费、税金以外的全部费用。

措施项目清单中的安全文明施工费应按照国家或省级、行业建设主管部门的规定计价,不能作为竞争性费用。

(3) 其他项目费。其他项目费应按下列规定计价:①暂列金额应根据工程特点,按有关计价规定估算,一般可以分部分项工程量清单费的 10%~15% 为参考。②暂估价中的材料单价应根据工程造价信息或参照市场价格估算,暂估价中的专业工程金额应分不同专业,按有关计价规定估算。③对于计日工,招标人应根据工程特点,按照列出的计日工项目和有关计价依据计算。④总承包服务费应根据招标文件列出的内容和向总承包人提出的要求,参考以下标准计算:招标人仅要求对分包的专业工程进行总承包管理和协调时,按分包的专业工程估算造价的 1.5% 计算;招标人要求对分包的专业工程进行总承包管理和协调,并同时要求提供配合服务时,根据招标文件中列出的配合服务内容和提出的要求,按分包的专业工程估算造价的 3%～5%计算；招标人自行供应材料的，按招标人供应材料价值的 1%计算。

（4）规费和税金。规费和税金应按国家或省级、行业建设主管部门的规定计算，不得作为竞争性费用。

6）招标控制价的编制方法

根据《建设工程施工发包与承包计价管理办法》，工程计价方法包括工料单价法和综合单价法。实行工程量清单计价时应采用综合单价法，其综合单价为完成一个规定计量单位的分部分项清单项目或措施清单项目所需的费用，包括人工费、材料费、施工机械使用费、企业管理费、利润以及包含一定范围风险因素的风险费。

编制招标控制价时应采用综合单价。用综合单价编制招标控制价价格，要根据统一的项目划分，按照统一的工程量计算规则计算工程量，确定分部分项工程项目以及措施项目的工程量清单。然后根据具体项目分别计算得到综合单价，填入工程量清单中，再与工程量相乘得到合价，汇总之后考虑规费、税金即可得到招标控制价。

8.3.2　招标控制价的确定和审查

1）审查招标控制价的目的

审查招标控制价的目的是检查招标控制价价格编制是否真实、准确。招标控制价价格如有漏洞应予以调整和修正。如果招标控制价超过概算，应按照有关规定进行处理，不得以压低招标控制价价格作为压低投资的手段。

2）招标控制价审查的内容

（1）审查招标控制价的计价依据：承包范围、招标文件规定的计价方法等。

（2）审查招标控制价价格的组成内容：工程量清单及其单价组成，措施费费用组成，间接费、利润、规费、税金的计取，有关文件规定的调价因素等。

（3）审查招标控制价价格相关费用：人工、材料、机械台班的市场价格，现场因素费用、不可预见费用，对于采用固定价格合同的还应审查在施工周期内价格的风险系数等。

8.4　投标报价的编制

投标是投标人寻找并选取合适的招标信息，在同意并遵循招标人的各项规定和要求、按照计算工程造价的相关计价依据，计算出工程总造价，在此基础上考虑各种影响工程造价的因素，并研究投标策略，提出自己的投标文件，以期通过竞争被招标人选中的交易过程。

在投标竞争中，做出可行投标决策和恰当报价是投标单位夺标获胜并赢利的手段。而提出合理的、有竞争力的工程报价价格，是投标单位战胜其他对手，并被招标人所接受，从而承揽到工程施工任务的关键，所以投标报价工作是一切施工企业经营管理工作的核心。

投标人的投标报价应根据本企业的管理水平、装备能力、技术力量、劳动效率、技术措施及本企业的定额，计算出由本企业完成该工程的预计直接费，再加上实际可能发生的一切间接费，即实际预测的工程成本，根据投标中竞争的情况进行盈亏分析，确定利润并考虑适当的风险费，做出竞争决策的原则之后，最后提出报价书。由于每个施工企业的业务水平、装备力量和管理水平不同，故即使是对于同一个招标工程，各施工企业的投标报价也是不同的。只有信誉好、质量优、工期合理、施工措施好、报价合理的企业才能中标。

8.4.1 投标报价的主要考虑因素

投标人要想在投标中获胜,除了需要从投标文件和项目业主对招标公司的介绍获得信息,还必须进行广泛的调查研究、询价、社交活动,以获得尽可能详细真实的信息,这是影响投标决策的重要因素。

(1)本企业的各项业务能力能否适应投标工程的要求。主要考虑本企业的设计能力、机械设备能力、工人和技术人员的业务水平、类似工程经验、招标项目的竞争激烈程度、器材设备的交货条件、对工程的熟悉程度和管理经验、中标承包后对本企业的影响等。

(2)招标人的意图、招标文件的要求及招标人是否接受投标人对建设单位提出种种优惠的条件。例如,帮助串换甲供材、提供贷款或延迟付款、提前交工、免费提供一定量的维修材料等优惠条件。

(3)招标项目的全面情况,包括图纸和说明书,现场地上、地下条件,如地形、交通、水源、电源、水文地质、项目的专业性、难度、技术要求条件高、工期情况,这些都是拟订施工方案的依据和条件。是否有可以改进设计的地方,如果发现该工程中某些设计不合理并可改进,或可利用某项新技术以降低造价时,除了正常报价外,还可另附修改设计的比较方案,提出有效措施以降低造价和缩短工期。这种方式往往会得到建设单位的赏识而大大提高中标机会。

(4)项目业主及其代理人的基本情况,包括资历、业务水平、工作能力、个人的性格和作风等,这些都是有关今后在施工承包结算中能否顺利进行的主要因素。

(5)项目建设所需资源供应情况。劳动力、建筑材料和机械设备等资源的供应来源、价格、供货条件以及市场预测等情况;专业分包,如空调、电气、电梯等专业安装力量情况;银行贷款利率、担保收费、保险费率等与投标报价有关的因素。

(6)相关法规、规范,如企业法、合同法、劳动法、关税、外汇管理法、工程管理条例和技术规范等。

(7)竞争对手的情况,包括对手企业的历史、信誉、经营能力、技术水平、设备力量、以往投标报价的情况和经常采用的投标策略等。

8.4.2 投标报价的编制依据

《建设工程工程量清单计价规范》(GB 50500—2013)第 6.2.1 规定,投标报价的编制依据为:工程量清单计价规范;国家或省级、行业建设主管部门颁发的计价办法;企业定额,国家或省级、行业建设主管部门颁发的计价定额;招标文件、工程量清单及其补充通知、答疑纪要;建设工程设计文件及相关资料;施工现场情况、工程特点及拟定的投标施工组织设计或施工方案;与建设项目相关的标准、规范等技术资料;市场价格信息或工程造价管理机构发布的工程造价信息;其他相关资料。

8.4.3 投标报价的编制方法

我国工程项目投标报价的方法一般包括传统计价模式(定额计价模式)和工程量清单计价模式下的投标报价。全部使用国有资金投资或国有资金投资为主的工程建设项目,必须采用工程量清单计价。

（1）传统计价模式投标报价。以定额计价模式投标报价是采用国家、部门或地区统一规定的定额和取费标准进行工程造价计价的模式，通常是采用主管部门制定预算定额来编制。投标人按照定额规定的工程量计算规则，套用定额基价确定直接工程费、措施费，再按规定的费用定额计取间接费、利润和税金各项费用，最后汇总形成投标价。

采用定额计价模式进行投标报价在我国大多数省市现行的报价编制中比较常用。在计算工程造价前，应充分熟悉施工图纸和招标文件，了解设计意图、工程全貌，同时还要了解并掌握工程现场情况

（2）以工程量清单计价模式投标报价。工程量清单计价模式是指按照工程量清单规范规定的全国统一工程量计算规则，由招标人提供工程量清单和有关技术说明，投标人根据企业自身的定额水平和市场价格进行计价的模式。工程量清单计价法是国际通用的竞争性招标方式所要求的报价方法。该方法一般是由招标控制价编制单位根据项目业主委托，将招标工程全部项目和内容按规定的计算规则计算出工程量，列在清单上作为招标文件的组成部分，供投标人逐项填报单价，计算出总价，作为投标报价，然后通过评标竞争，最终确定合同价。工程量清单报价由招标人给出工程量清单，投标人填报单价，单价应完全依据企业自身的技术、管理水平等企业实力而定，以满足市场竞争的需要。

目前，我国以使用传统计价模式为主，但由于工程量清单计价模式是符合市场经济和国际惯例的计价方式，因此今后我国将以使用工程量清单计价模式为主。

8.4.4 计算投标报价的程序

1）确定投标项目，组织投标报价班子

投标也需要做出大量的人力物力投入，施工企业对投标项目也必须有所选择。施工企业要认真研究招标文件，分析了解工程项目所在地与承包工程有关的法律和法规、当地的经济发展计划及其实施情况、交通运输情况、工业和技术水平、建筑行业的情况以及金融情况等，再结合企业自身情况，确定恰当的投标项目。施工投标较为复杂，招标人给的投标时间又非常短，要在较短的时间内拿出一份理想的报价来，必须组建一个高效精干的投标班子。

2）现场调查、市场调查与询价

调查工程项目所在地的政治、经济、法律、社会、自然条件等对投标和中标后履行合同有影响的各种客观因素。

3）计算或复核工程量

《建设工程工程量清单计价规范》(GB 50500—2013)第4.1.2(强制性条文)规定："采用工程量清单方式招标，工程量清单必须作为招标文件的组成部分，其准确性和完整性由招标人负责。"按该条的条文解释，投标人依据工程量清单进行报价，对工程量清单不负有核实的义务，更不具有修改和调整的权力。本条规定可避免所有投标人按照同一图纸计算工程量的重复劳动，节省大量的社会财富和时间，并有利于公平竞争，避免工程招标中的弄虚作假、暗箱操作等不规范的招标行为。

招标文件中通常都附有工程量表，投标人必须依据该工程量清单进行报价。同时，投标人还应根据图纸仔细核算工程量，如发现漏项或相差较大时应通知招标人要求更正。未经招标人允许，一般不得修改工程量表所列工程量。对工程量表中的差错，投标人也可按不平衡报价的思路报价。

4）制定项目管理规划

项目管理规划作为指导项目管理工作的纲领性文件,应对项目管理的目标、依据、内容、组织、资源、方法、程序和控制措施进行确定。项目管理规划的目的是确定项目管理的目标、依据、内容、组织、资源、方法、程序和控制措施,以保证实施项目管理的项目成功进行。

项目管理实施规划应以项目管理规划大纲的总体构想和决策意图为指导,具体规定各项管理业务要求和方法,它是项目管理人员的行为指南,是项目管理规划大纲的细化,应具有操作性。

5）报价计算与分析

《建设工程工程量清单计价规范》（GB 50500—2013）规定,"投标价是投标人投标时报出的工程造价",即投标人对承建工程所要发生的各种费用的计算。拟定合理的投标价格是投标报价工作的核心。拟定工程的投标价格,其方法与编制工程预算基本相同,但其价格的确定则与编制工程预算有所不同。

投标报价由每个承包商根据合同、施工技术规范（或标准）、当地政府的有关法令、税收、具体工程招标文件和现场情况、市场信息、分包询价和自己的技术力量,以及施工装备、管理经营水平、投标策略、作价技巧等,以动态的方法定价,以便在竞争中争取获胜又能赢利。投标价由投标人自主确定,但不得低于成本。

8.4.5 投标报价策略和技巧

虽然报价不是中标的唯一竞争条件,但无疑是主要条件,尤其是在其他条件（如企业信誉、工期、措施、质量等）相似的情况下,报价是决标的主要因素。报价的原则首先是保本,在保本的前提下,根据竞争条件考虑利润率,通常选择采取"保本有利"或"保本薄利"的原则参加报价竞争。

1）投标报价决策

投标报价决策指投标决策人召集算标人、高级顾问等人员共同研究,就上述标价计算结果和标价的静态、动态风险分析进行讨论,做出调整计算标价的最后决定。一般来说,报价决策并不仅仅限于具体计算,而是应当由决策人、高级顾问与算标人员一起,对各种影响报价的因素进行恰当的分析,除了对算标时提出的各种方案、基价、费用摊入系数等予以审定和进行必要的修正外,更重要的是要综合考虑期望的利润和承担风险的能力。低报价是中标的重要因素,但不是唯一条件。

2）投标报价的策略

投标报价策略指承包商在投标竞争中的工作部署及其参与投标竞争的方法手段。投标人的决策活动贯穿于投标全过程,是工程竞标的关键。投标的实质是竞争,竞争的焦点是技术、质量、价格、管理、经验和信誉等综合实力,因此必须随时掌握竞争对手的情况和招标项目业主的意图,及时制定正确的策略,争取主动。投标策略主要有投标目标策略、技术方案策略、投标方式策略和经济效益策略等。

3）报价技巧

报价技巧是指在投标报价中所采用的手法或技巧,有利于项目业主接受本报价,增加中标的可能性。常用的报价技巧有:

（1）不平衡报价法。是指一个工程项目总报价基本确定后,通过调整内部各个项目的报价,以期既不提高总报价、不影响中标,又能在结算时得到更理想的经济效益。如以下方面可采用不平衡报价:①能够早日结账收款的项目可适当提高其综合单价;②预计今后工程量会增加的项目单价适当提高,将工程量可能减少的项目单价降低;③设计图纸不明确,估计修改后工程量要增加的可以提高单价,工程内容解说不清楚的则可适当降低一些单价,待澄清后可再要求提价;④暂定项目,又称任意项目或选择项目,对这类项目要具体分析。

(2)多方案报价法。对于一些招标文件,如果发现工程范围不很明确,条款不清楚或很不公正,或技术规范要求过于苛刻时,要在充分估计投标风险的基础上按多方案报价法处理。即按原招标文件报一个价,然后再提出,如某条款做某些变动,报价可降低多少,由此可报出一个较低的价。这样,可以降低总价,吸引项目业主。

(3)增加建议方案法。有时招标文件中规定可以提一个建议方案,即可修改原设计方案,提出投标人的方案。投标人这时应抓住机会,组织一批有经验的设计和施工工程师,对原招标文件的设计和施工方案仔细研究,提出更为合理的方案以吸引项目业主,促成自己的方案中标。建议方案不要写得太具体,要保留方案的技术关键,防止项目业主将此方案交给其他承包商。同时,建议方案一定要比较成熟,有很好的可操作性。

(4)分包商报价的采用。总承包商在投标前找2~3家分包商分别报价,而后选择其中一家信誉较好、实力较强、报价合理的分包商签订协议,同意该分包商作为本分包工程的唯一合作者,并将分包商的姓名列到投标文件中,但要求该分包商相应地提交投标保函。如果该分包商认为这家总承包商确实有可能中标,他可能会愿意接受这一条件。这种把分包商的利益同投标人捆在一起的做法,不但可以防止分包商事后反悔和涨价,还可能迫使分包时报出较合理的价格,以便共同争取中标。

(5)突然降价法。投标报价中各竞争对手往往通过多种渠道和手段来刺探对手的情况,因而在报价时可以采取迷惑对手的方法,即先按一般情况报价或表现出自己对该工程兴趣不大,到快投标截止时再突然降价,为最后中标打下基础。采用这种方法时,一定要在准备投标限价的过程中考虑好降价幅度,在临近投标截止日期前,根据情报信息与分析判断再做最后决策。如果中标,因为开标只降总价,在签订合同后可采用不平衡报价的思想调整工程量表内的各项单价或价格以取得更高效益。

(6)根据招标的不同特点采用不同的报价。投标报价时,既要考虑自身的优势和劣势,也要分析招标项目的特点,按照工程项目的不同特点、类别和施工条件等来选择报价策略。

(7)无利润竞标。缺乏竞争优势的承包商,在不得已的情况下,只好在做标中不考虑利润,以期夺标。这种办法一般是处于以下条件时采用:①有可能在中标后,将部分工程分包给一些索价较低的分包商;②对于分期建设的项目,先以低价获得首期工程,然后创造机会赢得第二期工程中的竞争优势,并在以后的实施中赚得利润;③较长时期内,承包商没有在建的工程项目,如果再不中标就难以维持生存,因此虽然本工程无利可图,但能维持企业的正常运转,可以帮助企业度过暂时困难以求将来发展。

(8)优惠条件法。当招标文件中的评标方法可考虑某些优惠条件时,在投标中能给项目业主一些优惠条件,如贷款、垫资、提供材料、设备等,以解决项目业主的某些困难,是投标取胜的重要因素。

9 工程价款结算

9.1 价款结算概述

1）工程价款结算的概念

工程价款结算，是指根据建设工程承发包合同价款的条款规定，对施工单位将已完成的部分工程，经有关单位验收后，按照国家规定向建设单位办理工程价款清算的一项日常性工作。其中包括预收工程备料款、中间结算和竣工结算，在实际工作中称为工程结算。其目的是用以补偿施工过程中的资金和物资耗用，保证工程施工的顺利进行。

由于建筑工程施工周期长，如果待工程竣工后再结算价款，显然会使施工单位的资金发生困难。施工单位在工程施工过程中消耗的生产资料和支付的工人工资所需要的周转资金，必须要通过向建设单位预收备料款和结算工程款的形式，定期予以补充和补偿。

2）工程价款结算的特点

工程价款结算实质上是施工企业（卖方或乙方）与建设单位（买方或甲方）之间的商品货币结算，通过结算实现施工企业的工程价款收入，补充施工企业在一定时期内为生产建筑产品而付出的各种生产要素的消耗。但建筑产品与一般商品的生产和生产方式不同，故有其自身的下列特点：

（1）工程价款结算价格以预算价格为基础，实行单件计算。建筑工程结算价格的基础是建筑工程的预算价格，故工程价款结算是依据其预算文件等有关资料而实行单件计算的。

（2）建筑产品生产周期长，需要采用不同的工程价款结算方式。建筑产品生产周期长，施工企业在施工过程中预先投入的资金多，若待商品出售后再换回货币，势必影响企业的资金周转和生产的顺利进行，也影响企业的经济核算、成本控制和利润的完成。因此，工程价款结算应根据工程的具体特点和工期，由施工单位与建设单位在合同中明确规定工程价款结算方式及有关问题。

3）工程价款结算的作用

（1）工程价款结算是办理已完工程的工程价款，确定施工企业的货币收入，补充施工生产过程中的资金消耗。

（2）工程价款结算是统计施工企业完成生产计划和建设单位完成建设任务的依据。

（3）工程价款结算的完成，标志着甲、乙双方所承担的合同义务和经济责任的结束。

4）工程价款结算的依据

工程竣工后进行工程价款结算时，主要的依据有：①工程竣工报告和工程竣工验收单；②建设工程施工合同；③施工图预算、施工图纸、设计变更、施工变更和索赔资料；④现行建筑安装工程预算定额或计价表、预算价格、费用定额、其他取费标准及调价规定；⑤有关施工技术资料等;⑥国家有关法律、法规、规章制度,以及省、市、自治区的工程造价计价办法等规定。

5)工程价款结算的方式

根据财政部、建设部颁发的《建设工程价款结算暂行办法》(财建〔2004〕369 号)文件的规定,工程价款结算与支付方式有以下两种:

(1)按月结算与支付。按月结算与支付是指实行每月结算与支付一次进度工程款,工程竣工后再清算的办法。它是根据工程形象进度,按照已完成分部分项工程的数量,按月结算(或支付)工程价款。若合同工期在 2 个年度以上的工程,在年终进行工程盘点,办理年度结算。

按月结算的优点:①能准确地计算已完分部分项工程量,加强施工过程的质量管理;②有利于发包人对已完工程进行验收和承包人考核月度成本情况;③承包人的工程价款符合其完工进度,使生产消耗得到及时补偿,有利于承包人的资金周转;④有利于发包人对建设资金实行控制,可按施工进度分期付款;⑤若在工程施工过程中发生设计变更,承包人可以及时提出变更工程价款的要求,并在当月工程进度款中同期结算。

(2)分段结算与支付。分段结算是指实行当年不能竣工的工程,按照工程施工形象进度,划分不同阶段结算与支付工程进度款。它是将建筑物划分为几个形象部位,如划分为基础工程(±0.00 以下部分)、主体工程(±0.00 以上部分)、装饰工程、室外工程以及收尾工程等形象部位,确定各部位完成后,支付施工合同一定百分比的工程价款。

分段结算的优点:这种结算办法不受月度限制,只要各形象部位达到完工标准就可以进行该部位的工程结算。对于中小型工程,特别适合这种结算办法。通常根据工程施工进度进展,其分段结算价款的比例可分配如下:工程开工后,按合同价款的 10%~20%拨付;±0.00 以下基础工程完成,经验收合格后,按 20%拨款;主体工程完成,经验收合格后,按 35%~55%拨付;工程竣工,经验收合格后,按 5%~10%拨付。

6)工程价款结算的约定

(1)工程价款结算约定的要求。实行招标的工程价款结算应在中标通知书发出之日起 30 天内,在不违背招标文件中关于工期、造价、质量等方面的实质性内容基础上,由发承包双方依据招投标文件在书面合同中约定。不实行招标的工程的工程价款结算,在发承包双方认可的工程价款基础上,由发承包双方在合同中约定。

(2)工程价款结算约定的内容。发承包双方应在合同条款中对下列事项内容进行约定:①工程预付备料款的数额、支付时限及抵扣方式;②工程进度款的支付方式、数额及时限;③工程施工中发生变更(或材料代换)时,其价款的调整、索赔和支付的方式及时限要求;④发生工程价款结算纠纷的解决办法;⑤工程质量保证(保修)金的数额、预扣方式及时限;⑥施工安全措施和意外伤害事故保险费用;⑦施工工期提前或推后的奖惩办法;⑧与履行合同、支付价款相关的担保事项。

7)实行招投标制下的价款结算方式

建筑安装工程招标的标底和投标的报价,都是以施工图预算为基础核定的。投标单位在此基础上,根据竞争对手的情况和自己的竞争策略,对报价进行合理浮动。中标后招标单位与投标单位按照中标报价、承包方式、范围、工期、质量、双方责任、付款及结算办法、奖惩规定等内容签订承包合同。合同确定的工程造价就是结算造价。

9.2 预付工程备料款的结算

1) 为何要预付工程备料款

虽然建筑施工企业承包工程一般都是实行包工包料的方式,但由于建筑工程生产周期长、投资大,若等到工程全部竣工后结算,则必然使施工企业资金发生困难。因此施工企业在施工过程中所消耗的生产资料、支付给工人的报酬及所需的周转资金,必须通过预付备料款的形式,定期或分期向建设单位结算以得到补偿。因此,在工程承包合同条款中,明文规定发包人在工程开工前拨付给承包人一定限额的工程预付备料款。

2) 预付备料款的拨付

预付备料款在施工合同签订后拨付。拨付备料款的安排要适应承包的方式,并在施工合同中明确约定,做到款物结合,防止重复占用资金。建筑工程承包有以下 3 种方式:

(1) 包工包全部材料工程。当预付备料款数额确定后,由建设单位通过其开户银行,将备料款一次性或按施工合同规定分次付给施工单位。

(2) 包工包地方材料工程。当供应材料范围和数额确定后,建设单位应及时向施工单位结算。

(3) 包工不包料工程。建设单位不需要向施工单位预付备料款。

3) 预付备料款的拨付时间

在具备施工条件的前提下,发包人应在双方签订施工合同后的 1 个月内或不迟于约定开工期前的 7 天内预付备料款。若发包人不按约定预付,承包人可在预付日期到期后的 10 天内向发包人发出要求预付的通知。如发包人仍不按通知的要求预付时,承包人可在通知发出的 14 天后停止施工,且发包人应从约定应付之日起,向承包人支付应付款的利息,并承担违约责任。

4) 预付备料款额度的确定

包工包料工程预付备料款,原则上不低于合同金额的 10%,也不高于合同金额的 30%;对于重大工程项目,可按年度工程计划逐年预付。在实际工程中,预付工程备料款的数额,应根据工程类型、合同工期、承包方式,以及形成工程实体的材料需要量及其储备的时间计算。如工业建筑中钢结构占比重较大的项目,其主要材料所占比重比一般工程的预付备料款要高;工期短比工期长的工程要高;材料由承包人自购的比由发包人提供的工程要高等。预付备料款计算公式为

$$预付工程备料款 = 施工合同价或年度建安工作量 \times 预付工程备料款额度 \qquad (9-1)$$

$$预付工程备料款数额 = \frac{年建安工作量 \times 主要材料比重(\%)}{年度施工日历天数} \times 材料储备日数 \qquad (9-2)$$

式中:材料储备日数可根据当地材料供应的在途天数、加工天数、整理天数、供应间隔天数、保险天数等情况确定。材料包括构件等。年度施工日历天数按 365 天日历天数计算。

$$工程备料款额度 = \frac{预付备料款数额}{年度建安工作量} \times 100\% \qquad (9-3)$$

在实际工作中,工程备料款的额度,通常由各地区根据工程类型、施工期限、供应体制等

条件分别统一规定。一般来说,应当不超过当年建筑安装工程工作量的25％。

5）预付备料款的扣回办法

建设单位拨付给施工单位的备料款属于预付性质款项,因此,随着施工工程进展情况,工程所需材料储备逐渐减少,应以抵充工程价款的方式陆续扣回(即在承包人的工程进度款中扣回)。

预付备料款扣回常有以下两种办法:

(1) 采用固定的比例(分次)扣回备料款。如有的地区规定,当工程施工进度达60％以后即开始抵扣备料款。扣回的比例,是按每次完成10％进度后,即扣预付备料款总额的25％。

(2) 采用工程竣工前一次抵扣备料款。工程施工前一次性拨付备料款,而在施工过程中不分次抵扣。当已付工程进度款与预付备料款之和达到施工合同总价的95％时便停付工程进度款,待工程竣工验收后一并结算。

6）备料款的起扣点和扣还数额的确定

(1) 工程备料款起扣点的方式

工程备料款开始扣还时的工程进度状态称为工程备料款的起扣点。确定备料款起扣点的原则是:未完施工工程所需主要材料和构件的费用＝工程备料款数额。

工程备料款起扣点有两种方式:①累计工作量起扣点法,是用累计完成建筑安装工作量的数额表示的方式;②工作量百分比起扣点法,是用累计完成建筑安装工作量与年度建筑安装工作量百分比表示的方式。

(2) 工程备料款扣还时起扣点的确定

① 累计工作量起扣点法。当累计完成建安工作量达起扣点数额时就可开始扣还备料款。其计算公式为

$$Q = P - \frac{M}{N} \tag{9-4}$$

式中:Q——工作量起扣点,即备料款开始扣回时的累计完成工作量金额;

M——预付工程备料款数额;

P——年度建筑安装工作量;

N——主要材料及构件所占比重。

② 工作量百分比起扣点法。当累计完成建安工作量占年度建安工作量的百分比达起扣点的百分比时就可扣还备料款。其计算公式为

$$d = \frac{Q}{P} = \left(1 - \frac{M}{P \times N}\right) \tag{9-5}$$

式中:d——工作量百分比起扣点。

其他符号同式(9-4)中含义。

(3) 预付备料款扣还数额计算

① 分次扣还备料款法

第一次扣还备料款数额计算公式为

$$A_1 = (F - Q) \times N \tag{9-6}$$

第二次及其以后各次扣还备料款数额计算公式为

$$A_i = F_i \times N \tag{9-7}$$

② 一次扣还备料款法。当未完建安工作量等于预付备料款时,用其全部未完工程价款一次抵扣工程备料款,施工企业停止向建设单位收取工程价款。采用该法需计算出停止收取工程价款的起点,其计算公式为

$$K = P(1 - 5\%) - M \tag{9-8}$$

式中:A_1——第一次扣还工程备料款数额;

A_i——第 i 次扣还工程备料款数额;

F——累计完成建筑安装工作量;

F_i——第 i 次扣还工程备料款时,当次结算完成的建筑安装工作量;

K——停止收取工程价款的起点;

5%——扣留工程价款比例,一般取 5%~10%,其目的是为了加快收尾工程的进度,扣留的工程价款在竣工结算时结清。

其他符号同式(9-4)中含义。

9.3 工程进度款的结算(中间结算)

施工单位(承包人)在施工过程中,根据合同所约定的结算方式,按月或形象进度已完成的工程量计算各项费用,向建设单位(发包人)办理工程价款结算的过程,称为工程进度款结算,又称"中间结算"。

工程进度款的结算,根据建筑生产和产品的特点,常有以下 3 种结算办法:

1) 按月结算

按月结算是指对在建施工工程,每月由施工单位提出已完工程月报表及其工程款结算单,经建设单位签证后,交建设银行办理已完工程的工程款结算,具体又分为以下 2 种:

(1) 月中或月初预支部分工程款,月终一次结算。月中预支部分工程款,按当月施工计划工作量的 50% 支付。施工单位根据施工图预算和月度施工作业计划,填列"工程款预支账单",送交建设单位审查签证同意后办理预支拨款;待至月终时,施工单位根据已完工程的实际统计进度编制"工程款结算账单",送交建设单位签证同意后办理月终结算。施工单位在月终办理工程价款结算时应将月中预支的部分工程款额抵作工程价款。

(2) 月中或月初不预支部分工程款,月终一次结算。月中(或月初)不实行预支,月终施工企业按统计的实际完成分部分项工程量,编制已完工程月报表和工程价款结算账单,经建设单位签证,交建设银行审核办理结算。

对于跨年度竣工工程,由甲、乙双方进行已完和未完工程量盘点,办理年度结算,结清本年度工程款。

2) 分段结算

分段结算是指以单项(或单位)工程为结算对象,按建筑工程施工形象进度将工程划分为几个段落进行结算。工程按进度计划规定的段落完成后立即进行结算,所以它是一种不

定期的结算方法。具体做法有以下几种：

（1）按段落预支，段落完工后结算。这种方法是根据建筑工程的特性，将在建的建筑物划分为几个施工段落。然后测算确定出每个施工段落的造价占整个单位工程预算造价的金额比重，作为每次预支金额。施工单位据此填写"工程价款预支账单"，送交建设单位签证同意后交建设银行审查并办理该阶段的结算，同时办理下一段落的预支款。

（2）按段落分次预支，完工后一次结算。这种方法与前一种方法比较，其相同点均是按段落预支，不同点是不按段落结算，而是完工后一次结算。

3）一次结算

一次结算是指工程分次按每月预支或每阶段预支，竣工后一次结算工程的方法。分次预支，竣工一次结算。分次预支，每次预支金额数也应与施工工程的进度大体一致。其优点是可以简化结算手续，适用于投资少（100万元以内）、工期短（1年以内）、技术简单的工程。

9.4　工程质量保修金

1）工程质量保修金的预留与返还

工程质量保修金是指发包人与承包人在工程承包合同中约定，从应付的工程款中（总造价）预留出一定比例的尾款，用以保证承包人对施工工程可能出现缺陷而在责任期内进行维修的资金，待工程项目保修期结束后拨付。工程质量保修金的计算额度，不包括预付款的支付、回扣以及价格调整的金额。缺陷是指建设工程质量不符合工程建设强制性标准的设计文件，以及承包合同的约定。缺陷责任期从工程通过施工验收之日起计算。

建设工程竣工结算后，发包人应按照合同约定的时间向承包人支付工程结算价款，并预留保证金。全部或部分使用政府投资的建设项目，按工程价款结算总额的5%左右比例预留保证金。

（1）保修金的约定。承发包双方应在招标文件中明确保修金预留和返还的内容，并在合同条款中涉及保修金如下事项进行约定：①保修金预留及返还方式；②保修金预留比例及期限；③保修金是否计算利息及计息方式；④工程质量缺陷责任期的期限及计算方式；⑤工程质量缺陷责任期内出现缺陷的索赔方式；⑥保修金预留、返还及工程维修质量、费用等争议的处理程序。

（2）保修金的预留。保修金的预留可从发包人向承包人第一次支付的工程进度款开始，在每次承包人应得到的工程款中扣留投标书中规定金额作为保修金，直至扣留的保修金总额达到投标书中规定（或专用条款约定）的金额为止。

（3）保修金的返还。工程质量缺陷责任期内，承包人应履行合同约定的责任。约定的缺陷责任期满，承包人向发包人申请返还保修金。若承包人未完成缺陷责任的，发包人有权扣留与未履行责任的剩余工作所需金额相应的工程质量保修金余额，并有权根据约定要求延长缺陷责任期，直至完成剩余工作为止。

2）保修金的管理及缺陷的修复

（1）保修金的管理。缺陷责任期内，实行国库集中支付的政府投资项目，保修金的管理可按国库集中支付的有关规定执行；其他政府投资项目，保修金可以预留在财政部门或发包方;社会投资项目,保修金可按承发包双方约定,将其交由金融机构托管;采用工程质量保证担保和保险等其他保证方式的,发包人不得再预留保修金。

(2)缺陷的修复。缺陷责任期内,由承包人原因造成的缺陷,承包人应负责维修,并承担鉴定及维修费用。如果承包人不维修,也不承担维修费用,则发包人可按合同约定扣除保修金,并由承包人承担违约责任。若由他人原因造成的缺陷,发包人负责维修,承包人不承担费用。

9.5 工程承包合同

"建设工程施工合同"是工程实施阶段约束承发包双方行为的法规性文件,也是承发包双方在工程施工过程中最高的行为准则。建设工程施工合同管理,是建立和维护良好建筑市场中经济秩序的重要手段和有效方法,同时,它也在形成公开、公平、公正的市场竞争机制、提高工程质量、降低工程成本和缩短建设工期等方面发挥着重要作用。

1)建设工程合同和工程施工合同

建设工程合同是指承包人进行工程建设,发包人支付工程价款的合同,包括工程勘察、设计和施工合同。承包人是指在建设工程合同中负责工程勘察、设计和施工任务的一方当事人;发包人是指在建设工程合同中委托承包人进行工程勘察、设计和施工任务的建设单位。在建设工程合同中,承包人的主要义务是按照合同约定进行工程建设;发包人的最基本义务是向承包人支付相应的价款。

工程施工合同是指承包人按照发包人的要求,进行建设、安装的合同。

2)工程量清单与施工合同的关系

(1)工程量清单是合同文件的组成部分。工程造价采用工程量清单计价模式后,其施工合同也成为"工程量清单合同"或"单价合同"。

(2)工程量清单是计算合同价款和确认工程量的依据。工程量清单中所列的工程量是计算投标价格、合同价款的基础,承发包双方必须依据工程量清单所约定的规则,最终计算和确认工程量。

(3)工程量清单是计算工程变更价款和追加合同价款的依据。施工过程中因设计变更或追加工程影响工程造价时,合同双方应依据工程量清单和合同其他约定调整合同价格。

(4)工程量清单是支付工程进度款和竣工结算的计算基础。施工过程中发包人应按合同约定和施工进度支付工程款,依据已完项目工程量和相应单价计算工程进度款。工程竣工验收后,承发包人应按合同约定办理竣工结算,依据工程量清单的计算规则、竣工图纸对实际工程进行计算和调整工程量,并依此计算工程结算价款。

(5)工程量清单是索赔的重要依据。合同履行过程中并非自己的过错,而是应由对方承担责任的情况造成的实际损失,合同一方可向对方提出经济补偿或工期顺延的要求(索赔)。

3)订立建设合同的方式

发包人订立建设合同主要有以下方式:

(1)总承包方式。总承包方式是指发包人与承包人就某项建设工程的全部勘察、设计、施工签订一个总包合同,承包人应当就建设工程从勘察到施工整个过程负责。

总承包方式订立的合同,合同的当事人是发包人与总承包人。总承包人对其承包的全部工作,包括分包工作,向发包人承担责任。

(2)独立承包方式。独立承包方式是指发包人并不是将建设工程全部发包给某一承包人,而是与勘察、设计、施工单位分别签订勘察、设计和施工合同,并对自己负责的任务向发包人分别负责,相互之间并无联系。

独立承包方式订立的合同,合同的当事人是发包人与勘察单位、设计单位和施工单位之间的权利和义务关系。

(3)联合承包方式。联合承包方式是指大型建设工程或结构复杂的建设工程,可以由2个或2个以上的承包单位共同联合承包,且共同承包各方对承包合同承担连带责任。

在联合承包合同中,各承包人均是承包合同的当事人,均享有相应的权利、义务,各个承包人对全部的建设工程均承担连带责任。

4)订立施工合同的作用

施工合同是建设工程施工阶段发包人和承包人签订和履行的合同,其作用如下:

(1)施工合同明确了建设工程在施工阶段发包人和承包人的权利和义务。施工合同的签订,发包人和承包人应清楚地认识到己方和对方在施工合同中各自承担的义务和享有的权利,以及双方之间的权利和义务的相互关系。还要认识到施工合同的签订只是履行合同的基础,合同的最终实现还需要发包人和承包人双方严格按照合同的各项条款和条件,全面履行各自的义务,才能享受其权利,最终完成工程任务。

(2)施工合同是建设工程施工阶段实行监理的依据。建设工程施工阶段工程监理单位受发包人委托,代表建设单位对工程承包人实施监督,因此,施工合同是监理单位实施监理工作的依据之一。

(3)施工合同是保护建设工程施工阶段发包人和承包人权益的依据。施工合同既是依法保护工程发包方和承包方双方利益,又是追究违约责任的法律依据,也是调解、仲裁和审理施工合同纠纷的依据。

9.6 工程变更与索赔

9.6.1 工程变更价款结算

1)工程变更的概念

工程变更是指在施工过程中,按照施工合同约定的程序,对部分或全部工程在材料、工艺、功能、构造、尺寸、技术指标、工程数量和施工方法等方面做出的改变。

2)工程变更产生的原因

工程建设项目在实施过程中,由于建设周期长,受自然条件和客观因素的影响大,导致建设项目的实际情况与其在招投标时的情况相比较会发生很多变化。如发包人计划的改变对项目又有新的要求;因设计错误而引起对设计图纸的修改;施工条件的变化,产生了不可预见的事故发生等。

工程变更常会引起工程量、施工进度的变化等情况的产生,这些都有可能引起建设项目实际造价超过原工程预算造价,因此必须密切关注工程变更对工程造价的影响。

3）工程变更的内容及确认

（1）工程设计变更。设计变更会改变施工时间和施工顺序，将对施工进度产生很大影响。施工中发生工程设计变更，承包人按照经发包人认可的变更设计文件进行变更施工。

① 若发生工程设计变更，施工中发包人应提前 14 天，以书面形式向承包人发出变更通知。承包人在双方确定变更后 14 天内不提出"变更工程价款报告"时，视为该项变更不涉及合同价款的变更。

② 确认增（减）的工程变更价款，作为追加（减）合同价款与工程进度价款同期支付。

③ 因设计变更导致合同价款的增（减）及造成的承包人损失，由发包人承担，延误的工期相应顺延。

（2）施工条件变更。施工条件变更是指未能预见的现场条件或不利的自然条件，即在施工中实际遇到的现场条件同招标文件中描述的现场条件有本质的差异，故使承包人向发包人提出工程单位和施工时间的变更要求，或由此引起的索赔。

（3）延长工期。由于天气等客观条件的影响而迫使工程暂时停工，必须向发包人提出延长工期的要求。

（4）缩短工期。由于发包人根据某些特殊理由，要求必须缩短工期，这样势必要加快施工进度。

（5）投资和物价变动而改变承包金额。在施工过程中，由于工资或物价发生较大的变动，引起承包金额不当时，向发包人提出改变承包金额。

（6）不可抗力引起的损失。在施工过程中，如发生台风、大雨、洪水、滑坡、地震等自然或火灾事件，对已完成工程部分、施工临时设施、已运进施工现场的建筑材料、施工机具等造成重大损失。

4）工程变更价款确定方法

（1）合同中已有适用于变更工程的价格，按合同已有价格变更合同价款。当变更项目和内容能直接适用于合同中已有项目时，此情况由于合同中的工程量单价或价格，由承包人投标时提供的，故用于变更工程易被发包人和承包人所接受。

（2）合同中只有类似于变更工程的价格，可参照类似价格变更合同价格。当变更项目和内容类似于合同中已有项目时，可将合同中已有项目的工程量清单的单价和价格用来间接套用（即依据工程量清单，通过换算后采用），或者是部分套用（即依据工程量清单，取其价格中某一部分采用）。

（3）合同中没有适用或类似于变更工程的价格，可由承包人提出适当的变更价格，经工程师确认后采用。如经双方商议后，发承包方不能达成一致时，双方可提请工程所在地的工程造价管理机构进行咨询或按合同约定的争议解决程序办理。

9.6.2 工程索赔价款结算

工程发包人或承包人，未能按施工合同约定履行自己的各项义务或发生错误，给另一方造成经济损失的，由受损方按合同约定提出索赔。索赔金额按施工合同约定支付。

1）索赔的含义

工程索赔是指工程承包合同履行过程中，合同一方因对方不履行或没有全面履行合同所设定的义务，或者出现了应当由对方承担的风险而遭受损失时，向对方提出的赔偿或补偿要求的行为。

建筑工程索赔主要发生在施工阶段,合同双方分别为业主和承包商。对合同双方来说,索赔是维护双方合法利益的权利。承包商向业主提出的索赔称为"索赔",业主向承包商提出的索赔称为"反索赔"。

2)索赔的作用

(1)保证合同的实施。如果没有索赔和索赔的法律规定,对双方都难以形成约束,这样合同的实施得不到保证,不会有正常的社会经济秩序。索赔能对违约者起警诫作用,使其考虑到违约的后果,以尽力避免违约事件的发生。

(2)落实和调整合同双方经济责任关系。谁未履行责任,构成违法行为,造成双方损失,侵害对方权益,谁就应承担相应的合同处罚,予以赔偿。

(3)维护合同当事人正当权益。索赔是用以保护和维护自己正当利益,避免损失,增加利润的手段。

(4)促使工程造价更合理。索赔可使原计入工程报价中的不可预见费用改按实际发生的损失支付,有助于降低工程报价,使工程造价更合理。

3)索赔的分类

(1)按索赔的合同依据分类

① 合同中明示的索赔。明示索赔是指承包商所提出的索赔要求,在该工程项目的合同文件中有文字依据,可据此提出索赔要求并取得经济补偿。

② 合同中默示的索赔。默示索赔是指承包商的索赔要求虽在工程项目的合同条件中设有明确的文字叙述,但可根据该合同条件某些条款的含义推论出承包商有索赔权。

(2)按索赔的当事人分类

① 承包人和业主之间的索赔。索赔是由于图纸不完善,招标工程范围划分阐述不明确等原因引起。

② 总承包人和分包人之间的索赔。按照总包人和分包人之间所签订的分包合同,都有向对方提出索赔的权利,以维护自己的利益,获得额外开支的经济补偿。

③ 承包人和供货人之间的索赔。承包人中标后根据合同规定的设备和工期要求向供货人询价订货,签订供货合同。如果供货人违反供货合同规定使承包人受到经济损失时,有权提出索赔要求。

(3)按索赔的目的分类

① 工期索赔。是指由于非承包人责任的原因而导致施工进度延长,要求批准延长合同工期的索赔。招标文件中必须明确业主的"期望工期"天数和承包人填写的"计划工期"天数,并保证计划工期小于期望工期,以避免引起承包人要求不合理的工期奖励索赔事件。

② 费用索赔。是指由于施工的客观条件改变导致承包人增加开支,要求对超过计划成本的附加开支给予经济补偿的索赔。

(4)按索赔的处理方式分类

① 单项索赔。是指对某一干扰事件提出的索赔。在合同实施过程中,干扰事件发生时或发生后即时由合同管理人员执行处理,并在合同规定的索赔有效期内提交索赔意向书和索赔报告。

② 综合索赔。是指在工程竣工前,承包人将施工过程中未解决的事项索赔集中起来,

提出一份总索赔报告。

(5) 按索赔事件的性质分类

① 工程变更索赔。因发包人或监理人指令增加或减少工程量,或增加附加工程、修改设计、变更施工顺序等,造成工期延长和费用增加,承包商对此提出索赔。

② 合同被迫终止索赔。因发包人或承包商的违约,以及不可抗力等原因,造成合同非正常终止,无责任的受害方因蒙受损失而向对方提出索赔。

③ 工程加速索赔。因发包人或监理人指令承包人加快施工速度,缩短工期,导致承包人工、料、机的额外开支而提出的索赔。

④ 不可抗力和不可预见因素的索赔。因工程施工过程中,人力不可抗拒的自然灾害(如地震、火灾、雷击),以及承包人不能预见的不利施工条件或外界障碍(如地质断层、地下洞穴、地下障碍物)等引起承包人的索赔。

⑤ 工程延误索赔。因发包人未按合同要求提供施工条件,如未及时交付设计图纸、施工现场、道路等,或因发包人指令工程暂停,或不可抗拒力事件等原因,造成工期延误,承包人提出索赔。

由上述可知:索赔的性质是属于经济补偿行为,而不是惩罚。因此,索赔的含义可概括为如下三方面:

① 一方违约使对方遭受损失,对方提出索赔损失的要求。

② 发生应当由发包人承担责任的特殊风险或偶遇自然灾害,使承包商遭受损失而向发包人提出补偿损失的要求。

③ 承包商本应得到的正当利益,由于未及时得到监理方的确认和发包人的支付金额而向发包人提出损失的索赔。

4) 引发索赔的原因

建筑工程施工过程中,经常引发索赔的原因有:

(1) 当事人违约。违约常表现为未能按合同约定履行自己的义务。其中表现是:业主没有为承包商提供合同规定的必要施工条件,未按合同约定的期限和数额付款;监理人未能按合同规定及时提供施工图纸,发出指令;承包商没有按照合同约定的质量、期限完成工程施工等。

(2) 不可抗力事件。不可抗力可分为自然事件和社会事件两类。自然事件是指工程施工过程中发生不可避免并不能克服的自然灾害,如地震、海啸、水灾、台风等;社会事件是指工程施工过程中发生战争等。

(3) 监理人指令。是指索赔不是由于承包商的原因造成的损失,如监理人指令承包商加速施工、进行某项工作、更换某些材料、采取某种措施等。

(4) 合同缺陷。由于合同文件规定不严谨,甚至互相矛盾,合同中的遗漏或错误。

(5) 合同变更。由于设计变更、施工方法变更、追加或取消某些工作,合同规定的其他变更等。

(6) 施工条件变化。由于不利的施工条件或障碍使施工计划变更,导致工期延长或成本大幅度增加,必然引起施工索赔。

(7) 工程变更。由于施工过程中出现设计做法、质量标准或施工顺序等的变更,因而会增加新的工作内容和工程量的变化、改换建筑材料、暂停或加速施工等,这些都会引起新的施工费用。

（8）工期拖延。由于受天气、水文地质等因素的影响，出现工期拖延，导致承包商实际支出的计划外施工费用得不到补偿，势必引发索赔。

（9）国家政策、法律和法令的变更。由于直接影响工程造价的某些政策、法律和法令的变更，致使承包商施工费增加或减少，如果未予调整合同价款，承包商可以要求索赔。

（10）其他原因。其他原因如各承包商间相互干扰、银行付款延误、港口压港等均会引起对工程施工的不利影响，导致出现承包商的索赔。

5）索赔的费用及计算

（1）索赔费用的组成

① 人工费。指完成业主要求的合同外工作而发生的人工费、非承包商责任造成工效降低或工期延误而增加的人工费、政策规定的人工费增长等。

② 材料费。指索赔事件引起的材料用量增加，材料价格上涨，非承包商原因造成的工期延误而引起的材料价格上涨和超期存储费用等。

③ 机械费。指完成业主要求的合同外工作而发生的机械费、非承包商原因造成的工效降低或工期延误而增加的机械费、政策性规定的机械费增长等。

④ 现场管理费。指承包商完成业主要求的合同外工作，索赔事件工作，非承包商原因造成的工期延长期间的现场管理费等。

⑤ 企业管理费。指非承包商原因造成的工期延长期间所增加的企业管理费。

⑥ 利息。指业主拖期付款利息、索赔款的利息、错误扣款的利息等。

⑦ 利润。指在工程范围工作变更及施工条件变化等引起的索赔，承包商可按原报价单中的利润百分率计算利润。

（2）索赔费用的计算

① 分项费用法。是按每个索赔事件所引起损失的费用项目进行，分别分析计算索赔值的一种方法。

② 总费用法。是当发生多次索赔事件后，重新计算该工程的实际总费用，再从这个实际总费用中减去投标报价时估算的总费用。其计算公式为

$$索赔金额 = 实际总费用 - 投标报价总费用 \tag{9-9}$$

9.6.3 工程现场签证及变更价款处理

1）现场签证概念

预算造价（合同造价）确定后，施工过程中如有工程变更和材料代用，则由施工单位根据变更核定单和材料代用单来编制变更补充预算，经建设单位签证，对原预算进行调整。为明确建设单位和施工单位的经济关系和责任，凡施工中发生一切合同预算未包括的工程项目和费用必须及时根据施工合同规定办理签证，以免事后发生补签和结算困难。

现场签证是指施工企业在施工图纸、设计变更所确定的工程内容以外，施工图预算或预算定额取费中未包括，而施工过程中又实际会发生费用的施工内容，所必须在施工现场办理签证。

由于建设工程建设规模大、投资费用多、技术含量高、建设周期长、设备材料价格变化快等因素，而工程合同不可能对整个施工期内出现的情况作出准确的规定、预见和约定，工程预算也不可能对整个施工期内所发生的费用作出详尽的预测，因此在建设项目实施整个过

程中,发生的最终以价款形式体现在工程结算中的现场签证成为控制工程造价的重要环节。现场签证的正确性,将直接影响到工程造价。

2) 现场签证的方式

(1) 工程技术签证。它是发包人与承包人对某一施工环节技术要求或具体施工方法进行联系确定的一种方式,也是施工组织设计方案的具体化和有效补充。

(2) 工程经济签证。是指工程在施工期间,由于施工场地变更、环境变化、业主要求等原因,可能造成工程实际造价与合同造价产生差额的各类签证。主要包括:业主违约、非承包人引起的工程变更、环境变化、合同缺陷等。

(3) 工程工期签证。是指工程在实施过程中,因主要分部分项工程的实际施工进度、工程主要材料、设备进场时间及业主原因,造成延期开工、暂停开工、工期延误的签证;同一工程在不同时期完成的工作量,其材料差价、人工费调整等的不同。

(4) 工程隐蔽签证。是指工程施工完成后,将已被覆盖隐蔽的分项工程项目和工程签证。如基础开挖验槽记录,基础换土性质、深度、宽度记录,桩基深度及有关出槽量记录,钢筋验收记录等。签证必须及时和真实,不要过后补签。

3) 现场签证程序要求

(1) 承包人应在收到发包人指令后的 7 天内,向发包人提交现场签证报告。报告中应写明所需的人工、材料和机械台班的消耗量等内容。

(2) 发包人应在收到现场签证报告后的 48 小时内对报告内容进行核实,予以确认或提出修改意见。

(3) 发包人在收到承包人现场签证报告后 48 小时内未确认也未提出修改意见的,视为承包人提交的现场签证报告已被发包人认可。

(4) 现场签证工作完成 7 天内,承包人应按照现场签证内容计算价款。在报送发包人确认后,作为追加合同价款,与工程进度款同时支付。

4) 追加合同价款签证

指在施工过程中发生的,经建设单位确认后按计算合同价款的方法增加合同价款的签证。主要内容如下:

(1) 设计变更增减费用。建设单位、设计单位和授权部门签发设计变更单,施工单位应及时编制增减预算,确定变更工程价款,向建设单位办理结算。

(2) 材料代用增减费用。因材料数量不足或规格不符,应由施工单位的材料部门提出经技术部门决定的材料代用单,经设计单位、建设单位签证后,施工单位应及时编制增减预算,向建设单位办理结算。

(3) 设计原因造成的返工、加固和拆除所发生的费用,可按实结算确定。

(4) 技术措施费。施工时采取施工合同中没有包括的技术措施及因施工条件变化所采取的措施费用,应及时与建设单位办理签证手续。

(5) 材料价差。从预算编制期至结算期,因材料价格的变化,导致材料价格的差值。

5) 费用签证

指建设单位在合同价款之外需要直接支付开支的签证,主要内容如下:

(1) 图纸资料延期交付造成的窝工损失。

(2) 停水、停电、材料计划供应变更,设计变更造成停工、窝工的损失。

（3）停建、缓建和设计变更造成材料积压或不足的损失。

（4）因停水、停电、设计变更造成机械停置的损失。

（5）其他费用。包括建设单位不按时提供各种许可证，不按期提供建设场地，不按期拨款的利息或罚金的损失，计划变更引起临时工招募或遣散等费用。

6）工程变更价款处理

工程发生变更后应及时做好对工程造价增减的调整工作，其工程变更价款处理应遵循下列原则：

（1）参照原价格。按中标价、审定的施工图预算价中相类似项目，以此作为基础确定变更价格，变更合同价款。

（2）适用原价格。按中标价、审定的施工图预算价计算，变更合同价款。

（3）协商价格。中标价、审定的施工图预算定额分项中既没有可采用的，也没有类似的单价时，应由承包人编制一次性适当变更的价格，送发包人协商批准执行。

（4）临时性处理。发包人不同意承包人提出的变更价格，在承包人提出的变更价格后规定的时间内通知承包人，事先可提请工程造价管理部门解决处理。

7）工程签证的注意事项

（1）现场签证必须具备发包人驻工地代表和承包人驻工地代表的双方签字。

（2）凡预算定额、费用定额及有关文件已有规定的项目，不得再另行签证。

（3）现场签证的内容、数量、项目、原因、部位、日期等要明确，价款的结算方式、单价的确定应明确商定。

（4）现场签证要及时签办，不得拖延过后补办。

（5）现场签证要一式几份，各方至少保存1份，避免自行修改，结算时无对证。

（6）现场签证应编号归档。由送审单位统一加盖送审资料章，以证明签证单位是由送审单位提交给审核单位的，避免在审核过程中，各方按各自所需补交签证单。

9.6.4　工程价款结算的审查要求

审查工程结算，应掌握预算审查方法，还应经常深入施工现场了解实际情况，加强与各有关部门的联系，才能做好审查工作。

1）深入施工现场，了解情况

（1）深入现场，了解实际施工条件和施工方法。例如，有的工程预算书中的土方类别不按实际情况确定，而均以三类土列入。开工后若深入现场了解，根据预算定额中规定的土壤分类鉴别方法，发现可能出入较大，则应实事求是地调整原编预算，并据以结算。又如，有的工程预算书中的土方按机械开挖计算，但实际施工时却为人工挖方。显然，按两种施工方法施工的工程量及计算出来的预算造价是不同的。若深入现场，了解到这种情况，可提出调整原编预算，并据以结算。

（2）深入现场，实地测量。对预算编制时图纸不全的工程以及施工合同规定实行计量支付的工程应到现场参加测量，以取得结算审查或调整预算的依据。

（3）深入现场，了解补充单价情况。预算中如有补充单价时，除审查预算书中所附补充单价资料的计算是否符合规定外，还应深入施工现场，了解所提供资料的准确性，如资料中所提供主要材料的名称、规格、型号、数量是否与实际情况符合，所需人工工日数或机械台班量是否与实际情况相差不大等,若与补充单价中的资料不符或相差较大则应调整补充单价。

(4)深入现场,了解是否有甩项工程。预算中列有施工图中没有表示的某些分项工程项目,如渣土清理和外运等,应审查是否已按预算中所列的项目完成了。

2)加强各有关方面的联系,共同搞好审查工作

(1)参与技术交底和工程验收。结算审查人员应与有关人员经常取得联系,并得到支持,能及时参加技术交底和工程验收等活动。

(2)参与办理设计变更和经济洽商。从中了解影响预算增减的情况,分析其对投资的影响,是否已突破批准的投资额,以便及时汇报有关主管部门采取解决措施。

(3)参与制定材料采购计划。一般包工包料工程,大部分材料由施工单位承包供应,但仍有部分材料和设备,如高级五金及装潢用特殊材料,由建设单位采购供应到工地,并按施工合同规定进行结算。审查人员应结合审查过的预算,与材料采购人员一起制定采购计划,以避免出现因材料或设备的品种、规格、数量与实际需要不符而影响施工工期或造成积压浪费。如果这种合作制定的供料计划经过实践后发现有差异,应检查分析原因,必要时应重新审查原预算书中的工程量,这也就是检验了预算的质量。

(4)加强与财务部门的联系。施工合同签订后,建设单位应根据合同的规定,预付给施工单位一部分备料款;工程开工后,施工单位根据工程进度,提出"工程价款结算单"向建设单位结算工程价款。结算审查人员应将审查过的结算资料转交给财务部门,并将审查中的主要问题向财务人员说明,以便财务部门核实预支备料款或预支工程款。

10 建筑工程竣工结算与建设项目竣工决算

10.1 建筑工程竣工结算

工程竣工结算是由承包人按照施工合同规定的内容,全部完成所承包的工程项目任务,经验收质量合格并符合施工合同要求之后,向发包人进行最终的工程价款结算。

工程竣工结算分为单位工程竣工结算、单项工程竣工结算和建设项目竣工结算 3 级。工程竣工结算由承包人编制,发包人审查。也可以委托具有相应资质的工程造价咨询机构审查。竣工结算经发、承包人签字盖章后方可生效。

10.1.1 竣工结算的概念和作用

1) 竣工结算的概念

一个单位工程或单项工程,施工过程中由于设计图纸产生了一些变化,与原施工图预算比较有增加或减少的地方,这些变化将影响工程的最终造价。在单位工程竣工并经验收合格后,将有增减变化的内容,按照编制施工图预算的方法与规定,对原施工图预算进行相应的调整,而编制的确定工程实际造价并作为最终结算工程价款的经济文件,称为竣工结算。竣工结算一般由施工单位编制,经建设单位审查无误,由施工单位和建设单位共同办理竣工结算确认手续。

办理竣工结算的程序:单位工程或单项工程完成,并经建设单位、监理单位和有关部门验收后,由施工单位依照有关规定,向建设单位(发包人)递交竣工结算报告及完整的结算资料,经监理单位和建设单位审核、确认,双方按照协议书约定的合同价款及专用条款约定的合同价款调整内容,进行工程竣工结算。建设单位收到竣工结算报告及结算资料后,在规定的时间(28 天)内进行核实,给予确认或提出修改意见。建设单位确认后,通知经办银行向施工单位(承包人)支付工程竣工结算价款,并保留 5% 左右的工程质量保修金,待工程交付使用质保期到期后清算,如有返修所发生的费用,应在质量保修金内扣除。

竣工结算并不是按照变更设计后的施工图纸和各种变更原始资料重新编制一次施工图预算,而是根据变动哪一部分就修改哪一部分的原则进行,即竣工结算仍是以原施工图预算为基础,增减部分内容而已。只有当设计变更较大,导致整个单位建筑工程的工程量全部或大部分变更时才需要按照施工图预算的办法,重新进行一次施工图预算的编制。显然,出现这种设计变更或修改情况是比较少见的。

工程施工中设计图纸产生的变化,主要是由于施工中遇到需要处理的问题(如基础工程施工中遇软弱土层、洞穴、古墓等的处理);工程开工后,建设单位提出要求改变某些施工做法或增减某些工程项目;施工单位在施工中要求改变某些设计做法(如某种建筑材料的缺乏,需要更改或代换材料的规格型号)等原因而引起的。

单位工程完工后,施工单位在向建设单位移交有关技术资料和竣工图纸办理交工验收时,必须同时编制竣工结算,作为办理财务价款结算之依据。承包人在规定期限内未完成项目竣工结算且提不出正当理由延期的,其责任自负。项目竣工结算经承、发包人签字盖章后即生效。

2)竣工结算的作用

(1)竣工结算是施工单位与建设单位结清工程费用的依据。施工单位有了竣工结算就可向建设单位结清工程价款,以完结建设单位与施工单位之间的合同关系和经济责任。

(2)竣工结算是施工单位考核工程成本,进行经济核算的依据。施工单位统计年竣工建筑面积,计算年完成产值,进行经济核算,考核工程成本时,都必须以竣工结算所提供的数据为依据。

(3)竣工结算是施工单位总结和衡量企业管理水平的依据。通过竣工结算与施工图预算的对比,能发现竣工结算比施工图预算超支或节约的情况,可进一步检查和分析这些情况所造成的原因。因此,建设单位、设计单位和施工单位可以通过竣工结算,总结工作经验和教训,找出不合理设计和施工浪费的原因,逐步提高设计质量和施工管理水平。

(4)竣工结算为建设单位编制竣工决算提供依据。

10.1.2 竣工结算与施工图预算的区别

以施工图预算为基础编制竣工结算时,在项目划分、工程量计算规则、定额使用、费用计算规定、表格形式等方面都是相同的,其不同方面有:

(1)施工图预算在工程开工前编制,而竣工结算在工程竣工后编制。

(2)施工图预算依据施工图编制,而竣工结算依据竣工图编制。

(3)施工图预算一般不考虑施工中的意外情况,而竣工结算则会根据施工合同规定增加一些施工过程中发生的签证(如停水、停电、停工待料、施工条件变化等)费用。

(4)施工图预算要求的内容较全面,而竣工结算以货币量为主。

10.1.3 竣工结算的编制方式和内容

1)竣工结算的编制方式

工程承包方式不同,竣工结算编制方式也不同。

(1)以施工图预算为基础编制竣工结算。在施工图预算编制后,由于工程施工过程中经常会发生增减变更,因而会影响工程的造价。因此,在工程竣工后,一般都以施工图预算为基础,再加上增减变更因素来编制竣工结算书。但用此种方式编制竣工结算手续繁琐,审查费时,经常发生矛盾,难以定案。

(2)以平方米造价指标为基础编制竣工结算。以平方米造价指标为基础编制竣工结算,比按施工图预算为基础编制的竣工结算较为简化,但适用范围有一定的局限性,难以处理因发生材料价格变化、设计标准差异、工程局部变更等因素的影响。故按此种方式编制的竣工结算经常会出现一些矛盾。

(3)以包干造价为基础编制竣工结算。是指按施工图预算加系数包干为基础编制竣工结算。此种方式编制工程竣工结算时,如果不发生包干范围以外的增加工程,包干造价就是工程竣工结算,竣工结算手续大为简化,也可以不编制竣工结算书,而只要根据设计部门的变更图纸或通知书编制"设计变更增(减)项目预算表",纳入竣工结算即可。

(4) 以投标造价为基础编制竣工结算。以招标投标的办法承包工程,造价的确定不但具有包干的性质,而且还含有竞争的内容,报价可以进行合理浮动。中标的施工单位根据标价并结合工期、质量、奖罚、双方责任等与建设单位签订合同,实行一次包干。合同规定的造价,一般就是结算的造价。因此,也可以不编制竣工结算书,只进行财务上的"价款结算"(预付款、进度款、建设单位供料款等)。只要将合同内规定的因奖罚发生的费用和合同外发生的包干范围以外的增加工程项目列入,可作为"补充协议"处理即可。

2) 竣工结算的编制依据

(1) 施工图预算。指由施工单位、建设单位双方协商一致,并经有权部门审定的施工图预算。

(2) 图纸会审纪要。指图纸会审会议中对设计方面有关变更内容的决定。

(3) 设计变更通知单。必须是在施工过程中,由设计单位提出的设计变更通知单,或结合工程的实际情况需要,由建设单位提出设计修改要求后,经设计单位同意的设计修改通知单。

(4) 施工签证单或施工记录。凡施工图预算未包括,而在施工过程中实际发生的工程项目(如原有房屋拆除、树木草根清除、古墓处理、淤泥垃圾土挖除换土、地下水排除、因图纸修改造成返工等),要按实际耗用的工料,由施工单位作出施工记录或填写签证单,经建设单位签字盖章后方为有效。

(5) 工程停工报告。在施工过程中,因材料供应不上或因改变设计、施工计划变动、工程下马等原因导致工程不能继续施工时,停工时间在 1 天以上者,均应由施工员填写停工报告。

(6) 材料代换与价差。材料代换与价差,必须要有经过建设单位同意认可的原始记录方为有效。

(7) 工程合同。施工合同规定了工程项目范围、造价数额、施工工期、质量要求、施工措施、双方责任、奖罚办法等内容。

(8) 竣工图及有关资料。

(9) 工程竣工报告和竣工验收单。

(10) 有关定额、费用调整的补充项目。

(11)《计价表》或《工程量清单计价规范》及《工程计量规范》。

(12) 承、发包双方确认的索赔及追加(减)价款。

(13) 招标投标文件。

(14) 发、承包双方确认的工程量及价款。

3) 竣工结算编制的内容

竣工结算按单位工程编制。一般内容如下:

(1) 竣工结算书封面。封面形式与施工图预算书封面相同,要求填写工程名称、结构类型、建筑面积、造价等内容。

(2) 编制说明。主要说明施工合同有关规定、有关文件和变更内容等。

(3) 结算造价汇总计算表。竣工结算表形式与施工图预算表相同(具体内容另见后述）。

（4）汇总表的附表。包括工程增减变更计算表、材料价差计算表、建设单位供料计算表等内容。

（5）工程竣工资料。包括竣工图、各类签证、核定单、工程量增补单、设计变更通知单等。

4）结算造价计算表（费用汇总表）内容

（1）分部分项工程费。应按发、承包双方确认的工程量，合同约定的综合单价计算；如发生调整的，以双方确认调整的综合单价计算。

（2）措施项目费。应按发、承包双方确认的工程量和综合单价计算，并另作以下规定：

① 若采用以"项"计价的措施项目——应按合同约定的措施项目和金额，或按发、承包双方确认调整后的措施项目费金额计算。

② 措施项目费中的安全文明施工费——应按行业建设主管部门的规定计算。如果施工过程中行业建设主管部门对安全文明施工费进行调整的，则应做相应调整。

（3）其他项目费。应按以下规定计算：

① 计工日费用。应按发包人实际签证确认的数量和合同约定的相应项目综合单价计算。

② 暂估价中的材料单价。应按发、承包双方最终确认价在综合单价中调整；专业工程暂估价应按中标价计算。

③ 总包服务费。应按合同约定的金额计算；如发生调整的，则以发、承包双方确认调整的金额计算。

④ 索赔费用。应按发、承包双方确认的索赔事项和金额计算。

⑤ 现场签证费用。应按发、承包双方签证资料确认的金额计算。

⑥ 暂列金。金额内应减去"工程价款调整与索赔、现场签证金额"计算。

（4）规费与税金。按行业建设主管部门对规费和税金的计取标准计算。

10.1.4 竣工结算编制的方法和步骤

1）竣工结算的编制方法

竣工结算以施工图预算为基础编制的情况下，通常有以下3种编制方法：

（1）原施工图预算增减变更合并法。此种方法适用于工程竣工时变更项目不多的单位工程。竣工结算的编制方法是：维持原施工图预算不动，将应增减的项目算出价值，与原施工图预算合并即可。

（2）分部分项工程重列法。此种方法适用于工程竣工时变更项目较多的单位工程。由于大部分分项工程的工程量和单价都有变化，因此，将原施工图预算的各分部分项工程进行重新排列，按施工图预算的形式编制出竣工结算书。

（3）跨年工程竣工结算造价综合法。此种方法适用于有中间结算的跨年度单位工程。将各年度的结算额加以合并，即可形成全面的竣工结算书。

2）竣工结算的编制步骤

（1）收集整理原始资料。原始资料是编制竣工结算的主要依据，必须收集齐全，除平时积累外，尚应在编制前做好调查、整理、核对工作。只有具备了完整的原始资料后，才能开始编制竣工结算。原始资料调查包括：原施工图预算中的分项工程是否全部完成；工程量、定额、单价、合价、总价等各项数值有无错漏；施工图预算中的暂估单价，在竣工结算时是否核实；分包结算与原施工图预算有无矛盾等。

（2）了解工程施工和材料供应情况。了解工程开工时间、竣工时间、施工进度、施工安排和施工方法，校核材料供应方式、数量和价格。

（3）调整计算工程量。根据工程变更通知、验收记录、材料代用签证等原始资料，计算出应增加或应减少的工程量。如果设计变动较多，设计图纸修改较大，可以重新计算工程量。

（4）选套预算定额单价，计算竣工结算费用。单位工程竣工结算的直接费一般由下列三部分内容组成：

① 原施工图预算直接费

② 调增部分直接费 $= \sum$ 调增部分的工程量 × 相应预算单价 　　　　（10-1）

③ 调减部分直接费 $= \sum$ 调减部分的工程量 × 相应预算单价 　　　　（10-2）

单位工程竣工结算总直接费

　　　　$=$ 原施工图预算直接费 ＋ 调增部分直接费 － 调减部分直接费 　（10-3）

单位工程（土建）竣工结算总造价

　　　　$=$ 竣工结算总直接费 ＋ 竣工结算综合间接费 ＋ 材料价差 ＋ 税金 　（10-4）

3）竣工结算的工料分析

（1）竣工结算工料分析的作用

① 是承包人进行经济核算的主要指标。

② 是发包人进行竣工决算总消耗量统计的必要依据。

③ 是施工企业提高管理水平的重要措施。

④ 是造价主管机构统计社会平均物耗水平真实的信息来源。

（2）竣工结算工料分析的方法步骤

① 将竣工结算中的各分项工程项目，逐项从结算中查出各种人工、材料和机械的单位（定额）用量，并分别乘以各该分项工程项目的工程量，就可以得出各该分项工程的各种人工、材料和机械台班的数量。

② 按各分部分项工程的（定额）顺序，将各分部工程所需的人工、材料和机械台班分别进行汇总，即可得出各该分部工程的各种人工、材料和机械台班的数量。

③ 将各分部工程进行汇总，就得出该单位工程的各种人工、材料和机械台班的总数量，并可计算得出每万元和每平方米建筑面积工、料、机的消耗量。

10.1.5　竣工结算编制的注意事项

（1）要对施工图预算中不真实项目进行调整。通过了解设计变更资料，寻得原预算中已列但实际未做的项目，并从原预算中扣减。

（2）要计算由于政策性变化而引起的调整性费用。工程结算期内常遇如间接费率的变化、材差系数的变化、人工工资标准的变化等情况而引起费用的调整。

（3）要按实计算大型施工机械进退场费。编制预算时是按施工组织设计中确定的大型施工机械或预算规定费用计算施工机械进退场费,结算时应按工程施工时实际进场的机械类型计算进退场费。但招标投标工程应按施工合同规定办理。

(4)要调整材料用量。材料用量出现变化的原因,一是设计变更引起工程量的增减,二是施工方法不同及材料类型不同,都会导致材料数量的变化,因而结算时要调整增减材料的用量。

(5)要按实计算材料价差。一般情况下,三大材料和某些特殊材料均由建设单位委托施工单位采购供应,编制预算时是按定额预算价格、预算指导价或暂估价确定工程造价的,而结算时应如实计取,按结算时确定的材料预算用量和实际价格逐项进行材料价差计算。

(6)要确定由建设单位供应材料部分的实际供应量和预算需要量。建设单位供应材料部分的实际供应量,是指由建设单位购置材料并转给施工单位使用的实际数量。而材料的实际需要量是指依据材料分析,完成工程施工所需的材料应有预算数量。如果上述两者间存在数量差,则应如实进行处理,既不超供也不短缺。

(7)要计算因施工条件改变而引起的费用变化。编制预算时是按施工组织设计要求计算的有关施工费用,但实际施工时施工条件和施工方式有了变化,则有关费用要按合同规定和实际情况进行调整。

(8)办理竣工验收手续时,在建设单位应付施工单位工程款内预留总价款5%幅度范围内的保修金,当工程保修期满后应及时结算和退还(如有剩余)保修金。

10.1.6 竣工结算审核的概念和程序

1)竣工结算审核的概念

竣工结算审核是指对工程造价最终计算报告和财务划拨款额进行审查核定。建设单位对施工单位提交的竣工结算可自行审核,也可委托有相应资格的造价咨询机构审核。未经审核的竣工结算不能办理财务结算。竣工结算审核应对送审的竣工结算签署审核人姓名、审核单位负责人姓名及加盖公章,三者缺一不可。

2)竣工结算审核的程序

(1)承包人递交竣工结算书。承包人应在合同约定时间内编制完成竣工结算书,并在提交竣工验收报告的同时递交给发包人。承包人在合同约定时间内未提交竣工结算书,经发包人催促后仍未提供或没有明确答复的,发包人可以根据已有资料办理竣工结算。

(2)发包人进行核对。发包人在收到承包人递交的竣工结算后应按合同约定时间核对。竣工结算核对完成,发、承包双方签字确认后,禁止发包人又要求承包人与另一个工程造价咨询人重复核对竣工结算。

(3)发、承包双方签字确认后,表示竣工结算完成。发包人收到承包人递交的竣工结算书后,在合同约定时间内不核对竣工结算书或未提出核对意见的,视为承包人递交的竣工结算书已经认可,发包人应向承包人支付工程结算价款。承包人在接到发包人提出的核对意见后,在合同约定时间内不确认也未提出异议的,视为发包人提出的核对意见已经认可,竣工结算办理完毕。发包人应对承包人递交的竣工结算书签收,拒不签收的则承包人可以不交付竣工工程。承包人未在合同约定时间内递交竣工结算书的,发包人要求交付竣工工程,承包人应当交付。竣工结算办理完毕,发包人应将竣工结算书报送工程所在地工程造价管理机构备案。

（4）工程竣工结算价款的支付。竣工结算办理完毕,发包人应根据确认的竣工结算书,在合同约定时间内向承包人支付工程竣工结算价款。发包人未在合同约定时间内向承包人支付工程结算价款的,承包人可以催告发包人支付结算价款。如达成延期支付协议的,发包人应按同期银行同类贷款利率支付拖欠工程价款的利息。如未达成延期支付协议的,承包人可以与发包人协商将工程折价,或将该工程依法拍卖,承包人就该工程折价或拍卖的价款优先受偿。

10.1.7　竣工结算的审核确认工作

当工程监理单位收到经施工单位主管部门审定的竣工结算书后,应及时与审计部门审查确认,主要包括以下方面:

（1）以单位工程为基础,对施工图预算的主要内容（如定额编号、分项工程项目、工程量、单价及计算结果等）进行检查和核对。

（2）核查工程开工前的施工准备及临时用水、用电、道路和平整场地、清除障碍物的费用是否准确;土石方工程与地基处理有无漏项或多算;加工订货的项目、规格、数量、单价与施工图预算及实际安装的规格、数量、单价是否相符;特殊材料的单价有无变化;工程施工变更记录与预算调整是否符合;索赔处理是否符合要求;分包工程费用支出与预算收入是否相符;施工图要求与实际施工有无不相符项目等。如有不符或多算、漏算或计算错误等情况时均应及时调整。

（3）将竣工结算的价款总额与建设单位和承包单位进行协商。

（4）竣工结算书送经主管部门审定后,再由监理单位、建设单位和预算合同审查部门审查确认,再由财务部门据以办理工程价款的最终结算和拨款,同时将资料按档案管理的要求及时存档。

10.1.8　竣工结算审核的依据与内容

1）竣工结算审核的依据

（1）工程合同。要遵守合同条款规定和招投标文件中明确的协议规定。

（2）是否执行有关标准、定额、规范、费用的规定,施工单位是否持有"取费标准证书",单位工程类别有否核定。

（3）工程施工期间发生的变更、通知、监理单位和建设单位的签证文件。

（4）工程施工期间当地工程造价管理部门颁布的材料指导价、调整价差办法。

（5）工程所消耗的人工、材料、机械台班量是否准确。

2）竣工结算审核的内容

（1）审核施工合同

审核时必须根据合同中有关工程造价的具体内容和要求,确定审核竣工结算的重点。

① 对未经招标投标的包工包料的合同工程,审核重点应在竣工结算的全部内容上,即从工程量审核入手,直至对设计变更、材料价差等有关内容进行审核。

② 对经招标投标的包工包料的合同工程,审核重点应放在设计变更、材料价差的审核。而对其中已通过招标投标确定下来的合同报价部分,只审核其中有否违反合同法及施工实际的不合理费用项目。

（2）审核设计变更

① 设计变更手续是否合理、合规。应有设计变更通知单，并具备设计单位和建设单位、监理单位的签字盖章。

② 审核设计变更的真实性。应经过实地考察或了解施工验收记录，其变更的部位、数量和套用定额等都是属于真实的变更。

（3）审核施工进度

① 审核施工进度计划的落实情况。若由建设单位原因造成停工、返工而导致施工工期延期的，应根据签证，考虑增加人工费的损失。

② 审核施工进度是否与工程量相对应。不同施工阶段的工程量（比例）是费用计算的主要依据。

③ 审核施工过程中有关人工、材料和机械台班价格与取费文件变化情况。选择合适的计算标准，使结算与施工过程相吻合。

通过上述审核过程后的竣工结算造价，达成由建设单位、施工单位和审核单位三方认可的审定数额，此数额即是建设单位支付施工单位工程款的最终标准。

10.1.9 建设单位供应建筑材料的结算

1）建设单位供应材料的方式

工程承包方式不同，材料的供应方法也有所不同。一般有以下 3 种供料方式：

（1）建设单位只供应工程用料中的主要材料，其余材料由施工单位负责采购供应。主要材料，如钢材、木材和水泥三大材料，其数量按预算定额消耗量计算，由建设单位供应到施工单位的指定地点，施工单位只负责供应和预购其他材料如地方材料。这种承包方式属于一般的包工包料。

（2）建设单位不供应工程用料，全部工程用料由施工单位负责采购供应。由施工单位供应的全部工程用料，在工程竣工后，可以根据施工合同协议商定价格或按市场价格结算。这种承包方式是属于另一种形式的包工包料。

（3）建设单位供应全部工程用料，施工单位只负责提供劳动力、周转性材料和机械设备等。全部工程用料由建设单位供应到施工单位的加工厂或现场指定的地点，由施工单位提供劳动力、周转性材料和机械设备等来组织工程施工。工程施工时所需的各种用料，由建设单位根据预算用量限额供应。这种承包方式属于包工不包料。

2）建设单位供应材料的结算方法

建筑工程若采取包工包料方式，建设单位只供应三大材料，其他材料由施工单位组织采购供应，则在工程竣工结算时，施工单位对由建设单位供应的三材，应按规定退款给建设单位。

（1）建设单位供应钢材的结算

由建设单位供应的钢材，当交货条件、品种规格不同时，其结算价格也不同。

① 对于 $\phi6 \sim \phi40$ 的普通钢筋由建设单位供应时，只考虑交货条件，不考虑加工费。

② 对于 $\phi5$ 以内的钢丝，由建设单位供应的规格一般有 2 种：一种是 $\phi6$ 钢筋，使用时应由施工单位代加工成 $\phi5$ 以内的钢丝，需要考虑加工费因素；另一种是 $\phi5$ 以内的成品钢丝，不需要考虑加工费因素。

当建设单位供应 $\phi6$ 钢筋,由施工单位加工成 $\phi5$ 以内的钢丝时,建设单位向施工单位办理结算的价格每吨为

$$结算价格 = 预算价格 - 加工费 - 代办运费 - 部分采购保管费 \qquad (10-5)$$

当建设单位供应 $\phi5$ 以内钢丝,施工单位不需加工时,建设单位向施工单位办理结算的价格每吨为

$$结算价格 = 预算价格 - 代办运费 - 部分采购保管费 \qquad (10-6)$$

必须注意:凡建设单位供应 $\phi6$ 钢筋由施工单位加工成 $\phi5$ 以内的钢丝时,钢筋的供应数量应按工料分析中所得到的 $\phi5$ 以内的钢丝预算数量,另加 5% 加工损耗后的数量计算。但在结算有关材料费用时,须仍按 $\phi5$ 以内钢丝的预算数量计算。

(2)建设单位供应木材的结算

由建设单位供应木材,当向施工单位办理结算时,结算价格有 2 种算法:

① 按每立方米成材计算

$$结算价格 = 成材预算价格 - 代办运费 - \frac{加工费}{出材率} - 部分采购保管费 \qquad (10-7)$$

② 按每立方米圆材计算

$$结算价格 = (成材预算价格 - 代办运费 - 部分采购保管费) \times 出材率 - 加工费$$

$$(10-8)$$

建设单位向施工单位供应木材有 2 种方式:一种是由建设单位供应实物,到施工单位指定的地点;另一种是建设单位提供提货单,由施工单位到市内供货地点提货,并代办市内运货。不同供应方式在结算时,对材料预算价格中采购保管费的扣除有不同的处理。

必须注意,木材预算价格中的运输费由两部分运费所组成:一部分是由木材供应地点到施工单位指定地点的运费;另一部分是木构件(如门窗框、扇等)由施工单位指定地点(如加工厂)到施工现场的运费。

(3)建设单位供应水泥的结算

由建设单位供应水泥,当向施工单位办理结算时,每吨结算价格为

$$结算价格 = 预算价格 - 运输费 - 部分采购保管费 + 水泥袋回收值$$

式中,水泥预算价格不论水泥是袋装或散装,均按综合计算确定。

3)建设单位供应材料或设备与清单不符时的处理方法

建设单位供应的材料或设备与工程量清单不符,应按下列情况分别处理:

(1)材料或设备单价与清单不符,由建设单位承担差价。

(2)材料或设备的种类、规格、质量等级与清单不符,施工单位可以拒绝接收保管,由建设单位运出施工现场并重新采购。

(3)建设单位供应材料与清单的规格型号不符时,施工单位可以代为调剂串换,但建设单位应承担相应的经济补偿。

(4)到货地点与清单不符时,建设单位负责倒运至清单指定的地点。

(5)供货数量少于清单约定数量时,建设单位应将数量补足;供货数量多于清单约定数时,建设单位负责将多余部分运出施工现场。

(6)到货时间早于清单约定日期时,建设单位承担由此发生的保管费用。

10.1.10 工程造价动态结算

由于工程建设周期长,在整个建设期内会受到物价波动等多种因素的影响,其中主要是人工、材料、施工机械等动态影响。因此工程价款结算时要考虑这种动态影响因素,使其能反映工程项目在施工过程中的实际消耗费用。

动态结算是指把各种动态因素渗透到结算过程中,使结算价大体能反映实际的消耗费用。工程结算时是否实行动态结算,选用什么方法调整价差,应根据施工合同规定行事。

1) 工程造价价差及造价调整概念

造价价差是指工程所需的人工、材料、设备等费用,因价格变动而对造价产生的相应变化值。造价调整是指在预算编制期至结算期内,因人工、材料、设备等价格的增减变化,对原预算根据已签订的施工合同规定对工程造价允许调整的范围进行调整。

2) 材差结算办法

造价价差主要反映为材料价差,编制预算时对于不同的材料有不同的结算办法。

(1) 水泥、钢材、木材、沥青、玻璃、油毡、砖、瓦、灰、砂、石等材料,编制预算或合同造价时以当时颁布的指导价为依据,结算时按合同工期内颁发的指导价调整价差。对规模大、工期长的工程,可分段确定材料结算价格,以便于按阶段结算;对规模小、工期短的工程,可由双方商定风险系数后一次包死,结算时不再调整价差。

(2) 铝合金门窗、钢门窗、外墙面砖、大理石、花岗岩、地砖等材料,编制预算或合同造价时以当时颁布的指导价为编制依据,结算时按订货合同加运杂费、采购保管费之和作为调整价差。

(3) 高级装修、装潢材料,新型防水材料,特种材料,特种门窗、特种油漆等高级材料,编制预算或合同造价时可按市场调查价作暂定价,结算时按采购价加运杂费、采购保管费之和作为调整价差。

(4) 铅丝、圆钉、电焊条、普通油漆、涂料、电、煤、燃料等材料及定额中的"其他材料",编制预算时以定额基价或材料费为计算基础的系数进行调整。

3) 动态结算方法

(1) 按实际价格结算法。是指某些工程的施工合同规定对施工单位供应的主要材料价格按实际价格结算的方法。但对这种结算方法应在施工合同中规定建设单位有权要求施工单位选择更廉价的供应来源和有权核价。这种方法也称"票据法",即施工单位凭发票报销,故此法使工程承包人对降低成本兴趣不大。

按实结算法应注意以下要点:

① 材料消耗量的确定应以预算用量为准

A. 木材。如果木结构构件的实际做法与定额取定完全一致时,木材的定额消耗量即为木材的实际用量;如果实际做法、断面与定额取定不完全一致时,则应按定额规定进行调整。

B. 钢材。用量应按设计图纸计算重量,套相应单项定额求得总耗用量。使用含钢量法报价的,竣工结算时必须按图纸用量计算调整。

C. 水泥。如果水泥制品的制作、水泥等级与定额规定完全一致时,水泥用量按定额消耗量标准计算;如果与定额规定不完全一致时,则应按定额规定进行调整。

D. 其他特殊材料。一般按图纸用量与定额规定的损耗率标准计算的损耗量之和计算。

② 按实结算部分材料的实际价格的确定。建材的实际价格应按各地区公布的同期内的材料市场平均价格为标准计算。如果施工单位能够出具材料购买发票,且经核实是真实的,则按发票价,再考虑运杂费、采购保管费测定实际价。如果发票价格与同质同料的市场平均价格差别很大,且无特殊原因的,则不认可发票价。

③ 材料购买的时间性。材料购买时间应按工程施工进度要求,确定与之相适应的市场价格标准。若材料购买时间与施工进度时间偏差较大,导致材料购买的真实价格与施工时的市场价格不一致,也应按施工时的市场价格为依据进行结算。

(2)按调价文件结算法。是指施工合同双方采用当时的预算价格承包,施工合同期内按照工程造价管理部门调价文件规定的材料指导价,对在结算期内已完工程材料用量乘以价差进行调整的方法。其计算公式为

$$各项材料用量 = \sum 结算期内已完工程工程量 \times 定额用量 \qquad (10\text{-}9)$$

$$调价值 = \sum 各项材料用量 \times (结算期预算指导价 - 原预算价格) \qquad (10\text{-}10)$$

(3)按调价系数结算法。是指施工合同双方采用当时的预算价格承包,在合理工期内按照工程造价管理部门规定的调价系数(以定额直接费或定额材料费为计算基础),对原合同造价在预算价格的基础上,调整由于实际人工费、材料费、机械费等费用上涨及工程变更等因素造成的价差。其计算公式为

$$结算期定额直接费 = \sum 结算期已完工程工程量 \times 预算单价 \qquad (10\text{-}11)$$

$$调价值 = 结算期定额直接费 \times 调价系数 \qquad (10\text{-}12)$$

(4)调值公式法。是指直接利用调值公式计算工程结算价款或合同价的方法。对建设项目工程价款结算,常采用这种方法。

建筑安装工程调值公式包括人工、材料和固定部分。其计算公式为

$$P = P_0 \left(a_0 + a_1 \times \frac{A}{A_0} + a_2 \times \frac{B}{B_0} + a_3 \times \frac{C}{C_0} + a_4 \times \frac{D}{D_0} \right) \qquad (10\text{-}13)$$

式中:P——调值后合同价或工程实际结算价款;

P_0——合同价款中工程预算进度款;

a_0——合同固定部分,不能调整的部分占合同总价的比重;

a_1、a_2、a_3、a_4——调价部分(如人工、材料、运输等项费用)在合同总价中所占的比重;

A_0、B_0、C_0、D_0——基准日期对应的各项费用的基准价格指数或价格;

A、B、C、D——调整日期对应的各项费用的现行价格指数或价格。

10.2　建设项目竣工决算

10.2.1　竣工决算概述

1)竣工决算的概念

一个建设项目或单项工程的全部工程完工并经有关部门验收盘点移交后,对所有财产

和物资进行一次财务清理,计算包括从开始筹建起到该建设项目或单项工程投产或使用止全过程中所实际支出的一切费用总和,称竣工决算。竣工决算包括竣工结算工程造价、设备购置费、勘察设计费、征地拆迁费和其他一切全部建设费用的总和。

竣工决算全面反映一个建设项目或单项工程,在建设全过程中各项资金的实际使用情况及设计概算的执行结果。它是竣工报告的主要组成部分,也是工程建设程序的最后一环。竣工决算由建设单位编制。

2)竣工决算的内容

建设单位应在项目竣工后3个月内完成竣工财务决算的编制工作,并报送建设主管部门审核。建设主管部门收到竣工财务决算报告后,应在1个月内完成审核工作。

由建设单位编制的建设项目竣工决算,应能综合反映该工程从筹建开始到竣工投产(或使用)全过程中的各项资金实际运用情况、建设成果及全部费用(即包括建筑工程费、安装工程费、设备工器具购置费及预备费等费用)。其内容由竣工决算报告说明书、竣工决算报表、竣工工程平面示意图、工程造价比较分析四部分组成。

(1)竣工决算报告说明书。竣工决算报告说明书能全面反映竣工工程建设成果和经验,是全面考核分析工程投资与造价的书面总结,其主要包括以下内容:

① 对工程总的评价

A. 进度。主要说明开工和竣工时间,对照合理工期和要求工期是提前还是延期。

B. 质量。根据质量监督部门的验收评定等级、合格率和优良品率进行说明。

C. 安全。根据劳动和施工部门的记录,对有无设备和人身事故进行说明。

D. 造价。对照概算造价,说明节约还是超支,采用金额和百分率进行说明。

② 各项财务和技术经济指标的分析

A. 概算执行情况分析。根据实际投资额与概算进行对比分析。

B. 新增生产能力的效益分析。说明交付使用财产占投资总额的比例,生产用固定资产占交付使用财产的比例,不增加固定资产的造价占投资总额的比例,分析有机构成和效果。

C. 建设投资包干情况的分析。说明投资包干数,实际支用数和节约额,投资包干节余的有机构成和包干节余的分配情况。

D. 财务分析。列出历年资金来源和资金占用情况。

(2)竣工决算报表。竣工决算报表应按大、中、小型建设项目分别制定,主要内容包括:

① 建设项目竣工工程概况表。主要是说明建设项目名称、设计及施工单位、建设地址、占地面积、新增生产能力、建设时间、完成主要工程量、工程质量评定等级、未完工程尚需投资额等。

② 建设项目竣工财务决算表。包括下列6项表格:a. 建设项目竣工财务决算明细表;b. 建设项目竣工财务决算总表;c. 交付使用固定资产明细表;d. 交付使用流动资产明细表;e. 递延资产明细表;f. 无形资产明细表。

③ 概算执行情况分析及编制说明。

④ 待摊投资明细表。

⑤ 投资包干执行情况表及编制说明。

(3)竣工工程平面示意图(竣工图)。建设工程竣工工程平面示意图(又称竣工图)是真实地记录各种地上、地下建筑物和构筑物情况的技术文件,是工程进行交工验收、维护和扩建的依据。为确保竣工工程平面示意图的质量,必须在施工过程中及时做好隐蔽工程检查记录,整理好设计变更文件。

竣工工程平面示意图是建设单位长期保存的技术档案,也是国家的重要技术档案。

(4)工程造价比较分析。概算是考核建设工程造价的依据。分析时可将竣工决算报告表中所提供的实际数据和相关资料及批准的概算、预算指标进行对比,以确定竣工项目造价是节约还是超支。

为考核概算执行情况,正确核实建设工程造价,财务部门首先要积累有关材料、设备、人工价差和费率的变化资料,以及设计方案变化和设计变更资料;其次要考查竣工形成的实际工程造价是节约还是超支的数额。实际工作中,主要分析以下内容:

① 主要实物工程量。因概算编制的主要实物工程量的增减变化必然使概预算造价和实际工程造价随之变化,因此对比分析中应审查项目的规模、结构、标准是否符合设计文件的规定,变更部分是否按照规定的程序办理,以及造价的影响等。对实物工程量出入比较大的情况必须查明原因。

② 主要材料消耗量。考核主要材料消耗量,要按照竣工决算表中所列明的三大材料实际超概算的消耗量,查清是在工程的哪一个环节超出量最大及超耗的原因。

③ 考核建设单位管理费、建安工程间接费等的取费标准。要根据竣工决算报表中所列的建设单位管理费与概预算中所列的控制额比较,确定其节约或超支数额,并进一步查清节约或超支的原因。

3)竣工决算的作用

(1)作为核定新增资产价值和交付使用的依据。

(2)作为考核建设成本和分析投资效果的依据。

(3)作为今后工程建设的经验积累和决算的资料。

(4)作为建设单位正确计算已投入使用固定资产的折旧费,缩短建设周期,节约建设投资,有利于企业合理计算生产成本和企业利润,进行经济核算。

(5)作为考核竣工项目概预算与工程建设计划执行情况以及分析投资效果的依据。因为竣工决算反映了竣工项目的实际建设成本、主要原材料消耗、实际建设工期、新增生产能力、占地面积和完成工程的主要工程量。

(6)作为综合掌握竣工项目财务情况和总结财务管理工作的依据。因为竣工决算反映了竣工项目自开工建设以来各项资金来源和运用情况以及最终取得的财务成果。

(7)作为修订概预算定额和制定降低建设成本的依据。因为竣工决算反映了竣工项目实际物化劳动和活劳动消耗的数量,为总结工程建设经验、积累各项技术经济资料、提高建设管理水平提供了基础资料。

4)竣工决算的编制依据

(1)建设工程项目可行性研究报告、投资估算书、初步设计。

(2)建设工程项目总概算书和单项工程综合概算书。

(3)建设工程项目设计图纸及说明(包括总平面图、建安工程施工图及相应竣工图纸)、施工图预算书。

(4)建筑工程和设备安装工程竣工结算文件。

(5)有关财务核算制度、办法和其他有关资料。

（6）设备购置费用竣工结算文件。

（7）工器具及生产家具购置费用结算文件。

（8）设备、材料调价文件和调价记录。

（9）国家和地区颁发的有关建设工程竣工决算文件。

（10）施工中发生的各种记录、验收资料、会议纪要等资料。

（11）设计变更记录、施工签证单及其他发生的费用记录。

（12）招标控制价、承包合同等有关资料。

5）竣工决算的编制方法

根据经审定的竣工结算等原始资料，对照原概预算进行调整，重新核定各单项工程和单位工程的造价。对属于增加资产价值的其他投资，如建设单位管理费、研究试验费、勘察设计费、土地征用及拆迁补偿费、联合试运转费等，应分摊于受益工程，并随同受益工程交付使用的同时一并计入新增资产价值。竣工决算应反映新增资产的价值，包括新增固定资产、流动资产、无形资产和递延资产等，应根据国家有关规定进行计算。

6）竣工结算与竣工决算的区别与联系

（1）编制的单位不同。竣工结算由施工单位编制，竣工决算由建设单位编制。

（2）编制的范围不同。竣工结算以单位工程为对象编制，竣工决算以单项工程或建设项目为对象编制。

（3）竣工结算是编制竣工决算的基础资料。

7）竣工决算的编制步骤

（1）收集、整理和分析有关资料。在编制竣工决算之前，应系统地整理所有的技术资料、工料结算文件、施工图纸、工程变更和现场签证资料，这些是准确而又迅速地编制竣工决算的必要条件。

（2）清理各项财务、债务和结余物资。做好对建设工程从筹建到竣工投产（或使用）过程中的各项账务、债权和债务的清理；对结余的各种材料、工器具和设备进行清点核实妥善管理；对各种往来款项要及时进行全面清点工作，为编制竣工决算提供准确的数据和结果。

（3）核实工程变动情况。重新核实各单位工程、单项工程的造价，将工程竣工资料与设计图纸进行核对，确认实际变更情况；根据原已经审定的竣工结算等原始资料，按有关规定对原施工图预算进行增减调整，重新核定工程造价。

（4）编制竣工决算说明书。

（5）填写竣工决算报表。

（6）进行工程造价对比分析。

（7）整理并装订竣工图。

（8）上报建设主管部门审查。

11　计算机在工程造价管理中的应用

计算机以其数据存储量大、数据处理准确快速、信息资源的可共享性而在工程概预算、竣工结算、造价分析与控制以及工程招标投标活动中得到广泛应用。

11.1　工程造价软件发展概况

1）国外建筑工程造价软件的发展

从20世纪60年代开始,工业发达国家已经开始利用计算机做估价工作,这比我国要早10年左右。他们的造价软件一般都重视已完工程数据的利用、价格管理、造价估计和造价控制等方面。由于各国的造价管理具有不同的特点,造价软件也体现出不同的特点,这也说明了应用软件的首要原则应是满足用户的需求。

在已完工程数据利用方面,英国的 BCIS(Building Cost Information Service,建筑成本信息服务部)是英国建筑业最权威的信息中心,它专门收集已完工程的资料,存入数据库,并随时向其成员单位提供。当成员单位要对某些新工程估算时,可选择最类似的已完工程数据估算工程成本。

价格管理方面,PSA(Property Services Agency,物业服务社)是英国的一家官方建筑业物价管理部门,在许多价格管理领域都成功地应用了计算机,如建筑投标价格管理。该组织收集投标文件,对其中各项目造价进行加权平均,求得平均造价和各种投标价格指数并定期发布,供招标者和投标者参考。由于国际间工程造价彼此关系密切,欧洲建筑经济委员会(CEEC)在1980年6月成立造价分委会(Cost Commission),专门从事各成员国之间的工程造价信息交换服务工作。

造价估价方面,英美等国都有自己的软件,他们一般针对计划阶段、草图阶段、初步设计阶段、详细设计和开标阶段,分别开发有不同功能的软件。其中预算阶段的软件开发也存在一些困难,例如工程量计算方面,国外在与 CAD 的结合问题上,从目前资料来看,并未获得大的突破。造价控制方面,加拿大 Revay 公司开发的 CT4(成本与工期综合管理软件)则是一个比较优秀的代表。

2）我国建筑工程造价软件的发展现状

我国过去一直采用计划经济模式,对建筑产品的价格实行严格的管理制度,使得我国的预算定额基本呈现出"量价合一"的特点。近年来,随着工程招标投标制度和工程量清单计价模式的推行,建筑工程"定额定价"已转向"市场定价",并逐步与国际惯例接轨。

我国各省市的造价管理机关在不同时期编制了一些适应当地需要的工程造价编制软件。进入20世纪90年代,一些从事软件开发的专业公司进入这一领域,先后开发了工程计量软件、钢筋算量软件和工程计价软件等产品。2003年以前,这些产品基本满足我国当时体制下的概预算编制、概预算审核、统计算量以及施工过程中的工程结算的编制问题。2003年以后,随着工程量清单计价模式在全国范围内的普遍推行,造价软件公司在原有的计价软件上增加了对清单计价的支持功能,工程计量软件的改进也使其实用性大大提高,但现有软件在单价分析环节还是主要采用定额组价的模式进行计算,无法与企业或市场的工料机消耗和真实价格信息对接。报价行为回归市场已是不可逆转的趋势,我国如何建立起专业的价格信息收集和发布体系,或由企业自身快速定位和建立起适应新形势下的计价管理模式,还需要造价软件编制人员进行一定的理论和实践探索,通过业内人士和软件公司合作,加大创新步伐,才能迅速提高我国的工程造价电算化水平。

　　狭义地讲,工程造价软件应用是指应用电子计算机技术对造价数据输入、处理、输出的过程,实现工程计价过程自动化。广义的工程造价软件应用则是全面运用现代信息技术,对工程计价过程实行全方位的信息化管理。工程造价核心工作是工程算量和工程计价。算量的主要依据是工程设计图,因而必然涉及工程设计和工程计量技术。在手工方式下,造价工作人员按工程设计图纸提供的尺寸,对构成工程的各个单位合格产品运用规定的计算方法进行计算,因计算工作量很大,故十分费时、费事。计算机辅助设计(CAD)不仅把工程设计人员从枯燥、复杂的手工工程制图中解放出来,而且为工程计量电算化提供了可能性。事实上,目前已有一些工程计量软件能直接利用上游的电子设计图实现自动算量。

　　工程计价实质是在工程量确定的情况下,按照一定的计价标准(国家标准或地方标准)规定的相关价格,计算出工程各分部分项工程的价格,最后汇总求和得到工程的总造价。在手工造价操作中,对工程的每个基本项的计算都需经过查阅标准(单位价格)、计算金额(数量×单价)、分项求和和分部求和等繁琐过程,而且容易出错。应用工程造价软件后,造价人员只需输入工程量数据(在更高级的工程造价软件中,这些数据还可以直接从上游设计院中获取),选择适当的计价标准,其他所有工作,如计算汇总、各种表格生成和导出,全由计算机自动处理,既快捷又准确,不仅大大地提高了造价工作的效率,而且使造价工作更加规范化和标准化。

11.2　工程造价软件应用

　　工程量的计算分为土建工程量计算和钢筋工程量计算,其中,土建工程量计算中包括土方、基础、砌筑、混凝土、楼地面、墙柱面等工程;钢筋工程的工程量计算虽然只有一个分部分项工程,但由于混凝土结构的多样性和复杂性,导致了钢筋工程的复杂和难易程度增加,特别是混凝土结构的平面整体表示法规范(以下简称平法规则)颁发后,对钢筋的工程量计算要求更高。因此,掌握一种钢筋算量软件是快速、准确地计算出工程钢筋工程量的一种有效方法。

　　(1)算量软件能算什么量

　　算量软件能够计算的工程量包括土石方工程量、砌体工程量、混凝土及模板工程量、屋面工程量、天棚及其楼地面工程量、墙柱面工程量等。

　　(2)算量软件是如何算量的

　　软件算量并不是说完全抛弃了手工算量的思想。实际上,软件算量是将手工的思路完全内置在软件中,只是将过程利用软件实现,依靠已有的计算扣减规则,利用计算机这个高效的运算工具快速、完整地计算出所有的细部工程量,让大家从繁琐的背规则、列式子、按计算器中解脱出来。如图 11-1 所示。

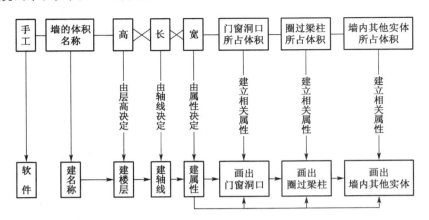

图 11-1 手工算量与软件算量的对照

（3）用软件做工程的顺序

按施工图的顺序：先结构后建筑,先地上后地下,先主体后屋面,先室内后室外。将 1 套图分成 4 个部分,再把每部分的构件分组,分别一次性处理完每组构件的所有内容,做到清楚、完整。如图 11-2 所示。

（4）软件做工程的步骤

新建工程 ──→ 新建楼层 ──→ 新建轴网 ──→ 绘图输入 ──→ 报表输出

1）常用工程造价软件

工程造价软件是随建筑业信息化应运而生的软件,随着计算机技术的日新月异,工程造价软件也有了长足的发展。一些优秀的软件能把造价人员从繁重的手工劳动中解脱出来,效率得到成倍提高,提升了建筑业信息化水平。

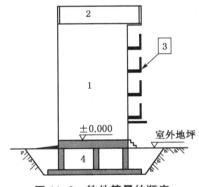

图 11-2 软件算量的顺序

（1）广联达工程造价系列软件

广联达软件目前是造价软件市场中最有实力的软件企业,堪称中国造价软件行业的"微软",已经展现出一定的垄断潜力。广联达的系列产品操作流程是由工程算量软件和钢筋统计软件计算出工程量,通过数字网站询价,然后用清单计价软件进行组价,所有的历史工程通过企业定额生成系统形成企业定额。广联达算量在自主平台上开发,功能较完善。广联达清单计价软件内置浏览器,用户可直接连接软件服务网进行最新材料价格信息的查询应用,其他主要特点和下面几个系列软件有类似之处。

（2）鲁班算量软件

鲁班软件属于后起之秀,它得到美国国际风险基金的支持。其算量软件是国内率先基于 AutoCAD 平台开发的工程量自动计算软件,它利用 AutoCAD 强大的图形功能及 Auto-CAD 的布尔实体算法,可得到精确的工程量计算结果,广泛适用于建设方、承包方、审价方等工程造价人员进行工程量计算。同时,从 2012 年 1 月起,鲁班算量软件已经全部免费,这给广大工程算量人员提供了有利的学习和应用软件机会。

鲁班算量软件可以提高工程造价人员工作效率,减轻工作量,并支持三维显示功能;可以提供楼层、构件选择,并进行自由组合,以便进行快速检查;可以直接识别设计院电子文档(墙、梁、柱、基础、门窗表、门窗等),建模效率高;可以对建筑平面为不规则图形设计、结构设计复杂的工程进行建模。

除了上述优点外,鲁班算量软件能提供自动识别 CAD 电子文档的功能,能够输出工程量标注图和算量平面图。

其缺点是由于鲁班算量建立在 CAD 平台上,难以保证鲁班用户都使用正版 CAD,导致使用不太稳定,经常出现随机致命错误,计算速度慢。另外,有些图形绘制的基础功能不太完美,很不符合预算人员的绘图习惯。多是设计人员使用。

(3)清华斯维尔工程造价系列软件

清华斯维尔工程预算系列软件的三维算量软件是一套全新的图形化建筑项目工程量计算软件,它利用计算机的"可视化技术",对工程项目进行虚拟三维建模,生成计算工程量的预算图,经过对图形中各构件关联的清单、定额、钢筋,根据软件中内置的清单、定额工程量计算规则,结合内置的钢筋标准及规范,计算机自动进行相关构件的空间分析扣减,从而得到工程项目的各类工程量。其主要特点为:三维可视化、集成一体化、应用专业化、系统智能化、计算精确化、输出规范化、操作简易化等。

(4)未来清单计价软件

未来清单计价软件主要用于江苏省和安徽省,软件的操作步骤清晰,功能齐全,完全符合清单报价的工作流程,可以编制企业定额,可以快速调整综合单价,可以快捷的做不平衡报价、措施项目费的转向等,操作功能都紧密地与实际工作相结合。其主要特点为:①多文档的操作界面,提供多元化的视图效果;②崭新的树型目录,使工程关系清晰明朗;③采用多窗口的信息显示,综合单价调整一目了然;④灵活方便的报表打印,规范与个性化的结合。

2)土建算量软件应用

以下内容以广联达土建算量为例进行介绍。

广联达 GCL 土建算量软件是自主平台上研发的工程量计算软件,软件可通过三维图形建模,或直接识别电子文档,把图纸转化为图形构件对象,并以面向图形操作的方法,利用计算机的"可视化技术"对工程项目进行虚拟三维建模,从而生成计算工程量的预算图。然后对图形中各构件进行属性定义(套清单、定额),根据清单、定额所规定的工程量计算规则,计算机自动进行相关构件的空间分析来扣减,从而得到建筑工程项目土建的各类工程量。

在利用广联达土建算量软件对工程项目进行虚拟三维建模之前,首先应熟悉算量平面图与构件属性及楼层的关系,其次应掌握算量平面图中构件名称说明、算量软件工程量计算规则说明、算量平面图中的寄生构件说明,最后熟悉算量软件结果的输出。

(1)广联达土建算量软件建模原则

① 构件必须绘制到算量平面图中。土建算量软件在计算工程量时,算量平面图中找不到的构件就不会计算,尽管用户可能已经定义了它的属性名称和具体的属性内容。所以要用图形法计算工程量的构件,必须将该图形绘制到算量平面图中,以便软件读取相关信息,计算出该构件的工程量。

② 算量平面图上的构件必须有属性名称及完整的属性内容。软件在找到计算对象以

后,要从属性中提取计算所需要的内容,如断面尺寸、套用清单/定额等。如果没有套用相应的清单/定额,则得不到计算结果,如果属性不完善,可能得不到正确的计算结果。

③ 确认所要计算的项目。套好相关清单/定额后,土建算量软件会将有关此构件全部计算项目列出,确认需要计算后即可。

④ 计算前应使用"构件整理""计算模型合法性检查"。为保证用户已建立模型的正确性,保护用户的劳动成果,应使用"构件整理"。因为在画图过程中,软件为了保证绘图速度,没有采用"自动构件整理"过程。"计算模型合法性检查"将自动纠正计算模型中的一些错误。

⑤ 灵活掌握,合理运用。土建算量软件提供"网状"的构件绘制命令;达到同一个目的可以使用不同的命令,具体选择哪一种更为合适,将由操作者的熟练程度与操作习惯而定。例如,绘制墙的命令有"绘制墙""轴网变墙""轴段变墙""线段变墙""口式布墙""布填充体"6 种命令,每个命令各有其方便之处,操作者应灵活掌握,合理运用。

(2) 广联达土建算量软件的特点

① 各种计算规则全部内容不用记忆规则,软件自动按规则扣减。在新建工程界面,可以根据需求自行下载全国各地的定额库,从而选择相应的定额。见图 11-3。

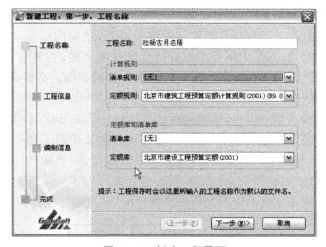

图 11-3　新建工程界面

② 一图两算,清单规则和定额规则平行扣减,画 1 次图同时得出 2 种量。

③ 按图读取构件属性,软件按构件完整信息计算代码工程量。根据工程属性的定义,可以精确得出构件的工程量。见图 11-4。

④ 内置清单规范,智能形成完善的清单报表。

⑤ 属性定义可以做施工方案,随时看到不同方案下的方案工程量。

⑥ 导图:完全导入设计院图纸,不用画图,直接出量,让算量更轻松。

⑦ 软件直接导入清单工程量,同时提供多种方案量代码,在复核招标方提供的清单量的同时计算投标方自己的施工方案量。

⑧ 软件具有极大的灵活性,同时提供多种方案量代码,计算出所需的任意工程量。

⑨ 软件可以解决手工计算中较复杂的工程量(如房间、基础等)。

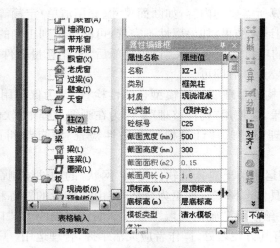

图 11-4　构件属性定义窗口

3）钢筋算量软件应用

以下内容以鲁班钢筋算量软件为例进行介绍。

（1）钢筋算量软件的开发

建筑工程造价中除了工程量计算要求必须准确以外，结构构件本身的复杂性也使工程量的计算占用了大量时间，而其中钢筋工程量的计算最为繁琐，需要统计、汇总大量的工程数据，很多工作却都是重复进行的，是造价人员最为头痛的工作。造价电算化给钢筋算量的电算化提供了较好的解决方案。

建筑物平面布置形式复杂多样，结构构件的形状也是千变万化的，但组成建筑物的同类构件的钢筋类型及长度计算公式基本相同，上海鲁班软件公司将工程中所有类型的钢筋及其公式整理出来，共计 500 余种钢筋图形，并分别予以编号，所有构件中的钢筋都不会超出这个范围，预算抽筋时根据需要选择相应的钢筋型号就可以了。这就是软件设计的基本出发点——用预算抽筋的共性解决建筑物构件多样性问题，其软件操作流程如图 11-5 所示。

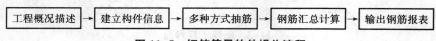

图 11-5　钢筋算量软件操作流程

（2）鲁班钢筋算量软件的特点

鲁班钢筋算量软件基于国家规范和平法标准图集，采用 CAD 转化建模、绘图建模、辅以表格输入等多种方式，整体考虑构件之间的扣减关系，解决造价工程师在招投标、施工过程钢筋工程量控制和结算阶段钢筋工程量的计算问题。软件自动考虑构件之间的关联和扣减，用户只需要完成绘图即可实现钢筋量计算，内置计算规则并可修改，强大的钢筋三维显示，使得计算过程有据可依，便于查看和控制，报表种类齐全，满足多方面需求。其特点主要有：

① 内置钢筋规范，降低用户专业门槛。鲁班钢筋算量软件内置了现行钢筋相关规范，对于不熟悉钢筋计算的预算人员来说非常有用，可以通过软件更直观的学习规范，可以直接调整规范设置，适应各类工程情况。见图 11-6。

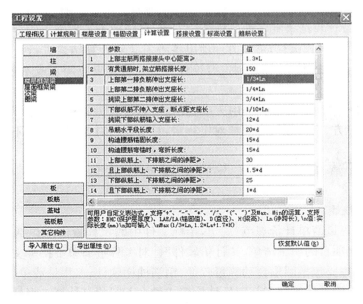

图 11-6　工程设置中的钢筋平法规范

② 强大的钢筋三维显示。可完整显示整个工程的三维模型,可查询构件布置是否出错,同时提供了钢筋实体的三维显示,为计算结果检验及复核带来极大的便利性,可以真实模拟现场钢筋的排布情况,减轻了造价工程师往返于施工现场的痛苦。见图 11-7。

③ 特殊构件轻松应对,提高工作效率,减轻工作量。只要建好钢筋算量模型,工程量计算速度可成倍甚至数倍提高。特殊节点(集水井、放坡等)手工计算非常繁琐,而且准确度不高,软件提供各种模块,计算特殊构件,只需要按图输入即可。见图 11-8。

④ CAD 转化,掀起钢筋算量革命。

传统的钢筋算量方式:看图→标记→计算并草稿→统计→统计校对→出报表

软件的钢筋算量方式:导入图纸→CAD 转化→计算→出报表(用时仅为传统方式的 1/50)

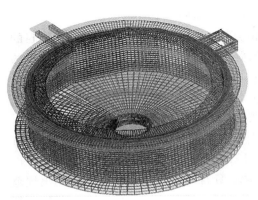

图 11-7　圆形基础钢筋三维模型显示　　　　**图 11-8　集水井钢筋算量设置**

⑤ LBIM 数据共享。鲁班各系列软件之间的数据实现完全共享,在钢筋软件中可以直接调入土建算量的模型,给定钢筋参数后即可计算钢筋量,且各软件之间界面、操作模式、数

据存储方式相同,学会了一个软件等于掌握了所有软件,提高了用户的竞争力。

⑥ 钢筋工程量计算结果有多种分析统计方式,可应用于工程施工的全过程管理。软件的计算结果以数据库方式保存,可以方便地以各种方式对计算结果进行统计分析,如按层、按钢筋级别、按构件、按钢筋直径范围进行统计分析。将成果应用于成本分析、材料管理和施工管理日常工作中。

⑦ 计算结果核对简单方便。利用三维显示,可以轻松检查模型和计算结果的正确性。此外,建设方、承包方、审价顾问之间核对工程量,只需要核对模型是否有不同之处即可。

11.3 工程量清单计价模式下的工程计价软件

1) 计价软件概述

《建设工程工程量清单计价规范》规定,招标文件中的工程量清单包括分部分项工程项目、措施项目、其他项目的明细清单。"计价软件"针对工程量清单下招标文件的编制提供了招标助手工具包,主要包括图形自动算量软件、钢筋抽样软件、工程量清单生成软件、招标文件快速生成软件。清单计价模式与定额计价模式最大不同就是计算工程量的主体发生了变化,招标人的最终目的是形成包括工程量清单招标文件,必须把几个工具性软件整体应用才能完成工作。

无论在传统的定额计价模式还是现在工程量清单计价模式,"量"是核心,各方在招投标结算过程中往往围绕"量"上做文章,国内造价人员的核心能力和竞争能力也更多地体现在"量"的计算上,为此,造价从业人员不惜彻夜奋战,不眠不休,疲惫不堪,计算"量"是最为枯燥、烦琐的。

土建算量软件及钢筋算量软件内置了全国统一工程量清单计算规则,主要是通过计算机对图形自动处理,实现建筑工程工程量自动计算。完全实现了量价分离,对于招标人可以直接按计算规则计算出 12 位编码的工程量,规范规定编制分部分项工程量清单时除了需要输入项目工程量之外,还应该全面、准确地描述清单项目。项目名称应按附录中的项目名称与项目特征并结合拟建工程的实际确定。所以,完整的清单项目描述可以由清单项目名称、项目特征组成。工程量清单名称,计算机能根据构件名及特征自动生成。

工程量清单计价软件可以根据计价规范中的相关要求提供详细描述工程量清单项目的功能,能把图形自动算量软件中的清单项无缝连接,并对图形起一个辅助计算及完善清单的作用。可以对项目名称及项目特征进行自由编辑及自动选择生成,并对图形代码做到二次计算。能按自由组合的工程量清单名称分解工程量,达到更详细、更精确地描述清单项目及计算工程量的目的。这样不仅符合计价规范的要求,而且充分体现了工程量清单计价理念。

对于措施项目,是指为完成工程项目施工,发生于该工程施工前和施工过程中技术、方案、环境、安全等方面的非工程实体项目。其他项目清单是指分部分项工程和措施项目以外,为完成该工程项目施工可能发生的其他费用清单。软件可以自动按规范格式列出规范中《措施项目一览表》的列项。软件除了自动提供《措施项目一览表》所列的全部项目,还可以任意修改、增加、删除,符合计价规范的规定并充分满足了拟建工程具体情况的需要。

在工程量清单编制完成后,"计价软件"既可以打印,也可以生成导出"电子招标文件",招标文件包括工程量清单、招标须知、合同条款及评标办法。招标文件以电子的形式发放给投标单位,将使投标单位编制投标文件时不需要重新编制工程量清单,不仅节省了大量的时间,而且防止了投标单位编制投标文件时可能不符合招标文件的格式要求等造成的不必要的损失。

2)计价软件应用

目前国内用于工程量清单计价的软件较多,下面以广联达 GBQ 计价软件为例,介绍计价软件的基本功能及基本操作方法。

(1)软件定位。GBQ 是广联达推出的融计价、招标管理、投标管理于一体的全新计价软件,旨在帮助工程造价人员解决电子招投标环境下的工程计价、招投标业务问题,使计价更高效、招标更便捷、投标更安全。

(2)软件用途。①招标人在招投标阶段编制工程量清单及标底;②投标人在招投标阶段编制投标报价;③施工单位在施工过程中编制进度结算;④施工单位在竣工后编制竣工结算;⑤甲方审核施工单位的竣工结算。

(3)软件构成及应用流程。GBQ 计价软件包含招标管理模块、投标管理模块、清单计价模块三大模块。招标管理和投标管理模块是从整个项目的角度进行招投标工程造价管理。清单计价模块用于编辑单位工程的工程量清单或投标报价。在招标管理和投标管理模块中可以直接进入清单计价模块,软件使用流程见图 11-9。

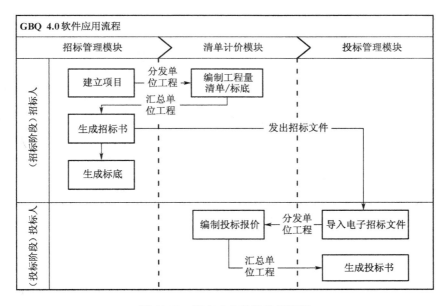

图 11-9　GBQ 4.0 软件应用流程

(4)软件操作流程。以招投标过程中的工程造价管理为例,软件操作流程如下:

① 招标人编制工程量清单:新建招标项目,包括新建招标项目工程、建立项目结构;编制单位工程分部分项工程量清单,包括输入清单项、输入清单工程量、编辑清单名称、分部整理;编制措施项目清单;编制其他项目清单;编制甲供材料、设备表;查看工程量清单报表;生成电子标书,包括招标书自检、生成电子招标书、打印报表、刻录及导出电子标书。

② 投标人编制工程量清单:新建投标项目;编制单位工程分部分项工程量清单计价,包括套定额子目、输入子目工程量、子目换算、设置单价构成;编制措施项目清单计价,包括计

算公式组价、定额组价、实物量组价 3 种方式；编制其他项目清单计价；人材机汇总，包括调整人材机价格，设置甲供材料、设备；查看单位工程费用汇总，包括调整计价程序、工程造价调整；查看报表；汇总项目总价，包括查看项目总价、调整项目总价；生成电子标书，包括符合性检查、投标书自检、生成电子投标书、打印报表、刻录及导出电子标书。

11.4　工程造价软件带来的社会效益和发展趋势

1）工程造价软件的社会经济效益

在工程造价管理领域应用计算机，可以大幅度地提高工程造价管理工作效率，帮助企业建立完整的工程资料库，进行各种历史资料的整理与分析，及时发现问题，改进有关的工作程序，从而为造价的科学管理与决策起到良好的促进作用。目前工程造价软件在全国的应用已经比较广泛，并且已经取得了巨大的社会效益和经济效益，随着面向全过程的工程造价管理软件的应用和普及，它必将为企业和全行业带来更大的经济效益，也必将为我国的工程造价管理体制改革起到有力的推动作用。

2）工程造价软件发展趋势

（1）造价软件向规范化、统一化方向发展。随着《计价规范》统一了项目名称、子目编号、计量规则和计量单位，使得工程造价软件模块功能更加明晰、更加统一，系统正向着无差别化方向发展。工程量计算、钢筋抽筋、定额库、价格库及报价等模块无缝连接，高效运行；工程量算量、钢筋抽筋、报价的智能化；定额库、价格库维护的便捷化是造价软件后开发的方向。

（2）市场信息获取的网络化。无论是招标控制价还是投标报价，市场的信息，尤其是价格信息、新技术信息、新工艺信息、新材料信息是非常重要的，直接影响到工程造价的高低。而市场的变化是迅速的，只有将造价软件的定额库、价格库与互联网相连接，才能通过网络搜集建筑市场、材料市场的信息，使之准确及时地反映到定额库、价格库中。

（3）系统维护的动态化。造价软件的灵魂是计价准确，这不仅是指计算的准确，而且是人材机消耗量及价格的准确性。人材机消耗水平与技术水平、施工工艺密切相关，与价格一样也是市场最活跃的因素，这就要求实现系统的动态维护，确保系统始终是最新技术水平、最新工艺水平和最新价格水平的反映。